AFFECTIONS CHIRURGICALES

DES

ORGANES
GÉNITO-URINAIRES

CLINIQUE ET THÉRAPEUTIQUE

PAR

Le Dr Alfred POUSSON

Professeur agrégé, chargé du cours des maladies des voies urinaires,
Chirurgien des hôpitaux de Bordeaux,
Membre correspondant national de la Société de Chirurgie de Paris,
Vice-Président de l'Association française d'urologie.

PRÉCÉDÉ D'UNE PRÉFACE

de M. le Professeur F. GUYON

PARIS

OCTAVE DOIN, ÉDITEUR

8, PLACE DE L'ODÉON, 8

1897

AFFECTIONS CHIRURGICALES

DES

ORGANES GÉNITO-URINAIRES

PRINCIPAUX TRAVAUX DU MÊME AUTEUR

De l'estéoclasie. — Thèse présentée pour le concours d'agrégation en chirurgie. Paris, J.-B. Baillière et fils, 1886.

De l'intervention chirurgicale dans le traitement et le diagnostic des tumeurs de la vessie dans les deux sexes. — Travail couronné par la Faculté de médecine de Paris (médaille d'argent) et par la Société de chirurgie de Paris (Prix Duval). Paris, G. Masson, 1884.

Des calculs urinaires et en particulier des calculs vésicaux. — 190 pages *in Encyclopédie internationale de chirurgie*, vol. VII. Paris, J.-B. Baillière et fils, 1888.

Affections chirurgicales des voies urinaires. — 269 pages, *in Nouveaux éléments de pathologie externe*, publiés par le professeur A. Bouchard, de Bordeaux. Paris, Asselin et Houzeau, 1889.

Conférences sur les maladies de l'urètre et de la vessie. — — Leçons faites à la Faculté de médecine de Bordeaux pendant le semestre d'hiver 1887-1888. Texte et dessins autographiés. Bordeaux, septembre 1888.

Traitement chirurgical de l'exstrophie de la vessie. — Mémoire récompensé par la Société de chirurgie de Paris. Paris, G. Steinheil, 1889.

Conférences sur les maladies de la prostate, des uretères et des reins. — Leçons faites à la Faculté de médecine de Bordeaux, pendant le semestre d'hiver 1889-1890. Texte et dessins autographiés. Paris, Ollier Henri, 1890.

Leçons élémentaires sur la petite chirurgie urinaire, faites à la Faculté de médecine de Bordeaux, pendant l'année 1893-1894. Paris, Ollier Henri, 1895.

AFFECTIONS CHIRURGICALES

DES

ORGANES GÉNITO-URINAIRES

CLINIQUE ET THÉRAPEUTIQUE

PAR

Le Dr Alfred POUSSON

Professeur agrégé, chargé du cours des maladies des voies urinaires,
Chirurgien des hôpitaux de Bordeaux,
Membre correspondant national de la Société de chirurgie de Paris
Vice-Président de l'Association française d'urologie.

PRÉCÉDÉ D'UNE PRÉFACE

de M. le Professeur F. GUYON

PARIS

OCTAVE DOIN, ÉDITEUR

8, PLACE DE L'ODÉON

—

1897

PRÉFACE

On ne pouvait mieux, déterminer l'esprit dans lequel
doit être faite l'étude des spécialités, qu'en donnant à
leur enseignement, le rang qu'il occupe actuellement
dans le programme de nos écoles.

Les branches de la pathologie médicale ou chirurgicale, qui exigent des recherches particulièrement
approfondies, ne sauraient être sans péril détachées de
leur tronc commun. Sans doute, le point, qui sert d'ob-
jectif à ceux qui se consacrent principalement, ou d'une
manière exclusive à leur culture, est à juste titre le
traitement; mais la connaissance la plus complète
des moyens, qui permettent de l'appliquer, ne saurait
apprendre à régler leur emploi. Dans les spécialités
chirurgicales, l'incessante répétition des mêmes manœuvres, fait des mains exceptionnellement habiles;
la capacité technique que l'on acquiert, quelqu'en soit
le degré, ne peut être utilisée sans indications légitimes.

S'il en était autrement, nous serions obligés de
trouver juste, que l'on compare nos spécialités aux spé-

cialités industrielles. Le principe de la division du travail leur est entièrement applicable et ses résultats sont trop féconds, pour que nous refusions d'en faire bénéficier la chirurgie. Elle ne s'y prête cependant, que d'une façon très relative, car nous ne pouvons admettre la division des responsabilités. Le rôle du chirurgien ne se limite pas à l'acte opératoire; personne ne peut nous en prescrire l'application, nous restons seuls juges de l'opportunité de nos actes. Nous avons donc bien d'autres préoccupations, que celles du développement matériel de notre art et nous ne sommes à la hauteur de la situation, qui est la nôtre, que si nous possédons une éducation supérieure.

L'une des conditions les plus essentielles pour y parvenir, est l'instruction étendue, qu'assurent les connaissances multiples et variées, qui sont la base des études médicales. Quand ils ont reçu cet enseignement primordial, nos élèves sont maintenant à même d'en faire, en temps voulu, l'application aux choses de la médecine ou de la chirurgie, vers lesquelles ils se sentiront attirés. Quelles que soient les raisons de ces préférences, leur choix ne peut être hâtif. Il serait prématuré, s'il était fait avant d'avoir complètement acquis les notions qui ouvrent l'esprit aux idées générales. En procédant autrement, ils s'exposeraient à en perdre le goût et à ne plus sentir la nécessité d'obéir à leur direction; ils entreraient dans la pratique, sans posséder les garanties, qui permettent de ne pas laisser compromettre par de pénibles surprises, la santé de ses malades et sa propre réputation.

Ce n'est pas pour se réfugier commodément, dans les

limites d'un savoir restreint, que l'on devient spécialiste. Ce néologisme n'a été créé que pour désigner ceux qui s'attachent à l'étude d'une partie de la Science ou de l'Art, afin de l'étendre et de la perfectionner. Ils ont pour cela besoin de la connaître de plus en plus, afin de la comprendre de mieux en mieux ; ils n'y parviennent, qu'après en avoir longuement et patiemment scruté tous les replis.

En médecine comme en chirurgie, il est des points dont l'entière connaissance, exige cette concentration et cette persistance particulières de nos efforts. Alors que les difficultés de l'observation ne peuvent être résolues, si l'on n'est pas à même de contrôler incessamment chacun des phénomènes qu'il faut interpréter, et, quand se multiplie la nécessité d'investigations délicates d'interventions minutieusement réglées dans tous leurs détails, les études partielles, sont l'indispensable condition du progrès. Elles le servent très efficacement, quand on les poursuit avec la même direction d'idées et la même largeur de vues, que les études d'ensemble. Le concours qu'elles assurent à l'œuvre commune, est la véritable raison d'être des spécialités. Celles-ci ne peuvent, dans ces conditions, porter atteinte à son unité, elles lui donnent plus de solidité et de grandeur, en lui fournissant des matériaux soigneusement choisis et préparés, elles ajoutent au prestige de la profession, par la manière dont on l'exerce ; leur action n'étant pas isolée, elles prennent et gardent le rang que leur assigne la valeur de semblables services. Les justes exigences qu'elles ont à satisfaire, réclament donc de ceux qui s'y livrent toutes les qualités, qui font le bon

médecin et le bon chirurgien. Il faut les posséder et
les cultiver, pour devenir un bon spécialiste et nos
spécialités, cela est facile à comprendre, ne pourraient
sans inconvénient être trop multipliées. Le fraction-
nement nous serait funeste, car il empêcherait le maintien de la solidarité scientifique et pratique, à laquelle
ceux qui exercent notre profession, ne peuvent sans
danger se soustraire.

La Faculté de médecine de Bordeaux, désireuse de
faire enseigner, en son nom, les spécialités nécessaires,
a depuis plusieurs années institué un cours complémentaire de clinique des maladies des voies urinaires. Elle
a confié à M. le Dr Pousson, le soin de justifier l'utilité
de la nouvelle création et d'en assurer l'avenir. Le choix
de l'un de ses agrégés, longtemps nourri des fortes
études de la chirurgie générale et d'assez bonne heure
initié à la chirurgie spéciale, était le gage du succès
d'une aussi judicieuse tentative.

Habitué à penser et à agir en chirurgien, M. Pousson
a su attirer les malades, se faire écouter et suivre par
les élèves. Plusieurs de ceux qui fréquentent sa clinique
ont pris goût aux choses qui y sont apprises. Des thèses
déjà nombreuses, et qui comptent parmi les meilleures,
ont été le fruit de la collaboration qui s'établit toujours
entre un maître qui aime à enseigner et ceux qui ont
le désir de s'instruire. Cela ne saurait nuire au travail
personnel, les publications de M. Pousson en sont la
preuve. Elles ont été appréciées parce qu'elles sont ins-
tructives, mais elles n'avaient pas encore été réunies.
Le volume que publie M. Pousson remédie à cette la-

cune. Il ne renferme qu'un certain nombre des mémoires dus à son régulier et fécond labeur, mais ces travaux affirmeraient, s'il était nécessaire, que l'enseignement complémentaire d'où ils émanent, est de ceux qui deviennent définitifs. Je suis heureux d'avoir à les présenter au public médical et ma tâche est aisée, car il suffit d'en donner l'aperçu, pour en faire comprendre tout l'intérêt.

Les sujets traités dans ce recueil peuvent être classés en trois catégories : les uns apportent leur appoint à la solution de problèmes encore récents et à peu près résolus aujourd'hui ; les autres ont trait à des questions nouvelles et à l'ordre du jour ; les derniers ébauchent des chapitres de pathologie et de thérapeutique, qui jusqu'à ce jour ont peu préoccupé nos classiques.

Dans la première catégorie, à côté d'une étude sur quelques cas d'urétrorrhagie, d'une observation d'hypospadias périnéo-scrotal opéré dans une seule séance, de considérations sur la valeur thérapeutique de la prostatectomie partielle dans l'hypertrophie de la prostate, j'attirerai plus spécialement l'attention sur une série de mémoires, ayant pour but de montrer les progrès réalisés dans la lithotritie grâce à l'évacuation immédiate des fragments, et à l'application des principes de l'antisepsie, aux manœuvres du broiement et de l'aspiration. Une des observations servant de base à ces mémoires, démontre que la lithotritie est actuellement non seulement une opération apyrétique, mais encore antipyrétique. Quelques autres tendent à prou-

ver que son champ d'application n'a le plus souvent,
d'autres limites, que les conditions physiques de la
pierre, son volume et sa consistance.

La deuxième catégorie comprend d'abord une étude
didactique complète des rétrécissements larges de
l'urètre et un mémoire sur la résection du canal dans
les rétrécissements péniens, dont il n'existe jusqu'à ce
jour que huit faits publiés, parmi lesquels deux sont
personnels à l'auteur. Proposant, pour cette extirpation des nodules cicatriciels coarctant l'urètre, la dénomination de *Stricturectomie*, M. Pousson détaille la
technique de l'opération, en donne les résultats immédiats et éloignés, en pose les indications et les contre-
indications. Un malade, traité par la cystostomie pour
des fistules urinaires périnéo-scrotales anciennes, lui
fournit l'occasion de montrer de quelles ressources peut
être la dérivation du cours des urines, par l'ouverture
temporaire de la vessie. Je signalerai encore une observation d'hydronéphrose intermittente guérie par la né-
phrorrhaphie et je soumettrai plus particulièrement au
jugement du lecteur les deux mémoires consacrés à la
discussion : l'un, du meilleur mode de traitement des
calculs vésicaux chez les enfants et l'autre, de la conduite la plus rationnelle à tenir en présence des calculs
enchâtonnés de la vessie.

Comme complément à son mémoire de 1889 sur le
traitement chirurgical de l'exstrophie de la vessie,
M. Pousson insère dans cet ouvrage un nouveau travail, dans lequel il relève les progrès réalisés dans
cette voie depuis ces six dernières années ; faisant la

critique du procédé ingénieusement imaginé par M. Paul Segond, mais qui a échoué par deux fois sous ses yeux, il propose une modification à son exécution.

Le sujet le plus longuement traité dans cette catégorie de questions à l'ordre du jour, concerne l'anurie calculeuse et son traitement opératoire. Trois mémoires y sont consacrés : l'auteur étudie la pathogénie de cet accident de la lithiase, les divers moyens que nous avons aujourd'hui de reconnaître de quel côté et à quel niveau, siège l'obstruction de l'uretère, puis les opérations imaginées dans le but de lever l'obstacle au cours des urines. Dans le cas où, malgré tous les moyens mis en œuvre, le siège du calcul obturateur demeure inconnu, il conseille, avec le professeur Demons, de fendre délibérément le rein de son bord convexe au bassinet. Cette néphrotomie systématique, dont les résultats cliniques ont montré toute la valeur, trouve encore sa justification dans les données de la physiologie pathologique. En s'opposant aux effets de la contre-pression dans les canaux excréteurs de l'urine, elle permet la reprise de la sécrétion urinaire, malgré la persistance de l'obstruction de l'uretère, et sauvegarde ainsi l'intégrité des épithéliums et du parenchyme rénal. La thèse importante de son élève M. A. Donnadieu, qui a obtenu le prix Duval de la Société de chirurgie, a développé depuis lors les idées émises par M. Pousson sur la pathogénie de l'anurie calculeuse et la valeur de son traitement chirurgical.

Au nombre des questions de pathologie et de thérapeutique indiquées par les classiques ou traitées sans grand développement par eux, on trouvera dans ce volume une étude sur la pathogénie de l'incontinence d'origine urétrale chez la femme et sur son traitement opératoire, qui n'est mis que très rarement en pratique dans notre pays; des considérations sur le mécanisme des ruptures de la vessie, improprement dites spontanées, et en particulier sur sa déchirure par la contraction musculaire de ses propres parois, avec l'indication des moyens destinés à la prévenir.

Une curieuse observation de hernie de la muqueuse de la vessie à travers l'urètre, donne à M. Pousson l'occasion de tracer l'histoire complète de l'inversion du réservoir urinaire et de la hernie de ses parois par le canal, affection très rare, dont il n'a pu réunir que 22 faits.

Une fillette de 6 ans, chez laquelle l'étroitesse du vagin ne lui permettait pas d'oblitérer par la méthode américaine, une fistule vésico-vaginale consécutive à une ulcération du septum produite par un calcul, l'a conduit à faire connaître et à employer le premier en France un procédé, qui a été mis en usage un certain nombre de fois à l'étranger, particulièrement en Allemagne, à savoir l'ouverture préliminaire de la vessie par l'hypogastre.

La discussion de l'existence de la tuberculose rénale primitive, de ses conditions de développement dans la zone corticale éminemment vasculaire, l'exposé de son tableau symptomatique, et de la légitimité de l'intervention chirurgicale chez les malades qui en sont affectés, fait l'objet de deux mémoires. A la vérité les

considérations qui y sont exposées sont plutôt d'ordre
théorique, cependant quelques faits cliniques semblent
leur donner appui ; depuis lors, des expériences entreprises sous la direction du jeune maître, par un de
ses internes, M. Laroche, sont venues témoigner en
faveur de leur exactitude.

L'exposé de l'ensemble des procédés, que le chirurgien bordelais emploie dans l'amputation du pénis et
dont les plus importants consistent dans l'hémostase
par la ligature temporaire de la verge et la fermeture
des corps caverneux par la suture de leur coque
fibreuse, enfin une note sur l'anesthésie de la vaginale
par l'antipyrine dans le traitement de l'hydrocèle terminent ce volume.

Si le lecteur ne trouve pas dans cet ouvrage une
description complète des affections chirurgicales de
l'appareil génito-urinaire, ainsi que semble le promettre
le titre que l'auteur a dû adopter, il y rencontrera ces
documents de bon aloi, qui instruisent et qui guident.

FÉLIX GUYON.

CHAPITRE PREMIER

AFFECTIONS DE L'URÈTRE

I

SUR QUELQUES CAS D'URÉTRORRHAGIE

Les écoulements de sang par le méat en dehors de la miction, les urétrorrhagies assez abondantes pour donner quelque inquiétude sont rares. Dans l'immense majorité des cas le suintement sanguin, que détermine parfois le passage des instruments dans l'urètre sain ou malade, bien plus la véritable hémorrhagie consécutive à une fausse route au niveau du bulbe s'arrètent spontanément au bout d'un temps très court. En 10 ans je n'ai vu que 4 cas d'urétrorrhagie de quelque importance.

Dans ces 4 cas, 2 fois l'urétrorrhagie est survenue au 6me ou 8me jour spontanément, sans la moindre cause provocatrice, à la suite de l'urétrotomie interne pratiquée par d'habiles opérateurs sans incident et d'après toutes les règles. Je dois cependant dire qu'un de ces malades avait été urétrotomisé sur la paroi inférieure, contrairement au précepte du professeur Guyon, qui veut pour bien des raisons que la section porte sur la paroi supérieure, la véritable paroi chirurgicale du canal. Après avoir duré quelques jours ces urétrorrhagies, dont il me serait difficile de fournir la raison étiologique, cédèrent à l'emploi de la glace appliquée au périnée et d'injections d'eau froide pratiquées dans le canal.

Une autre fois l'écoulement de sang suivit chez un malade jadis urétrotomisé une séance de dilatation, dans laquelle les n°s 17, 18, 19 avaient été introduits sans la moindre difficulté et alors que les séances précédentes ne s'étaient pas accompagnées du plus minime suintement sanguin. Ce malade étant nettement hémophilique la persistance de l'hémorrhagie par la très petite éraillure faite involontairement à la muqueuse n'a rien qui puisse surprendre. On sait en effet que chez les hémophiles se sont les lésions les plus petites, qui donnent le plus souvent lieu à la perte de sang, et que les érosions des muqueuses sont beaucoup plus hémorrhagipares que celles de la peau. Les urétrorrhagies n'ont assurément point la fréquence des épistaxis, des hémorrhagies buccales et intestinales, mais elles figurent encore dans un assez grand nombre d'observations d'hémophilie. L. J. Sanson dans sa thèse sur les hémorrhagies traumatiques rapporte qu'Appleton, qui dans sa jeunesse avait présenté tous les symptômes de l'hémophilie, succomba à la suite d'un écoulement de sang par la muqueuse urétrale et par la surface d'une eschare à la hanche. Chez le malade que j'ai observé, l'hémorrhagie après avoir cessé sous l'influence d'injections d'eau glacée et de l'application de la glace au périnée reparut à trois ou quatre reprises, puis disparut définitivement.

Le 4me cas d'urétrorrhagie, que j'ai observé, présente beaucoup plus d'intérêt que les précédents et est d'une interprétation difficile. Après avoir rapporté dans tous ses détails l'observation de cette singulière hémorrhagie urétrale, j'en discuterai la pathogénie.

M. X..., 28 ans, courtier. Aucun antécédent morbide du côté de sa famille : ses père et mère vivent encore et se portent bien ; rien à noter du côté de ses oncles et de ses tantes. Il a eu un frère qui serait mort en bas âge d'accidents méningitiques. Quant à lui il n'a jamais fait de maladie grave, et il se porte habituellement très bien quoiqu'il soit généralement pâle et anémique. Vers l'âge de 18 ans il a été sujet à des épistaxis, dont l'abondance n'a jamais présenté de caractère de gravité. Il n'a jamais eu d'autre hémorrhagie par les muqueuses, notamment pas d'urétrorrhagie, et lorsqu'il se pique ou se coupe il ne perd pas plus de sang que toute autre personne.

Du côté de l'appareil urinaire on ne relève dans ses antécédents qu'un écoulement urétral, qu'il aurait contracté avec sa femme atteinte de pertes blanches 6 mois environ après son mariage qui remonte à 6 ans. Cet écoulement, dont la nature gonococcique reste douteuse, a été de très courte durée et a disparu en moins de 3 semaines sous l'influence d'une médication interne par les balsamiques et d'injections très légères.

Pendant 3 ans M. X. est resté absolument exempt de tous troubles urinaires, mais en 1892, il ressentit un peu de gêne dans la miction en même temps qu'une douleur vague et diffuse au périnée et à l'anus. C'est à ce moment qu'il est venu me consulter pour la première fois. L'examen que je pratiquai alors me montra que l'urètre avait son calibre normal, que ses parois étaient souples, non tomenteuses, non saignantes : une légère sensation de douleur au niveau du bulbe était le seul signe positif que je constatai à cette époque. Comme le canal, la vessie me parut indemne. Les urines étaient claires, limpides, sans filaments en suspension. Au toucher rectal la prostate était manifestement augmentée de volume, mais régulièrement tuméfiée, sans bosselure et gardant sa consistance uniforme normale.

Je n'attachai pas une grande importance à cette tuméfaction de la prostate, que l'on rencontre encore assez souvent chez les jeunes hommes sans qu'il soit toujours possible d'en savoir la nature et l'origine pathogénique, et je prescrivis un traitement général tonique et des suppositoires à l'iodure de sodium et à la belladone.

De 1892 à 1895, c'est-à-dire pendant une nouvelle période de 3 ans, M. X. ne se plaint d'aucun trouble de la fonction urinaire et se croit définitivement guéri, lorsque le 4 novembre 1895 subitement au milieu de la nuit et pendant son sommeil il est réveillé par la sensation d'un liquide chaud, coulant sur sa cuisse. Il allume une lumière, regarde et voit non sans une certaine frayeur que son linge est taché en rouge et que du sang s'écoule en gouttes rapides de son canal. Il perd ainsi, dit-il, la valeur d'un verre à Bordeaux de sang, puis tout s'arrête. Le lendemain il reprend ses occupations et la nuit suivante il ne perd pas de sang; mais le surlendemain dans la nuit du 6 au 7 nouvel écoulement de sang, survenant pendant le sommeil, en dehors de toute érection, de toute excitation sexuelle antérieure. Cette urétrorrhagie se reproduisant dans les nuits des 8 et 9 novembre, M. X. vient me consulter le 10.

Il me raconte les circonstances dans lesquelles se sont toujours produites les pertes de sang et affirme qu'elles sont toujours survenues la nuit, pendant le sommeil, jamais elles n'ont suivi les érections ni les rapports sexuels. L'examen du canal, que je pratique à l'aide d'un explorateur à boule nº 20, ne révèle aucune altération de ses parois, qui sont souples et extensibles, lisses et régulières, sans le moindre ressaut ni le plus léger rétrécissement. La boule ne ramène sur son talon ni sang ni sécrétion d'aucune nature, et l'urine que le malade rend à ma demande aussitôt après l'exploration ne renferme ni filaments ni caillots sanguins. Comme lors de mon premier examen il y a 3 ans, je trouve la prostate volumineuse mais non bosselée; les épididymes et les testicules sont sains; il en est de même des cordons et l'examen des divers départements de l'appareil urinaire est négatif.

La nuit, qui suit cette exploration, M. X. n'a pas d'urétrorrhagie, mais les deux nuits suivantes il perd encore du sang.

Le 13 novembre je pratique l'urétroscopie et je constate au niveau du point de jonction de la portion scrotale avec la portion périnéale de l'urètre et sur le côté droit l'existence d'une petite saillie plutôt pâle que rosée, qui apparaît d'ailleurs avec des reflets de coloration très variable dans les mouvements de va et vient et de latéralité imprimés au tube endoscopique. Cet examen est peu douloureux grâce sans doute à la précaution que j'ai prise de cocaïniser le canal, et, chose plus étonnante, le passage de l'instrument distendant assez fortement le canal ne détermine nul suintement sanguin, et dans la nuit, qui suit l'examen, l'écoulement n'est pas plus abondant que dans les nuits précédentes.

Bien que je n'aie pu apprécier dans ce premier examen tous les caractères de la petite saillie intra-urétrale je crois devoir rapporter à sa présence les urétrorrhagies de M. X. et pour la modifier sinon la détruire, je veux essayer l'effet des instillations de nitrate d'argent avant d'avoir recours à d'autres moyens thérapeutiques.

Je pratique une première instillation de la solution argentique à 1/30 après cocaïnisation le 14 novembre. Le malade souffre peu et ne saigne pas après la petite opération, mais dans la nuit il perd du sang comme les nuits précédentes.

Le 15 novembre, deuxième instillation : dans la nuit suivante pas d'urétrorrhagie.

Le 16 novembre, troisième instillation. M. X. pour la première fois perd du sang dans l'après-midi, vers 4 heures, et cela sans aucune provocation; en vaquant à ses occupations journalières il se sent tout à coup mouillé. La nuit suivante il a encore une urétrorrhagie.

Le 18 et le 20, quatrième et cinquième instillation.

Le 18, dans la journée, M. X. perd du sang, mais il n'en perd pas dans les nuits des 18, 19 et 20 novembre.

Je cesse les instillations et prenant en considération l'état de pâleur et d'anémie du malade, que j'ai signalé au début de l'observation, je prescris un traitement hydrothérapique et des pilules de fer et d'ergotine.

Je revois M. X. le 17 décembre, un mois après la dernière instillation. Il a eu encore deux ou trois urétrorrhagies nocturnes dans les 8 ou 10 jours, qui ont suivi la cessation du traitement topique, mais depuis près de 3 semaines il n'en a plus eu.

Je l'ai revu le 20 janvier, il demeure guéri.

Il continue ses douches et ses pilules.

Telle est cette curieuse observation, qui peut se résumer ainsi : urétrorrhagies nocturnes, spontanées, survenant chez un individu ayant un passé urétral peu accidenté (urétrite probablement non gonococcique et de très courte durée), et disparaissant à la suite d'un traitement local d'une lésion foit minime et d'une médication générale dirigée contre l'anémie et le lymphatisme du malade.

Si les auteurs, qui ont écrit sur les maladies des voies urinaires, ont tous consacré un chapitre important à la séméiologie de l'hématurie, ils ont tous omis l'étude de l'urétrorrhagie envisagée au point de vue de sa valeur diagnostic.

Assurément l'écoulement de sang par le méat en dehors de la miction soulève des problèmes pathogéniques bien moins nombreux et bien moins difficiles à résoudre que la miction sanglante; le plus souvent il est aisé d'en saisir la cause et l'origine; mais il est des cas, comme celui que je viens de rapporter, dans lesquels sa raison d'être est d'une interprétation véritablement délicate.

Les circonstances, dans lesquelles se produisait l'écoulement sanguin, au milieu de la nuit, pendant le sommeil et sans érection, doivent faire rejeter toute idée d'éraillures et de déchirures de la muqueuse, comme cela s'observe parfois au cours d'un coït violent et irrégulier, surtout lorsque les parois de l'urètre ont été plus ou moins profondément altérées par des atteintes d'inflammation réitérées. De même il ne saurait être question chez mon malade de ces urétrorrhagies post-mictionnelles résultant de la surdistension par le jet d'urine d'un canal enflammé ou coarcté, puisque d'une part l'examen ne révéla l'existence d'aucune altération inflammatoire ni d'aucun point rétréci, et que, d'autre part, l'écoulement de sang s'effectuait dans l'intervalle des mictions. Encore moins s'agit-il de cette variété de suintement sanguin, que l'on voit sourdre par le méat au cours des urétrites dites papillomateuses par Briggs, mais qui n'est jamais spontané et suit l'exploration instrumentale du canal.

C'est évidemment à la petite saillie polypiforme, que je découvris à l'urétroscope, qu'il faut attribuer les urétrorrhagies de M. X., mais il convient de remarquer que les phénomènes déterminés par la présence de ce papillome ont revêtu une allure exceptionnelle surtout en ce qui concerne les modalités de l'écoulement sanguin.

Longtemps contestée, l'existence des polypes de l'urètre chez l'homme ne saurait être niée après les observations inattaquables de Roger, Gallez, Beyram, Genaudet, Linhardt et autres. Grünfeld, qui en a observé un assez grand nombre à l'urétroscope, en a tracé un tableau symptomatique ne répondant guère à celui offert par mon malade. En effet, d'après Forgue, qui, dans son article du *Traité de chirurgie*, en emprunte la description à cet auteur : « une végétation polypeuse ne donne lieu qu'à une symptomatologie banale; le plus souvent ce sont les signes d'une urétrite chronique, d'un écoulement rallumé au moindre prétexte; tantôt ceux d'un rétrécissement comme dans les cas de Beyram et de Linhardt, parfois une hémorrhagie abondante, la sensation d'un corps étranger dans le canal ou des phénomènes de cystite, qui étaient très accusés dans un fait de Thompson. »

Rien de semblable n'existait chez M. X. et les troubles légers et vagues, qu'il présentait du côté de la miction lorsqu'il vint me consulter pour la première fois, trouvaient une explication suffisante dans la tuméfaction de la prostate.

En l'absence de toute autre dyscrasie susceptible de donner la raison des urétrorrhagies et notamment en l'absence de l'hémophilie, dont je n'ai trouvé en fouillant dans les antécédents héréditaires et personnels de M. X. aucune trace, je crois que l'anémie et le lymphatisme, qu'il présentait, ne sont pas étrangers à la production de cet accident. Sous l'influence du ralentissement de la circulation pendant le sommeil et des phénomènes congestifs, qui se passent alors du côté de la verge surtout lorsque la vessie est pleine, il se produisait sans doute au niveau de l'excroissance polypiforme un afflux de sang capable de rompre ses vaisseaux de nouvelle formation, et de s'écouler en quantité d'autant plus grande que sa composition se trouvait altérée. Les heureux effets du traitement local par le nitrate d'argent, qui a modifié la surface saignante, et de la médication générale par l'hydrothérapie, le fer et l'ergotine, qui a combattu la dyscrasie sanguine, semblent justifier l'interprétation pathogénique de cette singulière urétrorrhagie.

II

DES

RÉTRÉCISSEMENTS LARGES DE L'URÈTRE [1]

Au cours de l'examen des malades, qui se présentent à nos consultations, j'ai souvent occasion d'appeler votre attention sur l'existence d'une lésion du canal, consistant essentiellement dans une diminution légère de son calibre et désignée sous le nom de *rétrécissement large, rétrécissement de gros calibre*. Notre cahier de clinique en contient un assez grand nombre d'observations. Je veux mettre à profit ces matériaux, et essayer d'esquisser dans la conférence d'aujourd'hui l'histoire nosographique de cette variété de rétrécissement.

Ce sujet me paraît d'autant plus mériter d'être abordé devant vous que nos livres classiques, même les plus récents, n'en font aucune mention. J'ai déjà eu cependant l'occasion de signaler leur existence au cours d'une série de leçons publiée dans la *Gazette hebdomadaire des Sciences médicales de Bordeaux* en 1888. Mon attention sur ces coarctations légères du calibre de l'urètre avait été attirée par l'enseignement oral de mon maître le professeur Guyon, et par mes lectures des publications anglaises et américaines. C'est, en effet, de l'autre côté de la Manche et de l'Atlantique qu'ont été faits les travaux les plus importants sur cette question. Dans leurs écrits, nos confrères étrangers ont même, je crois, sinon exagéré la fréquence des rétrécissements larges, du moins grossi l'importance qu'ils ont en pathologie urinaire. Aussi, tout en empruntant à la grande expérience de Teaven, d'Otis, de William

---

1. Cette étude des rétrécissements larges ayant fait l'objet d'une leçon à la Faculté, je lui conserve sa forme didactique.

White, pour vous tracer le tableau symptomatique des rétrécissements de gros calibre, je me permettrai quelques critiques qui ramèneront les choses au point, dans l'intérêt de la vérité.

Une première question, qui se pose au début même de notre étude et à laquelle j'avoue avoir quelques difficultés à répondre, est celle de savoir quelle diminution de calibre doit avoir subi le canal de l'urètre pour qu'on soit en droit de le dire atteint de rétrécissement large, et au-dessous de quelle limite ce rétrécissement cesse de mériter cette épithète pour rentrer dans la catégorie des rétrécissements vulgaires.

Vous n'ignorez pas qu'à l'instar de la plupart des canaux de l'économie, l'urètre, à l'état de repos, a ses parois appliquées l'une à l'autre, en sorte que son calibre est virtuel et figure sur une coupe transversale une fente de forme variable suivant le point que l'on considère. L'urètre ne se constitue en canal réel que lorsque ses parois sont écartées, soit physiologiquement par l'urine ou le sperme lors de la miction ou de l'éjaculation, soit artificiellement par un liquide ou un instrument introduit dans son intérieur. Il y a donc lieu de lui distinguer un calibre physiologique ou naturel et un calibre anatomique ou artificiel.

Le calibre anatomique ou artificiel n'a d'autres limites que l'extrême extensibilité des fibres musculaires et élastiques des parois urétrales. Cette extensibilité n'étant jamais épuisée au moment du passage de l'urine ou du sperme, ce serait une erreur que de considérer comme rétréci tout canal ne pouvant admettre des instruments correspondant aux mensurations d'ailleurs très différentes que les auteurs donnent de ce calibre artificiel.

C'est là précisément la faute commise par les chirurgiens américains, qui considèrent comme rétrécis des urètres bien suffisants par leur calibre à remplir les fonctions qui leur sont dévolues. Pour Otis, par exemple, la circonférence moyenne de l'urètre variant entre 28 millimètres et 40 millimètres, c'est-à-dire entre $8^{mm},90$ à $12^{mm},73$ de diamètre, tout canal ne laissant pas passer aisément un cathéter n°s 25 ou 26 de la filière française, mesurant comme vous le savez $8^{mm}1/2$ à $8^{mm}2/3$, est un urètre rétréci. Comme le fait remarquer le professeur Guyon, si on pouvait mesurer le « calibre du jet bien lancé par une vessie jeune et suffisamment remplie » à travers un urètre sain, rien ne serait plus aisé que de déterminer le calibre physiologique ou naturel de l'urètre. A défaut de cette expérience difficilement réalisable, l'observation simple permet de douter que l'on puisse démontrer que le plus beau jet d'urine représente une colonne de 9 millimètres à 13 millimètres de diamètre.

En supposant même que le calibre physiologique ou naturel de l'urètre puisse être facilement et pratiquement mesuré, aurions-nous là un moyen fidèle de reconnaître les rétrécissements légers? Nous ne le pensons pas : car outre que les individualités urétrales sont extrêmement variables suivant l'âge, la race, la taille du sujet, les dimensions du pénis, etc., les facteurs, qui régissent le volume du jet d'urine à sa sortie du méat, sont trop complexes pour conclure de la diminution de ce volume à la diminution du calibre du canal.

Ainsi, il n'est pas possible d'établir sur les données numériques incertaines que nous possédons du calibre anatomique de l'urètre, pas plus que sur celles encore plus vagues que nous pouvons saisir de son calibre physiologique, le *criterium* des rétrécissements larges ou de gros calibre. Comment les reconnaîtrons-nous donc? En analysant minutieusement les sensations que nous fournit l'examen méthodique de l'urètre pratiqué avec la bougie à boule olivaire, dont je vous fais à tout instant apprécier les avantages. Dans un urètre normal, vous le savez, une bougie — ou explorateur à boule olivaire — n°s 20 à 24 se meut d'un mouvement uniforme du méat à la portion membraneuse. Elle donne à la main, qui la manie, une sensation douce d'écartement et de déplissement des parois et subit presque toujours un léger mouvement d'arrêt en même temps qu'elle fait naître la sensation d'une portion plus serrée, mais encore souple, lorsqu'elle franchit le sphincter membraneux. Les sensations recueillies dans la traversée prostatique ne nous intéressent pas, car les rétrécissements larges, pas plus que les rétrécissements ordinaires, ainsi que je vous l'ai dit souvent, ne sauraient exister dans l'urètre postérieur. Dans son trajet rétrograde, la boule fait éprouver les mêmes sensations en sens inverse; le temps d'arrêt au niveau du sphincter inter-urétral est seulement moins marqué. Eh bien, l'existence d'un rétrécissement large se reconnaîtra précisément aux modifications apportées aux sensations que je viens de rappeler. Ces sensations anormales, consistant parfois en une simple diminution de souplesse des parois de l'urètre, s'affirment d'autres fois plus nettement sous la forme de végétations saillantes, de replis valvulaires, de coarctations annulaires, etc.

La limite, qui sépare les rétrécissements larges des rétrécissements vulgaires, ne saurait non plus être exprimée en chiffres. C'est donc tout à fait arbitrairement que nous la fixerons aux nos 15 ou 16 de la filière Charrière, c'est-à-dire aux rétrécissements mesurant 5 millimètres de diamètre. Cette limite est d'autant plus arbitraire que s'il est des malades, vous le savez, ne présentant aucun trouble de la miction avec un canal admettant une bougie n° 15 et même de moindre calibre, il en est d'autres qui pissent mal et éprouvent des symptômes graves avec un urètre laissant passer un n° 18 et au-dessus.

Lorsque nous avons commencé à étudier les rétrécissements larges et que nous nous sommes appliqués à les rechercher chez tous nos malades, nous les avons rencontrés en si grand nombre que nous nous sommes tout d'abord méfiés des résultats fournis par nos explorations urétrales. Aujourd'hui que nous avons la certitude de nous mettre à l'abri de toutes les causes d'erreur, nous ne les trouvons pas moins souvent et nous n'hésitons pas à déclarer que ces diminutions légères du calibre de l'urètre sont fréquentes.

En effet, sur les 1,420 malades affectés de maladies des voies urinaires inscrits sur notre registre, nous trouvons 133 rétrécis, et, sur ce nombre, 25 sont notés porteurs de rétrécissements larges. Ce chiffre, déjà considérable, est encore, croyons-nous, au-dessous de la vérité, car, avant que notre attention ait été spécialement attirée sur ce genre de coarctation, beaucoup nous ont sans doute échappé.

ÉTIOLOGIE

Comme chez les rétrécis vulgaires, on relève le plus souvent l'urétrite blennorrhagique dans le passé pathologique des malades porteurs de rétrécissements de gros calibre. Sur nos 25 sujets, tous, à l'exception d'un seul, avaient été atteints d'inflammation gonococcique.

Sans vouloir tirer de nos faits des conclusions fermes et sans appel, nous croyons cependant devoir vous faire remarquer que les rétrécissements larges, qu'il nous a été donné d'observer, se sont présentés principalement chez des sujets ayant eu des urétrites blennorrhagiques en petit nombre, de peu de durée et de peu d'intensité.

Au point de vue du nombre nous trouvons, chez seize malades, une seule urétrite; chez quatre, deux; chez deux, trois; chez trois, quatre.

Relativement à la durée de l'inflammation, nous notons que chez quatorze d'entre eux, cette durée n'a pas été suffisamment longue pour qu'ils en conservassent le souvenir précis; chez un, un mois; chez un, trois mois; chez trois, six à huit mois; chez cinq, l'écoulement n'a jamais complètement guéri.

Enfin, en ce qui concerne l'intensité des phénomènes inflammatoires, il semble que ces phénomènes ont été modérés chez la plupart de nos malades, car nous ne trouvons mentionnés comme accidents, à cet égard, qu'une fois l'œdème du fourreau de la verge et du prépuce, une fois la chaudepisse cordée, une fois l'urétrorrhagie.

N'ayant que des renseignements tout à fait insuffisants sur le traitement suivi par nos malades, je ne puis vous indiquer l'influence que peut avoir, sur le développement des rétrécissements larges, la médication topique de l'urètre par les injections et les instillations. Il est probable qu'il en est, pour les rétrécissements de gros calibre, comme pour les rétrécissements ordinaires, et qu'un traitement local bien fait, en diminuant la durée de l'inflammation, prévient plutôt la stricture qu'il ne la détermine.

Une circonstance, que nous ne devons pas négliger de dégager dans notre enquête sur le passé de nos malades, est le laps de temps écoulé entre leur dernière blennorrhagie et la constatation de leur coarctation urétrale. La date de la dernière blennorrhagie notée chez 18 de nos sujets est en général ancienne : chez un elle remonte à 35 ans; chez un à 30 ans; chez un à 24 ans; chez un à 19 ans; chez trois à 15 ans; chez un à 10 ans; chez un à 7 ans; chez un à 6 ans; chez un à 5 ans; chez un à 4 ans; chez un à 3 ans; chez deux à 2 ans; chez un à 18 mois; chez un à 8 mois. Chez nos 7 autres sujets il est permis de croire que leur dernière urétrite remontait à une date assez éloignée, car quatre d'entre eux avaient au-dessus de 40 ans.

Finissons enfin l'analyse de notre tableau en indiquant l'âge de nos malades : le plus âgé avait 66 ans; parmi les autres quatre avaient entre 50 et 60 ans; sept entre 40 et 50 ans; six entre 30 et 40 ans; cinq entre 25 et 30 ans; deux entre 20 et 25 ans.

Un seul de nos malades, avons-nous dit, était indemne de tout passé blennorrhagique et la cause de la coarctation légère de son urètre nous échappe complètement. Nous ne croyons pas cependant que son rétrécissement fut congénital et encore moins spontané, et bien qu'en fouillant dans ses antécédents pathologiques nous n'ayons relevé aucune des autres causes capables de déterminer une stricture, nous pensons que cette cause a existé.

En dehors de la blennorrhagie, les affections de l'urètre susceptibles d'engendrer des rétrécissements larges sont les éraillures, les érosions légères de la muqueuse au cours d'un cathétérisme maladroit, les ulcérations du canal. Nous nous contenterons de mentionner cette genèse admise par certains auteurs, sans pouvoir vous apporter des faits qui la confirment. Ne pouvant non plus vous fournir des exemples de rétrécissements consécutifs à la masturbation, nous vous rappellerons simplement la déclaration faite par Samuel Gross (de Philadelphie) à savoir que le rétrécissement de l'urètre est fréquent chez les masturbateurs (dans la proportion d'environ 88 0/0), qu'il est en général peu étroit, unique et situé près du méat.

ANATOMIE PATHOLOGIQUE

A défaut d'examen direct *post mortem*, que nous n'avons pas eu occasion de faire, l'exploration méthodique de l'urètre, avec la tige à boule, nous a permis de recueillir sur nos malades les données anatomo-pathologiques suivantes :

Relativement à leur siège, les rétrécissements larges que nous avons observés occupaient, dans la majorité des cas, le milieu de la portion pénienne, onze fois; chez huit malades, ils affectaient la région périnéo-bulbaire; chez les autres malades ils siégeaient dans la portion balanique, une fois; à 4 centimètres du méat, une fois; à l'angle péno-scrotal, une fois. Les rétrécissements, dont nous nous occupons, ne semblent donc pas avoir pour la région périnéo-bulbaire la prédilection marquée que présentent, vous le savez, les strictures vulgaires.

Ils diffèrent encore de ces strictures par le nombre. Au lieu de s'échelonner en série sur toute la longueur du canal, les rétrécissements de gros calibre ne sont jamais qu'en nombre très restreint. En effet, dans nos observations nous trouvons : un seul rétrécissement large, neuf fois ; deux rétrécissements larges, neuf fois ; nombre non indiqué de rétrécissement larges, trois fois.

Chez la plupart de nos malades, l'existence de la coarctation se révélait au passage d'un explorateur olivaire n° 18 ; au-dessous de ce numéro la boule glissait dans l'urètre sans faire naître la moindre sensation révélatrice. Chez deux malades l'olive n° 17, et chez cinq, l'olive n° 16 faisaient éprouver la sensation caractéristique de la diminution de calibre du canal. Ces chiffres n'expriment d'ailleurs que très approximativement le degré du rétrécissement, car chez presque tous les sujets il était possible d'introduire dans l'urètre une bougie olivaire supérieure de deux ou trois numéros à l'indication de la boule exploratrice.

Nous pouvons ramener à quelques types les variétés nombreuses de formes que revètent les rétrécissements larges : tantôt c'est une simple perte de souplesse des parois urétrales sur une plus ou moins grande longueur ; tantôt la muqueuse est hérissée de saillies molles et tomenteuses ou, au contraire, dures et rugueuses ; d'autres fois il existe une bride épaisse, dont le relief s'accentue surtout par la distension du canal ; ailleurs la bride très mince forme comme un repli valvulaire. Si nous nous en rapportons au dépouillement de nos observations, ces deux dernières formes des rétrécissements larges : brides et valvules, l'emportent de beaucoup par leur fréquence sur les autres ; sur nos faits nous ne les avons pas rencontrées moins de seize fois. Occupant parfois toute la circonférence du canal, ces brides et valvules n'intéressaient, chez la plupart de nos malades, qu'une zone de cette circonférence et le plus souvent la paroi inférieure ou plancher de l'urètre.

Vous savez que des travaux d'une importance et d'un intérêt considérable ont été poursuivis dans ces dernières années sur l'histologie des rétrécissements blennorrhagiques vulgaires, mais aucun examen microscopique du tissu, constituant les rétrécissements larges, n'a été pratiqué jusqu'à ce jour, à ce que je sache. Nous sommes donc réduits à vous décrire les lésions de ces derniers d'après ce que nous savons des lésions des premiers. Si vous vous rappelez la communauté d'origine des strictures ordinaires et des strictures de gros calibre, cette analogie supposée des lésions ne vous paraîtra, sans doute, pas trop forcée, et répondant par avance à une objection que vous ne manqueriez pas de faire, j'essaierai, dans un instant, de vous donner les raisons pour lesquelles des altérations anatomiques, ayant un même point de départ et des caractères identiques, diffèrent cependant dans leur évolution, essentiellement progressive dans le premier cas, stationnaire dans l'autre.

D'après Geza von Antal, Finger, Guterbock, Neelsen en Allemagne, Baraban, Melville Wassermann et Noël Hallé en France, pour ne citer que les travaux les plus récents et les plus complets sur la question, les rétrécissements blennorrhagiques résultent d'une inflammation qui, frappant d'abord la muqueuse, se propage ensuite dans les couches sous-muqueuses et dans le corps spongieux. Elle transforme ces tissus, éminemment souples et extensibles, en tissus fibreux rigides et inextensibles. C'est, vous le voyez, la confirmation par le microscope de ce qu'avait vu directement Voillemier et après lui nos auteurs classiques. En un mot, il s'est développé, sous l'influence de l'infection gonococcique, une urétrite scléreuse totale, suivant l'heureuse expression proposée par Melville Wassermann et Noël Hallé, expression qui a l'avantage de rappeler à la fois l'origine de tout rétrécissement et son évolution à travers les divers éléments de la paroi urétrale. Les modifications subies par les éléments anatomiques au niveau du point rétréci peuvent se résumer ainsi : transformation du type épithélial, qui de cylindrique stratifié est devenu pavimenteux et se dispose en plusieurs couches, dont la plus superficielle peut subir la kératinisation ; infiltration embryonnaire du derme muqueux, qui se hérisse de papilles, de végétations à sa surface, et dont la couche élastique profonde a disparu ainsi que les glandes ; enfin, production dans le corps spongieux du tissu fibreux qui, se substituant aux fibres élastiques et musculaires limitant les aréoles, amène la disparition de ces dernières. Ces lésions présentent leur maximum au point ou le calibre est le plus rétréci, vont en diminuant au fur et à mesure qu'on s'éloigne de la stricture dans un sens ou dans l'autre, mais s'étendent souvent sur une grande longueur. Dans les points ou le canal n'a pas subi de diminution de calibre cliniquement appréciable, nous disent Wassermann et Hallé, l'urétrite chronique a laissé dans la paroi des traces profondes portant surtout sur l'épithélium, mais consistant aussi en lésions scléreuses sous-muqueuses plus ou moins prononcées.

Il est infiniment probable que ces altérations constitutives des rétrécissements vulgaires sont aussi celles des strictures de gros calibre. Intéressant souvent une plus grande longueur de l'urètre, elles sont, par contre, dans cette catégorie de rétrécissements, moins étendues en profondeur et laissent intacte une partie de la circonférence du canal.

Les examens endoscopiques d'un certain nombre d'urètres atteints de rétrécissements larges, en montrant que la muqueuse présente, au niveau des points rétrécis, comme en deça et au delà, le même aspect que celle des urètres atteints de rétrécissements ordinaires, peuvent être invoqués comme une preuve indirecte de l'analogie existant entre les lésions histologiques des deux espèces de rétrécissements. La muqueuse apparaît, en effet, lisse, tendue, sèche et aride au niveau du point rétréci, rouge plus ou moins foncé, œdémateuse, plissée et granuleuse dans les portions voisines. Ces dernières lésions sont surtout marquées en amont de la stricture et leur existence explique l'origine d'un accident qu'on observe dans les rétrécissements étroits : l'infiltration d'urine. Sur une pièce pathologique, observée par William White, ce chirurgien a constaté que la muqueuse de l'urètre, en arrière d'une stricture admettant pendant la vie le n° 26, était le siège d'une hyperhémie intense.

N'oubliez donc pas l'existence de ces altérations des parois urétrales, cet état subinflammatoire de la muqueuse, qui modifie sa vitalité, diminue son élasticité, affaiblit sa résistance et prédispose aux fissures qui permettront à l'urine de s'infiltrer dans les tissus péri-urétraux. C'est ainsi que la stricture, produit de l'inflammation primitive du canal, entretient à son tour dans son voisinage une urétrite chronique, dont le foyer élabore au sein de l'urine, qui y séjourne, et des produits, que secrète la muqueuse, de nombreux micro-organismes, menace incessante d'accidents infectieux.

Si les lésions histologiques des rétrécissements larges sont les mêmes que celles des rétrécissements vulgaires et reconnaissent le plus souvent la même origine blennorragique, quelles sont donc les raisons, me demanderez-vous, de leur destinée différente ? Tandis que les unes, abandonnées à elles-mêmes, rétrécissent de jour en jour la lumière du canal, pourquoi les autres s'arrêtent-elles dans leur évolution ? L'enquête à laquelle nous nous sommes livrés, touchant le passé de nos malades, permet, nous semble-t-il, de donner une réponse sa-

tisfaisante à cette question. Le petit nombre d'urétrites blennorragiques, leur faible intensité, leur peu de durée — toutes
choses que nous avons notées chez le plus grand nombre
d'entre eux — en restreignant l'infiltration embryonnaire péri-
urétrale ne donnent plus lieu qu'à une néoformation fibreuse
de mince importance, et partant, peu rétractile.

Une autre question relative à l'évolution des rétrécissements
larges peut encore être résolue par l'étude de nos observations.
D'après certains auteurs, les rétrécissements de gros calibre
ne sont que des rétrécissements vulgaires surpris à leur début.
Vous savez, en effet, combien est lent le développement des
strictures blennorragiques. C'est de longues années après
l'urétrite gonococcique que commence à diminuer le calibre
du canal. Si chez quelques-uns de nos malades les rétrécissements, que nous avons constatés, n'étaient peut-être que des
rétrécissements vulgaires, à leur période initiale, chez le plus
grand nombre l'âge des sujets et l'époque reculée à laquelle
remontait leur dernière blennorragie ne permettent guère de
douter que les légères strictures, dont ils étaient atteints,
existaient depuis longtemps et étaient arrêtées dans leur évolution.

SYMPTOMATOLOGIE

Les lésions anatomiques des rétrécissements de gros calibre, que nous venons de décrire, portent atteinte à l'élasticité
et à la contractilité des parois urétrales en même temps qu'elles
altèrent leur vitalité. De là, vous le comprenez sans peine,
des modifications dans le fonctionnement physiologique du
canal de l'urètre, qui nous donnent la clef des symptômes
observés chez les malades qui en sont porteurs.

Ces symptômes sont : les uns fonctionnels, les autres physiques.

Les chirurgiens américains ont certainement exagéré l'importance des phénomènes morbides déterminés par les rétrécissements larges. Selon eux ces lésions du canal peuvent retenir non seulement sur l'appareil génito-urinaire tout entier,
mais encore porter atteinte au fonctionnement d'autres organes.
Exagération mise à part, nos confrères étrangers ont bien
étudié la symptomatologie de cette variété de stricture.

D'après Otis, un des symptômes qui révèle le plus souvent l'existence d'un rétrécissement large, c'est un écoulement chronique, tachant le linge pendant le jour, perlant sous forme de goutte au niveau du méat au réveil, ou se traduisant simplement, après chaque miction, par des filaments dans l'urine. Cet écoulement est le résultat de la sécrétion de l'urètre enflammé en amont de la stricture. Il n'est pas absolument constant, mais sa fréquence est si grande qu'il peut être mis au rang des symptômes de l'affection de l'urètre qui nous occupe. J'ai souvent eu occasion de vous dire à propos de la coexistence des rétrécissements vulgaires et de l'urétrite chronique, que Jamin, dans sa thèse, n'avait trouvé que quatre fois un écoulement sur soixante et un rétrécis, et sur cent trois malades atteints de blennorragie chronique, dix seulement avaient un rétrécissement. Mais il est à remarquer que Jamin se préoccupait surtout des rétrécissements ayant produit une diminution sensible de la lumière de l'urètre. Depuis lui, Vigneron, ayant minutieusement exploré le canal d'un certain nombre de sujets atteints d'urétrite chronique, affirme avoir trouvé dans la majorité des cas un rétrécissement large. Chez dix-neuf de nos malades, dans l'observation desquels des renseignements nous sont fournis sur l'écoulement, nous trouvons six fois un écoulement marqué ; neuf fois un léger écoulement ; une fois, des filaments nombreux ; trois fois, aucun écoulement.

Les déformations subies par la colonne urinaire à sa sortie du méat n'ont qu'une signification symptomatique vague, car on les rencontre dans plusieurs autres affections de l'urètre, telles que : hypertrophie de la prostate, spasme de la portion membraneuse, végétation du canal, urétrites. Ces déformations du jet peuvent même s'observer en dehors de toutes maladies urétrales ; elles reconnaissent alors le plus souvent pour cause la conformation particulière des lèvres du méat. Néanmoins, un malade, qui se plaint d'avoir un jet aplati en lame de sabre, bifurqué en fourche, contourné en vrille ou en tire-bouchon, et chez lequel on ne trouve rien pour expliquer ce phénomène, doit être examiné au point de vue d'un rétrécissement de gros calibre.

La diminution de volume du jet et de sa projection, qui constitue un bon signe des rétrécissements ordinaires, ne saurait exister dans la variété de stricture qui nous occupe. En effet, d'une part, le calibre de l'urètre est trop légèrement rétréci pour qu'il en résulte une diminution, appréciable à l'œil, de la colonne liquide ; d'autre part, l'hypertrophie compensatrice de la vessie lutte efficacement contre la légère étroitesse du canal, au point même d'augmenter, chez certains malades, la force de propulsion du jet d'urine.

Les troubles symptomatiques des rétrécissements larges tiennent bien plutôt à la perte d'élasticité ét de contractilité des parois urétrales qu'à la légère diminution du calibre du canal. Incapable de revenir sur lui-même à la fin de la miction et d'expulser ainsi les dernières gouttes d'urine, l'urètre les conserve au sein de sa cavité et les laisse ensuite échapper progressivement, lorsque la verge pend inerte dans les vêtements. Quelque soin que le malade mette à vider complètement son canal, soit en contractant le bulbo-caverneux et les autres muscles du périnée, soit en secouant ou en pressant sa verge, il s'égoutte toujours dans son linge une certaine quantité d'urine. Cet accident, très supportable pendant l'été, est beaucoup plus désagréable, vous le comprenez, pendant les froids de l'hiver.

Cet égouttement de l'urine après la miction ne s'observe pas d'ailleurs exclusivement dans les rétrécissements de gros calibre ou autres du canal ; je tiens à vous le faire remarquer en passant. J'ai été souvent consulté par des malades, dont l'attention avait été éveillée par ce phénomène et qui étaient persuadés qu'ils étaient atteints de rétrécissements. L'exploration du canal étant à cet égard négative, j'ai été conduit à attribuer cette incontinence post-mictionnelle, soit à la congestion des organes périnéaux provoquée par une station assise longtemps prolongée, soit à un certain degré de parésie des muscles expulseurs de l'urine produite par un froid intense. C'est, en effet, après être demeuré longtemps assis ou s'être exposé au froid, que ces malades présentaient le symptôme en question.

De même que la miction, l'éjaculation est troublée et, outre les douleurs quelquefois vives qui l'accompagnent et sur lesquelles nous reviendrons, l'expulsion du sperme se prolonge encore longtemps après l'orgasme, sans force et en bavant.

Le séjour d'une petite quantité d'urine dans le canal après la miction entraîne toute une série de phénomènes morbides souvent réels, mais qu'exagère incontestablement dans bien des cas l'imagination des malades prêts à s'alarmer à l'excès des moindres troubles de l'appareil génito-urinaire. C'est d'abord une sensation de plénitude dans le canal, qui les pousse à prolonger outre mesure les efforts de la miction et engendre le symptôme de la micturition.

Cette sensation de pesanteur très supportable se transforme chez certains en véritable douleur irradiant dans les régions voisines du canal, à l'hypogastre, à l'un ou aux deux testicules, aux lombes, à la racine des cuisses et dans toute la longueur des membres inférieurs.

D'après William White l'influence pathogénique des rétrécissements larges ne se bornerait pas là, elle serait susceptible de déterminer des troubles bien plus graves du côté des fonctions urinaires et génitales. C'est ainsi que le chirurgien américain cite l'exemple d'un malade atteint d'albuminurie depuis trois ans, qui fut radicalement guéri en quinze jours par la dilatation lente et progressive de son canal admettant, avant tout traitement, une bougie olivaire 26 (?). Le même auteur rapporte l'observation d'un homme de 30 ans, qui fut guéri d'une incontinence d'urine en élevant du n° 30 au n° 31 le calibre de la sonde qu'il avait habitude de passer journellement dans son canal. Enfin, cet auteur aurait vu, chez deux malades se plaignant d'avoir des érections incomplètes, passagères, et des éjaculations prématurées, ces phénomènes morbides disparaître très rapidement à la suite de sondages pratiqués avec des instruments de volume très légèrement supérieur à celui qu'ils employaient jusqu'alors. J'avoue avoir quelque peine à admettre l'interprétation que donne William White de la guérison de ces derniers malades, et je serais assez enclin à voir, dans les deux cas, l'influence heureuse de la suggestion. Nous verrons plus tard, à propos des complications que les rétrécissements larges peuvent déterminer, des accidents moins hypothétiques et dont l'éclosion subite ne saurait surprendre le chirurgien, qui connaît les lésions anatomiques du canal dans cette variété de stricture.

Je vous ai dit qu'on ne saurait raisonnablement apprécier en chiffres la diminution que le calibre de l'urètre doit avoir subi pour qu'on soit autorisé à le déclarer atteint de rétrécissement large. C'est autant par les autres sensations recueillies à l'aide de l'instrument, qui sert à pratiquer méthodiquement l'examen du canal, que par la constriction subie par lui, que se révèlent les strictures que nous étudions. Il importe donc que vous vous munissiez d'un bon instrument explorateur, si vous voulez faire de l'urètre l'examen approfondi qu'exige la reconnaissance des rétrécissements de gros calibre.

L'ingéniosité des chirurgiens, secondée par l'habileté des fabricants, s'est donné libre carrière dans la construction do ces instruments explorateurs. Sous les noms d'urétromètres, d'urétrographes, il existe un grand nombre d'appareils qui, incontestablement, permettent de mesurer d'une manière précise le calibre du canal, d'en apprécier le degré d'extensibilité, de dilatabilité ; mais ils sont impuissants, en raison de la rigidité des pièces qui les composent, à faire percevoir à la main qui les conduit les sensations qui seules permettent de bien juger l'état de l'urètre malade. L'explorateur à tige souple et à boule olivaire transmet intégralement ces sensations et donne, grâce à la graduation insensible du volume de la boule, une idée bien suffisamment exacte pour la pratique courante des dimensions du canal. C'est donc à cet instrument que je vous engage à avoir recours pour explorer l'urètre, et cela avec d'autant plus de raison qu'il vous sera toujours loisible de l'avoir dans votre arsenal, si modeste qu'il soit.

J'ai suffisamment insisté dans nos leçons du mercredi, consacrées à l'étude de la petite chirurgie des voies urinaires, sur les conditions que doit remplir un bon explorateur à boule, sur la manière de l'introduire dans le canal, afin de ne laisser échapper aucune des sensations révélatrices de ses lésions ; je me contenterai donc aujourd'hui de vous signaler les manœuvres, en somme simples, qui vous permettront de dépister, dans tous les cas, les rétrécissements larges et de vous mettre en garde contre les causes d'erreur.

Comme je vous l'ai dit au début de cette leçon, un explorateur à boule olivaire n° 20 à 24, introduit dans un urètre normal, dont le méat est suffisamment large pour le recevoir, ne fait éprouver aux doigts, qui le poussent, qu'une sensation douce d'écartement et de déplissement des parois jusqu'au niveau de la portion membraneuse accusée par la sensation d'un anneau élastique s'entrouvrant sans effort. Que si vous avez affaire à un canal *largement* rétréci, vous sentirez que la boule sursaute sur une paroi irrégulière, raboteuse, molle ou résistante, qu'elle est enserrée dans un défilé qu'elle a peine à franchir ou même qu'elle y est définitivement arrêtée. Cet arrêt des gros explorateurs, ordinairement employés pour la reconnaissance des rétrécissements larges, doit mettre votre esprit en éveil sur l'existence d'une stricture vulgaire.

Il est aussi une circonstance, qui peut arrêter la progression de l'olive et en imposer pour un rétrécissement : c'est le plissement de la muqueuse du canal, conséquence d'une traction insuffisante de la verge. Il vous sera facile d'éviter cette cause d'erreur en ayant soin de bien tendre la verge au fur et à mesure que la boule pénétrera dans l'urètre.

La constriction éprouvée par l'olive franchissant le sphincter inter-urétral ne saurait mettre en défaut qu'un chirurgien inexpérimenté, et qui ignorerait que cette constriction, très nette lorsque l'instrument passe de l'urètre antérieur dans l'urètre postérieur, est à peine appréciable lorsqu'il parcourt le même trajet en sens inverse.

C'est surtout lorsqu'il s'agit de reconnaître l'existence de rétrécissements larges que cet aphorisme du professeur Guyon se trouve pleinement justifié, à savoir que, pour diagnostiquer sûrement un rétrécissement de l'urètre, il faut avoir franchi ce rétrécissement. Les sensations perçues au retour par le talon de l'olive sont, en effet, beaucoup plus nettes, et elles seules sont capables de vous renseigner sur les diverses manières d'être du tissu pathologique constituant les strictures de gros calibre.

Lorsque les lésions se réduisent à une simple infiltration des enveloppes de l'urètre, avec prolifération de l'épithélium au point malade, l'explorateur à boule ne peut, pas plus au retour qu'à l'aller, donner une idée juste de la perte de souplesse des parois du canal, et c'est pour ces cas que les urétromètres et les urétrographes ont sur lui un réel avantage. Mais lorsque la muqueuse est hérissée de saillies granuleuses ou papilliformes, de productions condylomateuses, d'excroissances, etc., la boule, qui semble glisser sur une surface veloutée ou tressauter sur une paroi raboteuse, ne saurait laisser passer inaperçues ces lésions. Le talon de l'instrument qui, presque toujours, dans ces cas, ramène les produits de secrétation de la muqueuse et provoque souvent aussi un léger écoulement sanguin, vient encore fournir dés renseignements précieux.

C'est surtout pour la reconnaissance des brides et valvules de l'urètre — qui, ainsi que nous l'avons dit d'après le dépouillement de nos observations, sont les formes les plus habituelles des rétrécissements larges — que la supériorité de l'explorateur à boule s'affirme sur tous les autres instruments. Si le relief, que font dans le calibre du canal ces lésions, peut encore passer inaperçu lors de l'introduction de la boule, il ne saurait échapper lors de son retrait, car le talon est tout disposé pour accrocher les moindres aspérités et en révéler la présence. La sensation de ressaut simple, si le volume de la boule est peu considérable, sera celle d'une corde tendue et vibrante si la boule, suffisamment volumineuse, met en tension les parois urétrales.

Le siège et le nombre des rétrécissements larges vous seront révélés à l'aide de l'explorateur à boule de la même manière que dans les rétrécissements vulgaires.

PRONOSTIC ET COMPLICATIONS

Après ce que je viens de vous dire des symptômes fonctionnels et des signes physiques des rétrécissements de gros calibre, il me semble inutile d'insister sur leur diagnostic, mais leur pronostic mérite de nous arrêter.

Il n'est certes pas impossible que l'existence d'un rétrécissement large devienne, chez un sujet prédisposé, le point de départ de troubles névropathiques et même de phénomènes réflexes capables d'entraver l'exercice de certaines fonctions organiques, comme l'érection, l'éjaculation, etc. Mais je pense que, lorsqu'il en est ainsi, l'influence pathogénique de la légère lésion du canal est le plus souvent indirecte et qu'elle ne fait sentir ses effets que par l'intermédiaire des perturbations psychiques qu'elle détermine. Que de maladies imaginaires créées, dans la classe si nombreuse des névropathes, par la parole imprudente d'un médecin, assurément bien intentionné, mais qui n'a pas su tenir compte de l'état mental du sujet avant d'apprécier les lésions de l'appareil génito-urinaire pour lesquelles on vient le consulter ! C'est dans le but d'éviter l'éclosion de ces psychopathies qu'il vous faudra toujours être réservés avec certains malades, et que vous vous rappellerez que vous ne leur devez pas à eux-mêmes la vérité.

Il est un certain nombre de complications des rétrécissements larges, que je vous signalerai en terminant et qui en assombrissent le pronostic. Ces complications, toutes d'ordre infectieux, trouvent leur point de départ dans l'état de la muqueuse urétrale en arrière du point coarcté et dans les germes nombreux pullulant au sein des liquides qui y stagent et qui y sont sécrétés. Ce sont des accès de fièvre urineuse, des poussées d'orchite et de cystite, des abcès, des tumeurs et infiltrations d'urine, etc.

Les accès de fièvre urineuse peuvent éclater spontanément, mais le plus souvent ils surviennent à la suite d'un cathétérisme qui, par les légères solutions de continuité de la muqueuse urétrale profondément altérée, permet aux germes morbides de pénétrer dans l'organisme. Sans doute vous n'éviterez pas toujours cette complication, mais vous en diminuerez beaucoup les chances, si vous avez le soin de bien désinfecter le canal par des lavages antiseptiques abondants avant d'introduire quelque instrument que ce soit dans son calibre.

C'est également presque toujours par l'intermédiaire du cathétérisme, transportant de l'urètre dans la vessie les micro-organismes pathogènes, que l'on voit la cystite venir compliquer les strictures de gros calibre; l'inflammation de la vessie peut, néanmoins, chez certains sujets, se déclarer en dehors de ce mécanisme. Cette cystite est toujours très rebelle; elle ne cède qu'après la disparition de la stricture et la guérison des lésions de l'urètre, et peut, conséquence autrement grave, n'être qu'une étape de l'infection ascendante de l'arbre urinaire. Si nous nous en rapportons à nos observations, l'inflammation de la vessie serait une complication assez fréquente des rétrécissements larges, car nous la trouvons notée huit fois sur notre série de vingt-cinq malades.

Il y a longtemps que Voillemier, étudiant les conditions pathogéniques des abcès urineux et de l'infiltration d'urine, a démontré, contrairement à ce que l'on croyait jusqu'alors sur la parole de Hunter, que ces accidents étaient indépendants du degré de la stricture et qu'ils reconnaissaient pour cause l'état pathologique de la muqueuse urétrale en arrière du point coarcté.

Rien ne saurait mieux démontrer l'exactitude de cette opinion que la production de ces accidents chez des malades porteurs de rétrécissements de gros calibre. Vigneron, pendant son internat dans le service de Necker (*Annales des maladies des organes génito-urinaires*, août 1891), Carlier (de Lille) (*Union Médicale*, mars 1892), en ont rapporté des cas, moi-même j'en ai publié un fait il y a quelques années (*Annales de la Polyclinique de Bordeaux*); enfin, l'une de nos observations en est un nouvel exemple. Ainsi que le fait remarquer Carlier, cette complication est toujours survenue chez des gens âgés (son malade avait 65 ans, ceux de Vigneron avaient l'un 70 ans, l'autre 50 ans, les miens avaient 50 ans et 53 ans), ce qui semble prouver, dit-il, que les altérations subies par la muqueuse urétrale évoluent avec une extrême lenteur. Peut-être convient-il aussi de faire jouer un rôle à l'affaiblissement, par l'âge, de la résistance de la muqueuse, au développement du cul-de-sac du bulbe, etc.

TRAITEMENT

En raison des symptômes qu'ils déterminent et des accidents qu'ils préparent, les rétrécissements larges méritent que vous les traitiez avec la même sollicitude que les rétrécissements ordinaires. Bien que la lumière de l'urètre ne soit que faiblement diminuée, et qu'il semble *a priori* qu'il suffise de passer quelques bougies de gros calibre pour lui restituer toutes ses propriétés physiologiques, la simple dilatation suffira rarement et vous serez le plus souvent obligé de la combiner à des moyens susceptibles de modifier les lésions de la muqueuse enflammée, ou de la faire précéder de sections sanglantes.

C'est à la clinique, à la clinique seule, vous le comprenez, de vous dicter les indications du mode de traitement que vous devez choisir. Je puis, cependant, vous donner ici quelques données théoriques, qui vous aideront dans ce choix, lorsque vous serez aux prises avec les difficultés de la pratique.

Lorsque nous nous sommes occupés de l'anatomie pathologique des rétrécissements larges, vous vous souvenez que nous avons ramené à trois types les formes qu'ils peuvent revêtir : (*a*) simple perte de souplesse des parois du canal ; (*b*) état tomenteux, villeux, bourgeonnant de la muqueuse; (*c*) brides, valvules saillantes dans la lumière de l'urètre. A chacun de ces types correspondent des indications thérapeutiques particulières.

Dans le premier cas, la dilatation lente progressive, pratiquée suivant les règles que nous vous rappelons si fréquemment au cours de nos consultations, suffira presque toujours à assouplir les parois du canal malade et à lui restituer, avec son calibre normal, toutes ses propriétés physiologiques. Aux bougies en gomme, je vous engage à préférer pour cette dilatation les bougies métalliques dites de Béniqué, que vous introduirez munies d'un conducteur, suivant la manière de faire du professeur Guyon. L'expérience a démontré, en effet, qu'elles sont mieux supportées par le canal, et leur graduation, moins rapide que celle des bougies ordinaires, permet de faire le massage de l'urètre d'une manière plus régulière et plus apte à favoriser l'absorption des produits infiltrés. Que si cette variété de stricture large s'accompagne de suintement, d'écoulement, indices d'un degré plus ou moins prononcé d'inflammation du canal, vous y joindrez, avec avantage, soit des lavages au permanganate de potasse, soit des instillations de nitrate d'argent, suivant la présence ou l'absence de gonocoques dans les liquides sécrétés.

L'emploi des instillations argentiques s'impose absolument lorsque la muqueuse est hérissée de granulations, de végétations, en arrière du point coarcté. C'est le seul moyen que vous ayez de rendre efficace et anodine la dilatation par les bougies en gomme ou en métal. Mais ce moyen, il faut bien l'avouer, ne réussira pas toujours, et, en cas d'échec, vous n'hésiterez pas à faire la section interne du canal. Vous ne vous contenterez pas alors de faire simplement une urétrotomie interne, mais vous débriderez, en trois ou quatre points de sa circonférence, l'anneau pathologique. L'urétrotome de Civiale ou ses dérivés, qui sectionnent d'arrière en avant, vous rendront à cet égard de grands services. Ils incisent, en effet, l'urètre en le tendant dans le sens de sa longueur et permettent de bien apprécier la résistance des tissus avant de les couper.

La section interne est le seul mode de traitement rationnel des rétrécissements, qui affectent la forme de brides, de valvules intra-urétrales. Mais de même que nous avons vu que, pour les reconnaître, il est indispensable d'explorer le canal avec un instrument spécial — l'explorateur à boule olivaire — de même, pour les inciser, il est nécessaire d'employer un instrument distendant préalablement l'urètre et faisant saillir la bride stricturale. L'urétrotome d'Otis, manié avec prudence et mesure, est très propre à la pratique de ces sections.

III

DE LA STRICTURECTOMIE PÉNIENNE

Le problème de la cure radicale des rétrécissements de l'urètre périnéal, demeurés réfractaires à la dilatation, à l'urétrotomie interne et aux autres méthodes de traitement, est bien près d'être résolu.

La stricturectomie périnéale[1], suivie de la restauration du canal par l'urétrorrhaphie et à son défaut par la suture à étages du périnée ou par l'urétroplastie, a été pratiquée un assez grand nombre de fois pour que la valeur de cette méthode ne puisse être contestée.

L'opinion des chirurgiens est moins fixée sur ce qu'on est en droit d'attendre de la résection des rétrécissements de l'urètre pénien; car il n'en a été publié jusqu'ici qu'un très petit nombre de cas. Dans sa thèse inaugurale, *De l'urétrectomie*, soutenue devant la Faculté de Paris en 1892, Wartel n'a pu en relever, dans toute la littérature médicale, que six observations, dont l'une, qui nous est personnelle, remonte à l'année 1889. Les quelques recherches bibliographiques, auxquelles nous nous sommes livrés, ne nous en ont fait découvrir qu'un autre cas appartenant au professeur Guyon.

Ayant eu occasion, il y a quelques mois, de pratiquer pour la seconde fois, l'excision d'un rétrécissement de la portion

---

[1]. Aux expressions de résection de l'urètre, d'urétrectomie employées par les classiques, je crois qu'il y a avantage, pour la précision du langage, à substituer celle de stricturectomie dont je me sers ici.

pendante du canal, nous avons pensé qu'il ne serait pas sans intérêt de rapporter cette observation dans tous ses détails. Nous la ferons précéder d'un résumé des faits analogues déjà publiés, puis, analysant ces matériaux, nous tâcherons de déduire quelques règles touchant la technique de cette opération, d'en-apprécier la valeur et d'en poser les indications et les contre-indications.

OBSERVATION I. — Opérateur Dugas, *in Gaz. Méd. de Paris*, 1837, p. 299, art. de H. Robert.

H..., 40 ans, souffrant depuis quinze ans d'un rétrécissement consécutif à des chancres.

A été traité à diverses reprises par la dilatation combinée à la cautérisation.

A 3 pouces du méat, existe une induration longue de 2 centimètres. Impossibilité de passer une sonde capillaire.

Opération. — Incision longitudinale mettant à nu l'induration qui est circonscrite avec le bistouri et enlevée en totalité. Grosse sonde de gomme élastique dans la vessie, et rapprochement des deux lèvres de la plaie avec des bandelettes adhésives.

Suites opératoires. — Réunion, par première intention, au cinquième jour; oblitération complète de la plaie au treizième; une sonde à demeure est laissée jusqu'au vingtième jour; à partir de ce moment elle n'est plus mise que la nuit.

Résultats immédiats et éloignés. — Le malade vu pour la dernière fois, le 1er septembre, c'est-à-dire trois mois après l'opération, urinait librement et à plein jet.

OBSERVATION II. — Opérateur J. Roux, *in Gaz. des hôp.*, 1859.

L..., 42 ans, rétrécissement consécutif à une urétrite, infranchissable, situé dans la portion spongieuse au devant des bourses; induration du volume d'une noisette depuis seize mois.

Opération. — Excision du rétrécissement sur une étendue d'un centimètre et demi; sonde en gomme dans la vessie; réunion de la plaie avec des serres-fines.

Suites opératoires. — Dès le lendemain de l'opération, enlèvement des serres-fines; adhérence presque complète des lèvres de la plaie. Au dixième jour, la sonde est enlevée, mais le malade l'introduit à chaque miction.

Une petite fistule se ferme seule en six semaines.

Résultats immédiats et éloignés. — Deux mois après, la coarctation est en voie de récidive; trois ans après, la tendance au rétrécissement circulaire n'a fait qu'augmenter; on passe difficilement un n° 9, fistule et légère induration. Urétrotomie interne, d'arrière en avant; le malade, revu dix-sept mois après, avait un canal admettant facilement une bougie n° 15.

OBSERVATION III. — Opérateur Voillemier, *in Traité des maladies des voies urinaires*, t. I, p. 337, 1868.

Rétrécissement survenu à la suite d'un coup de pied de cheval sur le pénis.

Tumeur du volume d'une grosse noisette allongée à 4 centimètres du méat. Miction se fait goutte à goutte. Impossibilité d'introduire une fine bougie.

Opération. — Incision longitudinale ; la masse cicatricielle étant adhérente au corps caverneux, sa partie inférieure est seule réséquée.

Suites opératoires. — Mort d'érysipèle.

OBSERVATION IV. — Opérateur Alfred Pousson, *in Annales de la policlinique de Bordeaux*, nº 2, p. 85, juillet 1889.

L...., 17 ans, meunier. Rétrécissement consécutif à une rupture de l'urètre par compression au niveau de la portion pénienne suivie d'un phlegmon de la verge.

Les plus fines bougies introduites par le méat sont arrêtées à 3 centimètres et demi. L'urine ne passe pas par le méat, mais s'écoule à petit jet par un pertuis situé dans le sillon balano-préputial, à droite près du frein. Une bougie tortillée introduite dans ce pertuis ne va pas au delà de 4 centimètres. Par la palpation on sent un noyau dur, du volume d'une noisette, englobant le canal un peu au-dessous du gland.

Opération. — Incision longitudinale jusqu'au noyau cicatriciel, qui est entamé seulement dans une profondeur de 2 millimètres. Ne pouvant espérer enlever le nodule cicatriciel dans sa totalité, on résèque, à sa partie inférieure, un coin de manière à creuser une sorte de tranchée rétablissant la continuité des deux bouts de l'urètre. Cela fait, les deux lèvres de ce sillon sont suturées au catgut, une sonde nº 17 ayant été préalablement mise dans le canal. Suture des téguments au crin.

Suites opératoires. — Tout va bien d'abord, mais, au quatrième jour, le malade accusant de la tension et de la douleur de la verge, le pansement est défait et on constate de la suppuration. Le sixième jour, les sutures cutanées sont enlevées et les lèvres s'écartant, on peut se rendre compte que les parois de l'urètre ont bien tenu. Au dixième jour, suppression de la sonde à demeure, le malade urine le jour même par le méat sans que rien passe par la plaie.

Résultats immédiats et éloignés. — Au treizième jour, on passe les bougies nᵒˢ 16 et 17, et on continue les jours suivants jusqu'au nº 20. Un mois après l'opération, le malade quitte l'hôpital. Six mois après, il écrit que, bien qu'il ait passé assez régulièrement les bougies, le canal a perdu de son calibre et qu'il ne peut plus admettre que le nº 14.

OBSERVATION V. — Opérateur Guermonprez ; *in thèse inaugurale de Wartel*, p. 58. Paris, 1892.

Rétrécissement consécutif à une gangrène de la verge ayant

nécessité des débridements au thermocautère. Toute l'urine s'écoule par un étroit pertuis dorsal, situé à 5 centimètres du méat; les bougies les plus fines introduites par le méat sont arrêtées à 3 centimètres.

Opération. — Longue incision de 7 à 8 centimètres sur la face inférieure de la verge, mettant à nu le tissu cicatriciel, découverte du bout central de l'urètre, puis découverte du bout périphérique, le tissu inodulaire intermédiaire est alors excisé au moyen de ciseaux, sur une longueur de 3 centimètres; sonde en caoutchouc dans l'urètre et suture de ses deux extrémités au catgut.

Suites opératoires. — La sonde à demeure est laissée pendant quatorze jours, puis passée de temps en temps, pour assurer le calibre du canal. La réunion se fait en grande partie, mais il subsiste une fistule fermée au bout de quinze jours.

Suites immédiates et éloignées. — Le malade, revu plus de trois ans après l'opération, était en très bon état, bien qu'il ne se fût pas sondé depuis deux ans. On sent, sur le canal, l'existence d'un anneau cicatriciel, souple, indolore, très étroit; le n° 20 éprouve un peu de frottement, mais passe. La miction se fait normalement.

OBSERVATION VI. — Opérateur Quénu, *in Bull. de la Soc. de Ch.*, p. 335, 3 mai 1892.

X..., 30 ans, rétrécissement consécutif à une rupture de l'urètre pénien, ayant butté contre le pommeau de la selle pendant une course à cheval.

Dilatation d'abord, celle-ci abandonnée, le canal descend au n° 14. Deux ans après l'accident, première urétrotomie interne, au bout de quelques mois récidive et deuxième urétrotomie. En cinq ans, on lui fait subir cinq urétrotomies internes.

A l'union des bourses et du pénis, on sent à travers les téguments une virole dure, d'un centimètre de longueur; une bougie n° 3 peut seule être introduite. La vessie, et probablement aussi les reins, sont dans un mauvais état; urines ammoniacales et purulentes, traces d'albumine.

Opération. — Les urines restant alcalines et fermentées malgré un traitement antiseptique interne, l'opération est pratiquée quand même. Incision de la peau et du corps spongieux, mettant à nu le rétrécissement qui crie sous le scalpel; on l'incise, puis on fait la résection de la virole, retranchant ainsi l'urètre sur une longueur d'un centimètre et demi : les deux bouts de l'urètre et de sa gaine spongieuse étant rendus mobilisables par la dissection sont suturés ensemble à l'aide de fils de catgut ne traversant pas la muqueuse; une sonde à demeure ayant été mise, le corps spongieux et la peau sont suturés par-dessus.

Suites opératoires. — Le troisième jour, l'urine inocula les fils de la demi-circonférence inférieure et la réunion échoua partiellement. Il en résulta une petite fistule qui se ferma à la suite de cautérisations au stylet rougi.

Résultats immédiats et éloignés. — Six mois après il s'était reproduit du tissu de cicatrice, et le n° 30 Béniqué pouvait seul être introduit. L'état général s'était amélioré, les urines avaient cessé d'être alcalines, et « peut-être peut-on espérer, dit l'auteur, que la rétractation se limitera à la seule paroi, dont les fils ont suppuré ».

OBSERVATION VII. — Opérateur Guyon, *in Annales des mal. des org. génit. urin.*, p. 270, avril 1894.

Ch..., 36 ans. Blennorrhagie il y a dix ans : écoulement chronique à la suite ayant repris le caractère aigu il y a trois ans et il y a deux ans. Il y a eu une urétrorrhagie abondante pendant un coït ; à la suite de cet accident, développement rapide d'un rétrécissement très serré, traité d'abord par la dilatation puis par l'urétrotomie interne, sans résultat.

A la racine de la verge anneau dur, épais, laissant passer à ressaut un explorateur n° 8.

Opération. — Résection ne comprenant que la partie de la virole correspondant à la paroi inférieure de l'urètre sur une étendue en longueur de plus d'un centimètre : les deux bouts de l'urètre sont suturés transversalement au catgut ; les téguments qui avaient été incisés longitudinalement sont réunis au crin ; pas de drainage.

Suites opératoires. — Aucun accident local ou général, la sonde fut enlevée le troisième jour et dès lors le malade urina seul. L'urine ne passa jamais par la plaie et la réunion cutanée ne manqua qu'à l'une des extrémités.

Résultats immédiats et éloignés. — Un mois après, la miction est facile, le canal reçoit de grosses bougies, mais l'érection se fait d'une façon défectueuse, la verge ne se redressant pas. Cet état dura deux mois, puis, peu à peu, la verge se redressa et le malade put accomplir le coït.

Revu plus de deux ans après, il est très facilement sondé avec le Béniqué n° 50. La cicatrice opératoire est à peine visible ; elle est parfaitement souple, on ne sent plus d'induration, même en palpant, pendant qu'un instrument métallique est dans le canal.

OBSERVATION VIII. — Opérateur Alfred Pousson, *in Bull. Soc. de Ch.*, p. 517, 17 juillet 1895.

Antécédents. — M. X..., 39 ans, a eu plusieurs uréthrites blennorragiques, dont une cordée, à la suite desquelles s'est développé un rétrécissement pénien scléro-cicatriciel qui a été traité successivement en 1884 par l'urétrotomie interne d'arrière en avant, en 1889 par l'électrolyse linéaire, en 1890 par l'urétrotomie interne de Maisonneuve. Après chacune de ces opérations, le malade a recouvré pour quelque temps le libre usage de son canal, mais le rétrécissement n'a pas tardé à se reproduire. Il semble qu'il y ait eu un plus long bénéfice de la dernière urétrotomie qu'il a subie que des autres interventions ; cela est sans doute dû à ce qu'il s'est rigoureusement soumis à la dilatation. Néanmoins, malgré le passage régulier des bougies, la sténose s'est reconstituée au point que, depuis plus d'un an, M. X... ne peut plus passer qu'une bougie n° 8 et qu'il urine avec peine, au prix d'efforts violents qui provoquent des douleurs rénales intenses.

Son état général est excellent : ses urines sont claires et limpides. En palpant extérieurement l'urètre, on sent à 2 centimètres environ de l'angle péno-scrotal un nodule cicatriciel, d'une longueur de près d'un centimètre, entourant complètement le canal et paraissant faire corps avec les cylindres caverneux de la verge. Une bougie n° 8 s'engage sans difficulté dans la filière du rétrécissement et le franchit, mais il est impossible d'y faire pénétrer la tige d'une bougie n° 9.

Étant donné la nature du rétrécissement et l'insuccès des opérations déjà pratiquées, je propose au malade de faire la résection de la portion rétrécie du canal.

Opération. — Je pratique l'opération le 18 février 1895. Le malade, après avoir été soumis pendant quelques jours à l'usage du salol, est anesthésié. Le champ opératoire est soigneusement désinfecté et un lien élastique appliqué à la racine de la verge immédiatement en avant du scrotum est destiné à assurer l'hémostase.

Ces précautions prises, je conduis au contact de la stricture une sonde à boule n° 12, afin de bien reconnaître où commence la portion rétrécie, puis j'incise les téguments de la verge longitudinalement sur le raphé dans une étendue de 2 centimètres et demi environ : le milieu de cette incision correspond à l'induration urétrale. La peau et le tissu sous-cutané traversés, je rencontre le corps spongieux, que je fends aussi longitudinalement de manière à découvrir le nodule cicatriciel. Je dissèque celui-ci sur ses deux parties latérales à l'aide du bistouri, puis d'un coup de ciseau transversal je le sépare du segment postérieur de l'urètre, dans lequel j'ai eu soin de passer un fil afin de l'empêcher de se rétracter et de le reconnaître. Saisissant alors avec des pinces à griffes la partie malade de l'urètre que je désire retrancher, je la soulève et la sépare à petits coups de ciseaux courbes de la cloison des corps caverneux, où elle adhère intimement, à tel point que dans ma dissection j'ouvre les aréoles de l'un d'eux.

La portion malade du canal disséquée dans toute son étendue, je la sépare d'un coup de ciseau du segment antérieur de l'urètre comme je l'ai fait du segment postérieur.

La portion réséquée mesure un bon centimètre, mais les deux bouts du canal, en raison de sa rétractilité, sont espacés de plus de 3 centimètres. Avant de les réunir, je ferme les aréoles ouvertes du corps caverneux en suturant son enveloppe fibreuse à l'aide de trois points de catgut.

Les deux segments urétraux étant mobilisés par une légère

dissection, je les rapproche et les suture l'un à l'autre au moyen de cinq points séparés de catgut n° 0 ne pénétrant pas dans la lumière du canal, mais restant au-dessous de la muqueuse. Une sonde en caoutchouc n° 14 très souple, a été préalablement mise dans le canal.

La suture de l'urètre achevée, comme je n'ai pas besoin d'y voir aussi clairement pour reconnaître les tissus et terminer l'opération, je desserre le lien hémostatique afin de constater s'il existe quelques bouches artérielles donnant du sang et de les oblitérer s'il en est besoin. Un écoulement de sang en nappe se produit, mais pas de jet ; une irrigation très chaude de liqueur de Van Swieten étendue arrête l'écoulement sanguin. Je suture au catgut le corps spongieux et par-dessus la peau aux crins de Florence, en ayant soin de passer chacun de ces crins dans le corps spongieux, de manière à solidariser le plan des sutures superficielles avec celui des sutures profondes.

La ligne de suture est saupoudrée d'iodoforme, la verge est entourée d'une compresse de gaze salicylée et tous les organes génitaux externes sont recouverts d'une couche de ouate, laissant seulement passer la sonde à demeure.

Suites opératoires. — Pendant trois jours le malade alla très bien, le thermomètre ne dépassa pas 37°, la sonde fonctionna parfaitement.

Dans la nuit du troisième au quatrième jour, le malade, qui le soir accusait déjà un peu de douleur, de gêne et de tension au niveau de la plaie, fut pris d'un violent frisson en même temps que le thermomètre s'éleva à 39°,4.

Le lendemain, je constatai de la lymphangite de la verge et l'écoulement par l'angle antérieur de la plaie d'un liquide séro-purulent.

Cet accident, dû très probablement à l'infection par l'un des fils de catgut qui s'élimina en entier quelques jours après, n'eut pas de retentissement sur la santé générale du malade, mais il s'opposa à la réunion par première intention.

Pendant une dizaine de jours environ il sortit une petite quantité de pus par l'angle antérieur de la suture, qui tint parfaitement dans le reste de son étendue.

Durant tout ce temps et même après, je crus devoir laisser la sonde à demeure, d'autant plus que le malade, très pusillanime, me déclara ne vouloir pas se soumettre aux sondages répétés. Je l'enlevai seulement le vingt-cinquième jour.

A ce moment, il existait au point où s'était faite la suppuration, une petite fistulette, qui me fit conseiller au malade de se sonder toutes les fois qu'il voudrait uriner. Grâce à cette précautions et à quelques cautérisations au nitrate d'argent, la fistulette s'oblitéra complètement en moins de trois semaines.

Résultats. — Au 18 avril, c'est-à-dire deux mois après l'opération, M. X... présente l'état suivant: cicatrice linéaire sur le raphé à peine perceptible ; en saisissant l'urètre entre les doigts à ce niveau, on sent sur le côté gauche un noyau d'induration assez volumineux, mais le canal paraît souple à droite et sur sa

paroi inférieure. Un explorateur à boule n° 19 éprouve un léger
ressaut, mais une bougie n° 20 passe sans difficulté. Le malade
urine à plein canal, sans effort; les douleurs du côté des reins,
dont il se plaignait avant l'opération, ont disparu; les urines sont
demeurées tout le temps limpides. Pendant l'érection, la verge
est très légèrement arquée, mais le malade déclare que ce phénomène, qu'il a déjà observé à un degré plus prononcé après
l'électrolyse qu'il a subie, est en voie de décroissance, et il ne
croit pas qu'il soit actuellement de nature à s'opposer au coït,
qu'il n'a d'ailleurs pas essayé d'accomplir.

(Actuellement, 14 mois après l'opération, le malade qui ne se
sonde que tous les 8 jours, passe sans difficulté le n° 20.)

I

TECHNIQUE OPÉRATOIRE

Précautions préliminaires. — Hémostase préventive.

Les précautions à prendre avant de pratiquer l'excision d'un
rétrécissement pénien sont celles que réclame toute intervention sur l'urètre; nous croyons inutile de les rappeler. Mais
il en est une qui, dans l'espèce, a selon nous une grande importance : Nous voulons parler de l'application à la racine de la
verge d'un lien élastique destiné à assurer l'arrêt du sang à
la surface du champ opératoire.

L'idée d'arrêter l'écoulement sanguin, au cours des opérations sur le pénis, n'est pas nouvelle. Elle a été émise d'abord
par Warner et Pallucci et a surtout été appliquée par Esmarch,
généralisant lui-même sa méthode. Plus récemment, M. Phélip (de Lyon), a fait ressortir tous les avantages du lien hémostatique appliqué à la chirurgie du pénis, et a montré que la
congestion post-ischémique n'avait aucune influence sur la
réunion des tissus. Nous y avons, pour notre part, toujours
recours lorsque nous pratiquons l'amputation du membre
viril et nous en retirons le plus grand bénéfice pour la régularité de la taille et de la confection du moignon.

Aucun des chirurgiens, qui jusqu'à ce jour ont pratiqué la
stricturectomie pénienne, n'a songé à utiliser le lien hémostatique, nous ne l'avons mis nous-même à contribution que dans

notre seconde intervention. Ayant ainsi l'expérience de l'opération faite avec ou sans l'hémostase préventive, nous pouvons affirmer qu'il n'y a aucune comparaison à établir entre la facilité des manœuvres de dissection du nodule cicatriciel, et surtout de la suture des deux bouts de l'urètre, lorsque le champ opératoire est à sec, et celle qu'on éprouve lorsque le sang l'inonde de toutes parts. Nous ne saurions donc trop vivement conseiller aux opérateurs de ne pas se priver de cette ressource précieuse.

L'application de la méthode d'Esmarch aux opérations sur la verge est des plus simples. Elle consiste tout simplement à enserrer la racine de l'organe dans un lien élastique. Au lieu d'un lien aplati en forme de ruban, susceptible de pincer la peau par la superposition de ses bords, il est préférable de se servir d'un lien arrondi, funiculaire, avec lequel on évite cet inconvénient. Une sonde en caoutchouc, dite de Nélaton, du n° 16 à 18 peut, à défaut de tout autre lien, parfaitement remplir le but recherché. Deux tours du lien élastique sont suffisants. Ils sont maintenus à l'aide d'une pince à force-pressure. dont les mors compriment les chefs sur l'un des côtés de la verge. Pour ne pas être gêné au cours des manœuvres opératoires sur le pénis, il convient que les anneaux des pinces soient dirigés du côté du scrotum.

Comme la verge et son canal sont essentiellement élastiques et qu'il est toujours loisible au chirurgien de placer le lien hémostatique très obliquement, en empiétant sur l'insertion du scrotum, il est possible d'étendre à l'excision des sténoses, siégeant au niveau de l'angle péno-scrotal, le bénéfice du lien hémostatique.

Avant de quitter ce qui a trait à cette question de l'hémostase, il est une recommandation que nous croyons devoir faire : c'est de ne pas suturer les téguments sans s'être préalablement assuré, en enlevant le lien compresseur, qu'aucun vaisseau important ne donne du sang. Cette précaution a aussi un autre avantage que celui de permettre, le cas échéant, la ligature d'une artère ; elle donne au chirurgien la faculté d'arrêter en quelques instant, au moyen d'une irrigation chaude, la pluie de sang, qui inonde le champ opératoire dès que l'ischémie cesse.

Étendue de la résection. — Lorsque les enveloppes de la verge ont été sectionnées sur la ligne médiane, dans une longueur suffisante et que le corps spongieux, s'il n'a pas été absorbé lui aussi, pour ainsi dire, par le nodule cicatriciel, a été incisé, une question importante se pose, c'est celle de savoir sur quelle étendue du calibre de l'urètre rétréci portera la résection. Nous devons la discuter.

Comme celle de l'urètre périnéal, la résection de l'urètre pénien peut être complète, circulaire ou circonférentielle, c'est-à-dire intéresser toute l'épaisseur du calibre du canal ; elle peut être incomplète, partielle, cunéiforme, c'est-à-dire ne comprendre qu'une partie de la circonférence de l'urètre. Dans les observations de stricturectomie pénienne publiées jusqu'à ce jour, trois fois la résection a été incomplète et cinq fois elle a été complète.

C'est la crainte d'intéresser les corps caverneux compris dans la cicatrice, qui arrêta Voillemier dans son projet d'excision totale de l'urètre et le fit se borner á l'ablation de sa paroi inférieure. La même raison me conduisit à n'exciser que la partie centrale du nodule cicatriciel de mon premier opéré. M. le professeur Guyon, appliquant á l'urétrectomie du segment pénien rétréci les considérations qui lui ont fait préférer l'excision partielle à l'excision circonférentielle dans les sténoses du segment périnéal, a eu intentionnellement recours à la résection du seul plancher du canal.

Si, dans la majorité des cas, la résection partielle de l'urètre dans sa traversée périnéale présente des avantages incontestables, bien mis en relief par M. le professeur Guyon, à savoir grande facilité d'exécution, limitation de l'écart des deux bouts, attaque directe du tissu pathologique siégeant de préférence sur la paroi inférieure, et enfin conservation d'un pont d'épithélium susceptible de devenir un centre d'irradiation précieux pour l'urétrogénie (cette dernière remarque a été faite par M. Albarran), je crois que ces avantages sont de moindre importance en ce qui concerne la portion pénienne, et qu'il y a tout intérêt à retrancher de part en part le canal dans le point où il est altéré. Si on a pris soin de placer un lien hémostatique à la base de la verge, rien ne sera plus facile, d'ailleurs, de se rendre compte, non seulement par le toucher, mais encore par la vue de l'extension des lésions par rapport à la circonférence du canal et de proportionner l'étendue de l'excision aux besoins du cas donné. Notre dernière observation montre que l'adhérence du nodule sténosique au tissu des corps caverneux n'est pas un obstacle à son excision totale. Pour prévenir toute hémorrhagie consécutive par les aréoles qui auraient pu être ouvertes, il suffira, comme nous l'avons fait, de les fermer en suturant au catgut par-dessus elles l'enveloppe albuginée. Dans les cinq observations de stricturectomie totale, on ne relève aucun accident imputable à la blessure des corps caverneux.

L'étendue en longueur de la portion retranchée de l'urètre n'importe pas moins, on le comprend, que son étendue en épaisseur. Toute urétrectomie diminue, en effet, la longueur de l'urètre, et quelques chirurgiens, ne sachant dans quelle mesure l'élasticité du canal serait susceptible de suppléer à la perte anatomique qu'on lui aurait fait subir, ont émis la crainte de voir cette opération apporter à l'érection une gêne capable de s'opposer aux rapports sexuels. Ainsi que nous le verrons, à propos des résultats éloignés de la stricturectomie pénienne, les malades éprouvent bien, dans les premiers mois, un certain degré d'incurvation du pénis lorsqu'ils érigent, mais, dans la suite, cette déformation disparaît et la verge reprend une attitude correcte. Quant à la possibilité de rapprocher et de maintenir, bout à bout, les deux segments de l'urètre après la résection, elle ne fait aucun doute, on peut s'en convaincre à la lecture des observations. C'est ainsi que Roux et Quénu retranchèrent un centimètre et demi du canal, Dugas deux centimètres, Guermonprez trois centimètres et n'éprouvèrent aucune difficulté à réunir les deux segments. Chez mon malade, auquel je réséquai l'urètre sur une étendue d'un bon centimètre, je pus rapprocher aisément l'un de l'autre les deux bouts, qui, en raison de la rétractilité, étaient espacés de plus de trois centimètres.

Nous ne nous arrêterons pas à décrire la manière dont le noyau cicatriciel sera isolé et séparé des parties saines du canal. Le chirurgien se servira, suivant ses préférences, soit du bistouri, soit des ciseaux. Le mieux, suivant nous, est d'inciser au bistouri, suivant le raphé, tous les tissus jusqu'au nodule cicatriciel et de le disséquer sur ses parties latérales avec le même instrument. Cela fait, l'opération est terminée avec des ciseaux courbes de moyen volume de la manière suivante : un coup transversal ayant tranché de part en part le canal à l'union de la portion saine avec la portion malade, cette dernière est saisie et soulevée avec des pinces à griffes et les ciseaux la séparent à petits coups de la cloison des corps caverneux, cette dissection accomplie, un dernier coup de ciseaux en travers détache le segment pathologique.

Modes de réunion des deux bouts de l'urètre. — Les bandelettes adhésives auxquelles eut recours Dugas et les serresfines qu'employa J. Roux, pour réunir les deux bouts de l'urètre après la résection, sont des procédés primitifs, que nous ne rappelons que pour mémoire, ne pouvant nous empêcher, toutefois, de faire remarquer que, malgré ce mode tout à fait défectueux de coaptation et malgré toute absence d'asepsie, la réunion par première intention, fut obtenue complète au treizième jour chez le malade de Dugas et qu'elle n'échoua qu'en un point chez l'opéré de Roux, qui vit la petite fistule en résultant s'oblitérer seule en six semaines. Nous ignorons de quelle manière Voillemier réunit les lèvres de l'urètre dans son cas, où il fit une résection partielle ; nous ne devons guère le regretter, puique son malade mourut d'érysipèle et que, par conséquent, ce fait ne peut être, à ce point de vue, d'aucun enseignement.

Dans les cinq observations, qui appartiennent à la période de la chirurgie antiseptique, les opérateurs ont tous eu recours au catgut pour suturer les parois de l'urètre et le corps spongieux, et ils ont employé le crin de Florence pour réunir les téguments.

Guermonprez recommande l'usage d'un fil catgut n° 2 ; nous nous sommes servi, pour notre part, du n° 1 ; le calibre du fil choisi par les autres chirurgiens n'est pas mentionné dans les observations.

De fines aiguilles assez courbes ont été généralement les instruments à l'aide desquels ces fils ont été passés dans les tissus, et la plupart des opérateurs ont pris soin de ne pas leur faire traverser la muqueuse, de manière à éviter leur incrustation par les sels urinaires et à prévenir l'infection du foyer traumatique à la suite de leur imbibition par l'urine. Cette précaution, toujours bonne à prendre, est surtout importante lorsqu'on a affaire à un sujet dont les urines sont septiques. Dans la crainte de voir s'infecter la ligne des sutures Quénu va jusqu'à proposer de dériver le cours des urines par la création d'une fistule périnéale temporaire chez les malades, dont les urines n'auraient pu être aseptisées par un traitement préalable.

Trois ou quatre points séparés suffisent à assurer le contact des segments urétraux. Nous croyons, et cela est une simple conception théorique, que l'on pourrait aussi recourir avec avantage à la suture continue en surjet ; on éviterait, de la sorte, la formation des nœuds qui mettent toujours un certain temps à se résorber.

A part l'un des cas qui nous est personnel et dans lequel la résection a été incomplète, la suture urétrale a toujours été faite transversalement. A la vérité, lorsque la résection complète isole l'un de l'autre, par une section perpendiculaire à son axe, les deux bouts du canal, l'urétrorrhaphie ne saurait être faite d'une autre manière ; mais, même lorsque la résection est partielle, il y a certainement avantage à la faire également en travers. C'est ainsi que fit M. le professeur Guyon à son opéré. Cette manière de procéder diminue, il est vrai, la longueur de l'urètre ; mais, nous avons déjà fait remarquer de quel mince inconvénient cela était pour le fonctionnement du pénis dans l'acte génital ; en revanche, elle conserve au canal tout son calibre, au lieu de le diminuer, comme le ferait infailliblement la suture longitudinale.

Sonde à demeure. — Tous les chirurgiens, qui ont pratiqué l'urétrectomie pénienne, ont assuré le bénéfice de leur intervention, en mettant la ligne de suture du canal à l'abri du contact de l'urine par l'emploi de la sonde à demeure.

Nous croyons que c'est là, un complément indispensable à la réussite de l'opération ; mais, pour que cette sonde remplisse son but, il faut qu'elle présente certaines conditions sans lesquelles elle pourrait être plus nuisible qu'utile. Ces conditions sont relatives à son volume et à la durée de son séjour.

Comme après l'opération de l'épispadias, de l'hypospadias et de toutes les autres interventions sur le canal de l'urètre, la sonde en caoutchouc rouge, bien préférable par sa souplesse à la sonde en gomme, sera du calibre n° 16 à 18. Elle ne doit pas, en effet, servir à dilater l'urètre, mais seulement à drainer la vessie et à empêcher l'urine de venir baigner la ligne d'union des deux segments du canal ; trop grosse et ne permettant pas à l'urine de s'échapper librement entre ses parois et celles de l'urètre, au cas où elle viendrait à se boucher, elle exposerait, on le comprend, comme après l'urétrotomie interne, à l'infiltration dans le foyer opératoire.

La brièveté du séjour de la sonde à demeure, est aussi un

point important et sur lequel tous les opérateurs sont d'accord. Quelles que soient les précautions antiseptiques prises, la sonde, agissant comme corps étranger, développe toujours un certain degré d'urétrite irritative, qu'il importe de réduire au minimum en supprimant au plus tôt sa présence dans le canal. L'observation de Guermonprez, qui enleva la sonde à demeure le quatrième jour, celle de Guyon qui la supprima le troisième, nous apprennent avec quelle rapidité se fait la réunion des deux bouts de l'urètre ; à partir de ce moment, les malades urinèrent seuls sans présenter le plus léger accident du côté de la plaie. Dugas, J. Roux laissèrent beaucoup plus longtemps la sonde dans le canal ; la raison en est, sans doute, qu'ils ignoraient la valeur de ce principe, brièveté du séjour de la sonde après toute intervention sur l'urètre, principe dont l'application, d'ailleurs, n'aurait peut-être pas été sans danger, alors que le mode de réunion des deux bouts du canal était si imparfait.

Chez nos deux opérés, nous laissâmes la sonde en place au delà du délai de quatre à cinq jours, que nous croyons devoir conseiller aux opérateurs futurs, mais nous y fûmes contraint par les raisons que nous allons faire connaître. Chez notre premier malade, la sonde fut laissée à demeure pendant dix jours, dans le but de modeler l'urètre, dont nous n'avions réséqué qu'une partie cunéiforme. Chez notre second malade, étant donné que nous avions de la suppuration péri-urétrale, il nous aurait été absolument nécessaire de pratiquer des sondages pour empêcher l'urine de sortir par la plaie ; or le malade, très pusillanime, nous déclara devoir s'y opposer. Dans ces conditions, nous n'hésitâmes pas à laisser la sonde dans le canal, pensant que les risques que nous faisions courir à notre opéré, en agissant ainsi, étaient moindres que ceux auxquels il aurait été exposé, si nous avions laissé la miction s'accomplir par le canal lui-même.

II

RÉSULTATS IMMÉDIATS ET ÉLOIGNÉS

Au point de vue de ses résultats immédiats la stricturectomie pénienne est une bonne opération, qui est peu grave pour la vie, puisque sur les huit observations, que nous en possédons, nous ne relevons qu'un cas de mort. C'est celui du malade de Voillemier, qui succomba aux suites d'un érysipèle à une époque bien antérieure à l'avènement de la chirurgie antiseptique.

Les malades de Dugas (1837) et de J. Roux (1859) ne présentèrent aucun accident d'infection. Toutes les précautions antiseptiques furent prises chez les cinq autres opérés, mais en dépit d'elles la réunion aseptique totale, de la muqueuse de l'urètre aux téguments de la verge, ne fut réalisée dans aucun de ces cas. M. le professeur Guyon obtint bien en trois jours la réunion des parois du canal, mais la suture cutanée manqua à l'une de ses extrémités; chez notre premier opéré l'urètre se réunit également par première intention, mais les tissus sus-jacents suppurèrent.

Dans les cas de Guermonprez, de Quénu, et le second de ceux qui nous sont personnels une petite fistule se forma, qui s'oblitéra en quelques semaines soit spontanément, soit à l'aide de cautérisations.

Pour apprécier à leur juste valeur les résultats éloignés de la résection de l'urètre pénien rétréci, il convient de grouper en deux catégories les sept observations que nous possédons comme éléments d'appréciation, celle du malade de Voillemier mort d'érysipèle, ne pouvant entrer en ligne de compte. La première catégorie comprendra les observations dans lesquelles les malades ont été suivis trop peu de temps pour que les résultats définitifs de l'intervention puissent être appréciés; la seconde se composera des observations dans lesquelles, les malades ayant été revus plusieurs années après, l'état de perméabilité de leur canal a pu être vérifié.

Les observations de Dugas, de Quénu et les deux nôtres constituent la première catégorie. Dans l'observation de Dugas, il est simplement dit que le malade, examiné pour la dernière fois trois mois après la résection de l'urètre, urinait librement et à plein jet. Le malade de Quénu, revu six mois après, présentait à la partie inférieure du canal, dans le point qui avait suppuré, une induration cicatricielle et le canal n'admettait qu'une bougie Beniqué n° 30. Chez le premier de mes opérés, auquel j'avais pratiqué une résection partielle cunéiforme, le calibre de l'urètre, qui à la sortie de l'hôpital se laissait franchir par une bougie n° 20 de la filière Charrière, ne pouvait plus recevoir, après six mois et malgré le passage de bougies assez régulièrement pratiqué, qu'une bougie n° 14.

Mon second opéré, dont l'opération remonte maintenant à quatorze mois, passe sans difficultés un n° 20, mais il existe le long de la paroi inféro-latérale gauche de son canal un nodule cicatriciel, qui ne laisse pas de nous inspirer quelque inquiétude pour l'avenir. Cependant il me sera permis de faire, au sujet de ce malade, la réflexion que Quénu a faite à propos du sien, devant la Société de chirurgie : « Peut-être pouvons-nous espérer, a-t-il dit, que la rétraction se limitera à la seule paroi dont les fils ont suppuré. »

La seconde catégorie de faits pouvant servir à l'appréciation des résultats définitifs de l'urétrectomie pénienne comprend les observations de J. Roux, de Guermonprez et de M. le professeur Guyon. La récidive ne se fit pas longtemps attendre chez le malade de J. Roux, car son début put être constaté deux mois après l'opération, trois ans après on ne passait que difficilement un n° 9. Il est intéressant de noter le résultat qu'une urétrotomie d'arrière en avant, faite à ce moment, donna chez ce malade antérieurement urétrectomisé ; son canal examiné dix-sept mois après laissait passer librement une bougie n° 15. Le malade de Guermonprez revu près de trois ans après était en très bon état, bien qu'il ne se fût pas sondé depuis deux ans. Il urinait bien ; une bougie n° 15 passait aisément, le n° 20 pouvait lui-même être introduit, mais avec un peu de frottement. On sentait par la palpation du canal l'existence d'un anneau cicatriciel souple, indolore, et très étroit. L'opéré de M. le professeur Guyon, examiné plus de deux ans après l'intervention, pouvait recevoir dans son canal un Béniqué n° 50 ; l'urètre palpé sur la bougie métallique était souple et sans induration, la miction s'accomplissait dans des conditions absolument normales ; enfin l'érection, qui dans les premiers mois ne parvenait pas à donner à la verge sa rectitude habituelle en raison du raccourcissement de l'urètre, se faisait correctement et le malade pouvait avoir des rapports sexuels.

C'est le seul opéré chez lequel ce retour du membre viril à l'intégrité de ses fonctions sexuelles soit noté, mais il est probable que, si chez les autres urétrectomisés les fonctions eussent été compromises, les rédacteurs des observations n'auraient pas manqué de le signaler. Nous ne savons comment se fait l'érection chez notre premier malade que nous avons perdu de vue quelques mois après notre intervention ; chez le second, opéré depuis quatorze mois, l'érection se fait normalement et le coït n'est nullement empêché.

Tels sont les résultats éloignés fournis par la résection des rétrécissements de l'urètre pénien ; ils sont des plus encourageants et ouvrent une voie nouvelle au traitement de toute une catégorie de sténoses contre lesquelles la médecine opératoire était naguère désarmée.

III

INDICATIONS ET CONTRE-INDICATIONS

Quels sont les rétrécissements de la portion pénienne de l'urètre justiciables de l'urétrectomie ? Évidemment cette opération ne saurait se substituer aux vieilles méthodes, qui ont fait leurs preuves, comme la dilatation et l'urétrotomie interne, et qui, en outre de bien d'autres avantages, offrent celui d'être à la portée des praticiens les moins expérimentés. C'est le plus souvent lorsque ces dernières auront échoué que naîtra l'indication de la résection de l'urètre pénien au point rétréci.

Les malades de Quénu, celui de M. le professeur Guyon, l'un des miens ne subirent l'incision de leur angustie qu'après avoir été soumis sans bénéfice à plusieurs urétrotomies internes et à divers procédés de dilatation.

La difficulté de l'introduction des bougies dilatatrices, la douleur qui l'accompagne, la réaction qui s'ensuit et qui assez souvent se traduit par de la rétention, enfin et surtout les accès fébriles et les autres manifestations de l'infection urinaire seront les accidents, qui détermineront le chirurgien à renoncer à la dilatation préparée et aidée par les divers procédés de section interne pratiquée, soit d'avant en arrière avec l'instrument de Maisonneuve, soit d'arrière en avant avec l'instrument de Civiale ou même ceux d'Albarran et de Desnos, qui permettent de faire des sections multiples au niveau des points rétrécis préalablement distendus.

Un élément important, qui doit peser d'un certain poids sur la détermination du chirurgien mis aux prises avec les difficultés qu'offre à la dilatation un rétrécissement pénien, se trouve dans l'existence d'une induration plus ou moins étendue, cerclant le canal. Perçue parfois très nettement par la simple palpation de l'urètre, elle ne se révèle chez certains rétrécis que lorsque l'urètre est distendu à l'aide d'une bougie et ne se montre bien qu'alors avec tous ses caractères. C'est de cette manière qu'il convient de se rendre compte de l'état des parois urétrales, si l'on veut sainement apprécier les chances que peut présenter le traitement par la dilatation ou les autres méthodes. Rare dans les rétrécissements péniens inflammatoires ou blennorrhagiques, le nodule cicatriciel péri-urétral, si l'on sait bien le chercher, sera trouvé dans la grande majorité des rétrécissements traumatiques et dans cette variété étudiée par M. le professeur Guyon sous le nom de rétrécissements mixtes ou scléro-cicatriciels, consécutifs à de légers traumatismes produits au cours d'une blennorrhagie à l'occasion du coït, de la masturbation, d'une érection prolongée, etc.

C'est donc aux rétrécissements traumatiques et scléro-cicatriciels que s'adressera principalement la stricturectomie.

Dans les cas de rétrécissements cliniquement infranchissables, et *a fortiori* dans ceux où le canal est anatomiquement oblitéré, l'excision du segment malade de l'urètre ne saurait être un seul instant discutable. Les premiers chirurgiens, qui pratiquèrent cette opération, Dugas, J. Roux, Voillemier, y furent précisément conduits par l'impossibilité où ils étaient de faire pénétrer une bougie filiforme dans la vessie. Telle était aussi la situation chez mon premier opéré et chez celui de Guermonprez.

Nous avons précédemment discuté dans quelle étendue, tant en largeur qu'en longueur, le canal pouvait être réséqué, et montré qu'à notre avis dans la région pénienne l'urétrectomie totale est préférable à l'urétrectomie partielle. Nous ne reviendrons pas sur cette question, mais nous croyons cependant devoir faire remarquer qu'en face d'un rétrécissement long de plusieurs centimètres, la résection incomplète, cunéiforme, que nous avons dite être la seule praticable, n'est peut-être pas la dernière limite à laquelle doivent s'arrêter les progrès de la chirurgie réparatrice de l'urètre. En effet, le Dr Sapiejko (de Kiew), dans un travail communiqué au congrès de Rome « sur le traitement des défectuosités de l'urètre par la transplantation de muqueuses », est parvenu à reconstituer tout le canal pénien, du gland au scrotum, à l'aide d'un large lambeau de la muqueuse labiale recouvert lui-même d'un lambeau cutané emprunté au scrotum.

Les recherches expérimentales et les observations cliniques de Sapiejko élargissent ainsi singulièrement le champ de la chirurgie réparatrice de l'urètre pénien atteint de vices de conformation congénitaux ou acquis. En ce qui concerne les rétrécissements réfractaires à la dilatation et aux autres méthodes de traitement, l'urétrectomie suivie de l'urétrorrhaphie ou de l'urétroplastie devra toujours être préférée à l'opération, qui consiste à créer une voie de dérivation à l'urine en amont de l'obstacle par l'établissement d'une fistule urétrale au périnée, d'une urétrostomie périnéale.

Tout à fait exceptionnelles sont pour nous les indications de cette opération, qui est en quelque sorte un aveu d'impuissance de la chirurgie restauratrice.

IV

OPÉRATION

D'HYPOSPADIAS PÉRINÉO-SCROTAL

EN UNE SEULE SÉANCE

Le traitement opératoire de l'hypospadias périnéo-scrotal a été l'objet de perfectionnements tels qu'il nous est facile aujourd'hui de restituer aux parties leurs formes et leurs fonctions. Avec Bouisson (de Montpellier), M. Théophile Anger et M. le professeur Duplay ont contribué pour une très large part à ces perfectionnements. C'est en m'inspirant de leur manière de faire que j'ai tenté de reconstituer *en une seule séance*, l'urètre chez un hypospade complet âgé de 33 ans. Bien que la restauration ainsi obtenue n'ait pas été absolument intégrale, je crois le résultat de ma tentative assez intéressant pour mériter d'être rapportée.

Le principe des opérations successives préconisées par le professeur Duplay a, je crois, perdu de nos jours beaucoup de son importance, grâce aux méthodes antiseptiques, qui assurent la réunion rapide des tissus et préviennent les rétractions cicatricielles, j'ai donc cru pouvoir m'en affranchir. J'ai également utilisé les progrès réalisés dans la confection des sutures pour les simplifier et substituer aux fils métalliques le catgut et le crin. Dans un autres ordre d'idées, dans la taille du lambeau destiné à constituer la paroi inférieure de l'urètre absente, j'ai tâché de mettre à profit les vestiges du corps spongieux étalé pour restituer à la portion pénienne du canal, en même temps que sa forme anatomique, sa propriété physiologique d'érectilité.

OBSERVATION. — Le nommé T..., âgé de 33 ans, m'est adressé par un de mes confrères, en octobre 1891, pour un vice de conformation des organes génito-urinaires externes si prononcé qu'il a été inscrit comme fille sur les registres de l'état civil. A la puberté il a présenté tous les attributs du sexe masculin et a dû faire rectifier son état civil.

Aujourd'hui, c'est un beau garçon, d'une musculature peu commune et d'une santé excellente.

Voici succinctement résumés l'aspect et l'état des organes de la génération.

La verge, dont je donnerai tout à l'heure les dimensions, est assez bien développée. Elle pend entre les jambes du sujet, cachant la division scrotale, et, à première vue, les organes paraissent ceux d'un homme bien conformé, abstraction faite du scrotum qui manque totalement. Il est remplacé par deux replis cutanés, saillants et couverts de poils qui rappellent assez exactement les grandes lèvres de la femme, lorsque la verge relevée découvre le sillon qui les sépare.

La verge, légèrement incurvée sur sa face inférieure, est libre dans toute son étendue; il n'y a pas de palmure; pas de rétraction de l'albuginée des corps caverneux ou de leur cloison. On peut la relever sans peine vers le pubis, et, pendant l'érection, elle se redresse, au dire du malade, suffisamment pour permettre la copulation. A l'état de flaccidité, la verge pendante et non allongée, mesure 0m075; redressée et allongée, 0m08; sa circonférence, 0m10. Sa face dorsale est bien conformée. Sa face inférieure présente dans toute sa longueur une gouttière revêtue d'une membrane rosée, ayant l'aspect d'une muqueuse et se continuant à la région périnéale jusqu'à l'embouchure de l'urètre membraneux. Cette gouttière, bordée par deux replis cutanéomuqueux frangés, n'a pas la même largeur dans toute son étendue. Plus large en arrière à son origine, au niveau de la portion spongieuse, elle mesure en ce point 1 centimètre et demi; elle se rétrécit ensuite en se rapprochant du gland pour s'étaler de nouveau au niveau de ce dernier, qui est légèrement aplati. Les replis saillants qui surmontent de chaque côté la fente périnéoscrotale ne renferment pas les testicules. Ceux-ci ne sont pas descendus; le gauche se trouve un peu au-dessous de l'orifice externe du canal inguinal; le droit est situé un peu plus bas dans l'aine.

T... urine ordinairement accroupi; mais s'il relève sa verge, il peut, dans la situation verticale, projeter son urine à une certaine distance. Au moment de l'érection, la verge, comme je l'ai déjà dit, se redresse et T... déclare qu'il a pu sans grande difficulté avoir des rapports sexuels.

L'absence de palmure et d'incurvation de la verge sur son grand axe est exceptionnelle chez les gens atteints d'hypospadias périnéo-scrotal. Elle m'a permis de me dispenser d'avoir recours à un des temps les plus importants de l'opération, à savoir le redressement de la verge.

Opération. — Je pratique d'emblée la restauration du canal le 10 décembre 1891. Le malade, convenablement préparé et ayant pris depuis quelques jours du salol pour rendre ses urines aseptiques, est chloroformé. Je commence par réséquer un repli, vestige du prépuce qui se trouve sur le côté droit de la verge, audessous du sillon balano-préputial. Ce repli devant se trouver sur la face du lambeau qui constituera le plancher de l'urètre, pourrait former valvule ; c'est la raison qui me le fait réséquer, mais j'ai le soin d'affronter de suite les lèvres de la petite plaie qui en résulte l'aide de trois ou quatre point séparés au catgut fin. Je réséque également les petites fanges cutanéo-muqueuses existant de chaque côté de la gouttière urétrale et qui, saillantes dans l'urètre reconstitué, pourraient entraver le cours de l'urine et provoquer autour d'elles la précipitation de ses sels. Je laisse béante l'étroite plaie longitudinale résultant de cet ébarbement.

Je procède à la taille du lambeau qui, retourné, doit former la paroi inférieure de l'urètre. A cet effet, je pratique à environ 1 centimètre et demi du bord droit de la gouttière urétrale une longue incision commençant au niveau du sillon balano-préputial et se prolongeant en arrière un peu au delà de l'ouverture de l'urètre profond au périnée. A chacune des extrémités de cette première incision, j'en fais une autre transversale s'arrêtant à 3 millimètres du bord droit de la gouttière urétrale.

Toutes ces incisions sont profondes et vont jusqu'à l'enveloppe du corps caverneux. Je dissèque le lambeau ainsi circonscrit en dénudant le corps caverneux.

Au fur et à mesure que ma dissection approche de la ligne médiane, le tissu doublant le feuillet cutané est plus épais, et bientôt je rencontre le corps spongieux au-dessous duquel passe mon bistouri. Je le dissèque dans une petite étendue, de manière à le comprendre dans la longue base de mon lambeau.

J'abandonne à ce moment le côté droit de la verge pour faire sur son côté gauche une incision semblable, mais située seulement à 4 millimètres du bord de la gouttière urétrale. La lèvre interne est disséquée profondément, comme le recommande le professeur Duplay, de façon à détacher le corps spongieux. Alors je renverse le long et large lambeau droit, de manière que sa face cutanée regarde la gouttière urétrale et que sa face cruentée soit tournée en dehors.

J'ai d'abord eu soin d'introduire une sonde en caoutchouc n° 17 dans la vessie, et c'est sur la portion de cette sonde couchée dans la gouttière urétrale que se moule le lambeau retourné. Le petit lambeau est aussi retourné sur la sonde, face épidermique en dedans, face saignante en dehors, et son bord libre est suturé au bord correspondant du grand lambeau. Je procède avec beaucoup de soin à cette suture, affrontant bien exactement les bords des lambeaux, faisant des points très rapprochés, en me servant pour cela de catgut fin. Cette suture achevée, l'urètre est reconstitué dans toute son étendue pénienne et sa traversée périnéo-scrotale par un premier plan de lambeaux.

Avant de le doubler j'abouche, le nouvel urètre à l'urètre profond au moyen d'une suture en bourse au catgut, après avivement large de la lèvre cutanéo-muqueuse qui le borde.

La laxité de l'enveloppe de la verge me permet de recouvrir sans peine le premier plan de lambeaux. Il me suffit pour cela de rapprocher l'une de l'autre les deux lignes d'incision qui m'ont servi à limiter les lambeaux profonds et de les suturer soigneusement au crin de cheval.

L'urètre pénien ainsi parachevé, je refais sa traversée balanique d'après le procédé du professeur Duplay : incision profonde dans le gland sur la ligne médiane, avivement et suture des deux lèvres de la gouttière. Au lieu de la suture entortillée, je me sers pour réunir ces deux lèvres de points entrecoupés au crin de Florence.

Comme je l'ai fait du côté du périnée, j'abouche de suite le canal balanique au canal pénien en suturant soigneusement les bords avivés l'un à l'autre.

Toute la ligne de suture est saupoudrée d'iodoforme, la verge est entourée de gaze iodoformée, le périnée est également recouvert de la même gaze, enfin toute la région est emprisonnée dans une couche épaisse de ouate, d'où émerge la sonde qu'on laisse débouchée dans un urinoir.

Suites opératoires. — Le malade n'accuse aucune douleur après l'opération, il reste tranquille dans son lit et n'est pas tourmenté par les érections. La sonde fonctionne bien et donne issue à une urine absolument normale en quantité et en qualité ; j'ai d'ailleurs soin d'entretenir l'asepsie de la vessie par des lavages boriqués pratiqués trois ou quatre fois dans les vingt-quatre heures, lavages qui servent aussi à diminuer les chances d'incrustation de la sonde. Malgré cela le malade a un peu de fièvre et sa température oscille entre 37°,8 et 38°2.

Cette élévation de température m'engage à défaire le pansement le 13 décembre, c'est-à-dire le cinquième jour après l'opération. L'aspect des parties est des plus satisfaisants : pas de rougeur, pas de gonflement, pas de douleur, absence complète de suppuration. Je refais le pansement.

Sous l'influence d'un purgatif (huile de ricin) la température s'abaisse.

Je défais le pansement le 16 décembre ; tout est en très bon état. J'enlève plusieurs points de suture dans la continuité de l'urètre pénien, mais je laisse ceux qui sont à chacune de ses extrémités. Je laisse également la sonde à demeure.

Le 21 décembre (12me jour après l'opération), je constate en défaisant le pansement qu'il existe à un centimètre environ de l'union de la portion balanique et pénienne du canal une ulcération arrondie d'un demi centimètre de diamètre, au fond de laquelle on aperçoit la sonde. Dans tout le reste de l'étendue la réunion paraît complète, sauf au point d'abouchement du nouvel urètre avec l'orifice périnéal de l'urètre profond. Il existe à ce niveau un petit pertuis que je me garde de sonder. J'enlève tous les points de suture et je supprime la sonde, après avoir fait un lavage de la vessie à l'acide borique. Malgré son séjour prolongé dans la vessie, la sonde n'est pas incrustée et elle n'a pas provoqué une très grande irritation du canal.

Après avoir soigneusement lavé ce dernier à l'acide borique, j'essaye d'introduire dans la vessie une sonde en caoutchouc, mais elle est arrêtée au niveau de l'abouchement de l'urètre nouveau à l'ancien ; il en est de même d'une sonde en gomme à bout olivaire. Prenant alors une sonde à béquille, dont le bec suit la paroi supérieure ; je puis la conduire dans la vessie. Je recommande de sonder le malade chaque fois qu'il voudra uriner. Ces sondages sont faits régulièrement pendant quelques jours, après lesquels le malade urine seul. Quelques gouttes d'urine sortent d'abord par l'orifice périnéal, mais la plus grande quantité passe par la fistule pénienne et une petite quantité seulement s'écoule par le méat. Rapidement la petite fistule périnéale s'oblitère d'elle-même et lorsque T.... quitte l'hôpital le 5 janvier 1892, il ne passe plus une goutte d'urine par cet orifice, mais la plus grande partie continue à s'échapper par la fistule pénienne.

En définitive j'ai obtenu chez mon malade, à la suite d'une seule séance opératoire et en moins d'un mois de séjour à l'hôpital, la reconstitution de l'urètre dans ses trois portions périnéo-scrotale, pénienne et balanique et son abouchement à l'urètre profond. La fistule pénienne ne constitue pas à proprement parler un échec pour l'opération que j'ai tentée, elle est la conséquence du séjour trop prolongé de la sonde, que j'ai cru devoir laisser jusqu'au douzième jour. Je ne fais aucune difficulté pour reconnaître que j'ai commis là une faute ; j'y ai été entraîné par le bon état des parties constaté à chaque pansement, par l'absence de tension, de gonflement, de suppuration. Cette question de la durée du séjour de la sonde à demeure est très importante, Elle a été abordée par M. le professeur Guyon, dans son rapport sur le travail de M. Th. Anger à la société de chirurgie, et par les orateurs qui prirent part à la discussion ; tous s'accordèrent à la laisser très peu de temps, 48 heures au plus. Je crois qu'il n'y a aucun inconvénient à dépasser largement ce laps de temps aujourd'hui que nous avons des sondes en caoutchouc à gros calibre intérieur et que nous possédons les moyens d'aseptiser le canal et les urines. Je n'oserais cependant fixer de limite, c'est à l'observation de nous l'apprendre, cette limite variera d'ailleurs avec chaque cas particulier.

V

L'INCONTINENCE D'URINE D'ORIGINE URÉTRALE

CHEZ LA FEMME

ET DE SON TRAITEMENT OPÉRATOIRE

L'étude des conditions pathogéniques de l'incontinence d'urine a fait réaliser des progrès importants à la thérapeutique de cette affection. La plupart des malades atteints de ce symptôme, qui crée chez eux une pénible infirmité, sont aujourd'hui facilement guéris par des moyens s'adressant à la cause qui le détermine et l'entrétient. Cependant, il en est un certain nombre chez lesquels tout échoue, soit que la nature de leur incontinence nous échappe, soit que le traitement que nous leur opposons demeure inefficace. Ces infortunés sont alors condamnés à l'usage d'appareils collecteurs des urines toujours imparfaits. Tandis que, dans le sexe masculin, la conformation des organes se prête encore assez bien à leur emploi, chez la femme la disposition des parties rend tout à fait illusoires lurse services.

Frappés de l'insuffisance de ces appareils et de leurs inconvénients dans certains cas, quelques chirurgiens se sont ingéniés à concevoir des opérations permettant à la vessie de reprendre le rôle de réservoir qui lui est naturellement dévolu. Les traces de ces efforts se trouvent éparses dans la littérature médicale et nos Traités classiques n'en font pas même mention. J'ai donc pensé qu'il ne serait pas sans intérêt de faire connaître ces tentatives. M'étant trouvé moi-même aux prises avec ces incontinences féminines rebelles à tous traitements, j'ai eu recours dans un cas à une opération dont le résultat a été excellent. Telle a été l'origine de ce mémoire.

Il viendra compléter les travaux intéressants publiés dans ces derniers temps sur la reconstitution anatomique de l'urètre congénitalement absent ou détruit par accident. Au nombre de ces travaux se place en première ligne la thèse de Frœlich, inspirée par le professeur Heydenreich (de Nancy) et ayant pour point de départ une observation de ce chirurgien. On y trouve exposé avec un grand soin tous les procédés mis en œuvre pour faire de toutes pièces l'urètre, lorsqu'il manque, ou pour le restaurer, lorsqu'il a été déchiré. Dans un article de la *Semaine médicale*, paru ultérieurement, le professeur de Nancy, utilisant les matériaux rassemblés par son élève, a résumé avec un grand sens pratique les indications de ces nombreux procédés et fait ressortir les avantages qu'on peut retirer de chacun d'eux, employé seul ou concurremment avec d'autres.

Il faut bien le reconnaître, ces avantagds sont médiocres. Les opérateurs ont bien pu faire un urètre se rapprochant plus ou moins de l'urètre anatomique par ses fonctions de conduit vecteur de l'urine ; mais un petit nombre seulement sont parvenus à lui restituer les propriétés en vertu desquelles il concourt pour une large part au mécanisme qui préside à la rétention normale des urines dans la vessie. La faute en est peut-être dans ce fait qu'ils n'ont pas suffisamment tenu compte, au cours de leurs opérations, des conditions que devait réaliser le nouveau canal pour remplir son rôle physiologique. N'ayant le plus souvent à leur disposition que des tissus dépourvus de fibres contractiles, ils ne pouvaient évidemment élever leur prétention jusqu'à refaire un sphincter vésico-urétral ; mais il leur était au moins toujours loisible de reconstruire le canal dans des conditions telles que, par sa longueur, sa direction, son calibre et l'accolement habituel de ses parois il fît obstacle à la pression moyenne du liquide intravésical et s'opposât ainsi à la sortie des urines.

En effet, s'il est vrai, ainsi que l'ont démontré les expériences d'Heidenhain et Colberg, de Giannuzzi, de Kupressow, que la tonicité des fibres musculaires, qui entourent le col de la vessie et l'urètre chez la femme, joue le plus grand rôle dans la rétention physiologique des urines, il n'est pas moins certain que l'élasticité des tissus, qui font partie intégrante du canal ou l'avoisinent, contribuent pour leur part à ce phénomène. Comme on le verra dans la suite, les opérations pratiquées chez les malades atteintes d'incontinence des urines ont donné des résultats d'autant plus satisfaisants que leurs auteurs se sont mieux inspirés des principes précédents.

Avant d'exposer les méthodes et les procédés opératoires auxquels ont eu recours jusqu'à ce jour les chirurgiens en pareille occurence, je désire attirer l'attention sur quelques variétés encore peu connues de l'incontinence urétrale, sur leur pathogénie et leurs lésions anatomiques.

L'incontinence succédant à la dilatation chirurgicale de l'urètre, pratiquée soit dans un but thérapeutique, soit pour parfaire un diagnostic, est rare, du moins chez la femme adulte saine et vigoureuse, ainsi que le fait remarquer Ch. Monod. L'avis des opérateurs, et ils sont nombreux, qui se sont occupés dans ces dernières années de cette méthode d'accès dans la vessie féminine, est unanime à cet égard. Ceux qui ont quelquefois observé cet accident se contentent de le signaler, sans en chercher la raison.

L'incontinence, qui reconnaît pour origine la dilatation pathologique du canal par un néoplasme, un calcul, un corps étranger y restant engagés pendant un assez long temps, est relativement plus fréquente ; mais sa pathogénie et ses lésions anatomiques sont toutes aussi peu connues. Il est infiniment probable que dans les deux cas il se fait des déchirures des fibres musculaires, déchirures qui, interrompant la continuité du sphincter, s'opposent à sa fermeture. A ces déchirures viennent s'ajouter, dans les cas de dilatation pathologique de longue durée, les lésions de dégénérescence. L'unique constatation anatomique, qu'on ait pu faire des lésions de l'incontinence après la dilatation, est rapporté par Emmet. Ce chirurgien trouva la tunique musculaire cicatrisée, après avoir fait hernie à travers une déchirure de la muqueuse.

A côté de la variété précédente d'incontinence bien connue en clinique, quoique rare je le répète, s'en place une autre moins connue qui a fait, il y a quelques années, l'objet d'un travail intéressant, publié par O. Engstrom. Cette incontinence survient après une distension excessive du vagin par le passage du fœtus dans les accouchements longs et répétés, ou à la suite de manœuvres opératoires laborieuses pour atteindre l'utérus par ce conduit. Si l'on se rappelle que, chez la femme, l'urètre est contenu tout entier dans l'épaisseur de la paroi antérieure du vagin, on ne sera pas surpris de voir, dans certains cas, la dilatation de ce dernier conduit retentir sur le premier et déterminer la dilatation et le relâchement de l'urètre.

En 1880, le professeur S. Duplay a appelé l'attention sur l'existence de poches liquides que l'on rencontre parfois sur le trajet du canal de l'urètre et qui communiquent avec lui. La formation de ces urétrocèles peut s'expliquer, suivant cet auteur, de deux manières. Tantôt la tête fœtale, en même temps qu'elle distend à l'extrême le vagin, comprime et éraille les tissus constituant la paroi inférieure de l'urètre et détermine ainsi la dilatation simple. Tantôt elle ne produit qu'une fissure de la muqueuse qui donne accès à l'urine à chaque miction, d'où la formation lente d'une poche urineuse. Le premier de ces mécanismes me semblent parfaitement applicable à la pathogénie de la variété d'incontinence, qui nous occupe.

Si l'issue involontaire des urines n'est pas habituelle dans l'urétrocèle (ce phénomène n'existait que dans une des observations rassemblées par S. Duplay), la raison en est sans doute en ce que la déchirure, la rupture des fibres sphinctériennes urétro-vésicales contenues dans la paroi inférieure de l'urètre est limitée à une partie de la longueur du canal et qu'il en reste une quantité suffisante pour assurer l'occlusion de la vessie. La facilité, avec laquelle un explorateur à boule très volumineuse parcourt tout le canal sans rencontrer le moindre obstacle, fournit en clinique un appoint à cette manière de concevoir les lésions, qui sont l'origine de l'impuissance des malades à retenir leurs urines.

Il arrive quelquefois qu'après l'occlusion parfaitement réalisée d'une fistule vésico-vaginale, les urines, s'échappant d'une façon continue par l'urètre, font perdre aux malades le bénéfice de l'opération. Emmet, Nœggerath ont été les premiert à signaler cette source de déboires pour les chirurgiens, et plusieurs autres l'ont observée depuis. D'après Hegar et Kaltenbach, cette incontinence reconnaît plusieurs causes. Tantôt elle est due à ce que la vessie, dans laquelle les urines ne séjournent plus depuis longtemps, a perdu la faculté de se laisser distendre ; tantôt à ce que la perte de substance au niveau de la fistule étant considérable, la capacité du réservoir se trouve extrêmement réduite. Chez d'autres malades, elle est la conséquence de la distension qu'à subie la paroi inférieure de l'urètre au cours de l'accouchement laborieux ayant déterminé la fistule. Elle rentre alors dans la catégorie des incontinences que nous avons signalées au paragraphe précédent. Enfin, elle peut reconnaître pour origine, ainsi que le fait remarquer Pozzi dans son Traité, « la perte de tonicité par l'effet de la désuétude du sphincter vésical et des fibres musculaires de l'urètre. »

Je signalerai en dernier lieu, au nombre des incontinences urétrales, celle que détermine l'existence de cicatrices tenant entr'ouvert le canal de l'urètre. Uter Hart, cité par Hegar et Kaltenbach, en a observé un cas, que guérit la section de la bride cicatricielle.

Afin de présenter avec ordre les procédés déjà assez nombreux employés jusqu'à ce jour pour remédier à l'incontinence des urines chez la femme, je les grouperai en trois méthodes : 1° *méthode de dérivation du cours de l'urine;* 2° *méthode de resserrement simple du canal de l'urètre dilaté par excision du septum urétro-vaginal;* 3° *méthode de resserrement du canal par déviation, torsion, allongement de son axe, soit seuls ou combinés.*

La *méthode de dérivation du cours des urines* ne m'arrêtera pas longtemps. Les procédés qui en relèvent ne sont que des pis-aller. Les meilleurs n'apportent aucun changement appréciable dans la situation des malades et il en est qui, pour combattre une infirmité compatible somme toute avec l'existence, créent de véritables dangers.

Quels avantages offre, par exemple, la manière de faire de Baker Brown, qui conseille de refaire un nouveau canal à côté de l'ancien ?

L'opération de Rutenberg est à peu près aussi inutile. Cet auteur propose de fermer l'urètre incontinent et d'établir une fistule vésico-abdominale au-dessus du pubis. La fistule ainsi créée serait, selon lui, plus facile à oblitérer par une pelote que l'urètre. Je ne nie pas le bon fonctionnement de la fistule hypogastrique, dont la création est devenue courante dans le traitement de certains accidents chez les prostatiques. J'y ai eu recours, comme tous les chirurgiens, et un de mes malades a vécu près de trois ans avec ce méat hypogastrique. Les inconvénients qu'entraînait chez lui l'écoulement incessant des urines étaient minimes, grâce à l'application d'un appareil collecteur d'un usage facile; mais je ne crois pas que le flot des urines, qui s'échappe par l'urètre de la femme, exige un appareil beaucoup plus compliqué et plus difficile à porter.

Le procédé de Rose, qui conseille de suturer l'urètre et le vagin, puis de créer une fistule vésico-rectale, est détestable et doit être proscrit. Dans un travail sur le traitement chirurgical de l'exstrophie de la vessie [1], j'ai montré que l'idée de vouloir faire jouer à l'ampoule rectale le rôle dévolu à la vessie repose sur « une fausse interprétation des données de la physiologie comparée et sur une insuffisante observation des faits pathologiques ». Je n'insiste pas sur les dangers d'une pareille dérivation de l'urine vers le canal intestinal [2].

La *méthode de resserrement simple du canal de l'urètre dilaté par excision du septum urétro-vaginal* comprend les procédés de Franck, Winckel, Schultze, qui ne diffèrent que par des détails.

Franck commence par réséquer la cloison urétro-vaginale dans toute son épaisseur, en enlevant un lambeau triangulaire dont le sommet commence près du méat et la base s'arrête à environ un centimètre de l'embouchure de l'urètre à la vessie. Cela fait, il excise du côté de l'orifice vésical un lambeau de la muqueuse vaginale en forme d'ellipse, les bords de la fistule urétro-vaginale, qu'il a ainsi créée, sont ensuite soigneusement affrontés et suturés au fil d'argent.

Winckel se contente d'enlever un coin de la paroi inférieure de l'urètre; mais, comme l'opérateur précédent, il a soin d'exciser toute l'épaisseur des tissus y compris la muqueuse urétrale. Les bords de la perte de substance sont réunis l'un à l'autre.

Schultze excise un lambeau elliptique d'une longueur de trois centimètres et d'une largeur d'un centimètre en son milieu, comprenant toute l'épaisseur du septum urétro-vaginal, et suture les lèvres de la plaie.

---

1. Traitement chirurgical de l'exstrophie de la vessie. G. Steinheil, Paris 1889.
2. Des faits expérimentaux et des observations cliniques récentes tendent à prouver que les dangers du contact de l'urine avec la muqueuse du rectum sont moindres que je le croyais, aussi dans un nouveau mémoire sur le traitement de l'exstrophie me suis-je montré moins sévère pour la méthode de dérivation de l'urine dans l'intestin.

On le voit, tous ces procédés consistent essentiellement dans l'excision de la paroi inférieure de l'urètre, la longueur et la largeur du lambeau excisé étant proportionnées au degré de resserrement du canal qu'on veut obtenir. Ils ont tous le même inconvénient, c'est celui d'intéresser la muqueuse urétrale et partant d'exposer à la formation d'une fistule urétrovaginale dans le cas où la réunion vient à échouer. Cet accident est survenu chez une des opérées de Schultze. Pour l'éviter, Engstrom conseille de ne pas intéresser la muqueuse de l'urètre dans l'excision du septum urétro-vaginal.

Voici comment procède Engstrom. Il taille un lambeau triangulaire dont la base large correspond au méat, tandis que le sommet se prolonge jusqu'à la hauteur du col de la vessie. Au-dessus, il se contente d'aviver la muqueuse en forme d'ovale. Les bords de la plaie sont suturés. Les chances de réunion par première intention sont ainsi augmentées, car l'urine ne peut s'infiltrer dans la ligne des sutures. Cette réunion vient-elle à manquer, non seulement l'opérée est à l'abri de la fistule urétro-vaginale, mais encore elle peut espérer recueillir quelque bénéfice de l'opération. En effet, la plaie bourgeonne du côté du vagin et le tissu cicatriciel, qui lui succède, détermine par sa rétraction un resserrement suffisant du canal.

La méthode de resserrement de l'urètre par déviation, torsion, allongement de son axe, soit seuls ou combinés, nous offre d'abord à étudier le procédé de Pawlik.

Dans ce procédé, l'urètre est d'abord coudé autour du ligament suspenseur, puis, il est fortement tendu dans le sens transversal, de manière à accoler ses deux parois l'une à l'autre. Voici, d'après Pozzi, comment Pawlik exécute son opération : « Il commence par attirer avec un crochet le canal de l'urètre aussi loin que possible sur le côté et il marque les points qui correspondent à ce déplacement. Il obtient les limites extrêmes de son avivement et il y procède en faisant de haut en bas deux incisions parallèles à partir des points précités. En bas, ces incisions s'inclinent de manière à permettre de couder l'urètre. On attire alors l'orifice de l'urètre avec un crochet du côté du clitoris et l'on marque le point où l'on peut parvenir à l'amener ; on poursuit l'incision jusque-là, en ayant soin de lui donner une direction un peu concave en dedans, de manière à ce qu'après la suture l'orifice externe de l'urètre ne se trouve pas trop fortement bridé. Quand ce tracé est terminé, on pratique l'avivement en creusant les tissus à côté de l'urètre; il en résulte une plaie assez profonde. On fait la suture de la plaie en attirant l'urètre vers le clitoris; les points de suture deviennent obliques à mesure qu'on approche de l'orifice urétral et les derniers sont même placés directement d'avant en arrière. »

Lorsque la cicatrisation est opérée d'un côté, c'est à dire après huit jours, Pawlik procède à la même opération du côté opposé.

Duret a modifié le procédé de Pawlik qui, on a pu le voir, est d'une exécution assez compliquée. Voici comment le chirurgien de Lille arrive à changer la direction de l'axe de l'urètre, à allonger sa paroi postérieure et à le transformer en une sorte de fente transversale. Une première incision circonscrit le méat; une seconde, concentrique à la première, est faite à un centimètre ou un centimètre et demi en dehors d'elle, puis la muqueuse intermédiaire est excisée. L'urètre, ainsi isolé, est disséqué dans une étendue de deux centimètres, puis attiré au-dessous du pubis et suturé dans cette nouvelle situation, à l'aide de fils de catgut.

Gersung (de Vienne), pour rendre à l'urètre dilaté la faculté de pouvoir s'opposer à la sortie des urines, a eu recours à un procédé extrêmement original. Il fait subir au canal une torsion suivant son grand axe et réalise de la sorte un mécanisme de fermeture analogue à celui de certaines blagues à tabac en caoutchouc. A cet effet, il dissèque circulairement l'urètre sur une longueur de deux centimètres, le tord de 180° sur son axe et le fixe dans cette situation aux tissus voisins. La difficulté dans ce procédé, est de faire subir à l'urètre une torsion suffisante et Gersung dut s'y reprendre à trois fois pour arriver à obtenir le résultat cherché.

Chez la malade qu'il m'a été donné d'opérer et dont je vais maintenant rapporter l'observation, j'ai combiné le procédé employé par Duret (incurvation de l'axe de l'urètre, relèvement du méat, allongement de la paroi postérieure) à celui imaginé par Gersung (torsion de l'urètre).

ANTÉCÉDENTS. — Il s'agit d'une dame de cinquante-deux ans, d'une très forte constitution; elle est encore réglée. Elle a eu deux enfants. Ses couches se sont passées sans incident, dit-elle. Depuis son dernier accouchement, qui remonte à dix-huit ans, elle a souffert du bas-ventre et a été soignée pendant longtemps pour une endométrite. Depuis la même époque, elle est atteinte d'incontinence d'urine. Cette incontinence, qui a toujours eu les mêmes caractères, se produit surtout pendant la marche et la station verticale; elle est moins prononcée dans la station assise et l'urine ne sort alors que lorsqu'elle s'est accumulée en certaine quantité dans la vessie. Couchée, la malade retient bien en général ses urines; cependant, si elle se tourne brusquement, si elle se soulève, si elle rit, un flot d'urine s'échappe du canal. Jamais l'urine n'a été trouble; jamais elle n'a contenu de pus ou de sang; jamais les mictions n'ont été douloureuses; en un mot, jamais la malade n'a eu de cystite. Jusqu'à ce jour, Mme X... a supporté son infirmité, mais non sans en être profondément affectée; aujourd'hui elle veut en être débarrassée, même au prix d'une opération très grave, dit-elle.

Lorsqu'elle se présente pour la première fois à mon examen, le 12 juin 1891, je constate que la vulve est flétrie, béante; le vestibule est agrandi par suite de l'abaissement de la colonne antérieure du vagin, l'orifice de l'urètre est largement ouvert. Il existe une déchirure assez profonde du périnée. Par le toucher vaginal, je puis m'assurer que l'utérus n'est pas abaissé; il est mobile, un peu volumineux, mais son appareil suspenseur est en bon état. Rien du côté des annexes. Au spéculum, le col paraît un peu gros, son orifice est normal; pas d'éversion de la muqueuse, pas de sécrétion pathologique. La paroi supérieure du vagin est résistante; il n'existe ni cystocèle ni urétrocèle. J'introduis dans l'urètre, sans rencontrer la moindre résistance au méat pas plus qu'au col, un explorateur à boule n° 30; je puis même, sans difficulté, engager dans le méat l'extrémité de mon petit doigt.

Persuadé que l'incontinence ne reconnaît d'autre cause que l'extrême dilatation de l'urètre, je propose à la malade de lui faire subir deux opérations : l'une ayant pour but de rétrécir son canal, l'autre de reconstituer son périnée. Je pratique ces deux opérations dans la même séance, le 15 juin.

Opération. — Je commence d'abord par l'opération sur l'urètre.

La malade, convenablement préparée et désinfectée, est endormie et placée dans la position de la taille. Une grosse bougie étant introduite dans l'urètre, je circoncis le méat par une incision circulaire se tenant à un demi-centimètre de ses bords et je dissèque ainsi le canal dans une étendue d'un centimètre et demi environ.

Cela fait, j'incise verticalement les tissus du vestibule jusqu'à la base du clitoris. La bougie étant à ce moment retirée du canal disséqué, je fais subir à ce dernier un mouvement de rotation sur son axe de près de 120° et je l'attire en même tempe fortement en avant et en haut, dans l'angle à surfaces saignantes produites par l'incision verticale du vestibule. Je le fixe dans cette position par une série de points de suture au catgut le réunissant aux tissus du vestibule dont il a été isolé. Ces points de suture n'occupent que les deux tiers supérieurs de la circonférence de l'urètre et forment par conséquent un fer à cheval.

Au lieu de suturer le tiers inférieur aux parties voisines, je réunis entre elles les lèvres de la plaie béante résultant de l'élévation de l'urètre à la racine du clitoris. De cette façon, je reconstitue le tubercule qui termine la colonne du vagin et assure pour l'avenir un ferme soutien à l'extrémité antérieure du canal. J'ai eu soin de passer profondément mes fils de catgut, afin de réunir l'urètre dans toute sa partie disséquée et d'obtenir un rapprochement complet des tissus. Par une série de points complémentaires aux crins de cheval, je réunis superficiellement la muqueuse.

L'opération terminée, les parties offrent l'aspect suivant : le méat, réduit à une fente transversale, est caché au-dessous du clitoris ; le canal, au lieu d'être horizontal, comme est sa direction normale lorsque la femme est couchée, décrit une forte courbe à concavité supérieure embrassant le pubis ; une sonde introduite dans son intérieur est presque verticale ; enfin, le calibre de l'urètre est fortement rétréci par suite de la rotation qui lui a été imprimée, une sonde n° 14 y passe avec une certaine difficulté.

L'opération sur le canal achevée, je procède à la restauration du périnée et pratique une colpopérinéorrhaphie qu'il est inutile que je décrive.

Suites opératoires. — Les suites opératoires furent des plus simples. Pendant quarante-huit heures, je laissai à demeure une sonde en caoutchouc n° 14. Cette sonde fonctionna parfaitement. A partir du troisième jour, la malade fut sondée régulièrement toutes les trois ou quatre heures. La plaie, soigneusement lavée après chaque sondage à la solution de sublimé et saupoudrée ensuite d'iodoforme, se réunit sans la moindre suppuration ; de même la suture périnéale.

Durant les douze jours que la malade resta au lit, elle ne perdit pas une goutte d'urine. Dans les premiers temps qu'elle commença à se lever et à marcher, elle éprouva des envies assez fréquentes d'uriner, environ toutes les trois heures. Lorsqu'elle voulait y résister, elle perdait une petite quantité d'urine, mais avait la sensation qui accompagne ordinairement l'acte de la miction.

Peu à peu, cet état s'est amélioré ; j'ai eu deux mois après l'opération, de ses nouvelles par son médecin. Il m'écrit, à cette époque, que la situation actuelle de sa cliente n'est pas à comparer à celle d'autrefois. Elle ne perd jamais ses urines la nuit et elle peut rester quatre à cinq heures, le jour, sans uriner. La dernière fois qu'il a vu la malade, il a pu retirer de la vessie, par un sondage, plus de 400 grammes d'urine, preuve du rétablissement de la fonction physiologique de l'appareil rétenteur. Malgré ce résultat, j'ai conseillé l'électrisation du col de la vessie et de l'urètre. J'espère rendre ainsi plus parfaite encore la rétention en réveillant la contractilité des fibres musculaires de l'urètre, mises par la torsion de l'urètre dans de meilleures conditions de fonctionnement.

En 1890, E. Desnos a conçu un procédé ingénieux de resserrement de la partie postérieure de l'urètre, qui ne saurait prendre rang dans la catégorie des procédés que je viens de passer en revue. Il me reste à le faire connaître. Ce chirurgien, après avoir incisé la muqueuse de la paroi antérieure du vagin directement sur le trajet de l'urètre distendu par une grosse sonde, pratique à chaque extrémité de cette première incision deux incisions transversales. Cela fait, il dissèque les deux lambeaux ainsi circonscrits en forme de volets et met l'urètre à nu. Celui-ci est alors isolé des tissus voisins dans les deux tiers environ de sa circonférence et, tandis qu'un aide le fait saillir dans le vagin, à l'aide d'une sonde métallique introduite dans son calibre, l'opérateur l'embrasse à deux ou trois millimètres en avant du col dans une anse de gros catgut, qu'il noue sur une sonde de gomme n° 15, substituée dans le canal à la sonde métallique. En dernier lieu, les deux volets de la muqueuse vaginale sont suturés ensemble et l'urètre réintégré à sa place première. De la sorte, E. Desnos espérait obtenir, au niveau du fil constricteur un anneau cicatriciel rétrécissant suffisamment le calibre du canal pour permettre à l'urine d'être retenue dans la vessie. Il n'obtint qu'un succès relatif.

Il m'est difficile, d'après les documents que j'ai eus entre les mains, de me faire une opinion ferme sur la valeur thérapeutique des diverses opérations que je viens de décrire sommairement. Voici cependant l'impression que j'ai gardée de leur lecture.

Je laisse, bien entendu, de côté les procédés qui relèvent de la méthode de dérivation du cours des urines; ils sont inutiles ou très périlleux.

Les procédés de resserrement simple de l'urètre par excision de sa paroi inférieure ont donné de bons résultats à Franck, Winckel et Schultze. Ils trouvent surtout leur application aux cas dans lesquels la paroi inférieure du canal est relâchée et forme une variété d'urétrocèle. J'estime qu'alors la manière de faire d'Engstrom, qui respecte la muqueuse urétrale, est préférable à celles des autres opérateurs. On prévient ainsi la formation d'une fistule nécessitant une seconde opération, comme chez la malade de Schultze.

Les opérations, qui ont pour objet de remédier à l'incontinence par déviation, torsion, allongement de l'axe du canal, s'adressent aux cas dans lesquels l'urètre est simplement béant. Si l'on en croit Engstrom, le procédé de Pawlik est loin d'être excellent, car, sur 5 cas, il y a eu 4 résultats insignifiants et 1 seul complet. La modification apportée par Duret à ce procédé, tout en simplifiant son exécution, l'a rendu plus efficace, puisque sur les deux malades chez lesquelles il a été appliqué, le résultat fonctionnel a été satisfaisant.

Jusqu'ici, c'est la torsion de l'urètre sur son axe qui semble avoir donné le plus beau succès. Une jeune fille de quatorze ans, pour laquelle Gersung imagina son ingénieux procédé, est arrivée à pouvoir garder ses urines pendant cinq heures et à en expulser chaque fois environ 500 grammes.

Le trouvant d'exécution facile et ne redoutant nullement les dangers craints par Desnos de voir l'urètre, isolé des parties voisines, tomber en sphacèle, je n'ai pas hésité à y avoir recours chez ma malade; mais afin de multiplier les chances de réussite, j'ai emprunté à Pawlik et à Duret l'idée d'incurver le canal sur son axe et de relever le méat jusqu'au contact du clitoris. En combinant ces procédés, je me suis inspiré des conditions que doivent réaliser le col de la vessie et l'urètre féminin pour remplir leurs fonctions physiologiques, conditions que j'ai rappelées au commencement de ce travail. L'incurvation du canal a changé les conditions statiques de ce conduit et permis à l'élasticité des tissus de jouer son rôle secondaire mais réel dans le mécanisme de la rétention physiologique des urines; la torsion a changé les conditions dynamiques des fibres élastiques et musculaires, auparavant impuissantes à maintenir accolées les parois de l'urètre dilaté, et a permis dès lors aux propriétés inhérentes à chacune d'elles de s'exercer avec efficacité.

BIBLIOGRAPHIE

O. ENGSTROM. — *Berliner klinische Wochenschrift*, n°, 40 1887.

PAWLIK. — *Wien. med. Wochenschrift*, 1883.

SCHLUTZE Ueber operative Heilung der uretralen. Incontinenz beim Weibe (*Wien. med. Blätter* 1888, n°' 18 et 19.)

GERSUNG. — Eine neue Opération zur Heilung der Incontinentia Urinæ. (*Centrabl. f. chir.*, 1889, n° 25.)

E. DESNOS. — Note sur une opération contre l'incontinence d'urine chez la femme. (*Annales des Maladies des organes génito-urinaires*, juin Sc. 1890.)

DURET. — Traitement de l'incontinence d'urine chez la femme. (*Soc. des Sc. méd.* de Lille, 17 déc. 1890.)

VI

DE LA DÉRIVATION

DU

COURS DES URINES PAR LA CYSTOSTOMIE

DANS LE TRAITEMENT

DE CERTAINES FISTULES URINAIRES CHEZ L'HOMME

L'opération de cystostomie, que je désire rapporter d'abord, a été pratiquée en 1894 chez un homme de 71 ans pour obéir à une indication toute particulière et qui, je crois, n'avait pas encore été envisagée par les auteurs ayant préconisé ce mode d'ouverture de la vessie. C'est surtout là ce qui fait son intérêt.

Cette opération, proposée par Mac Guire (de Richmond, Virginie) en 1888 et que M. Poncet (de Lyon) a fait en quelque sorte sienne tant par le grand nombre de malades chez lesquels il l'a pratiquée que par les perfectionnements qu'il a apportés à son exécution, consiste essentiellement, comme on le sait, dans la création d'un urètre artificiel, que l'on réalise en ouvrant la vessie par dessus le pubis et en suturant ses parois aux téguments.

Suivant ces auteurs, l'ouverture de la vessie pratiquée de la sorte trouverait ses indications chez les prostatiques toutes les fois que le cathétérisme est impossible, difficile et douloureux ; toutes les fois qu'il est nécessaire de le pratiquer un très grand nombre de fois dans les vingt-quatre heures ; toutes les fois qu'il existe des fausses routes ou des phénomènes d'empoisonnement urinaire, que les manœuvres répétées du cathétérisme risqueraient d'aggraver.

Ce serait perdre de vue l'objet de ce travail que de discuter par le menu ces indications de la cystostomie ; je me crois cependant autorisé, par l'expérience que j'ai pu acquérir, à déclarer que c'est tout à fait exceptionnellement que le chirurgien sera mis en demeure d'ouvrir la vessie des prostatiques près desquels il sera appelé.

Il ne m'est arrivé, pour ma part, qu'une seule fois de ne pouvoir pénétrer par le cathétérisme dans la vessie d'un prostatique ; bien souvent, j'ai éprouvé des difficultés, mais grâce à un outillage perfectionné, en particulier au mandrin de Guyon et à la manœuvre que j'appelle le *cathétérisme à trois mains*, j'ai toujours triomphé des prostates les plus volumineuses et les plus déformées.

La douleur qu'on observe chez quelques rares prostatiques est, dans la grande majorité des cas, indépendante des sondages, que ceux-ci cependant, il serait injuste de ne pas le reconnaître, ne peuvent qu'entretenir et exaspérer. Cette douleur reconnaît pour cause le plus souvent de la cystite du col et parfois de la cystalgie. J'ai observé, il y a six ans, un malade rentrant dans cette catégorie ; je lui ai pratiqué non une cystostomie, opération alors inconnue et qui n'aurait pas rempli mon but, mais une cystotomie et n'ai obtenu aucun apaisement de ses souffrances, bien qu'à partir de ce moment les sondages fussent abandonnés ; pendant quatre ans que le malade survécut à son opération, il continua à souffrir atrocement[1]. Depuis plus de quatre ans, j'observe un cas analogue ; bien que douloureux, le passage des sondes ne détermine cependant pas de crises de l'intensité de celles dont le malade est pris plusieurs fois par jour dans l'intervalle des cathétérismes. Instruit par l'expérience de mon premier malade, je n'ai pas osé promettre à celui-ci la disparition de ses souffrances après l'ouverture de la vessie ; aussi, ne l'ai-je point opéré.

La nécessité, où se trouvent certains malades de répéter un très grand nombre de fois par jour le cathétérisme, n'est pas pour moi une indication de la cystostomie, car l'obligation pour eux d'avoir toujours la sonde en main ne les met pas dans une situation inférieure, au point de vue des commodités de l'exis-

---

1. Cette observation a été communiquée au Congrès français de chirurgie. (*VI° session, Paris* 1892).

tence, à celle des cystostomisés chez lesquels on a reconstitué, je le veux bien, un urètre, mais un urètre incomplet, encore assez souvent incontinent, et qui exige dans bien des cas l'emploi de la sonde, soit pour empêcher les vêtements d'être souillés, soit pour s'opposer à l'occlusion du nouveau canal.

Quant à la crainte de voir l'appareil urinaire s'infecter par suite de l'introduction réitérée de sondes dans la vessie, nous la croyons illusoire. En effet, nous savons bien aujourd'hui, grâce aux travaux du professeur Guyon, quelles sont les conditions indispensables à la pullulation des germes introduits dans la vessie, ce sont précisément celles auxquelles un cathétérisme régulier et méthodique est chargé de remédier, à savoir la rétention complète ou incomplète de l'urine. Cette manière de voir, appuyée sur des recherches de laboratoire, est pleinement confirmée par les données de l'observation clinique. Quel est le praticien auquel il n'a été donné de suivre pendant de longues années des malades vidant plusieurs fois par jour leur vessie avec des sondes malpropres, portées sans la moindre précaution dans la poche, et graissées au moment de s'en servir avec les substances les moins antiseptiques, quand ce n'est pas avec de la salive ? Malgré cela, chez ces malades, les urines se conservent claires et limpides, et l'appareil urinaire se maintient dans un état d'intégrité parfaite. A l'évacuation constante et complète, se joint peut-être ici une sorte de vaccination obtenue par l'atténuation des cultures microbiennes, dont la vessie est souvent le champ pendant les premiers jours où le cathétérisme est institué.

Nous trouvons également, dans les considérations que nous venons de rappeler, une réponse à ce qu'a d'absolu l'indication de cystostomiser les prostatiques en puissance d'empoisonnement urineux.

Quant à l'existence de fausses routes, la rapidité avec laquelle elles se réparent sous l'influence de la sonde à demeure n'autorisera que tout à fait exceptionnellement l'ouverture de la vessie.

On le voit, selon nous, la cystostomie ne saurait être considérée que comme une opération rarement indiquée chez les prostatiques. Mais cette remarque faite, nous devons reconnaître que ce mode de dérivation du cours de l'urine constitue une ressource précieuse dans les cas où il est nécessaire d'y avoir recours, et que l'on doit savoir gré à M. le professeur Poncet de l'avoir imaginée.

L'indication pour laquelle j'ai pratiqué la cystostomie, objet de cette note, était l'existence de nombreuses fistules périnéo-scrotales chez un vieillard rétréci et prostatique, dont l'histoire est assez complexe.

ANTÉCÉDENTS. — M. R..., atteint de blennorragie vers l'âge de 20 ans, imagina, pour s'opposer à l'écoulement qui souillait son linge, de se lier la verge à la base avec une ficelle. L'ayant laissée trop longtemps en place, il en résulta des accidents in-flammatoires et ulcératifs, qui eurent pour conséquence la forma-tion d'une fistule au niveau de l'angle péno-scrotal, fistule par laquelle le malade rendit depuis lors ses urines en grande partie, sinon en totalité. L'existence de cette fistule n'empêcha d'ailleurs pas un rétrécissement périnéo-bulbaire de se produire, à la suite duquel survinrent un abcès urineux, puis une fistule urinaire au périnée.

PREMIÈRE OPÉRATION. — Appelé à donner mes soins au malade à ce moment (fin de 1891), je pratiquai l'urétrotomie externe et tentai l'oblitération de la fistule pénienne. Cette dernière opéra-tion échoua, mais l'urétrotomie externe le débarrassa de sa fistule périnéale. Malheureusement, cette guérison ne fut que momen-tanée ; en effet, le malade, malgré ma recommandation, négligea de se sonder et, environ quinze mois après l'opération, il se forma un nouvel abcès urineux qui s'ouvrit à l'extérieur par plusieurs orifices. En vain, essayai-je de démontrer à M. R... la nécessité d'entretenir le calibre du canal par le cathétérisme ; il s'y refusa, et je ne pus pas même obtenir de lui de me rendre compte de l'état de son urètre.

La coarctation urétrale subsistant et l'urine s'écoulant en grande partie par les fistules à chaque miction, l'état du périnée s'ag-grava peu à peu et, lorsqu'il me fit appeler de nouveau dans le courant du mois de février de cette année (1894), il était dans une situation véritablement lamentable.

Son périnée et ses bourses, œdématiées au point d'avoir le vo-lume d'une tête d'enfant d'un an, étaient couverts de fistules, d'où s'écoulait par la pression un pus sanieux et mélangé d'urine ; une de ces fistules s'étendait jusque dans la région de la fesse à gauche. Les téguments, irrités par le suintement continuel des liquides, étaient le siège d'excoriations très douloureuses, particulièrement au niveau du scrotum et des plis génito-cruraux. M. R... ne pouvait ni s'asseoir ni marcher sans éprouver de grandes dou-leurs, mais celles-ci s'exagéraient surtout au moment de l'émis-sion des urines passant par ces tissus enflammés. A diverses reprises, les granulations tapissant les trajets fistuleux ont saigné en assez grande abondance, et au récit qu'on me fait de ce qui s'est passé dans ces derniers mois, j'ai la pensée qu'il s'est peut-être fait une dégénérescence épithéliomateuse de ces trajets. L'examen des parties me montre qu'il n'en est rien.

Malgré toutes ces souffrances, M. R... a une santé relativement bonne. Sauf une constipation habituelle qui fait son tourment, les fonctions digestives sont excellentes ; jamais de fièvre ; peu d'amaigrissement. Il y a quelques mois, légère congestion cérébrale, à la suite de laquelle le membre supérieur gauche a été frappé d'un peu de parésie, aujourd'hui presque complètement disparue.

Tout l'appareil urinaire, à l'exception de l'urètre rétréci, point de départ des accidents du côté du périnée et du scrotum, me paraissant sain après enquête minutieuse, je propose au malade, au lieu d'une nouvelle opération sur le périnée, qu'il refuse et dont il n'assurerait certainement pas le résultat en se soumettant à des sondages réguliers, de détourner le cours de ses urines en créant une ouverture à la vessie par l'hypogastre.

DEUXIÈME OPÉRATION. — Le malade accepte l'opération, que je pratique le 18 avril 1894 avec l'assistance de mon excellent ami le professeur André Boursier.

La première partie de l'opération jusques et y compris l'ouverture de la vessie est pratiquée, suivant le manuel opératoire habituel de la cystotomie sus-pubienne, avec le ballon de Pétersen et l'injection intra-vésicale de 200 à 300 grammes de la solution boriquée. J'incise le réservoir à égale distance des deux extrémités de l'incision de la paroi abdominale, dans une étendue d'un centimètre et demi, et je passe immédiatement un fil suspenseur dans chacune de ces lèvres. Ces fils, qu'un aide tend légèrement, me facilitent singulièrement le passage des sutures destinées à affronter les lèvres de la boutonnière vésicale avec les téguments de l'incision hypogastrique. Ces sutures sont pratiquées avec des crins de Florence traversant les parois de la vessie à un demi-centimètre des bords de l'incision, puis les muscles droits, le tissu cellulaire et enfin la peau. De la sorte, je n'ai pas seulement réuni les parois de la vessie aux téguments, mais je les ai aussi réunies aux divers éléments constitutifs de la paroi abdominale. Je mets trois fils de chaque côté et, afin de donner à l'ouverture canaliculaire ainsi créée une disposition ultérieurement favorable à la contention d'urine, j'ai soin de reporter, autant que la mobilité de la vessie me le permet, vers l'angle supérieur de l'incision tégumentaire, les points de suture. Ceci fait, je place dans la vessie un tube simple n° 30, recourbé à la façon des tubes accolés de Guyon-Périer et je réunis au-dessus et au-dessous de lui l'ouverture de la paroi abdominale. Le pansement est celui de la taille sus-pubienne.

Les suites furent des plus simples ; le malade n'eut pas la plus petite élévation de température ; le tube fonctionna très bien et à aucun moment les pièces du pansement, renouvelées tous les trois ou quatre jours, ne furent souillées. J'enlevai les sutures le septième jour ; l'union de la vessie à la peau, à ce moment suffisante, s'affermit dans les jours suivants et peu à peu le nouvel urètre se constitua sur le tube laissé en place. Pendant ce temps, la suppuration du périnée se tarit, l'œdème du scrotum disparut et les fistules, sauf la fistule de jeunesse à l'angle péno-scrotal, se fermèrent. A l'heure qu'il est, quatre semaines après l'opération, la région périnéo-scrotale a recouvré son aspect normal [1].

Avant d'indiquer la disposition anatomique que présente le nouvel urètre de mon malade et son fonctionnement physiologique, qu'il me soit permis d'entrer dans quelques détails touchant le manuel opératoire que j'ai suivi.

Tout d'abord, et contrairement à un certain nombre de chirurgiens, parmi lesquels M. Poncet lui-même, qui rejèttent systématiquement dans l'ouverture de la vessie par le pubis le ballonnement du rectum, j'ai employé le ballon de Pétersen. Dans toutes les opérations de cystotomie que j'ai pratiquées, j'y ai eu toujours recours et son emploi n'a jamais été suivi des accidents qu'on lui reproche, à savoir des éraillures, des déchirures de l'intestin. Si l'on se contente d'injecter dans sa cavité 300 à 350 grammes de liquide, je crois que ces accidents ne sont nullement à redouter, pourvu, bien entendu, que le rectum soit sain ; et le seul inconvénient, dont on puisse incriminer le ballonnement du rectum, c'est de déterminer dans les quelques jours qui suivent l'opération un certain degré de parésie de tout l'intestin et la production d'un météorisme fort gênant.

Selon moi, et cela résulte de recherches cadavériques que j'ai eu occasion de faire lorsque je préparais ma thèse de doctorat, le ballon de Pétersen ne contribue en rien au relèvement du cul-de-sac péritonéal, de façon à le mettre à l'abri du bistouri dans l'incision de vessie, mais il fournit au bas-fond, qu'il soulève manifestement, qu'il étale pour ainsi dire, un point d'appui précieux lorsqu'il s'agit d'extirper un néoplasme, de traiter aux caustiques, au fer rouge des lésions chroniques de cystite. Dans le cas particulier qui nous occupe, l'expédient du chirurgien de Kiel, pour être moins indispensable, me semble cependant encore très utile, car il concourt pour sa part à amener la vessie au contact de la paroi hypogastrique. Ce soulèvement en masse de la vessie facilite la suture des parois du viscère aux téguments et permet de diminuer la quantité de

---

1. Ce malade est encore vivant aujourd'hui (mars 1896). Ses fistules qui se sont fermées en quelques semaines ne se sont plus rouvertes. Le néocanal hypogastrique s'est oblitéré de lui-même peu à peu et la miction se fait par la fistule péno-scrotal que je n'ai pas cherché à obturer.

liquide à injecter dans le réservoir avant d'en faire l'ouverture.

L'injection préalable de la vessie est encore une manœuvre préliminaire, dont plusieurs chirurgiens recommandent de s'affranchir. Lorsqu'on pratique l'ouverture vésicale, pour obéir à l'indication principale de l'opération de M. Poncet, cette injection devient inutile, puisque la vessie est précisément distendue par l'urine, mais lorsqu'on doit agir sur une vessie vide, je la crois, sinon indispensable, du moins très utile. Je sais bien qu'on lui a reproché d'exposer à un accident redoutable la rupture de la vessie ; j'ai moi-même été témoin d'une catastrophe de ce genre. Mais, outre que la rupture de la vessie surdistendue exige pour se produire des conditions particulières que j'ai étudiées il y a quelques années, on se mettra toujours en garde contre sa production en n'injectant qu'une quantité modérée de liquide, 200 à 300 grammes. A moins d'avoir affaire à une vessie intolérante, cette quantité de liquide est toujours bien supportée par la vessie et ne nécessite pas l'emploi d'un lien circulaire autour de la verge pour assurer le maintien du liquide. Dans la plupart de mes opérations, je me suis passé de cette ligature. Son absence offre une garantie dans les cas où la vessie, au début tolérante, vient à se révolter et à se contracter sur son contenu, ce contenu pouvant, en effet, s'échapper alors librement par l'urètre.

L'incision des téguments faite, l'ouverture de la vessie a été pratiquée dans mon opération, suivant les règles posées par M. Poncet, et qui sont celles de la cystotomie en général. Comme lui, j'ai fait au viscère une incision petite, d'un centimètre, pas davantage, permettant à mon doigt introduit d'accrocher successivement chacune de ses lèvres et de passer les fils destinés à suturer les bords de l'ouverture vésicale avec les bords de la plaie abdominale. Au lieu de fils métalliques, je me suis servi de crins de Florence, qui sont plus souples, plus élastiques, et sont tout aussi imperméables à l'infection que les fils métalliques.

Contrairement à M. Poncet, l'opération une fois terminée, j'ai mis à demeure dans le trajet hypogastrique un tube et j'ai appliqué un pansement comme après la taille sus-pubienne. Je crois ainsi avoir mis mon opéré dans de bien meilleures conditions pour échapper à l'infection que le fait le chirurgien lyonnais, qui ne place dans l'ouverture vésicale aucune sonde, aucun drain, et qui se contente de recouvrir la plaie de quelques compresses de gaze iodoformée et d'un gâteau de coton boriqué. Je ne saurais souscrire à cet aphorisme de M. Poncet que *chez les cystostomisés le meilleur pansement est l'absence de pansement*. Je n'ai jamais vu, pour ma part, mes cystotomisés, qui sont à ce point de vue dans les mêmes conditions que les cystostomisés, se plaindre du contact des tubes de Guyon-Périer avec la muqueuse, ni celle-ci s'enflammer au contact de ce corps étranger, et je ne crois pas qu'un tube, qu'il est très facile de faire plonger dans un réservoir aseptique et de laver à l'intérieur plusieurs fois par jour avec une solution boriquée ou autre, soit une voie d'infection plus à redouter que le trajet hypogastrique aux lèvres encore vives, constamment baignées par l'urine et seulement protégées du contact des germes de l'air par un pansement volant, fait d'un peu de gaze iodoformée et de coton boriqué. Ne serait-ce que pour mettre le malade à l'abri du contact de l'urine, qui l'inonde, lui et ses couches, lorsque la plaie hypogastrique n'est pas drainée, pour l'empêcher de se refroidir, pour le soustraire aux désagréments de l'odeur urineuse, je crois que la mise à demeure d'un tube et d'un pansement s'imposerait pour ces seules raisons, mais ma conviction est que ces précautions ont d'autres effets plus utiles.

Le canal sus-pubien ou urètre chirurgical que j'ai obtenu chez mon malade présente la disposition suivante : il s'ouvre à environ 1 centimètre du point où aboutit l'extrémité supérieure de la cicatrice de la paroi abdominale par un orifice très légèrement infundibuliforme. Sa direction est oblique de haut en bas et d'avant en arrière, circonstance très favorable à la retenue de l'urine dans la vessie ; sa longueur est de 3 centimètres ; son diamètre permet l'introduction d'une sonde n° 19. Comme M. R..., ainsi que j'ai eu l'occasion de le dire, est frappé d'une légère paralysie à gauche et qu'il peut très difficilement prendre les précautions nécessaires pour uriner directement par son nouvel urètre, j'ai pris le parti d'y laisser à demeure. la sonde ingénieuse que mon ami Desnos a imaginé à cet effet Cette sonde, oblitérée par un fosset et relevée dans les vêtements du malade, permet à l'urine de s'amasser dans la vessie sans qu'elle suinte à l'extérieur, et c'est en moyenne au bout d'une heure que M. R..., averti du besoin d'uriner, la débouche et vide sa vessie. La nuit il la laisse ouverte dans un urinoir et peut ainsi dormir plusieurs heures sans crainte d'être mouillé.

Tel est le *modus urinandi*, qu'on me passe l'expression, que le malade a adopté en raison des conditions particulières d'affaiblissement qu'il présente ; mais, ayant enlevé à dessein la sonde pendant deux jours, j'ai pu me rendre compte du fonctionnement de l'urètre lui-même. La rétention de l'urine est aussi complète qu'avec la sonde et même pendant la nuit le malade est resté plus de trois heures sans se mouiller.

Si, au début de mon travail, je me suis montré beaucoup moins disposé que M. le professeur Poncet à pratiquer la cystostomie chez les prostatiques, je dois reconnaître en terminant que son opération réalise un grand progrès dans la thérapeutique des affections relativement encore assez nombreuses de l'urètre, de la prostate ou de la vessie réclamant la dérivation du cours de l'urine. Le fonctionnement du nouvel urètre, créé par son procédé, est bien près de la perfection et les quelques modifications que j'ai cru introduire dans son exécution chez mon malade n'ont fait que rendre l'opération plus facile et plus simples ses suites.

CHAPITRE II

AFFECTIONS DE LA PROSTATE

I

DEUX OBSERVATIONS

DE CANCERS DE LA PROSTATE

D'après Engelbach, auteur d'un travail excellent sur le cancer de la prostate, les dégénérescences malignes de cet organe seraient bien plus fréquentes qu'on ne le croyait naguère. Sur 700 malades observés par lui à la consultation du professeur Guyon, il a en effet trouvé 4 individus atteints de cette affection, soit approximativement 1/2 0/0. Sur 1,000 malades fréquentant la polyclinique ou observés dans ma clientèle privée, j'en ai rencontré pour ma part 2 cas nets, et dans ces derniers temps j'ai vu en consultation un malade, dont les symptômes peu accusés permettent de soupçonner l'existence d'un néoplasme de la prostate sans pouvoir l'affirmer.

Malgré l'absence de consécration anatomique, je ne crois pas qu'il puisse s'élever quelque doute sur le diagnostic que j'ai cru devoir porter chez les deux malades, dont je vais rapporter les observations. Ces deux faits confirment la description donnée par le professeur Guyon de la « carcinose prostato-pelvienne diffuse »; de plus dans chacun deux on relève certaines particularités cliniques, qu'il n'est pas sans intérêt de faire connaître, étant donné le petit nombre de cas publiés jusqu'à ce jour.

Observation I. — M. X..., âgé de 58 ans, industriel. Père mort de congestion pulmonaire; mère a succombé à un cancer du sein à 45 ans. Il y a vingt-trois ans le malade a eu une pleurésie après s'être jeté à l'eau par un temps froid pour sauver un enfant. Depuis ce moment il est sujet à des douleurs rhumatismales, qui, plus intenses et localisées dans les membres inférieurs, l'ont engagé il y a cinq ans à suivre un traitement hydrothérapique à l'établissement de Longchamps. Depuis cette époque, il a relativement peu souffert de ses douleurs. Pas de syphilis, mais un grand nombre de blennorrhagies et le malade avoue avoir trop usé des femmes. Depuis un peu plus d'un an il éprouve des troubles de la miction consistant principalement en douleurs assez vives au moment de l'expulsion des dernières gouttes d'urine et les besoins sont devenus plus fréquents et se font sentir aussi bien le jour que la nuit. Les urines sont troubles, foncées en couleur, tenant en suspension de petits caillots sanguins. Le malade est constipé. Depuis trois mois les symptômes urinaires se sont aggravés et les douleurs dans les membres inférieurs ont reparu avec une grande intensité. Elles sont intermittentes, durent deux ou trois jours, disparaissent, puis reviennent au bout de quatre à cinq jours. C'est pour ces douleurs que le malade est revenu à l'établissement de Longchamps, où mon excellent confrère le Dr P. Delmas me prie de le voir en consultation, à la date du 6 avril 1889.

Je me trouve en présence d'un homme grand et gros, mais ayant sensiblement maigri, ainsi qu'en témoignent ses joues pendantes et la flaccidité des parties molles des cuisses. Du reste, le malade dit qu'il a perdu en trois mois 25 kilos de son poids et que ses forces ont considérablement diminué. L'examen de la région hypogastrique par la vue et le toucher ne fait découvrir aucun relief, aucune tuméfaction, la vessie semble se bien vider. Rien à noter du côté des testicules. La prostate a le volume d'un petit citron ; elle est bombée, chacune de ces bosselures est très dure ; la pression à la surface est un peu douloureuse. Un explorateur à boule nº 17 passe aisément dans le canal et pénètre jusque dans la vessie, mais je sens que l'instrument est dévié dans la traversée du canal prostatique, et le malade accuse une douleur assez vive au passage de l'instrument. Malgré la grande douceur que j'ai mise à faire cette exploration, je ramène sur le talon de l'instrument de petits caillots frais, quelques débris de tissu de couleur grisâtre ; une petite quantité de sang fluide noirâtre s'écoule aussi par le canal après le retrait de l'explorarateur. Je ne trouve pas l'adénopathie inguinale qu'on observe assez souvent dans le cancer de la prostate ; mais malgré l'extrême épaisseur des parois abdominales, il me semble sentir un empâtement ganglionnaire dans la fosse iliaque gauche. L'examen méthodique des reins ne me révèle rien d'anormal de ce côté.

Les urines sont très foncées de couleur ; reposées depuis quelques heures dans le vase où on me les présente, elles contiennent au fond un dépôt glaireux abondant, dans lequel sont suspendus des débris grisâtres de tissus et des stries sanguinolentes. Ces urines sont ammoniacales et très fétides.

Comme je l'ai dit, le malade a considérablement maigri, il a perdu l'appétit et le sommeil ; cependant, il n'est pas cachectique, son teint est même assez coloré ; il a conservé assez de forces, mais il est très préoccupé de son état. Un phénomène que le malade me signale de lui-même, c'est que depuis quèlque temps il s'est aperçu que le coït, bien que s'accompagnant de l'orgasme vénérien, n'était suivi d'aucune éjaculation.

Me fondant sur l'amaigrissement du malade, les bosselures que présentait la prostate augmentée de volume, les douleurs irradiées aux membres inférieurs, sa sensibilité à la palpation par le toucher rectal et à l'exploration à l'aide de la bougie à boule, l'adénopathie de la fosse iliaque, et enfin l'aspect particulier des urines, je pense être en présence non d'une hypertrophie simple de la prostate, mais d'une dégénérescence carcinomateuse de cette glande, et je porte un pronostic grave.

Je prescris de la macération de quinquina, de la liqueur de Fowler et de la tisane de buchu.

11 avril. — Les urines demeurant ammoniacales et fétides et renfermant une assez grande proportion de débris et de pus, je crois devoir essayer des lavages de la vessie. A cet effet, j'introduis avec une grande douceur et sans difficulté une sonde en caoutchouc n° 17. Son passage dans le canal prostatique est un peu douloureux. La plus grande partie de l'urine qui s'écoule est claire et limpide, elle se trouble à la fin et renferme de très petits caillots fibrineux en partie décolorés et des débris de tissu friable. Ces débris et ces caillots sortent en abondance lorsque je retire doucement la sonde de façon à amener son œil à la hauteur du col; à ce moment aussi les urines se teignent en rouge vif. Je ramène tout aussitôt le bec de la sonde dans la vessie et j'y fais passer en plusieurs fois la valeur de deux seringues à hydrocèle de solution boriquée. Le malade a peu souffert pendant ces manœuvres.

12 avril. — Les urines rendues cette nuit sont moins fétides et déposent moins que précédemment. Je fais un nouveau lavage boriqué.

13 avril. — Le malade a été un peu fatigué hier par le lavage et a eu un peu de fièvre. Je le laisse tranquille. Il se plaint de constipation ; je lui ordonne des pilules de podophyle.

14 avril. — Le malade se plaint de violentes douleurs dans les jambes plus prononcées à gauche, suivant exactement le trajet du sciatique. Il a abondamment uriné cette nuit et le dépôt des urines, qui avait sensiblement diminué après les premiers lavages, a reparu. Antipyrine. Onctions avec l'huile de jusquiame chloroformée et laudanisée.

15 avril. — Le malade a beaucoup moins souffert de ses douleurs de jambes, mais il a uriné toutes les heures, et les urines présentent un dépôt glaireux abondant. Je recommence les lavages boriqués et les continue journellement jusqu'au 7 mai, époque à laquelle le malade quitte l'établissement de Longchamps pour retourner chez lui.

Sous l'influence de ces lavages, les phénomènes vésicaux se sont manifestement amendés; les urines déposent à peine, mais elles tiennent toujours en suspension de légères parcelles de tissus déchiquetés et sont striées de sang; les besoins sont beaucoup moins fréquents, environ toutes les trois ou quatre heures, la miction est moins douloureuse à la fin. Par contre, les autres symptômes se sont accentués : la constipation est devenue opiniâtre, les douleurs dans les membres inférieurs se font sentir presque sans interruption, l'appétit est à peu près nul, l'amaigrissement a fait des progrès très sensibles, le malade a perdu ses forces, la moindre marche lui est pénible, il passe toutes ses journées assis dans sa chambre. Au toucher rectal, je trouve que la prostate a presque doublé de volume, les bosselures qui hérissent sa surface sont aussi plus grosses, et certaines se sont ramollies. Je ne puis dépasser avec mon doigt les limites de la glande dégénérée, je sens qu'elle est enclavée dans une masse solide occupant l'excavation. L'amaigrissement des parois abdominales me permet à ce moment de sentir très distinctement de grosses masses irrégulières dures dans les deux fosses iliaques ; il n'y a pas d'anénopathie inguinale ; les membres inférieurs, principalement le gauche, sont légèrement œdématiés.

M. X..., rentré chez lui, fut soigné par mon excellent confrère, le Dr Laveau (de Saint-Macaire), qui a bien voulu me fournir, sur les dernières semaines du malade, les renseignements suivants :

Dès sa première visite, le Dr Laveau constata par le toucher rectal l'énorme volume de la prostate et ses bosselures caractéristiques, qui lui firent reconnaître l'existence d'un cancer de cet organe. Les urines étaient ammoniacales, purulentes et fétides, tenant en suspension des débris de tissus. Elles ne renfermaient plus de sang, mais elles sont redevenues sanguinolentes, après que quelques lavages de la vessie eurent été faits. Outre l'apparition du sang, ces lavages déterminaient toujours un redoublement de douleur ; aussi durent-ils être suspendus. L'introduction de la sonde n'a jamais d'ailleurs présenté de difficultés. Le malade urinait sans difficulté ; il n'a jamais eu ni rétention, ni incontience. Le développement de la prostate n'a jamais entravé les fonctions du rectum, et quelques légers laxatifs, quelques lavements ont toujours suffi à entretenir la liberté du ventre.

Le malade n'a pas présenté d'engorgement ganglionnaire des aines, mais malgré l'énorme couche de tissu adipeux de la paroi abdominale qui n'eut pas le temps de disparaître complètement avant la mort, on pouvait constater l'existence d'une masse indurée dans les fosses iliaques.

Dans les quinze derniers jours, il survint de l'œdème des membres inférieurs et la jambe et la cuisse droites furent atteintes de phlegmatia alba dolens.

Le malade succomba le 8 juin 1889 sans présenter de phénomènes urinaires graves, ni urémie, ni infection purulente, mais avec tout le cortège de la cachexie cancéreuse ayant évolué avec une très grande rapidité.

L'observation précédente peut être considérée comme un type de la marche clinique du cancer de la prostate. Deux points intéressants méritent d'être relevés. Ils sont relatifs, *l'un à l'étiologie, l'autre à la symptomatologie.*

Les auteurs qui ont écrit sur le cancer de la prostate passent sous silence *le rôle de l'hérédité* dans le développement de la néoplasie. Le professeur Guyon, dont l'attention n'a pas manqué d'être attirée sur ce point, attribue ce silence à un défaut d'analyse rigoureuse des faits antérieurement observés ; cependant tous les malades qu'il a personnellement examinés étaient exempts d'antécédents héréditaires. Notre observation comble donc une lacune dans l'histoire du cancer de la prostate et montre que, dans la prostate comme dans les autres organes, l'hérédité cancéreuse peut être rencontrée.

Le second point intéressant est *l'absence d'éjaculation*, bien que les rapports sexuels fussent accompagnés de sensation voluptueuse. La déviation de l'orifice des conduits éjaculateurs, leur effacement ou leur destruction par le tissu dégénéré de la prostate expliquent cet aspermatisme, et il est surprenant qu'il n'ait jamais été signalé jusqu'ici dans le cancer prostatique, alors qu'on l'a noté dans les inflammations, la tuberculose, les calculs de la prostate.

OBSERVATION II. — X...., âgé de 63 ans, couvreur, vient consulter à la clinique le 17 février 1890 pour des troubles urinaires consistant en fréquence des mictions, douleur à la fin, urines laissant déposer un peu de pus. La vessie se vide incomplètement, la prostate est volumineuse, mais je ne remarque pas de bosselures, de saillies à sa surface, elle n'est pas sensible à la pression. L'exploration de l'urètre est négative ; pas de sensibilité, ni de saignement de la région prostatique. Je porte le diagnostic d'hypertrophie de la prostate et conseille des sondages réguliers, des lavages vésicaux, des capsules de térébenthine et de l'iodure de sodium. Pendant quelques jours, le malade vient à la clinique se soumettre au traitement des lavages, puis il disparaît.

Le 30 avril, le Dr Peyre, qui a donné ses soins au malade depuis qu'il a cessé de venir à la clinique, me prie de le voir en consultation. Le malade, à ce moment, ne peut uriner sans se sonder ; il est obligé de le faire toutes les trois heures environ ; au moment où les dernières gouttes d'urine sont évacuées par la sonde, il éprouve une assez vive douleur. Les urines sont assez claires : elles contiennent quelques gouttes de sang seulement à la fin de la miction, et encore pas toutes les fois. En palpant la région hypogastrique, je suis frappé par la sensation d'une tumeur globuleuse, paraissant très régulière à sa surface, située immédiatement au-dessus du pubis et un peu à gauche de la ligne médiane. L'existence de cette tumeur a frappé l'attention de mon confrère, et tout d'abord il l'a prise, comme je l'ai fait moi-même, pour la vessie distendue par l'urine. Cependant celle-ci, évacuée par la sonde, ne donne issue qu'à environ 150 à 200 grammes d'urine et la tumeur persiste avec tout son développement. Je l'attribue à l'engorgement des ganglions de la fosse iliaque et en palpant avec soin la tumeur à travers la paroi abdominale un peu émaciée, je sens quelques bosselures, quelques irrégularités; je constate également qu'elle plonge profondément dans la cavité du petit bassin. Par le toucher rectal, je trouve la prostate considérablement augmentée de volume, grosse comme un beau citron : elle est bosselée, très dure dans sa généralité; quelques bosselures sont ramollies. La glande est fixe, il m'est impossible avec le doigt d'en déterminer les contours, elle semble immobilisée et enclavée dans une gangue solide occupant toute l'excavation et se continuant avec la tumeur de la fosse iliaque interne précédemment signalée, ainsi que je puis le constater en combinant le toucher rectal à la palpation hypogastrique.

Pour m'assurer que la tumeur constatée dans la fosse iliaque, tout au voisinage de la ligne médiane, est bien étrangère à la vessie et ne provient pas plus d'une dégénérescence de ses parois que de sa distension par l'urine, je crois nécessaire de pratiquer l'exploration vésicale. L'introduction de la sonde exploratrice ordinaire se fait très facilement sans douleur; la vessie très tolérante se laisse explorer dans tous les sens. Je constate sur ses parois l'existence de nombreuses colonnes, mais aucune saillie proéminente dans son intérieur; la cavité du réservoir est parfaitement libre; le col en particulier n'est pas déformé; le bec de la sonde tourne autour de sa tige sans le moindre arrêt, le moindre ressaut témoignant de l'existence d'un épaississement, d'une tumeur quelconque à son niveau. Cet examen minutieux et prolongé de la vessie ne s'accompagne pas d'hémorrhagie. Pas de troubles de compression du côté de l'intestin. Le malade a considérablement maigri, il a perdu l'appétit, il accuse des douleurs violentes et revenant par crises dans les membres inférieurs.

Je reconnais à ces signes le cancer de la prostate arrivé à une période avancée de son évolution et je porte un pronostic fatal et à brève échéance. Je relève dans les antécédents de famille du malade que son père est mort accidentellement, que sa mère a succombé à une maladie de matrice, vers 50 ans, et que le seul frère qu'il a se porte bien.

Moins de deux mois après, vers le 15 juin, le Dr Peyre m'apprenait que le malade venait de succomber cachectique, sans fièvre, sans phénomènes urinaires, après avoir présenté un accroissement considérable de la masse ganglionnaire dégénérée de la fosse iliaque gauche ayant envahi également la fosse iliaque du côté opposé.

Comme la précédente, cette observation est d'abord intéressante en ce qu'elle démontre l'existence probable de la diathèse cancéreuse dans la ligne maternelle. Sa mère, au dire du malade et de son entourage, aurait succombé vers l'âge de 50 ans à une maladie de matrice. Sans être aussi démonstratif que notre première observation, où nous trouvons nettement dans les antécédents maternels du malade le cancer du sein, ce second fait doit néanmoins être enregistré à ce point de vue, les affections de l'utérus susceptibles de déterminer la mort vers la cinquantaine étant le plus souvent le cancer de cet organe.

Par la rapidité d'évolution du mal, notre cas entre dans la catégorie des cancers de la prostate à marche très rapide sinon foudroyante. On sait que, sous cette dernière dénomination, on doit entendre bien plutôt les cancers latents, dont les accidents terminaux évoluent en quelques jours, que les néoplasmes qui naissent, se développent et se terminent fatalement en quelques semaines. Lorsque, le 8 février, le malade se présenta à la clinique, je ne constatai d'autres lésions que le développement modéré de la prostate, sans bosselures, sans irrégularités à sa surface. Persuadé que j'étais en présence d'un vulgaire prostatique, mon attention ne fut pas attirée, il est vrai, vers les fosses iliaques, mais il est probable que s'il avait existé à ce moment un engorgement des ganglions de ces régions, il n'aurait pas passé inaperçu à la palpation de l'hypogastre, que j'ai toujours l'habitude de combiner au toucher rectal dans mon exploration. Je crois donc que si, lors de ce premier examen, la prostate n'était pas complètement exempte de toute infiltration néoplasique, du moins elle n'avait subi encore aucune modification capable de révéler sa dégénérescence commençante. C'est sans doute l'observation de cas analogues, dans lesquels une augmentation de volume de la prostate tenant à l'âge des sujets a devancé l'envahissement de la glande par le cancer, qui a fait ranger par Thompson l'hypertrophie au nombre des causes du cancer de cet organe. Si l'on réfléchit que précisément c'est au-dessus de 50 ans qu'on observe le plus grand nombre de cas de carcinose prostatique (62 fois sur 96 cas d'après Engelbach), on ne pourra accorder aucun crédit à l'opinion de Thompson, puisque cette période de la vie est celle où se rencontrent à la fois et l'hypertrophie et la dégénérescence cancéreuse de la prostate. Que de malades atteints d'hypertrophie de la prostate eu égard au petit nombre de ceux qui sont frappés de cancer de cet organe !

Un point sur lequel je désire encore appeler l'attention, c'est l'énorme tuméfaction que faisaient à la région hypogastrique et un peu à gauche les ganglions iliaques dégénérés. Un moment, cette tuméfaction globuleuse, d'apparence régulière à sa surface, me fit penser que j'étais en présence d'une rétention d'urine. L'évacuation de la vessie par la sonde leva tous mes doutes à cet égard. Mais je pouvais avoir affaire à une tumeur vésicale; le cathétérisme explorateur, en me montrant que la cavité vésicale n'était nullement déformée, qu'aucune végétation néoplasique n'y faisait relief, me fit aussi abandonner ce soupçon. Il est d'ailleurs tout à fait exceptionnel de voir le cancer de la prostate se propager au réservoir urinaire et inversement. Bien qu'en connexion étroite, la prostate et la vessie conservent vis-à-vis l'une de l'autre une indépendance remarquable lorsqu'elles sont frappées de dégénérescence néoplasique. La raison en est peut-être dans l'origine embryogénique si différente de ces deux organes.

II

QUELQUES CONSIDÉRATIONS

DE LA PROSTATECTOMIE PARTIELLE

DANS L'HYPERTROPHIE DE LA PROSTATE

Depuis quelques années déjà, les chirurgiens se préoccupent de combattre radicalement, à l'aide de diverses opérations, les troubles dysuriques qui accompagnent l'hypertrophie de la prostate. Les uns s'attaquent directement à la glande en en faisant l'extirpation totale ; les autres se contentent d'une résection partielle des lobes saillant dans la vessie ; d'autres enfin, ayant recours à une voie détournée, pratiquent la castration dans l'espoir que cette opération aura sur la prostate les mêmes effets que l'oophorectomie sur l'utérus et en déterminera l'atrophie. Je ne veux pas juger la valeur de ces opérations, l'expérience personnelle me fait défaut pour me prononcer à leur sujet et les documents étrangers, auxquels j'aurais pu avoir recours pour le faire, sont encore trop peu nombreux. Je désire simplement, à propos de deux opérations de prostatectomie partielle que j'ai eu occasion de pratiquer récemment, développer ici quelques considérations touchant les résultats qu'on est en droit d'attendre de la prostatectomie partielle dans l'hypertrophie de la prostate.

Avant toute intervention, le devoir du chirurgien est de se demander s'il sera utile à son malade. De nos jours, grâce à l'antisepsie et à la perfection de notre outillage, les guérisons opératoires sont faciles à obtenir ; ce que nous devons par-dessus tout chercher, ce sont les résultats thérapeutiques. La résection des lobes hypertrophiés de la prostate, entreprise dans le but de mettre un terme définitif aux troubles de la miction et de permettre au malade de vider aisément et complètement sa vessie, constitue-t-elle une opération légitime ? Voilà ce qu'il convient de se demander avant d'ouvrir la vessie pour supprimer la barre prostatique. S'il était démontré que les phénomènes de dysurie tiennent uniquement à l'obstacle prostatique, sa suppression serait tout naturellement indiquée dans tous les cas ; mais si, comme nous le pensons, le rôle que joue le développement de la glande dans la pathogénie des troubles mictionnels des vieillards est le plus souvent secondaire, les indications de la prostatectomie devront être restreintes à quelques cas particuliers et l'opération sera faite dans un autre but que celui de restituer au malade le pouvoir de vider spontanément sa vessie.

C'est dans la dégénérescence des parois du réservoir urinaire, bien plus que dans l'augmentation de volume de la prostate, qu'il faut rechercher la cause de la rétention partielle ou complète des urines au bout d'un certain temps, sinon au début même de l'évolution des accidents. La prostate n'est qu'un des organes atteints dans l'ensemble des lésions anatomiques, qui sont le *substratum* du prostatisme. Avec elle, la vessie, les uretères et les reins, tout l'appareil urinaire en un mot, a subi des altérations consistant essentiellement dans la sclérose de ses tissus. La preuve de la dégénérescence scléreuse de la vessie, en particulier, nous est fournie par l'anatomie et la physiologie pathologiques, par l'expérimentation et, enfin, par la clinique.

A l'examen histologique des organes urinaires de malades ayant succombé après avoir présenté les troubles attribués à l'hypertrophie de la prostate, il est facile de constater que les parois musculaires de la vessie sont envahies par une abondante prolifération conjonctive, qui a étouffé les fibres contractiles et s'y est substituée. Ces lésions anatomiques doivent forcément entraîner la perte des fonctions du réservoir comme organe expulseur des urines.

Une autre preuve de la nature scléreuse du processus anatomique caractérisant le prostatisme et de son extension à tous les tissus, rentrant dans la constitution des organes urinaires, nous est donnée par l'interprétation pathogénique de ces attaques de rétention aiguë, épisodes si fréquents chez les prostatiques. Ces attaques, que l'on voit survenir à la suite d'un refroidissement, d'une fatigue, d'un long voyage, d'un dîner prolongé, d'un retard volontaire dans l'évacuation de l'urine, en un mot de toutes les causes amenant de la stase dans la circulation veineuse du petit bassin, s'expliquent pour nous très simplement, étant donné que, dans l'hypertrophie de la prostate, les vaisseaux artériels sclérosés sont rétrécis et ont perdu leur contractibilité, et que les vaisseaux veineux sont dilatés mais également incapables de se contracter. En temps ordinaire, lorsque les lacs veineux sont modérément distendus, la *vis a tergo* affaiblie, s'exerçant par les vaisseaux artériels, est suffisante à assurer la circulation de retour. Mais que la pression intra-veineuse vienne à augmenter sous l'influence d'une des causes que nous venons de signaler, la *vis a tergo* faillit à sa tâche ; le sang, continuant à affluer dans le système veineux, s'y accumule sans avoir l'impulsion suffisante pour en sortir et l'on voit alors se dérouler toute la série des accidents caractérisant les attaques de rétention aiguë. Aux causes purement mécaniques, empêchant la vessie de se vider, est venue se joindre une cause dynamique consistant dans la turgescence congestive des tissus de la prostate et de ses plexus périphériques. Cette manière d'interpréter la pathogénie des accidents congestifs des prostatiques nous a été inspirée par l'une des théories servant à expliquer les attaques aiguës de glaucome.

Il résulte des recherches encore inédites, qui ont été poursuivies à la clinique des voies urinaires de la Faculté, par mes aides, MM. Lamarque et Donnadieu, que la contractibilité vésicale est très affaiblie, sinon même abolie, chez les prostatiques. En effet, si, comme l'ont fait ces expérimentateurs, on introduit dans la vessie une sonde à double courant et qu'à l'aide d'un appareil manométrique, branché sur l'un des canaux de la sonde, on mesure la pression intra-vésicale tandis que l'on injecte un liquide par le canal demeuré libre, on voit cette pression s'élever lentement et à une très faible hauteur, alors même qu'on injecte une très grande quantité de liquide. La ligne qui indique cette pression s'élève graduellement et ne présente pas ces brusques ascensions qui traduisent les révoltes d'une vessie jouissant de sa contractibilité. L'expérimentation vient ainsi à l'appui de la thèse que je soutiens.

La clinique vient enfin donner une dernière sanction à ma

manière de voir, en montrant que les malades chez lesquels la prostatectomie partielle a été pratiquée n'urinent guère mieux qu'avant l'opération et sont pour la plupart obligés de continuer à se sonder. C'est précisément ce qui est arrivé à l'un de mes opérés, dont je vais maintenant résumer l'observation.

OBSERVATION 1. — Il s'agit d'un homme de soixante-cinq ans, d'une très bonne santé habituelle, mais présentant depuis quelque temps déjà des troubles de la miction indiquant une hypertrophie de la prostate. Dans le courant du mois d'août dernier, il est pris brusquement d'une attaque de rétention et fait appeler son médecin. Celui-ci essaie en vain de le sonder avec des sondes en gomme de diverses courbures et ne peut parvenir à pénétrer dans sa vessie qu'avec une sonde métallique à grande courbure de Gély. La miction spontanée ne se rétablit pas, et les jours suivants, malgré toutes les tentatives pour passer des instruments en gomme, on ne peut le sonder qu'à l'aide de la sonde métallique, dont on s'est servi la première fois. Comme le malade ne peut se sonder lui-même et que les cathétérismes nécessitent l'intervention, sinon du médecin, du moins d'un membre de la famille du patient, il vient à l'hôpital demander s'il n'y aurait pas une opération à lui faire. J'essaie l'introduction de diverses sondes en gomme coudées, bicoudées, à grande courbure, en me servant de la manœuvre du mandrin et de tous les expédients employés en pareil cas, j'échoue comme le confrère qui a donné ses soins au malade avant moi et, comme lui, je ne peux introduire dans la vessie qu'un cathéter métallique à grande courbure. Mes tentatives répétées durant quelques jours restent sans résultat. En présence de cette situation, je propose au malade de lui faire l'ablation de la partie de la prostate qui empêche la sonde de se dégager dans la vessie. Je l'avertis que cette opération n'est pas destinée à lui permettre d'uriner volontairement par son canal, mais simplement d'ouvrir un chemin à des instruments en gomme ou en caoutchouc, d'un maniement plus facile et moins périlleux que la sonde en métal.

L'opération est pratiquée le 29 août, à la faveur de la taille sus-pubienne, qui est faite suivant les règles habituelles. La vessie ouverte, je trouve un gros lobe moyen, du volume de la phalangette du pouce, proéminant un peu à droite et déviant de ce côté l'embouchure de l'urètre à la vessie. Je l'abrase d'un coup de pince coupante et régularise l'orifice du col en sectionnant quelques petits fragments complémentaires de tissu prostatique. Il s'écoule très peu de sang et je ne m'attarde pas à faire la suture des lèvres de la plaie que j'ai produite. Je m'assure, en introduisant une sonde rectiligne par l'urètre, que le chemin à la vessie est ouvert et que l'obstacle prostatique s'opposant au passage des instruments n'existe plus. Je mets à demeure dans le canal une sonde de Pezzer, puis je ferme complètement la vessie par une suture en surjet au catgut et réunis au-dessus d'elle par des sutures à étages les différents plans de la paroi abdominale sans le moindre drainage. Les suites furent des plus simples ; il n'y eut pas la plus petite élévation de température ; pas traces d'infiltration à travers la plaie hypogastrique ; la réunion par première intention fut complète.

Au cinquième jour, j'enlevai la sonde ; mais, ainsi que je le prévoyais, le malade ne put uriner seul et il dut avoir recours à une sonde en caoutchouc, qui passa avec la plus grande facilité. Les jours suivants, la situation ne changea pas et elle ne s'est pas modifiée depuis lors. Ainsi donc, si cet opéré a retiré de la prostatectomie partielle que je lui ai faite cet avantage de pouvoir se sonder aisément, il n'a pas récupéré le fonctionnement physiologique de sa vessie.

En terminant le résumé de cette première observation, je désire signaler un incident survenu chez mon malade le jour même de l'opération, incident qui prouve bien que la suture hermétique de la vessie peut être réalisée et résister à une certaine pression. Comme je l'ai dit, j'avais placé une sonde de Pezzer à demeure et j'avais bien recommandé de la maintenir ouverte dans un urinoir placé entre les jambes du malade, afin que l'urine s'écoulât au fur et à mesure de son déversement par les uretères. Cette recommandation ne fut pas suivie et le fosset, placé dans la sonde pour empêcher le malade d'être mouillé durant son transport de la salle d'opération dans son lit, fut laissé en place. Lorsque, voyant le malade à quatre heures, je m'aperçus de la chose, je conçus des craintes touchant l'état de ma suture ; mais, lorsque après avoir ouvert la sonde, je vis s'écouler environ 200 grammes d'urine rougeâtre, je fus rassuré. Comme on l'a vu, cet incident n'eut pas de suite et la réunion parfaite de la vessie et de la paroi abdominale n'en fut pas le moins du monde compromise.

OBSERVATION II. — Le deuxième malade chez lequel j'ai pratiqué la prostatectomie était un homme de soixante-quinze ans, dans des conditions déjà inférieures par son âge à la réussite d'une intervention chirurgicale quelconque. Pissant depuis longtemps fort mal, il fut pris de rétention aiguë dans les premiers jours de septembre. Son médecin ordinaire, ayant essayé de le sonder avec différentes sondes sans pouvoir y parvenir, fit une ponction de la vessie et envoya le malade à l'hôpital. L'interne de garde, n'ayant pas pu davantage pénétrer dans la vessie, renouvela la ponction. Appelé à mon tour à donner mes soins au patient, je constatai l'existence de fausses routes et d'une hypertrophie considérable de la prostate. Toutes mes tentatives pour pénétrer dans la vessie échouèrent et je dus aussi recourir à la ponction. Ces ponctions furent continuées pendant deux jours, le cathétérisme restant absolument impraticable. Cependant, l'état du malade était assez satisfaisant, apyrétique et bien qu'il y eût un peu de sécheresse de la langue et quelques troubles digestifs, je crus pouvoir mettre un terme à cette situation en ouvrant la vessie par-dessus le pubis et en abrasant le lobe prostatique s'opposant à la pénétration de la sonde.

Le malade étant endormi, je pratiquai la cystotomie, le 13 septembre, sans ballon de Pétersen et sans injection préalable dans la vessie, celle-ci étant naturellement distendue par l'urine. La vessie ouverte, je constatai *de visu* toutes les altérations de la muqueuse consécutives aux rétentions aiguës prolongées. Le lobe latéral droit formant un relief considérable, je le résèque à l'aide d'une pince coupante. Cette section saigne très abondamment ; d'un coup de thermocautère, je cautérise sa surface et, sans m'arrêter à étancher le sang qui s'en échappe, je bourre la vessie d'une longue mèche de gaze iodoformée de façon à assurer l'hémostase ; le tube de Guyon-Périer ayant été préalablement disposé dans la vessie, je suture celle-ci au-dessus et au-dessous du point par où sortent la mèche de gaze iodoformée et le tube, et j'achève le pansement comme après une taille hypogastrique ordinaire. Comme ce n'était pas la première fois que j'employais le tamponnement hémostatique de la vessie, j'avais confiance dans son emploi et je ne m'inquiétai guère de cette hémorragie. Elle s'arrêta, en effet, et, dès le soir, l'urine, qui, malgré la gaze remplissant la vessie, s'écoulait régulièrement par les tubes, était très peu teintée de sang et le lendemain elle était à peine rosée.

Un autre cas, où je me suis très bien trouvé du tamponnement de la vessie pour arrêter un saignement, mérite que je le rapporte en passant.

OBSERVATION III. — Il s'agissait d'un homme de quarante ans, porteur depuis vingt-six ans d'un néoplasme vésical s'étant traduit par des hémorrhagies, d'abord assez espacées et courtes, qui progressivement allèrent en se rapprochant et en augmentant de durée. Lorsque je fus appelé à le voir, des pertes de sang profuses, durant depuis plus de six semaines, l'avaient profondément anémié et rendu d'une pâleur de statue. Malgré cet état, je crus devoir proposer, comme ultime ressource, l'ouverture de la vessie et l'ablation de la tumeur. Je procédai à l'opération et découvris un énorme néoplasme dont l'extirpation entraîna une abondante hémorrhagie. Je bourrai la vessie de gaze iodoformée autour des tubes de Guyon-Périer ; l'hémorrhagie s'arrêta au point que, dès le lendemain, les urines étaient absolument incolores.

Revenant à mon deuxième malade prostatectomisé, je dois dire que, si la perte de sang s'arrêta, il n'en succomba pas moins dans le courant du troisième jour à la continuation des accidents urineux, qui avaient déjà commencé à se développer avant mon intervention.

Ce cas malheureux, qui ne peut servir à juger de la valeur thérapeutique de la résection de la prostate au point de vue du rétablissement de la fonction urinaire, est cependant instructif en ce sens : qu'il montre la facilité d'exécution de cette opération et le peu de gravité des hémorrhagies auxquelles elle donne lieu, alors même que l'on opère en pleine phase congestive. Bien que j'aie eu à déplorer chez ce malade un insuccès, je n'ai pas cru devoir taire son observation.

—

CHAPITRE III

AFFECTIONS DE LA VESSIE

DES RUPTURES DITES SPONTANÉES DE LA VESSIE

Les ruptures de la vessie ont été l'objet de travaux importants depuis ces quinze dernières années. Aux monographies déjà anciennes de Stephen Smith, en Amérique, et de Houel, en France, sont venus s'ajouter les travaux plus récents d'Otis, de Max Bartels, de Vincent, qui, reposant soit sur des faits cliniques nombreux fort judicieusement analysés, soit sur les données d'une expérimentation très habilement conduite, semblent avoir définitivement tracé l'histoire de cet accident et fixé les règles de sa thérapeutique. Cependant, en lisant leurs descriptions et plus encore en étudiant les observations très nombreuses éparses dans les publications périodiques anglaises surtout, où elles pullulent, on ne tarde pas à se convaincre qu'il existe un desideratum dans ce chapitre de la pathologie urinaire en apparence si fouillé. Une observation que nous avons recueillie dans le service de notre maître, le professeur Guyon, a été le point de départ du travail que nous publions aujourd'hui, non pas tant dans le but de résoudre un problème pathogénique intéressant que de mettre les chirurgiens en garde contre un accident à la vérité moins grave aujourd'hui qu'il y a quelques années, mais néanmoins très redoutable.

La vessie, nous disent les classiques, peut se rompre sous l'influence d'un traumatisme : *rupture traumatique ;* elle peut se rompre par suite d'une distension excessive, à la condition expresse, font remarquer les auteurs, que ses parois soient altérées par l'existence d'une cellule, d'une poche vésicale, d'une inflammation ayant modifié la résistance de ses tuniques, d'une gangrène ou d'une ulcération, toutes *ruptures* dites *spontanées*. Mais la rupture véritablement spontanée, c'est-à-dire celle qui se produit sans l'intervention d'aucun traumatisme, en dehors de toute altération des parois en ayant diminué la résistance, existe-t-elle ? On sait que pour Dupuytren cela ne faisait pas de doute. A la page 236 du tome V de ses *Leçons orales de clinique chirurgicale*, ce chirurgien, parlant de la rupture des organes creux, s'exprime ainsi : « La vessie et la matrice peuvent se rompre, lorsque ces viscères, étant distendus par l'urine ou un fœtus, un obstacle s'oppose invinciblement à ce que le contenu puisse en sortir librement. » Cruveilhier, avec sa grande autorité d'anatomo-pathologiste, s'éleva contre l'opinion de Dupuytren et nia résolument la possibilité de la rupture de la vessie saine par distension excessive de ses parois. Houel et tous les auteurs classiques ont adopté l'opinion de Cruveilhier. Les 7 cas de rupture spontanée que Houel a réunis dans son travail [1] présentent, en effet, une caractéristique anatomique commune, à savoir une altération préalable des parois en ayant diminué la résistance, mais nous avons trouvé dans les recueils périodiques un grand nombre d'observations intitulées diversement : *rupture spontanée de la vessie, rupture sans violence extérieure, rupture par rétention, par distension, rupture idiopathique*, etc., dans lesquelles le réservoir a été trouvé rompu sans que ses parois aient subi la moindre altération *en diminuant la résistance* et sans que néanmoins on ait relevé dans l'histoire du malade l'existence d'un traumatisme ayant pu faire éclater la vessie distendue. De ces observations, nous ne rapportons à la fin de ce travail que les plus démonstratives. On y voit que les auteurs, notant avec le plus grand soin l'état de la vessie, insistent sur l'intégrité absolue de la résistance des parois, qui,

---

1. Ce n'est pas sans surprise que nous avons trouvé classée par Houel, dans le tableau des ruptures spontanées, l'observation suivante : lypémaniaque de 57 ans, hémiplégie à gauche, chute, mort presque subite avec symptôme de péritonite ; double rupture de la face postérieure de la vessie, ramollissement très manifeste des bords de la perforation. Le ramollissement des parois a préparé la rupture, nous y consentons, mais la chute n'est-elle pour rien dans l'éclatement de l'organe et cette rupture mérite-t-elle le titre de rupture spontanée ?

dans certains cas, ont conservé leur épaisseur normale et qui, dans d'autres, ont plus que doublé et triplé d'épaisseur.

La distension a-t-elle donc suffi pour faire éclater des parois aussi résistantes ? Nous ne saurions souscrire à pareille opinion ; si la force expansive de l'urine, accumulée dans la vessie sous la simple action de la pesanteur ou de la contraction limitée des uretères, peut, à la rigueur, faire éclater ce réservoir, lorsque sa résistance est diminuée en quelque point, elle est impuissante à le rompre lorsque ses parois ont leur musculature normale ou hypertrophiée.

Pour nous, la rupture de la vessie dans ces conditions survient grâce à l'intervention d'un des deux facteurs suivants : a) *la contraction des muscles de la paroi abdominale agissant sur le globe vésical;* b) *les contractions mêmes de la tunique musculaire de la vessie.*

a) La contraction des muscles de la paroi abdominale ne saurait être révoquée en doute comme cause de la rupture de la vessie distendue. Ses effets se font sentir au maximum dans le phénomène de l'effort général ou thoraco-abdominal, alors que le diaphragme, préalablement abaissé par une inspiration profonde et fixé dans cette position, diminue la capacité de l'enceinte abdominale et permet aux contractions de la sangle musculaire de comprimer d'une façon efficace et puissante les viscères, placés au-dessous d'elle. On trouve dans le nº 22 du *Saint-Petersburg medical Wochenschrift* pour l'année 1881 deux observations remarquables rapportées par Assmuth, qui viennent confirmer l'opinion que nous avançons après d'autres auteurs du reste. Qu'on nous permette de les résumer.

Dans le premier fait, il s'agit d'un homme de 38 ans qui, dans un effort pour soulever un sac de farine pesant de 150 à 160 kilogrammes, éprouve une violente douleur dans le bas-ventre ; deux jours après, il entre à l'hôpital, ne présentant ni fièvre, ni phénomènes généraux, se plaignant seulement de ne pouvoir uriner. Douleurs à la palpation dans la région hypogastrique. Une sonde, introduite dans la vessie, ne ramène que quelques gouttes de sang. Bientôt, des symptômes locaux et des phénomènes généraux apparaissent et s'aggravent rapiment, et le malade ne tarde pas à mourir dans le collapsus, le troisième jour après l'accident. A l'autopsie, on trouve une péritonite récente généralisée ; la vessie rompue présente une solution de continuité d'une largeur de 2 centimètres et demi dans sa portion supérieure et postérieure.

Le second fait est relatif à un homme de 40 ans, qui ressent une douleur intense dans l'abdomen en soulevant un pesant fardeau. Il continue néanmoins son travail pendant deux jours, mais ne peut uriner. A son entrée à l'hôpital, le malade est sondé, mais il ne s'écoule pas d'urine. Des phénomènes généraux se déclarent bientôt et le malade succombe le sixième jour. L'autopsie montre l'existence d'une fissure de 3 centimètres de longueur dans la partie postérieure droite de la vessie.

Nous ne croyons pas qu'on puisse interpréter autrement que l'a fait le chirurgien russe, la pathogénie de ces deux accidents ; des efforts violents ont été, chez ces deux malades, la cause de la rupture du réservoir urinaire. Que si l'on nous objecte que lorsque le contenu de la vessie est violemment sollicité par une pression quelconque à s'échapper, il le fait toujours par ses voies normales en forçant la résistance physique du sphincter vésical (miction par regorgement), nous répondrons que dans l'effort général ou thoraco-abdominal, ainsi que l'a fait remarquer Verneuil, lors de la discussion soulevée devant la Société de Chirurgie, en 1856, tous les sphincters sont puissamment contractés ; il n'est donc pas étonnant que, dans ces conditions, le réservoir urinaire, fortement serré sur son contenu incompressible, éclate dans un point de sa paroi, et cela d'autant plus facilement que les contractions musculaires de la paroi abdominale d'un homme soulevant un fardeau sont brusques et instantanées [1].

Lorsqu'un rétrécissement infranchissable ou une rupture du canal s'oppose à l'expulsion des urines, les conditions de la rupture du réservoir par le mécanisme que nous invoquons sont encore plus sûrement réalisées, la voie d'échappement des urines est ici fermée par une disposition organique et les contractions des muscles abdominaux s'exercent, on le comprend, avec la plus grande chance de réalisation de leurs effets nuisibles. C'est ainsi que, entre autres exemples, Call [1] vit, chez un homme de 55 ans, très vigoureux, atteint de rétrécissement de l'urètre, la vessie se rompre à sa partie posté-

---

1. Est-il besoin de rappeler que chez la femme la faible résistance du sphincter, qui se laisse forcer dans le simple effort qui accompagne le rire, la met à l'abri d'un pareil accident ?

2. *A case of rupture of the bladder,* par Call, in *The Lancet,* 10 décembre 1881.

ro-inférieure en même temps que la cloison vésico-rectale. Cet accident est encore plus à redouter lorsque, administrant des anesthésiques à de pareils malades, on les expose aux dangereux effets des contractions musculaires violentes et irrégulières de la période d'excitation. K. Cruse, dans le vol. VI du *Medical Record*, 1871-1872, et Gouley, dans le vol. VII du même recueil et de la même année, rapportent chacun un exemple de rupture de la vessie chez des hommes de 60 ans, fortement musclés, au début de l'anesthésie par l'éther.

Nous verrons quelles considérations pratiques découlent de la connaissance de ces faits, dont l'interprétation nous semble à l'abri de toute attaque.

b) Les contractions mêmes de la tunique musculaire de la vessie sont aussi, avons-nous avancé, un des facteurs de sa rupture. C'est ce que nous espérons démontrer, en nous appuyant sur les aperçus absolument nouveaux de la physiologie de la vessie, exposés par le chef de l'école de Necker dans son enseignement journalier.

C'est toujours en dehors de la paroi du réservoir urinaire que les pathogénistes ont placé les causes des ruptures de ce réservoir; lorsqu'ils lui font jouer un rôle, ce n'est qu'un rôle secondaire, un rôle de prédisposition dû à l'existence d'un amincissement, d'un ramollissement, d'une poche la rendant friable. S'il leur arrive de trouver, dans une autopsie, une vessie à parois hypertrophiées rompues, ils s'empressent de l'innocenter du reproche d'avoir été la cause de la solution de continuité.

Rien, *a priori*, ne paraît plus rationnel, cependant c'est en réalité cette musculature très développée de l'organe urinaire qui, très souvent, est la cause de sa rupture. Sans doute, l'épaississement des parois vésicales en augmente la résistance statique, mais il faut compter avec la puissance des contractions du muscle hypertrophié qui, s'exerçant sur son contenu incompressible, alors, cela va sans dire, qu'un obstacle s'oppose à son issue, est capable de se rompre à la façon des organes creux, tels que le cœur et l'utérus gravide.

Des expériences de Chaussier[1] rapportées à l'Académie des sciences, voilà un siècle, sont bien propres à montrer quelle influence ont, sur la rupture d'un muscle creux, les contrac-

---

1. Chaussier, in *Mémoire de l'Académie royale des sciences*, 1783, p. 51.

tions de ses parois. Chaussier comprime sur un animal la crosse de l'aorte, de façon à s'opposer au passage du sang, il voit alors celui-ci distendre le cœur, qui, animé de violentes contractions pour vaincre l'obstacle, ne tarde pas à se rompre. Les remarques de Morgagni, dans sa vingt-septième lettre, et. plus près de nous, celles d'Ollivier, dans son article du dictionnaire en 30 volumes, confirment ce rôle inattendu des parois musculaires du ventricule gauche, en nous montrant que, sur 47 cas de ruptures spontanées, 34 fois la déchirure siégeait sur le ventricule gauche, 8 fois sur le droit, 2 fois sur l'oreillette gauche et 3 fois sur la droite. Par contre, lorsqu'il s'agit de ruptures dues à des violences extérieures, ce sont les cavités à parois les plus minces qui sont le plus souvent rompues ; ainsi, dans 11 cas réunis par Ollivier, 8 fois les cavités droites étaient déchirées, et 3 fois les gauches.

On ne nous fera pas, je pense, le reproche de comparer les parois de la vessie hypertrophiée dans sa couche musculaire au ventricule gauche du cœur normal ; cette hypertrophie réalise absolument les conditions dynamiques, que possède naturellement le ventricule aortique. C'est du reste un rapprochement que M. Le Dentu a déjà établi, à un autre point de vue, dans son traité des maladies des voies urinaires. Il compare, fort heureusement, le développement de l'appareil musculaire vésical, que l'on observe consécutivement à une cause quelconque gênant, chez les hommes encore jeunes, l'émission des urines, et, plus particulièrement, à une stricture urétrale, au développement de la paroi des cavités du cœur en arrière d'une lésion valvulaire. Il est encore une autre condition pathogénique de l'hypertrophie de la tunique musculaire de la vessie, non moins efficace et plus redoutable que la précédente : nous voulons parler de cet état particulier de certaines vessies enflammées, qui les rend incapables de subir la moindre distension, les oblige à se contracter dès que quelques gouttes d'urine s'accumulent dans leur intérieur, et provoque rapidement une hyperplasie des fibres musculaires par excès fonctionnel.

Nous n'avons pas, d'ailleurs, à insister davantage sur le mode de production de ces lésions des parois de la vessie, dont nous étudions seulement ici les dangers. Sans doute, et pendant longtemps, l'hypertrophie de la musculeuse chez un rétréci sera une sauvegarde assurant l'évacuation du réservoir ; mais qu'à un moment donné la stricture se prononce subitement, au point de s'opposer invinciblement au passage de l'urine, n'est-il pas alors à craindre que les contractions des parois du réservoir ne deviennent, comme cela s'observe pour le cœur, à la suite de l'obstruction de l'aorte, la cause déterminante d'une rupture? Nous ne le dissimulons pas, notre induction est théorique, mais nous la croyons légitime. Il est absolument exceptionnel, nous le savons, de voir se rompre spontanément la vessie des rétrécis; une observation que nous rapportons dans ses principaux détails, à la fin de ce travail, nous semble cependant en être un cas remarquable. Toutefois on peut encore, en pareille occurrence, accuser plutôt les contractions des muscles abdominaux, agissant comme nous l'avons déjà dit, que celles des parois vésicales elles-mêmes [1].

Si l'on peut contester la rupture de la vessie chez les rétrécis du fait seul de la contraction de la tunique musculaire, on ne saurait élever la moindre objection touchant la déchirure de ce réservoir à la suite des contractions spasmodiques puissantes et irrégulières, dont est le siège cette catégorie particulière de vessies hypertrophiées et enflammées se révoltant au contact d'une minime quantité de liquide contenue dans leur intérieur. M. le professeur Guyon, à diverses reprises, dans ses Leçons cliniques parues dans les *Annales des maladies des organes génito-urinaires*, dans une série d'articles publiés dans la *Gazette hebdomadaire de médecine et de chirurgie* sur la physiologie de la vessie, a étudié avec le plus grand soin la réaction de la vessie enflammée; d'autre part, en 1882, son élève, M. Desnos, dans sa remarquable thèse : « *Etude sur la lithotritie à séances prolongées* », a expérimentalement démontré, entre autres propositions, que « dans une vessie enflammée, les contractions sont aussi brusques que celles des muscles striés », et que, « dans les inflammations chroniques, les contractions sont très facilement éveillées et la vessie se laisse difficilement distendre ». Tant que les voies d'excrétion restent libres, les contractions violentes de semblables vessies au contact du liquide urinaire n'ont d'autre inconvénient que de provoquer des mictions fréquentes et douloureuses. Mais qu'un obstacle s'op-

---

1. Dans cette discussion nous n'avons en vue que la vessie d'hommes encore jeunes et vigoureux ; chez les vieillards, particulièrement chez les prostatiques, la vessie se laisse distendre outre mesure sans réaction physiologique. Il en est de même chez les rétrécis relativement jeunes, mais ayant eu plusieurs attaques de rétention qui ont forcé pour ainsi dire la résistance du muscle vésical.

pose à la sortie du liquide intra-vésical, on pourra voir la vessie, brusquement contractée sur ce liquide, éclater en un point de ses parois, et les chances de cet accident s'accroîtront si, au lieu du liquide normalement sécrété par les reins et s'accumulant lentement dans le réservoir, un liquide médicamenteux quelconque, même le plus anodin, est poussé avec la plus grande lenteur dans la cavité vésicale. Dans ces conditions, en effet, la distension sollicite les contractions du muscle vésical hypertrophié et, comme le liquide comprimé ne peut s'échapper par la sonde, qui sert à conduire l'injection, la vessie trouve sur lui un point d'appui suffisant pour se rompre comme l'utérus sur le produit de la conception, comme le ventricule gauche du cœur sur le sang accumulé dans son intérieur.

Nous n'avons pas relevé d'exemple de vessie rompue par son contenu physiologique en dehors de toute intervention opératoire, mais nous en possédons quatre récents observés chez des hommes jeunes à vessies hypertrophiées et irritées, chez lesquels la rupture s'est produite pendant l'injection dans le réservoir urinaire d'un liquide destiné à le distendre.

Trois de ces faits ont été communiqués à la Société de Chirurgie, aussi ne ferons-nous que les rappeler :

Dans la séance du 31 juillet 1883, M. Ch. Monod a rapporté l'observation d'une opération de taille hypogastrique chez un homme de 28 ans, porteur d'un calcul extrêmement dur contre lequel la lithotritie avait échoué ; pendant que, le malade étant endormi, le chirurgien poussait dans la vessie une injection préliminaire d'acide borique, il sentit tout à coup céder la résistance du piston et vit le globe vésical, qui, sous l'influence des 200 grammes injectées, commençait à soulever l'hypogastre, s'affaisser subitement. Sans aucun doute, la vessie était rompue ; M. Ch. Monod, après quelques hésitations, n'en pratiqua pas moins la taille hypogastrique, qui présenta quelques particularités dues à la non distension de la vessie, mais put, malgré tout, être menée à bonne fin ; le calcul fut extrait sans grande peine et le malade se rétablit complètement après avoir présenté quelques accès fébriles.

Dans la discussion qui suivit cette communication, Verneuil rappela qu'il avait vu éclater la vessie intolérante d'un calculeux, dans laquelle il n'avait injecté, avec la plus grande douceur, que 125 grammes d'eau tiède.

Le 24 décembre 1884, M. Périer lisait à la tribune de la Société de Chirurgie un rapport sur une observation présentée par M. Delaunoy (de Boulogne-sur-Mer), observation qui peut se résumer ainsi : un homme âgé de 25 ans accusait des hématuries depuis deux mois et des souffrances intolérables du côté de la vessie redoublant au moment des mictions ; le cathétérisme révélait la présence d'un calcul volumineux. M. Delaunoy propose de débarrasser le malade par la taille hypogastrique et entreprend l'opération sans se dissimuler ses dangers. Le patient est chloroformé et on injecte, avec les plus grandes précautions, 200 grammes d'eau tiède boriquée dans la vessie, que l'on a pris soin de vider au préalable ; puis on pousse 400 grammes de liquide dans le ballon rectal. Après ces préliminaires, la paroi abdominale est incisée, et le chirurgien est bientôt averti de l'existence d'un accident, qu'il croyait avoir évité, en trouvant une infiltration abondante de liquide dans les tissus périvésicaux ; sans se préoccuper de rechercher le siège de la rupture, il ouvre le réservoir et retire un calcul prostatique du poids de 25 grammes et d'une longueur de 5 centimètres sur 3 centimètres de largeur. La vessie est ensuite drainée au moyen des tubes de Périer-Guyon, et la plaie abdominale fermée par 5 ou 6 points de suture métallique. Le soir, la température s'élève à 39°, mais, dès le lendemain, elle descend à 37° et ne dépasse plus ce chiffre jusqu'à la guérison complète du malade, qui s'effectue sans aucun accident dans l'espace de quinze jours.

Le quatrième cas est tiré de la pratique de notre maître : nous en avons recueilli l'observation alors que nous avions l'honneur d'être son interne. Nous la résumons simplement ici, mais la rapporterons dans tous ses détails à la fin de notre travail, car elle est intéressante à plus d'un titre. Un jeune homme de 22 ans, blond, lymphatique, non nerveux et d'une bonne santé habituelle, n'ayant jamais eu de blennorrhagie, mais un chancre induré suivi de ses manifestations ordinaires à l'âge de 17 ans, contracte en Algérie, où il faisait son service militaire, une cystite à *frigore* (?) Il est soumis sans succès aux médications les plus diverses dans les hôpitaux militaires et entre finalement à l'hôpital Necker, en novembre 1883. A ce moment, les mictions se font toutes les quatre ou cinq minutes et sont horriblement douloureuses ; les urines rendues ainsi sont muco-purulentes, parfois striées de sang, mais non constamment ; elles ont conservé leur acidité. L'examen des organes génito-urinaires ne révèle l'existence d'aucune néoplasie tuberculeuse ou cancéreuse. Le malade retire d'abord un grand bénéfice des instillations argentiques intra-vésicales, combinées à l'emploi des injections de morphine ; mais bientôt les phénomènes douloureux reparaissent avec toute leur intensité, et le malade réclame à tout prix une opération quelconque. M. le professeur Guyon prend alors le parti de faire l'incision de la vessie, qui, sans réussir constamment dans ces cas de cystites douloureuses, offre cependant au malade des chances sérieuses d'amélioration, sinon de guérison. Le choix est donné à l'incision hypogastrique.

La chloroformisation ne s'accompagne d'aucun incident notable ; la période d'excitation se manifeste tardivement, quinze minutes environ après les premières inhalations ; elle n'est pas plus bruyante qu'à l'ordinaire. Lorsque l'anesthésie est profonde, on injecte dans la vessie 200 grammes de la solution borique au moyen de la sonde métallique ordinaire et on lie la verge sur elle. L'injection a été poussée lentement, sans effort, sans résistance de la part du piston. Le ballon rectal est alors introduit dans le calibre de l'intestin et distendu par 300 grammes de liquide ; mais on ne voit pas se dessiner, comme cela se produit ordinairement, au fur et à mesure de sa distension, le globe vésical à l'hypogastre. A ce niveau, la paroi abdominale reste flasque et dépressible. La sonde vésicale ouverte ne laisse échapper que quelques gouttes de liquide non teinté de sang, et une nouvelle injection poussée dans son intérieur distend bien pour un instant l'hypogastre, mais presque aussitôt la région s'affaisse comme si le liquide diffusait dans les tissus périvésicaux. La perforation de la vessie n'était pas douteuse, mais son siège inconnu. Ne jugeant pas prudent de pousser plus loin les choses, le ballon fut retiré du rectum, la sonde vésicale enlevée et remplacée par une en caoutchouc qu'on fixa à demeure et dont on laissa l'orifice ouvert.

Vingt-deux heures après, le malade succombait. A l'autopsie, on trouve une infection du péritoine au niveau des anses intestinales avoisinant le bassin, mais sans fausses membranes, sans exsudats ; le tissu cellulaire périvésical est enflammé ; sur la paroi antérieure de la vessie, exactement sur la ligne médiane et à égale distance de l'ouraque et du col, il existe une perforation allongée en forme de boutonnière mesurant 12 millimètres de longueur. La vessie a sensiblement sa capacité normale, mais ses parois sont hypertrophiées et mesurent près de 8 millimètres d'épaisseur ; rien d'anormal dans son intérieure, la muqueuse est seulement un peu colorée près du col. L'examen histologique a montré qu'il existait un développement considérable des faisceaux musculaires.

Quatre observations pour édifier une doctrine nouvelle de pathogénie pourraient peut-être paraître insuffisantes, si, à défaut du nombre, elles ne présentaient pas, au moins pour trois d'entre elles, tous les caractères de la démonstration la plus éclatante. Discutons-les donc.

Le fait rapporté sommairement par le professeur Verneuil ne fournit que des éléments incomplets à la discussion ; nous ne savons ni l'âge du malade, ni le temps depuis lequel il avait une pierre dans la vessie, cependant nous savons que « la vessie était peu spacieuse » et que « déjà dans deux séances le malade avait eu beaucoup de peine à conserver l'eau injectée. » D'après ces renseignements, il est très vraisemblable que la tunique musculaire était hypertrophiée et qu'elle se trouvait dans les conditions particulières que nous avons signalées plus haut, dans lesquelles la résistance de la musculeuse ainsi épaissie est contrebalancée par la puissance même de ces contractions. Verneuil « avait injecté doucement 125 grammes d'eau tiède lorsque l'injection devint brusquement facile » ; il n'est guère admissible que ces 125 grammes de liquide poussés avec douceur aient suffi pour faire éclater par pression excentrique les parois de la vessie ; il n'est pas supposable non plus que les contractions musculaires des parois abdominales aient agi sur un globe vésical, si peu distendu et occupant une si petite place dans la cavité abdominale, au point d'en déterminer la rupture par le mécanisme que nous avons étudié précédemment. Les choses ne s'expliquent-elles pas plus simplement par les contractions spasmodiques et irrégulières de la vessie enflammée se révoltant au contact du liquide arrivant dans son intérieur ?

L'observation de M. Ch. Monod fournit des arguments d'une plus grande valeur à la défense des idées que nous émettons. Le malade a vingt-huit ans ; il a un calcul vésical depuis son enfance ; dès le début il a éprouvé des douleurs qui n'ont fait que s'accroître ; les mictions sont très fréquentes, par instant l'urine est trouble ; toutes ces conditions ne donnent-elles pas à penser qu'on s'est trouvé en présence d'une vessie irritée et hypertrophiée, c'est-à-dire offrant, selon nous, les plus grandes chances de rupture ? Ce n'est qu'après des essais répétés et irfructueux de lithrotitie que M. Ch. Monod se décide à pratiquer la taille hypogastrique. Voici comment il a décrit lui-même, à la tribune de la Société de Chirurgie, les incidents qui ont précédé la rupture du réservoir urinaire. Le malade étant sous l'influence des vapeurs de chloroforme, « je recommençai alors à injecter dans la vessie la solution d'acide borique à 4 p. 100. L'agitation à ce moment était extrême, la vessie ainsi que les muscles abdominaux se contractaient, le liquide était rejeté en dehors avec d'autant plus de facilité que les seringues s'adaptaient mal au pavillon de la sonde. Le liquide perdu était en partie recueilli dans un bassin, afin qu'il fût possible d'apprécier approximativement la quantité conservée; celle-ci évaluée à 200 grammes environ, le globe vésical commençant à faire une légère saillie à l'hypogastre, j'essayai de faire pénétrer le contenu d'une nouvelle seringue. Le malade était profondément anesthésié, il ne se contractait plus et c'était sans effort que je faisais progresser le piston, lorsque subitement toute résistance cessa, en même temps la saillie vésicale disparaissait. »

L'agitation extrême du malade au début de l'injection pourrait faire admettre que la rupture du réservoir a été produite par les contractions des muscles de la paroi abdominale : on écartera bien vite cette hypothèse, si on réfléchit qu'à ce moment il n'y avait pour ainsi dire pas de point d'appui sur lequel pût s'exercer efficacement la sangle abdominale; on l'écartera surtout, si on se rappelle qu'après la cessation de toute contraction, le globe vésical commençait à se dilater et à faire saillie à l'hypogastre, preuve que l'accident ne s'était pas encore produit. C'est à ce moment alors que l'anesthésie était profonde, qu'une nouvelle seringue, venant s'ajouter sans effort aux 200 grammes de liquide déjà contenu dans la vessie, provoqua sa rupture. Ces 250 grammes de liquides, poussés sous la plus faible pression, étaient-ils donc suffisants pour faire éclater les parois de la vessie ? Nous ne le pensons pas et nous croyons qu'il faut encore ici invoquer les contractions brusques et irrégulières d'une vessie jeune, depuis longtemps hypertrophiée. En vain nous objectera-t-on que le malade était profondément anesthésié, ne savons-nous pas, d'après les expériences de M. Desnos, que la vessie sous le chloroforme ne cesse de se contracter sous l'influence de la distension que longtemps après que les muscles de la vie de relation ont perdu cette faculté ?

L'observation de M. Delaunoy est muette sur les phénomènes qui ont marqué la chloroformisation et la distension de la vessie ; sans doute il ne s'est rien passé qui ait frappé l'attention du chirurgien, car s'il en avait été autrement il n'aurait vraisemblablement pas manqué de le noter : en conséquence, comme chez les malades précédents, nous sommes bien autorisé à ne reconnaître dans la cause de la rupture vésicale aucun rôle aux contractions de la paroi abdominale et aux autres violences extérieures à la vessie. Le jeune âge du sujet, les violentes douleurs qu'il éprouvait depuis plusieurs mois au moment des mictions ne sauraient laisser de doute sur le développement hypertrophique de la musculeuse de la vessie, et chez lui, comme chez les autres malades, la cause de la rupture du réservoir n'est autre que sa révolte contre son contenu.

Les trois observations précédentes manquent l'une et l'autre du contrôle anatomique ; il est très probable que les parois des vessies en question étaient hypertrophiées, mais on n'a pu mesurer leur épaisseur, on n'a pas examiné leur constitution histologique, et un critique pointilleux ne manquera pas de se servir de ces arguments pour réduire à néant l'explication que nous proposons. Notre dernière observation nous semble inattaquable à tous les points de vue. Rappelons-en les traits principaux : il s'agit encore d'un homme jeune (22 ans), atteint d'une cystite des plus intense depuis neuf mois, le forçant à expulser les quatre ou cinq minutes quelques gouttes d'urine au milieu des plus atroces douleurs. Après avoir épuisé sans succès la série de tous les moyens médicaux pour le calmer, on se décide à pratiquer l'incision hypogastrique dans le but de mettre la vessie au repos en supprimant ses fonctions de réservoir et de permettre ainsi aux phénomènes inflammatoires, dont elle est le siège, de rétrocéder. Le malade s'endort tranquillement sans avoir de grands mouvements généraux d'excitation et, lorsque l'anesthésie est complète, on injecte sans effort dans la vessie 200 grammes de la solution d'acide borique à l'aide de la sonde métallique ordinaire sur laquelle on lie la verge. A ce moment, le globe vésical si peu distendu était inappréciable à la vue au-dessus du pubis, mais la main déprimant facilement la paroi abdominale en constatait l'existence. Le ballon est alors très facilement introduit dans le rectum et distendu par 300 grammes de liquide. Pendant ce temps opératoire, le malade, bien qu'on ait eu soin de donner de fortes doses de chloroforme, pousse quelques plaintes et le globe vésical ne se dessine pas à l'hypogastre ; la sonde ouverte ne laisse échapper que quelques gouttes de liquide non sanguinolent ; pas de doute, la vessie était rompue. La mort survint au bout de vingt-deux heures. A l'autopsie, on trouva une perforation de la paroi vésicale antérieure, allongée verticalement en forme de boutonnière ; la capacité du réservoir était normale, mais ses parois très hypertrophiées mesuraient près de 10 millimètres d'épaisseur et l'examen microscopique révéla que cette hypertrophie portait exclusivement sur la tunique musculeuse. Le patient était dans la résolution la plus complète, lorsque s'est produit la rupture de sa vessie, on ne saurait donc l'attribuer à une puissance extérieure au réservoir, pas plus qu'à la pression excentrique du liquide introduit dans son intérieur, puisqu'on avait cessé toute injection lorsque le viscère éclata. Par exclusion, nous sommes donc conduits à admettre un mécanisme pathogénique de rupture, que légitiment d'ailleurs les considérations dans lesquelles nous sommes entrés plus haut ; la vessie s'est rompue ici, comme dans les cas précédents, par suite de ses contractions excessives et irrégulières sur son contenu.

Peut-être nous reprochera-t-on de n'avoir fait jouer dans toute notre discussion aucun rôle à la présence de la sonde dans la vessie, aussi voulons-nous maintenant dire un mot à ce sujet. Tout d'abord, on ne saurait mettre en cause l'habileté et la prudence des chirurgiens, dont nous rapportons les observations, et croire à une perforation accidentelle des parois vésicales avec le bec de la sonde. Il faut, ainsi que nous l'avons bien souvent vérifié sur le cadavre, développer une singulière force pour trouer une paroi vésicale saine avec l'extrémité d'une sonde et cette force brutale ne doit jamais se trouver dans des mains véritablement chirurgicales. Mais la sonde peut servir de point d'appui aux parois du réservoir et leur fournir une surface sans nul doute mousse, mais d'une petite étendue, presque anguleuse, sur laquelle les tuniques fortement contractées auront plus grande chance de se briser que si elles rencontraient une surface large et globuleuse. C'est ainsi que l'utérus se rompt le plus souvent pendant le travail, lorsque les eaux de l'amnios s'étant écoulées, les parties fœtales opposent leurs angles saillants aux parois utérines fortement contractées. A ce rôle secondaire, si tant est même qu'il existe, se réduit l'action de la sonde dans la vessie.

Nous croyons avoir démontré qu'à côté des cas de rupture traumatique et de rupture spontanée de la vessie (les parois dans ce dernier cas ayant toujours subi préalablement des altérations qui en diminuent la résistance), admis par les classiques, il existe : *a*, des cas où le réservoir sain, distendu par l'urine, éclate sous l'influence des contractions des parois de l'abdomen dans un effort violent conscient ou inconscient (période d'excitation de l'anesthésie); *b*, des cas, enfin, où ce viscère, ayant subi une altération, qui loin de diminuer la résistance de ses parois ne fait que l'augmenter, peut se rompre du fait même de sa propre contraction.

Dès lors, il nous semble légitime de proposer la classification suivante des ruptures de la vessie, classification qui a l'avantage, croyons-nous, de répondre à tous les cas possibles et de faire cesser toute ambiguité sur l'interprétation causale d'un fait donné.

Ruptures............ (Vessie saine).	{ traumatiques { par effort.	{ par cause directe. { par cause indirecte.
Ruptures pathologiques. (Vessie malade.)	{ par perforation. { par contraction musculaire de ses propres { · parois.	

Qu'on nous permette d'expliquer brièvement les avantages nosologiques de notre classification. Si tout le monde comprend sans ambages ce dont il s'agit en lisant une observation intitulée « *rupture traumatique de la vessie* » et suppose de suite qu'un choc direct ou indirect a déterminé une solution de continuité du réservoir urinaire, il n'en est plus de même lorsqu'on se trouve en présence d'un fait ayant pour titre « *rupture spontanée* ». A ce titre, le lecteur se demande d'abord si la vessie était saine ou malade au moment de l'accident, en second lieu sous quelle influence est survenue la rupture, car la spontanéité n'est pas plus de mise dans l'ordre pathologique que dans l'ordre physiologique. L'emploi de notre classification donnera de suite satisfaction à l'esprit : la vessie étaitelle saine ? L'observation portera simplement le titre de « *rupture* » ; point n'est besoin, en effet, de mentionner ici l'état antérieur du viscère, car cet état n'est pour rien dans la pathogénie de l'accident, mais on devra de toute nécessité y ajouter les mots de « *traumatique* » ou de « *par effort* », afin de bien préciser la causalité de l'éclatement du réservoir. La vessie était-elle malade ? Il importe alors de mentionner tout aussitôt cet état qui a préparé l'accident et de faire suivre le mot « *rupture* » de l'épithète « *pathologique* » qui seul ne saurait évidemment suffire à indiquer la cause déterminante de la solution de continuité et a forcément besoin d'être accompagné des expressions « *par perforation* », ou « *par contraction musculaire de ses parois* ». Si nous ne redoutions, non pas d'inventer un mot nouveau, mais de le détourner de sa signification généralement admise, nous nous servirions volontiers de l'expression « *par contraction idio-musculaire* ».

Quels sont maintenant les enseignements pratiques qui découlent des faits nouveaux que nous venons d'établir ?

La vessie, avons-nous démontré, peut se rompre par l'effet de la contraction des parois musculaires de l'abdomen s'exerçant sur son globe distendu. Cet accident a été signalé dans deux cas d'efforts volontaires et dans un certain nombre d'autres observations, alors que les malades étaient à la période d'excitation du début de l'anesthésie. On ne peut en rien, cela va sans dire, prévenir les accidents du premier genre, mais par contre on peut aisément se mettre en garde contre les seconds, en ayant soin de vider préalablement la vessie par trop distendue des malades qu'on se propose de soumettre à l'anesthésie. Il est vrai que jusqu'ici cette rupture ne s'est produite que chez des gens atteints de rétrécissements infranchissables, et par conséquent semblant se soustraire par cette raison même à l'évacuation préalable de leur réservoir urinaire ; mais si, dans des cas semblables, le canal ne permet pas l'introduction des instruments évacuateurs, on a toujours la possibilité de pratiquer la ponction hypogastrique, petite opération d'une innocuité absolue. Cette ponction sus-pubienne, aujourd'hui admise par la majorité des chirurgiens dans tous les cas d'imperméabilité du canal, nous semble trouver ainsi une nouvelle indication. Nous croyons que désormais un chirurgien prudent, avant d'anesthésier un malade chez lequel il se proposera de faire, par exemple, une urétrotomie externe pour un rétrécissement organique ou une rupture de l'urètre, devra toujours, si le globe vésical est trop distendu, pratiquer une ponction hypogastrique, afin de se mettre ainsi à l'abri de l'éclatement du réservoir par contraction de la sangle musculaire abdominale.

La vessie hypertrophiée et irritée, sollicitée à se distendre, peut se rompre du fait même de ses contractions irrégulières, c'est la seconde proposition que nous avons établie dans la première partie de notre travail. Il en découle des conclusions pratiques de la plus haute importance. Et tout d'abord la possibilité de cet accident nous montre les dangers d'une méthode thérapeutique préconisée par un certain nombre de chirurgiens, à savoir l'emploi des injections forcées pour rétablir la capacité et la tolérance des vessies petites et irritées[1].

Mais c'est surtout à la pratique de la lithotritie et de la taille hypogastrique, que l'hypertrophie et l'irritation vésicales apportent des obstacles, que le chirurgien devra savoir éviter sous peine de s'exposer à de sérieux accidents. Le chloroforme donné à de très fortes doses est le seul moyen de faire cesser les contractions d'une vessie sollicitée à se distendre par l'injection d'un liquide dans son intérieur, ainsi que cela est chaque jour démontré de la façon la plus éclatante par les manœuvres de la lithrotritie[2]; cette proposition s'applique aussi bien à la vessie saine qu'à la vessie enflammée ; il faudra donc dans tous les cas de vessie douloureuse et irritée, avant de pratiquer l'injection préliminaire, porter aussi loin que possible l'anesthésie, afin de soustraire la vessie aux réactions provoquées par la distension ; et trop souvent même, avec toutes ces précautions, on n'obtiendra pas l'effet cherché. Loin de lutter contre la réaction vésicale, le chirurgien devra alors lui céder, abandonner son projet de distension, pratiquer si possible la lithrotitie presque à sec et changer la taille sus-pubienne proposée pour la taille périnéale. « ... l'état d'extrême sensibilité de la vessie chez un sujet jeune, dont la vessie a conservé toute sa force musculaire, doit formellement faire rejeter toute opération qui exige la distension » ; c'est ainsi que s'exprime le professeur Guyon dans son étude sur la physiologie de la vessie déjà citée. Cependant il ne faudra pas se hâter de priver les malades porteurs de vessies douloureuses du bénéfice de l'incision sus-pubienne, qui semble donner des résultats plus sûrs et plus durables que l'incision du col ou du corps de la vessie par le périnée. Tout dernièrement, M. le professeur

---

1. Cette pratique a d'ailleurs bien d'autres inconvénients, sur lesquels M. le professeur Guyon a insisté à diverses reprises : loin de faire cesser les phénomènes congestifs et douloureux, la distension artificielle de la vessie, même par les liquides les plus anodins, ne fait que les accroître, elle entretient l'inflammation, la provoque ou la rappelle.
2. Voir la thèse de Desnos, p. 67 et *passim*.

Guyon, se trouvant en face d'une cystite des plus douloureuses chez un sujet de vingt-cinq ans, a fait sans accident une incision vésicale sus-pubienne par le procédé de Petersen : seulement il avait eu soin de pousser très loin la chloroformisation, puis il avait injecté lentement, sous très faible pression, le liquide destiné à distendre la vessie, obéissant pour ainsi dire aux contractions du réservoir et suspendant son injection lorsqu'elles opposaient la moindre résistance. Cette résistance, disait-il à ses élèves en cette circonstance, est le critérium qui doit guider la conduite du chirurgien.

Si, malgré toute l'attention et la prudence de l'opérateur, la vessie se rompt, quel est le pronostic de cette rupture et quelle conduite doit alors tenir le chirurgien? Ce sont là les dernières questions que nous voulons examiner.

Nous avons trop peu de faits à notre disposition pour tirer des conclusions sur le siège le plus ordinaire de ce genre de rupture vésicale, et on sait quelle gravité pronostique bien différente ont les ruptures extra et intra-péritonéales [1]. S'il était prouvé qu'à l'exemple des ruptures improprement décrites sous la dénomination de spontanées par Houel, elles se font toujours en dehors du péritoine, leur pronostic serait évidemment beaucoup moins grave que si elles ouvraient dans tous les cas la cavité abdominale. Nous ne savons où siégeait la rupture chez le malade du professeur Verneuil; chez les trois autres, elle était extra-péritonéale. Deux de ces malades abandonnés à eux-mêmes succombèrent, les deux autres chez lesquels on intervint se rétablirent. En effet, M. Ch. Monod, voyant le globe vésical s'affaisser brusquement pendant qu'il pratiquait son injection, n'en continua pas moins son opération; il ouvrit la vessie, fit l'extraction du calcul et établit le siphonage; son malade guérit. M. Delaunoy fit de même et fut aussi heureux que M. Ch. Monod. C'est en effet, croyons-nous, la conduite que devra tenir tout chirurgien en présence de cet accident opératoire, qui, sous cette condition de passer outre et d'achever l'opération, ne nous semble pas d'un pronostic

---

1. Chez le malade de M. Guyon, nous avons noté un phénomène qui, lorsqu'il se rencontrera, pourra fournir un signe précieux pour le diagnostic du siège de la rupture : chaque fois que l'on poussait dans la vessie une certaine quantité d'acide borique, on voyait se soulever pendant un instant la région de l'hypogastre, qui bientôt après s'affaissait, le liquide diffusant dans le tissu périvésical.

absolument grave, lorsque la rupture n'intéresse pas la séreuse
péritonéale. Cette assertion, confirmée d'ailleurs par l'heureuse issue de l'accident survenu chez les malades de MM. Ch.
Monod et Delaunoy, n'a rien qui puisse surprendre : le liquide
borique, qui se répand dans le tissu cellulaire périvésical après
la solution de continuité du réservoir, est essentiellement antiseptique ; il ne saurait donc en provoquer la suppuration, qui
ne tarderait pas à se montrer si, laissant les choses en l'état,
on n'assurait pas par l'incision chirurgicale et le drainage de la
vessie l'évacuation parfaite de l'urine ultérieurement sécrétée.
Dans le cas où la rupture de la vessie ouvrirait la cavité du
péritoine, la suture de la plaie vésicale nous semble devoir
être tentée, et ce que les expériences et les observations de
Vincent nous enseignent nous donne à penser que le succès
devra encore assez souvent ici couronner les efforts du chirurgien.

OBSERVATION I. — *Cystite à frigore (?); prostatite suppurée;
douleurs et ténesme réfractaires à tout traitement; rupture de
la vessie durant les temps préliminaires de l'incision hypogastrique par la méthode de Petersen; mort, autopsie.*

M..., Francisque, âgé de vingt-deux ans, peintre en bâtiments,
faisait son service militaire dans un régiment de zouaves en Algérie, lorsqu'il a été atteint de l'affection pour laquelle il entre à
l'hôpital Necker. Il nous donne sur sa famille les renseignements
suivants ; son grand-père aurait eu la pierre et aurait été opéré
quatre fois : il est mort à soixante-quinze ans; son père vit encore
et se porte bien ; sa mère a eu plusieurs attaques de rhumatisme
articulaire aigu, qui lui ont laissé une maladie de cœur; son
frère, âgé de vingt-cinq ans, est sujet à des névralgies faciales
très douloureuses et à des crises de gastralgie.

Le malade lui-même est blond, peu développé pour son âge
bien qu'il ait été reconnu apte au service militaire; il n'est pas
nerveux. Il n'a jamais fait aucun excès et on ne relève dans ses
antécédents qu'une fièvre typhoïde (?) à l'âge de deux ans et
des accidents syphilitiques non douteux il y a cinq ans, pour lesquels il a été soigné à l'hôpital St-Louis d'abord, et il a continué
ensuite chez lui le traitement pendant plus de deux ans. Il affirme
n'avoir jamais eu de blennorrhagie.

Pendant un an et demi il a assez bien supporté les fatigues militaires des corps algériens; mais il y a neuf mois, à la suite de
plusieurs nuits passées à coucher sur la terre, M... fut brusquement pris de difficulté de la miction, il ne pouvait l'accomplir
qu'au prix de pénibles efforts se répétant souvent et n'expulsant
à la fois qu'une minime quantité d'urine légèrement trouble. Il
n'avait d'ailleurs aucun écoulement blennorrhagique et il affirme
qu'il ne s'était pas exposé à la contagion. Il fut néanmoins envoyé

dans le service des vénériens de la garnison et traité par l'administration à l'intérieur de capsules de térébenthine et de pilules de belladone, on lui mit de plus des cataplasmes sur le ventre et, tous les matins, durant près de trois semaines, on pratiqua le cathétérisme à l'aide d'une sonde en gomme, qu'on laissait chaque fois en place près d'une demi-heure. Le toucher rectal pratiqué à ce moment fut, au dire du malade, négatif.

Bientôt M... éprouva en dehors des douleurs de la miction une sensation de pesanteur, d'élancement au périnée et dans le rectum avec irradiation dans le gland, et quelque temps après, un jour, à la suite d'un cathétérisme avec une sonde métallique, il rendit par la verge du pus et du sang. A partir de ce moment, il put uriner sans sondage et ses douleurs se calmèrent un peu. On prescrivit du copahu à l'intérieur et pour laver la vessie on poussa une injection forcée froide d'acide salicylique dans son intérieur; le malade en ressentit une très vive douleur.

Pendant environ quatre mois, M.... continua d'éprouver des douleurs peu vives, plutôt une gêne du côté du périnée, la miction quoique un peu pénible s'effectuait toutefois dans d'assez bonnes conditions; le malade se nourrissait assez bien et sa santé générale n'était pas trop altérée. A cette époque, il s'aperçut qu'il rendait de l'urine par l'anus et fut bientôt pris de diarrhée et de ténesme. La communication entre la vessie ou l'urètre et le rectum se ferma spontanément au bout de trois semaines; mais les phénomènes douloureux ne firent que s'accroître; les mictions se rapprochèrent au point de provoquer toutes les dix minutes des efforts extrêmement pénibles n'aboutissant qu'à l'expulsion de quelques cuillerées d'urine muco-purulente sans la moindre trace de sang; en même temps, la santé de M... s'affaiblit, ses souffrances entraînant la perte de sommeil et d'appétit.

Le malade fut réformé huit mois après le début de sa maladie.

Il entre à l'hôpital Necker le 22 novembre 1883. Il souffre en ce moment d'une façon horrible à chaque miction, et comme le besoin se fait sentir toutes les 4 ou 5 minutes, le patient n'a pas de répit. On le voit à chaque instant saisir son urinoir avec un empressement mêlé de terreur, se plier en deux, se contracter sous l'action de la douleur, faire de pénibles efforts pour rendre quelques gouttes d'une urine trouble muco-purulente, quelquefois mais rarement striée de sang. Ces urines sont acides et elles sont rendues en quantité normale dans les vingt-quatre heures.

L'examen attentif des organes génito-urinaires, pratiqué le lendemain de l'entrée du malade, donne les résultats suivants : la pression sur l'hypogastre est un peu douloureuse, mais ne révèle aucune tumeur, aucune saillie de la vessie; la région des reins est insensible. Les épididymes et les testicules sont sains. Le toucher rectal fait constater que la prostate est pour ainsi dire fondue; on ne sent aucun relief en indiquant la présence; cette exploration est peu douloureuse, et tout processus inflammatoire semble éteint dans cet organe. On se garde avec soin d'explorer la vessie par le cathétérisme.

L'état général de M... est assez bon, malgré la privation de sommeil causée par ses douleurs; il n'est pas trop amaigri; ses poumons sont bons et l'examen le plus attentif de tous ses organes est négatif au point de vue de la tuberculose ou de toute autre diathèse.

M. le professeur Guyon prescrit les instillations argentiques : 30 gouttes de la solution au 1/50 ; de plus des injections hypodermiques de morphine et des suppositoires morphinés.

Dans les premiers jours, ce traitement améliore la situation : le malade urine moins souvent, les mictions sont moins douloureuses, les urines elles-mêmes deviennent plus claires. Mais cette amélioration ne persiste pas, et le 10 décembre, l'état est le même qu'à l'entrée du malade. On suspend les instillations jusqu'au 16 décembre, mais on continue les injections de morphine et les suppositoires.

Le 19 décembre, on fait des instillations de la solution au 1/10ᵉ, 10 gouttes : on les renouvelle quatre jours de suite, mais on est obligé d'y renoncer en raison de la douleur qu'elles déterminent au moment où on les pratique et du bénéfice nul que le malade en retire. M... réclame à tout prix une opération tant la vie lui est insupportable.

Avant de prendre un parti on explore la vessie par le cathétérisme sous le chloroforme : ainsi qu'on s'y attendait, on la trouve diminuée de capacité et on sent une sorte d'épaississement du côté gauche.

Après ces constatations M. Guyon propose au malade de lui faire l'incision hypogastrique de la vessie dans l'espoir que la suppression de cet organe en tant que réservoir fera cesser tout phénomène douloureux. M... accepte cette proposition et l'opération est pratiquée le 29 décembre.

DÉTAILS DE L'OPÉRATION. — Préliminaires ordinaires de la taille hypogastrique. Aucun accident ne signale la chloroformisation ; le malade s'endort lentement, la période d'excitation ne survient qu'au bout de quinze minutes, elle n'est ni plus bruyante ni plus longue qu'à l'habitude et peu après sa terminaison, l'anesthésie étant complète, on procède d'abord à l'introduction du ballon rectal que l'on ne distend pas de suite, puis à l'injection vésicale. Cette injection est poussée lentement, sans effort jusqu'à concurrence de l'introduction de 200 grammes de la solution boriquée ; alors le ballon rectal est distendu et reçoit 300 grammes de liquide dans sa cavité. Cependant le globe vésical ne fait aucun relief à l'hypogastre dont la paroi reste flasque et dépressible. Le robinet de la sonde vésicale étant ouvert, il s'échappe environ une à deux cuillerées de liquide clair non sanguinolent ; on pousse une nouvelle injection dans la vessie, l'hypogastre se distend bien alors pour quelques instants, mais presque aussitôt la région s'affaisse comme si le liquide diffusait dans le tissu périvésical. Nul doute la vessie était rompue. On ne jugea pas prudent de pousser plus loin les choses ; le ballon rectal fut dégonflé et retiré ; la sonde métallique enlevée de la vessie fut remplacée par une sonde en gomme soigneusement fixée à demeure et le malade, après son réveil, fut rapporté dans son lit.

Presque aussitôt M... éprouva les mêmes douleurs, les mêmes

épreintes qu'avant la tentative opératoire et réclama sa piqûre de morphine (2 centigrammes); on lui prescrivit en plus une pilule d'opium de 0,03 centigrammes à prendre toutes les heures.

Jusqu'à cinq heures l'état fut assez satisfaisant; la douleur était supportable, le ventre ni douloureux, ni ballonné; la sonde à demeure fonctionnait bien et elle avait laissé écouler 90 grammes d'urine claire et non sanguinolente. A ce moment les douleurs devinrent intolérables; une injection sous-cutanée de 4 centigrammes de morphine ne produisit aucun soulagement. Le malade réclama la suppression de sa sonde et malgré tout le soin qu'on prit de lui démontrer combien il était urgent qu'il la gardât, il l'arracha dans un paroxysme de douleurs et se refusa à son replacement. Les envies et les douleurs de la miction n'en continuèrent pas moins; toutes les dix minutes environ, M... faisait de pénibles efforts pour uriner et ne parvenait qu'à expulser quelques gouttes d'urine un peu rosée.

A 6 heures il eut un premier vomissement verdâtre porracé, le ventre devint douloureux du côté gauche principalement. Le pouls petit et serré battait 120 fois à la minute, la température était de 38°,6. Glace à l'intérieur, potion antiémétique.

Dans la nuit, les vomissements continuent, le faciès se grippe, les douleurs sont intolérables; le malade se plaint d'une soif inextinguible, les besoins d'uriner sont fréquents, mais ils n'aboutissent qu'à l'expulsion de quelques gouttes d'urine.

La situation empire dans la journée suivante; ni les narcotiques à hautes doses, ni les antiémétiques ne parviennent à calmer les douleurs et les vomissements. La soif est intolérable; le ténesme vésical des plus pénibles; malgré de grandes quantités de liquide absorbées, le malade n'a rendu environ que 100 grammes d'urine claire, non teintée de sang. Peu à peu le malade se refroidit, sa face devient blême, à cinq heures et demie la température axillaire tombe à 36°,5; le malade conserve sa connaissance jusqu'à sa mort, qui survient à neuf heures.

Autopsie. — A l'ouverture de la cavité abdominale on trouve environ un demi-verre de sérosité rougeâtre dans le péritoine: cette séreuse est un peu injectée au niveau des anses intestinales, mais elle n'offre pas à proprement parler de traces d'inflammation. L'examen de la face postérieure de la vessie, mise bien en évidence par le relèvement des anses intestinales, montre que la séreuse est partout continue et n'offre aucune trace de perforation. Laissant les organes en place, on pousse par l'urètre une injection d'eau dans la vessie; rien ne pénètre dans la cavité du péritoine, mais on voit cette membrane soulevée au niveau du point, où se réfléchissant sur le sommet du viscère pour le tapisser immédiatement, elle limite la cavité de Retzius. Relevant alors ce cul-de-sac de la séreuse pour bien voir l'espace pré-vésical, on constate que le tissu cellulaire est infiltré et présente le début des lésions caractéristiques de la cellulite pelvienne et on ne tarde pas à découvrir la perforation vésicale; elle est exactement située sur le milieu de la face antérieure du viscère, à égale distance de l'ouraque et du col; elle est allongée, verticale, en forme de boutonnière mesurant 12 millimètres de longueur; ses bords sont nets, non déchiquetés. La capacité de la vessie est sensiblement normale; ses parois très hypertrophiées mesurent 8 millimètres d'épaisseur; rien d'anormal dans son intérieur, si ce n'est une coloration inusitée de la muqueuse près du col; au niveau de la perforation, la muqueuse éraillée forme une boutonnière plus large que celle de la tunique musculeuse.

La prostate a été détruite par la suppuration et, à sa place, on ne trouve plus qu'un tissu dur, coriace, d'une épaisseur très mince.

Les reins sont sains.

Rien du côté des poumons, ni des autres viscères; nulle part on ne trouve le moindre vestige de tuberculose.

L'examen histologique des parois de la vessie a porté sur des fragments de la paroi pris au voisinage de la rupture et loin d'elle. A l'œil nu, ces fragments par leur coloration, leur épaisseur, leur consistance rappelaient tout à fait le tissu utérin; au microscope, la muqueuse offrait des traces d'inflammation ancienne et chronique; les faisceaux musculaires de la musculeuse étaient augmentés de volume, le tissu interstitiel qui les séparait n'était le siège d'aucune hyperplasie; pas de trace de processus inflammatoire.

OBSERVATION II. — *Rétrécissement très serré de l'urètre; rétention d'urine; rupture de la cloison recto-vésicale.*

(Résumé d'après *A case of rupture of the bladder* par Call, in *the Lancet*, 10 décembre 1881.)

J. R..., ramoneur, âgé de cinquante à soixante ans, souffre depuis de longues années d'un rétrécissement de l'urètre, qui ne peut permettre que le passage d'une bougie nº 3. Bien que sa stricture soit une cause de rétention fréquente d'urine et que son jet soit toujours d'un très petit volume, il ne veut consentir à quelque opération que ce soit, pas même à une dilatation régulière et graduelle. Il se contente d'aller depuis vingt ans de temps à autre à l'hôpital, y demeure une ou deux semaines et sort lorsqu'il a obtenu un peu d'amélioration.

Une après-midi M. Call passait par hasard devant sa maison, lorsque sa femme le pria de venir voir son mari. M. Call trouva le malade se promenant dans sa chambre, en proie à de très grandes douleurs, sans autre vêtement que sa chemise; sa vessie était énormément distendue; suivant son habitude et bien qu'on l'eût à diverses reprises averti de ne point le faire, il avait absorbé, dans l'espoir d'obtenir quelque soulagement, une grande quantité de gin et d'esprit de nitre dulcifié. Le chirurgien n'ayant pas de cathéter sur lui avertit le malade qu'il allait en chercher un et reviendrait aussitôt. La maison du patient n'étant éloignée que de cinq minutes environ de l'infirmerie, le chirurgien ne fut pas plus d'un quart d'heure à revenir. Il trouva alors le malade au lit, entièrement délivré de ses douleurs; le plancher de la chambre était inondé de liquide. Interrogé sur ce qui s'était passé, il raconta et sa femme confirma son récit que, tandis qu'il se promenait, tout à coup, sans le moindre signe d'avertissement, un flot abondant d'urine s'était échappé par l'anus. Il est bien évident que les choses avaient dû se passer ainsi, car pendant l'absence de M. Call la totalité de l'urine contenue dans la vessie n'aurait pu être évacuée goutte à goutte à travers l'urètre rétréci ; du reste, le témoignage du malade et de sa femme était là et ils n'avaient aucune raison pour tromper. Craignant l'infiltration d'urine, M. Call prescrivit le repos le plus absolu ; mais le matin suivant il trouva le malade levé suivant son habitude, se disant tout à fait bien et urinant par son canal, comme il ne l'avait pas fait depuis longtemps.

OBSERVATION III. — *Rupture de l'urètre, rétention d'urine ; Anesthésie par l'éther ; rupture de la vessie ; mort. Autopsie.* (Résumé d'après une observation de W. S. Gouley in *The medical Record*, 1er novembre 1872, p. 457).

John S..., soixante ans, entre à Bellevue hospital le 13 juin 1870. C'est un homme très musclé et de constitution extrêmement robuste. Pas de maladies vénériennes, pas de traumatisme génital dans ses antécédents. Il y a douze ans, rétention d'urine traitée heureusement par le cathétérisme ; rien depuis. A son entrée à l'hôpital le malade dit n'avoir pas uriné depuis trois jours : infiltration d'urine dans le scrotum, le périnée et le pénis ; vessie à l'ombilic, pas de douleurs. Impossibilité absolue de passer la plus fine bougie. Deux heures après ces essais infructueux de cathétérisme, on se met en devoir d'anesthésier le patient avec l'éther, afin de faire de nouvelles tentatives de cathétérisme. La période d'excitation est des plus bruyantes, la vessie se rompt subitement et le cathétérisme échoue de nouveau.

Mort rapide.

Autopsie. — Cinq pintes d'urine sanglante dans le péritoine ; exsudation glutineuse du feuillet viscéral de la séreuse ; vessie grande ; ses parois ont leur épaisseur normale ; sa cavité contient un peu d'urine ; à la partie supérieure de la face postérieure, on voit une déchirure d'un demi-pouce de long intéressant le péritoine ; nulle part, traces d'ulcération ; à l'union de la portion membraneuse et bulbaire existe un rétrécissement très serré de l'urètre et à ce niveau le canal est complètement déchiré.

L'auteur de l'observation pense qu'avant son entrée à l'hôpital, le malade avait eu une déchirure du périnée, cause de tous les accidents. Il attribue la rupture de la vessie non à la contraction musculaire des parois du viscère, mais à celle de la sangle abdominale.

II

DE L'INVERSION DE LA VESSIE

ET DE LA HERNIE DE SES PAROIS

A TRAVERS L'URÈTRE

Tous nos livres classiques, même ceux qui traitent plus spécialement des maladies des organes urinaires, passent sous silence la description d'une affection de la vessie, qui consiste dans le *renversement de cet organe sur lui-même et dans l'issue d'une partie de ses trois tuniques constitutives ou de l'une d'entre elles à travers l'urètre*. Ayant eu occasion d'observer une malade atteinte d'une de ces variétés de déplacement du réservoir urinaire, nous avons recherché dans la littérature médicale les faits analogues au nôtre et nous avons été surpris du nombre relativement grand des observations rapportées et des travaux publiés sur ce sujet. Ces observations étant éparses et ces travaux peu connus, nous avons eu alors la pensée de les faire servir, en les analysant, à la description didactique de cette affection.

A la vérité, sur les 22 observations, dont nous donnons les indications bibliographiques à la fin de notre travail, quelques-unes se réduisent au simple énoncé de la lésion ; d'autres ne renferment qu'une description bien incomplète des signes physiques et fonctionnels ; mais il en est heureusement un certain nombre rapportées avec détail et dont l'analyse, nous permettant de superposer en quelque sorte les phénomènes morbides aux lésions anatomiques, éclairera d'une vive lumière la physiologie pathologique de l'affection et nous fournira de la sorte de précieuses données pour la thérapeutique.

Rapporter ici toutes ces observations, que nous avons lues dans les originaux mêmes, serait allonger sans raison notre travail, mais nous croyons bon d'en donner *in extenso* ou résumées quelques-unes des plus typiques, afin que le lecteur puisse de suite se faire une idée de l'affection que nous nous proposons de décrire. Nous les ferons suivre de celle qui nous est personnelle [1].

OBSERVATION DE PERCY (résumée). — Une abbesse âgée de 52 ans, d'un embonpoint excessif et sujette à une toux habituelle, commença, en 1785, à ressentir des difficultés d'uriner et une douleur à la région du pubis, qui durèrent plusieurs semaines. Après quelques mois de calme, ces accidents reparurent et la dysurie se changea tout à coup en une ischurie parfaite. Un chirurgien sogda la malade avec beaucoup de peine et ne lui tira que très peu d'urine, quoiqu'il y eût près de trente-six heures qu'elle n'en avait rendu. Elle apprit à se servir elle-même de la sonde, et pendant deux ans elle se soulagea seule toutes les fois qu'elle éprouva le retour de l'ischurie. Souvent il lui suffisait de se coucher sur le dos, les cuisses un peu fléchies, pour uriner avec facilité, et alors elle s'apercevait d'un mouvement particulier dans la région de la vessie, après lequel elle était sûre de sentir ses urines s'écouler. Lorsque ce mouvement n'avait point lieu, elle recourait à la sonde et faisait rentrer une petite tumeur molle, de la grosseur d'une noisette. Tant que cette tumeur ne rentrait pas, les douleurs étaient très aiguës ; mais dès qu'elle était rentrée, la vessie se vidait et le calme renaissait. Il est arrivé plusieurs fois que la rentrée subite de la tumeur a rendu inutile l'usage de la sonde, les urines s'écoulant aussitôt ; mais, le plus souvent, la sonde achevait de la pousser en dedans, et alors la malade urinait avec aisance.

M. Percy a vu cette malade dans le temps où la tumeur, sortie du méat urinaire, empêchait depuis douze heures tout écoulement d'urine. Cette tumeur paraissait en dehors comme une masse de chair du volume d'un œuf de pigeon. Elle était rouge, inégalement boursouflée, sillonnée en travers, assez rénitente et médiocrement sensible. On pouvait juger à sa fermeté, à ses rugosités transversales, à son élasticité, que c'était une poche formée par une portion de la vessie. Cette poche rentrait, ou d'elle-même, ou lorsqu'elle était repoussée par le doigt ou par la sonde. M. Percy apprit de la malade que toutes les fois qu'elle avait eu le courage de souffrir pendant vingt ou vingt-quatre heures les effets de la rétention d'urine, la rentrée de cette tumeur se préparait peu à peu, puis s'achevait tout à coup avec bruit, et

---

1. Dans notre index bibliographique nous marquerons d'une astérique les observations détaillées que le lecteur pourra lire avec profit.

qu'ensuite les urines s'écoulaient involontairement et avec plus
ou moins d'abondance... Ayant ensuite tenté de la réduire, il la
sentit s'échapper de dessous ses doigts, comme si une force cachée l'eût retirée en dedans de la vessie, où elle ne fut pas plutôt
rentrée que l'urine sortit par flots et avec sifflement, ce qui mit
fin aux douleurs de la malade. Il lui conseilla de tenir dans la
vessie une sonde de gomme élastique, longue de trois pouces,
de cinq lignes de diamètre, et suffisamment assujettie au dehors.
Cette abbesse suivit ce conseil et ne fut plus exposée à cette tumeur qu'une seule fois, lorsque, ayant voulu se mettre à genoux,
la sonde chassée de l'urètre laissa sortir, mais pour un moment,
une portion de la vessie.

OBSERVATION DE PATRON (résumée). — Mlle Thérèse D..., 14 ans,
de constitution robuste et de tempérament bilieux, n'a eu dans
son enfance que la rougeole, une coqueluche grave, plus une chute
qu'elle fit des bras de sa mère. Il y a deux ans qu'elle commença
à souffrir d'une difficulté d'uriner; la miction était fréquente et en
petite quantité et ne se faisait jamais d'une manière suivie. Il lui
arrivait parfois de voir interrompre le jet, pour reprendre de nouveau, quelques secondes après; en plusieurs occasions, elle a
rendu quelques gouttes de sang. Cette fille éprouvait au méat une
démangeaison incommode, et en urinant, lorsqu'elle marchait plus
que d'habitude, il lui survenait une douleur assez vive au flanc
droit, qui s'étendait bientôt aux deux régions lombaires.

Il y avait plus d'un an que cet état la tourmentait, lorsqu'un
jour en rendant ses urines avec ses souffrances habituelles, elle
vit paraître entre les grandes lèvres une tumeur rouge, de la
grosseur d'un cœur de poule tout au plus, qui gênait sensiblement
l'émission urinaire; deux heures après sa sortie la tumeur disparut spontanément.

Dans l'espace d'un mois cette tumeur sortit à trois ou quatre
reprises et chacune de ses sorties s'accompagna de difficultés
pour uriner, d'agitation, de frisson et de fièvre, tous phénomènes
cessant après sa réduction spontanée. Les symptômes douloureux
allant en s'aggravant à chaque issue de la tumeur, Patron fut appelé et fit, au cours d'une de ces crises plus violente que les autres
les constatations suivantes : « Je trouve entre les grandes lèvres,
au niveau du méat urinaire qu'elle cache par sa présence une
tumeur globulaire, de la grosseur d'une noix, d'un rouge foncé,
saignante, lisse à sa surface et veloutée, semblable, par son aspect, à une hémorrhoïde interne enflée; elle est résistante au
toucher, demi-transparente, et pouvant se flétrir par la pression;
en continuant les tentatives de réduction, on la faisait complètement rentrer dans la vessie, sans causer trop de douleur. La tumeur une fois réduite, j'introduis une sonde qui donne issue à
une assez grande quantité d'urine, la malade n'ayant pas uriné
de toute la nuit... » Patron n'ayant rien trouvé dans la vessie,
diagnostiqua un renversement de la muqueuse vésicale et prescrivit des lotions astringentes, des onctions belladonées, etc. Ce
traitement n'amena aucun soulagement, la tumeur arriva à sortir
presque à toutes les mictions ; il en résultait de grandes diffi_

cultés d'émission des urines et des douleurs intenses, l'état général. devint grave.

Patron ayant examiné plus complètement la malade, résume ainsi ce nouvel examen : « Je trouvai, en la déjetant (la tumeur) d'un côté, qu'elle était pédiculée et que son pédicule était entouré par le méat urinaire, dont il occupait le centre, et l'on pouvait facilement passer une sonde de femme entre les parois du canal et le prolongement d'origine de la tumeur. Cette sonde parvenait au col vésical sans obstacle, et on pouvait aisément lui faire parcourir toute la circonférence du pédicule dans toute l'étendue du canal, sans que rien l'arrêtât. En introduisant un stylet boutonné dans le vagin pendant que la sonde était dans l'urètre, tantôt la tumeur étant dehors, tantôt après l'avoir fait rentrer, je ne pus rien découvrir d'anormal dans ces conduits et je restai convaincu de l'exactitude de mon diagnostic ; j'en conclus aussi que la tumeur avait un long pédicule, n'adhérant à aucun point des parois urétrales et qu'il prenait origine dans l'intérieur de la vessie. »

Après avoir conseillé à la malade de se sonder et de repousser avec la sonde la tumeur chaque fois qu'elle voulait uriner, après avoir essayé des cautérisations du col au nitrate d'argent, aucune amélioration n'étant obtenue et l'état de la malade, qui avait chaque jour des accès de fièvre, de la céphalalgie, des douleurs dans le flanc et les reins, allant en s'aggravant, Patron se décida à entourer le pédicule de la tumeur à l'aide d'un serre-nœud et à en provoquer la mortification linéaire. De cette manière la patiente fut guérie », ne conservant de son ancienne maladie qu'un canal urétral plus large qu'à l'état normal et le souvenir de ses souffrances ».

OBSERVATION DE THOMPSON (résumée). — ... Je trouvai la patiente, une femme mariée d'un peu plus de 40 ans, sur ses mains et sur ses genoux dans son lit, se tordant de douleur et poussant violemment. J'appris que, pendant qu'elle urinait une heure et demie avant mon arrivée, elle sentit quelque chose descendre ou tomber et fut immédiatement prise d'une violente douleur expulsive. Dans un interrogatoire ultérieur j'appris qu'elle avait souffert vingt-quatre heures auparavant d'une cystite aiguë, dont je trouvai la preuve dans l'urine récemment évacuée.

À l'examen digital je constate la présence, au lieu d'un déplacement utérin auquel je m'attendais, d'une petite tumeur dure, noueuse, du volume d'une demi-noix environ, écailleuse et recouverte d'une substance graveleuse. Cette tumeur sortait bien nettement par l'orifice de l'urètre.

Comme l'état de souffrance de la malade m'empêchait de faire un examen plus complet, je le remis à une autre séance avec l'intention de me munir de chloroforme et des instruments nécessaires, pensant que j'avais affaire à quelque tumeur saillante de l'urètre ou de la vessie réclamant l'ablation. Mais dans l'intervalle il me vint à l'esprit que je pouvais bien être en présence d'une éversion de la vessie, bien que je n'eusse jamais entendu dire que pareil accident pût arriver à une adulte et, pour éviter

les désastreuses conséquences qui auraient résulté de l'ablation
de ce qui pouvait être les parois de la vessie, je résolus de déterminer le plus exactement possible la nature de la tumeur.

Le Dr Yates, à qui je fis part de mes soupçons, inclina dans ce
sens et avec son assistance nous soumimes la patiente au chloroforme. Je me mis alors en devoir de passer mon doigt à travers l'urètre le long du pédicule de la tumeur, ce que je fis sans
difficulté, l'urètre étant large et dilatable d'une façon inusitée.
Je trouvai que le pédicule s'implantait sur la paroi postérieure
de la vessie, de manière à confirmer pleinement mon impression, à savoir : qu'il s'agissait d'une éversion vésicale ; et le
Dr Yates étant arrivé à la même conclusion, nous résolûmes de
réduire la tumeur. C'est ce que je fis, après avoir enlevé avec
soin les incrustations phosphatiques, je l'accompagnai dans la
vessie avec mes doigts et, avant de les retirer, j'explorai le point
duquel j'avais auparavant trouvé que le pédicule naissait; je ne
trouvai aucune trace de tumeur ou de pédicule.

Une forte dose d'opium fut administrée et la patiente reçut
l'ordre de rester au lit. Grâce aux informations gracieuses du
Dr Yates, je puis dire que la cystite a disparu rapidement, qu'il
n'y a aucune menace de récidive et que la malade est et demeure
en parfait état de santé.

Observation personnelle a l'auteur. *Antécédents.* — Mlle F...,
âgée de 30 ans, institutrice, est née au Vénézuela de parents bien
portants et qui ont donné issue à quatre autres enfants, tous garçons ; trois sont encore vivants, le quatrième est mort de dysenterie. Pendant son enfance sa santé a été assez bonne, mais elle
a eu à diverses reprises dans son pays des diarrhées abondantes,
à la suite desquelles il lui est survenu un prolapsus rectal que sa
mère réduisait elle-même sans difficulté après chaque garde-robe.
A cette époque aussi elle avait des envies fréquentes d'uriner
surtout pendant le jour, et lorsqu'elle négligeait d'y satisfaire, il
lui arrivait souvent de perdre ses urines : le rire, la toux provo-
quaient aussi parfois leur sortie, alors même que la vessie en
renfermait une petite quantité. L'émission n'était d'ailleurs nullement douloureuse, les urines étaient claires et limpides.

Réglée pour la première fois à 15 ans, elle n'a pas cessé de
l'être depuis lors très régulièrement, elle a eu seulement à certaines époques quelques pertes blanches. Jusqu'à 24 ans elle était
grasse et fraîche ; à ce moment, peut-être sous l'influence des
fatigues auxquelles l'a contrainte sa profession, elle a commencé
à maigrir, mais sans perdre de ses forces et elle a continué ses
occupations. Lorsqu'elle vient me consulter pour la première fois,
elle a une apparence très chétive ; malgré cela, me dit-elle, sa
santé est bonne, elle ne présente aucun trouble des grandes fonctions organiques.

Début et évolution de l'affection. — Voici ce qu'elle me raconte
touchant le début de l'affection pour laquelle elle vient me
trouver.

Il y a cinq ans, à la suite d'un violent effort pour soulever un fardeau trop pesant, elle a éprouvé une douleur aiguë dans le côté droit, douleur qui se reproduisit avec la même intensité plusieurs fois à l'occasion d'un faux mouvement dans les trois ou quatre semaines qui suivirent. Un mois après, au cours d'un long voyage en chemin de fer, elle fut prise d'une diarrhée persistante en même temps que de douleurs dans l'abdomen s'irradiant à l'aine droite. Ces phénomènes s'accompagnèrent pour la première fois d'une grande difficulté pour uriner. Sous l'influence d'un traitement approprié, la diarrhée disparut, mais les douleurs abdominales avec irradiation à l'aine persistèrent, puis la fièvre s'alluma et la douleur se cantonnant dans le côté droit s'accentua au point d'empêcher la malade de marcher. Un médecin appelé diagnostiqua une pleurésie et institua un traitement en conséquence.

C'est à cette époque, selon les expressions de la malade, « qu'un travail sembla se faire dans la vessie, on aurait dit que quelque chose se détachait peu à peu ». En même temps l'émission des urines devint difficile, elle ne se faisait qu'au prix de violents efforts, comparables d'après la patiente à ceux qu'on fait quand on a la dysenterie. Les urines rendues dans ces conditions présentaient à la fin quelques filets de sang. Un jour, la patiente portant la main aux parties y sentit quelque chose qui faisait saillie et, y ayant regardé, elle aperçut une petite tumeur rouge, globuleuse, du volume d'une grosse noisette, sortant par le canal urinaire. Les difficultés pour uriner ne se présentaient pas à toutes les mictions. Elles n'existaient guère que dans le jour, augmentant par la fatigue après une marche, une station debout prolongée, diminuant au contraire par le repos. Elles étaient d'ailleurs étroitement liées à l'apparition ou à la disparition de la tumeur, et il suffisait que la malade la réduisît par une malaxation légère pour que le jet d'urine interrompu par sa sortie reprît son cours.

Pendant plus de trois ans, Mlle F..., retenue par un sentiment facile à comprendre, supporta son mal sans s'en découvrir à un médecin ; mais à la fin, la gêne pour uriner s'étant accrue, les besoins étant devenus plus fréquents et plus impérieux, elle vint me consulter pour la première fois dans le courant de mai 1892.

Inspection. — L'examen des parties me montra un méat largement ouvert et dans lequel je pus faire pénétrer l'extrémité de mon petit doigt. Il ne livre passage pour le moment à aucune tumeur et je m'assure avec un explorateur à boule n° 22 que l'urètre est libre dans toute son étendue, l'exploration méthodique de la vessie n'y révèle rien d'anormal, aucun corps étranger, aucune saillie faisant relief dans sa cavité. Cet examen est peu douloureux et la muqueuse vésicale paraît insensible au contact, preuve de son intégrité relative. A ma demande, la malade essaya de faire sortir la tumeur ; mais, quelque effort qu'elle fît pour cela, elle ne put y parvenir.

Je lui expliquai qu'étant donné les symptômes qu'elle accusait, elle avait probablement un polype de la vessie ou une hernie de cet organe à travers l'urètre, mais qu'avant de me prononcer il fallait que je voie la tumeur, aussi lui conseillai-je de me faire appeler ou de venir me revoir lorsqu'elle serait à l'extérieur.

Mlle F... reste plus d'un an sans venir me voir et ne me fait appeler qu'au mois de septembre 1893. Au point de vue des douleurs et de la gêne des mictions l'état est sensiblement le même que lors de la première visite que me fit la malade : seulement, la tumeur, qui, il y a un an, ne sortait que deux ou trois fois par vingt-quatre heures, sort maintenant presque toutes les fois qu'elle veut uriner, son volume est plus considérable et sa réduction beaucoup plus laborieuse. Comme les besoins se font sentir en moyenne toutes les heures, cet état crée pour la patiente une véritable infirmité, qui l'empêche de continuer ses fonctions d'institutrice et dont elle désire être débarrassée le plus tôt possible.

Les urines sont claires, il n'y a pas de cystite. Tout le reste de l'appareil urinaire est sain. Au moment où je vois Mlle F..., la tumeur, qui est encore sortie à la dernière miction, est réduite et, contrairement à ce qui se passe ordinairement, elle ne fait issue que sous l'influence d'efforts violents auxquels se livre la patiente à ma prière. Je puis alors me rendre compte qu'elle sort bien directement du méat : son volume est celui d'un petit œuf de poule ; elle est rouge, très finement granulée à sa surface et porte à son sommet une petite ulcération ovalaire d'un centimètre suivant son plus grand diamètre, à fond grisâtre ; sa consistance est molle, non compacte, mais creusée d'une cavité ; elle se durcit sous l'influence des efforts et le moindre contact la fait saigner. Une sonde de femme introduite entre la tumeur et l'urètre peut en circonscrire le pédicule, qui semble s'insérer immédiatement en arrière du col vésical et sur le côté droit, mais en raison de l'indocilité de la malade je ne puis préciser le volume de ce pédicule.

En présence de ces constatations, je porte le diagnostic de hernie de la vessie à travers l'urètre et, n'ayant à ce moment que des notions incomplètes sur ce genre d'affection, je pense que la tumeur est formée par le renversement, l'invagination de toutes les tuniques du réservoir et que son pédicule est très large.

Cette idée fausse de la nature et de la disposition de la lésion me suggéra un plan opératoire que je n'eus pas à mettre à exécution, parce que la tumeur se trouva être retenue par un mince pédicule, mais que je crois néanmoins devoir rappeler, car, le cas échéant, il pourra être utilisé. Au lieu de réséquer la tumeur à sa base et de faire ainsi une large perforation à la vessie, dont le moindre défaut dans l'affrontement des bords aurait fait courir les chances d'une infiltration d'urine, soit dans le tissu cellulaire périvésical, soit même dans le péritoine, je me proposai de faire la dissection de la muqueuse à la surface de la tumeur et de l'invaginer ensuite en sens contraire, de façon à la réduire : des points au catgut fin disposés par plans successifs à la façon de ceux qu'on emploie dans la colpopérinéorrhaphie, devaient assurer le maintien de cette invagination et permettre aux surfaces opposées de se réunir définitivement l'une à l'autre. La tumeur se trouvant pédiculée, je procédai autrement et ainsi que je vais le rapporter.

Opération. — Le 17 octobre 1893, Mlle F... est chloroformée.

Avant l'anesthésie j'ai pris le soin de prier la malade de faire sortir sa tumeur. Pendant les efforts qu'elle fait au cours de la chloroformisation, la tumeur se gonfle fortement, devient turgescente à sa surface et saigne par place, en même temps qu'elle sort par l'urètre elle se pédiculise de plus en plus. Ce pédicule a le volume du petit doigt ; il s'insère à un centimètre du col et à droite, ce dont je puis me rendre compte par la vue même en raison de l'extrême dilatation du canal. Toutes les précautions antiseptiques étant prises, désinfection de la vulve, du vagin et de la vessie, je fais attirer fortement la tumeur par un aide, de façon à bien découvrir son point d'implantation, puis je traverse à ce niveau son pédicule à l'aide d'une série de catgut, nouant les extrémités de chacun d'eux a l'opposé de leur point de pénétration. Cette série de points a pour but d'oblitérer la cavité du pédicule, que je puis dès lors sectionner sans danger. Cette section faite à petits coups de ciseaux saigne à peine. J'affronte très soigneusement ses deux lèvres à l'aide de sept points séparés au catgut n° 0, et par dessus je fais une suture de soutien en surjet, également au catgut. Deux fils de soie, passés dès le début de l'opération à chacune des extrémités du diamètre du pédicule, ont été confiés à un aide pendant toute l'opération et ont maintenu hors du méat sa base d'implantation. Ces deux fils enlevés, la vessie rentre d'elle-même. Je lave sa cavité à la solution boriquée et mets à demeure une sonde en caoutchouc n° 17, que je fixe aux lèvres du méat par un fil de soie. Le vagin est bourré de gaze iodoformée, la vulve saupoudrée d'iodoforme.

Suites et résultats opératoires. — La malade, ramenée dans son lit, se réveille et a immédiatement des nausées et quelques vomissements qui se calment très rapidement.

L'après-midi se passe très tranquillement. A 5 heures, je constate que la malade ne souffre pas ; la pression sur l'hypogastre n'est pas douloureuse ; la sonde a bien fonctionné et a donné issue à environ 150 grammes d'urine un peu sanguinolente ; pouls calme, régulier, température 36°,9. Pour éviter de mettre la vessie sous pression, je ne fais pas d'injection dans sa cavité.

18 *octobre.* — Nuit très bonne ; toujours apyrexie ; pas de douleur au bas-ventre ; sonde fonctionne très bien ; urines limpides et non rosées.

21 *octobre.* — La nuit précédente, la sonde s'étant bouchée, la vessie a fait réservoir et sa distension a déterminé d'assez vives douleurs : à trois reprises l'urine est sortie entre la sonde et le canal. Pas d'élévation de température ; pas de phénomènes généraux. La sonde fonctionne bien ce matin. Assuré que ma suture tient, puisque la vessie a fait réservoir, je fais un lavage boriqué et le continue les jours suivants.

Le 26 *octobre*, j'enlève la sonde à demeure et, à partir de ce moment, la malade urine naturellement. Pendant deux ou trois jours elle souffre un peu en urinant et les besoins sont fréquents, puis tout rendre dans l'ordre.

Le 1er *novembre*, la malade a ses règles. Elle commence à se lever le 3 et quitte la maison de santé le 6.

Dès lors rien ne vient entraver la guérison ; notons cependant que, du 12 au 17 novembre, il sort de la vessie des concrétions formées autour d'un morceau de la soie ayant servi à attirer la tumeur au dehors et qui, à notre insu, était resté dans la vessie. Cet incident n'eut d'ailleurs aucune conséquence, j'ai pu m'assurer depuis à diverses reprises que la vessie ne contient aucun corps étranger. Actuellement, cinq mois se sont écoulés depuis l'opération : les mictions se font régulièrement, sans la moindre gêne, sans interruption, les urines sont claires, elles sont bien conservées dans la vessie et la malade n'urine guère plus souvent qu'une autre personne ; toutefois il lui arrive encore quelquefois, mais moins souvent qu'avant l'opération, de laisser échapper ses urines dans un effort de rire ou de toux. Le méat urinaire semble plus resserré, mais le canal est encore très dilatable.

Nous donnerons au cours de notre paragraphe d'anatomie pathologique le résultat de l'examen histologique de la pièce.

HISTORIQUE

C'est incidemment, au cours de mémoires sur d'autres maladies de la vessie ou sur des affections des organes voisins, que se trouvent rapportées les observations que nous avons relevées et que leurs auteurs font suivre souvent de considérations courtes mais intéressantes. Si donc nous voulions écrire un historique complet du sujet qui nous occupe, il nous faudrait citer tous ces observateurs. Nous nous en dispenserons d'autant plus volontiers que leurs noms seront signalés au fur et à mesure que nous discuterons leurs opinions. De même nous passerons sous silence les traités d'anatomie pathologique et de pathologie (1), qui consacrent de courtes descriptions à ces déplacements de la vessie. Mais il est trois mémoires fondamentaux, qui se sont imposés à notre attention, et que nous ne pouvons omettre de mentionner avant d'entrer en matière. Ils ont pour auteurs : l'un, le premier en date, un médecin d'origine française, Joseph Patron, médecin de l'Asylum de Gibraltar ; les deux autres, deux chirurgiens allemands, Streubel et Winckel. Dans son mémoire « *Du renversement de la*

---

1. Si nos livres classiques actuels sont muets sur la maladie que nous étudions, les Traités de pathologie de la fin du siècle dernier et du commencement de celui-ci y consacrent pour la plupart quelques pages, qui ne sont d'ailleurs que la reproduction des faits de Foubert, de de Percy, de Rutty, de Hane, etc.

muqueuse de l'urètre et de la muqueuse vésicale, » publié dans les *Archives générales de médecine* pour l'année 1857, Patron, à propos d'un fait personnel fort bien étudié, discute les observations rapportées jusqu'alors, trace un tableau clinique fort exact des troubles déterminés par cette affection, en établit le diagnostic et, fait remarquable, émet sur la nature de la lésion de sa malade et sur sa pathogénie une hypothèse que l'examen histologique de pièces récentes et de la nôtre en particulier est venu confirmer. Streubel, dans son travail inspiré par Patron et publié l'année suivante (1858) dans *Schmidt's Jahrbucher der in und Auslandischen gesammeten Medicin*, réunit et analyse un plus grand nombre d'observations que son prédécesseur, mais sans apporter aucun élément nouveau et personnel. Dans son mémoire beaucoup plus récent, paru dans *Deutsche Chirurgie* en 1885, Winckel aborde la question avec un plus grand nombre de matériaux et l'étudie d'une façon beaucoup plus méthodique.

SYNONYMIE

Inversio vesicæ urinariæ incompleta, inversio vesicæ urinariæ completa seu cum prolapsu, prolapsus vesicæ urinariæ inversæ, introversion de la vessie, cystoptose, cystanastrophe, exocyste, cystocèle urétrale, éversion de la vessie, telles sont les différentes dénominations sous lesquelles les auteurs ont décrit les déplacements de la vessie dont nous nous occupons. De ces divers termes un seul nous paraît devoir être conservé : c'est celui d'*introversion de la vessie,* employé par Boyer. Nous l'avons adopté, substituant seulement au mot introversion celui plus bref d'*inversion.* Sous le vocable de *renversement de la muqueuse vésicale,* Patron a décrit plus spécialement dans son mémoire une tout autre lésion du réservoir urinaire. C'est un fait de ce genre que nous avons nous-même observé. A vrai dire, il ne s'agit pas d'un renversement de la muqueuse, mais de l'issue, de la hernie de la membrane interne de la vessie à travers l'urètre par suite d'un processus que nous aurons à expliquer.

La distinction que nous venons d'établir entre l'inversion de la vessie et le renversement de sa muqueuse repose sur les observations publiées, observations dont nous avons fait une lecture attentive. La description anatomique que les auteurs donnent de la lésion est souvent incomplète, il est vrai, mais elle est suffisante cependant pour classer à ce point de vue les faits en deux catégories. Dans la première se rangent ceux où

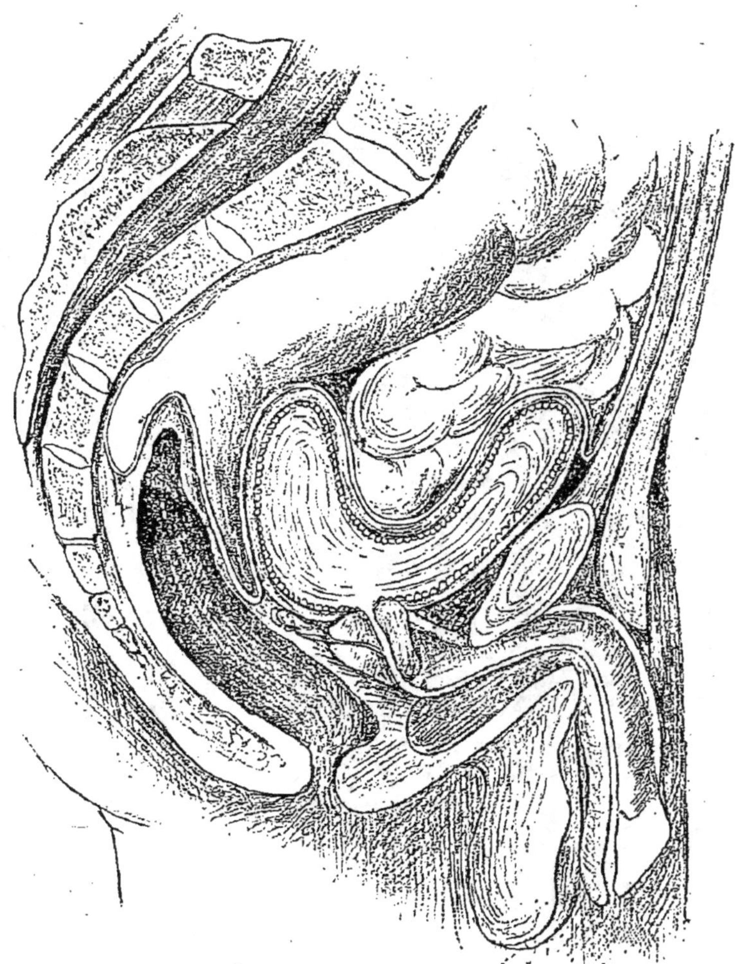

Fig. 1. — Inversion de la vessie.

il est dit que les trois tuniques du réservoir renversées sur elles-mêmes s'étaient invaginées à la manière de l'utérus inversé, de telle sorte que l'organe distendu, au lieu de présenter extérieurement sa forme globuleuse habituelle, était

déprimé (le plus souvent au niveau de sa face postéro-supérieure) en doigt de gant, faisant saillie dans sa cavité. Dans la
seconde se placent ceux où il est rapporté que la muqueuse
seule détachée des autres tuniques fait saillie dans la cavité

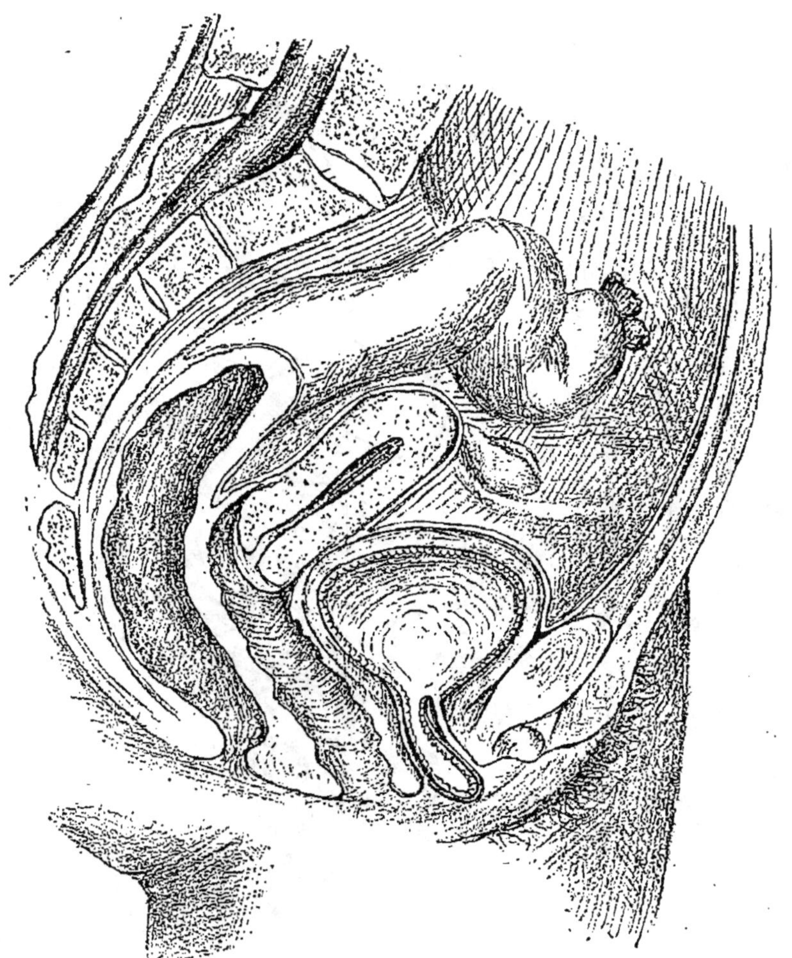

Fig. 2. — Hernie de la muqueuse de la vessie à travers l'urètre.

de la vessie, l'organe distendu ne présentant alors aucun
changement de configuration extérieure. Les figures 1 et 2,
mieux que toute description, font comprendre ce que nous
entendons par inversion de la vessie et renversement de la
muqueuse vésicale. Chacune de ces deux variétés de lésions

comporte d'ailleurs des degrés. L'inversion aussi bien que le renversement peuvent constituer simplement un relief intra-vésical *(inversio vesicæ urinariæ incompleta)* ou faire saillie à l'extérieur après avoir traversé l'urètre *(inversio vesicæ uri-nariæ completa seu cum prolapsu)*. C'est à ce degré que conviennent parfaitement les dénominations de *cystocèle urétrale* proposée par Arcey Lucque, d'*éxocyste* employée par Boissier de Sauvages.

Sur les 22 observations que nous avons réunies, nous relevons 17 faits d'inversion et 5 faits de renversement de a muqueuse.

ANATOMIE PATHOLOGIQUE ET INTERPRÉTATION PATHOGÉNIQUE

Inversion. — Un certain nombre d'autopsies, malheureusement fort incomplètes pour la plupart, et la description détaillée donnée par les auteurs des faits observés durant la vie même des malades nous fourniront les éléments du chapitre d'anatomie pathologique, qui va suivre.

Les observations de Levret, de Rutty, de Foubert sont des exemples remarquables d'inversion incomplète de la vessie. Le cas de Levret a trait à une femme, à l'autopsie de laquelle « on trouva la matrice située en travers dans le bassin, son museau appuyant sur la partie moyenne du rectum, et le haut de la partie antérieure de son corps sur le bas-fond de la vessie, faisant bosse en dedans de ce viscère, en y repoussant les tuniques... » Dans le cas de Rutty, le cæcum, distendu par des matières endurcies, s'étant déplacé, était venu déprimer le fond de la vessie. Dans celui de Foubert, une portion de l'iléon, d'une longueur d'un demi-pied environ, s'était creusé, en déprimant la paroi postéro-supérieure du réservoir urinaire, un enfoncement en forme de cône, dont la pointe saillante dans sa cavité s'avançait jusqu'au voisinage du col. Bien que ces auteurs ne nous disent pas explicitement quelles étaient les parties constituantes de l'inversion, on ne peut mettre en doute que dans les faits de Levret et de Foubert le péritoine avait accompagné les deux autres tuniques dans leur déplacement : la présence du haut de la partie antérieure du corps de l'utérus d'une part et celle d'une portion de l'iléon d'autre part ne pourraient s'expliquer s'il en était autrement. Dans le cas de Rutty où il est dit que le cæcum était venu déprimer le fond de la vessie, il est aussi probable que le péritoine était inclus dans le cône d'invagination. On comprend cependant qu'il pourrait se faire que le cæcum glissant sous la séreuse vînt se mettre au contact des parois latérales de la vessie et repousser ses tuniques vers sa cavité. Le cæcum ainsi déplacé du côté de la vessie serait dépourvu dans ce cas de péritoine, comme il en est souvent dépourvu lorsqu'il fait hernie par le canal inguinal. Nous verrons que la présence ou l'absence de la séreuse dans le cône d'invagination a une très grande importance au point de vue de l'intervention chirurgicale.

Quelles sont les altérations que subissent les parois de la vessie inversées? Conservent-elles longtemps leur intégrité, ou bien dégénèrent-elles? La muqueuse s'enflamme-t-elle? La musculeuse voit-elle ses fibres musculaires et élastiques disparaître pour faire place au tissu conjonctif? Les viscères contenus dans la partie invaginée contractent-ils des adhérences avec la séreuse et entre eux? Autant de questions intéressantes et que nous ne pouvons résoudre avec les observations publiées jusqu'à ce jour. Les faits assez nombreux dans lesquels les parois de la vessie invaginée ont fait issue à travers l'urètre et sont venues constituer une tumeur visible et maniable, nous renseignent un peu mieux, nous le verrons, sur l'état de la muqueuse.

Parmi ces faits d'inversion complète qui, on le comprend, ne se rencontrent que dans le sexe féminin, nous devons noter plus particulièrement ceux de Meckel, de Percy, de Green Crosse, de Thomson, de Haen (de Vienne), de Malagodi. Dans ces deux derniers cas, le déplacement de la vessie était accompagné d'un prolapsus du rectum et de l'utérus.

L'observation de Meckel, qui nous est rapportée de seconde main dans le *Traité d'anatomie pathologique* de Lobstein, est très brève; mais, étant donné son auteur, nous ne pouvons croire qu'il se soit trompé lorsqu'il nous dit qu'il a vu la vessie tellement renversée, qu'elle sortait en entier par le canal de l'urètre. C'est le seul cas, croyons-nous, de hernie complète de la vessie à travers l'urètre en dehors de ceux où existent des lésions complexes des organes du petit bassin.

Dans tous les autres cas une portion seulement du réservoir faisait issue à l'extérieur, de sorte qu'il subsistait une partie du réservoir susceptible de contenir une certaine quantité d'urine. Ainsi se présentaient les choses chez la malade ad

Percy, chez celle de Thomson. Ce que nous savons de l'adhérence intime du bas-fond de la vessie, ou plutôt de ce qui représente ce bas-fond chez la femme, avec le vagin, permet de comprendre combien doit être rare le renversement total de la vessie. Cependant cela n'est pas impossible, car il est noté dans le cas de Green Crosse que sur le côté postérieur de la tumeur existaient deux orifices dans lesquels on pouvait introduire une sonde et desquels sortait goutte à goutte l'urine ; c'étaient évidemment les embouchures des uretères, et partant la portion de vessie herniée était bien celle en rapport avec le vagin.

Dans le fait très complexe de Haen, où en même temps qu'une chute du rectum existait une entérocèle vaginale, la vessie était complètement retournée sur elle-même, de telle sorte qu'à l'ouverture du ventre et à l'examen de la cavité pelvienne « la vessie urinaire paraissait manquer » et qu' « en portant le doigt derrière la symphyse du pubis, on le conduisait dans une poche placée hors du ventre ». Le péritoine tapissait cette poche et, en tirant sur lui, on la faisait facilement remonter dans le bassin. Les uretères avaient chacun le volume de la moitié du doigt. Chez la malade de Malagodi, au prolapsus vésical complet se joignait un prolapsus rectal et utérin.

Exposée à l'air, au contact et au frottement des vêtements, aux irritations de toutes sortes, auxquelles viennent se joindre les malaxations et les manipulations des malades elles-mêmes, la muqueuse s'altère parfois profondément. Elle rougit, se vascularise, perd son poli et devient granuleuse, boursouflée et sillonnée de fissures plus ou moins profondes. Chez la malade de Thomson elle était incrustée de calcaire phosphatique. La vitalité des tuniques de la vessie est ainsi à la longue compromise, au point que de Haen et Malagodi les ont vues tomber en gangrènechez leurs malades.

Lorsque nous décrirons les signes physiques de l'inversion complète de la vessie, nous reviendrons plus longuement sur les caractères de la tumeur herniée, sur les complications vésicales qui l'accompagnent, sur l'existence de concrétions calculeuses dans certains cas.

Terminons ce que nos observations nous permettent de dire touchant l'anatomie pathologique, en signalant la dilatation des uretères constatée parfois et celle de l'urètre, qui ne manque jamais dans les cas de cystocèle urétrale et est sans aucun doute la condition *sine qua non* de l'issue de la vessie.

En se rappelant la fréquence relative de l'antéversion et de l'antéflexion de l'utérus chez la femme, et en se souvenant que dans les deux sexes les circonvolutions de l'intestin grêle reposent normalement sur la face postéro-supérieure de la vessie, on est conduit à se demander pour quelle raison la vessie, qui, en temps ordinaire, repousse ces viscères pour se constituer en globe sous l'influence de l'urine accumulée dans son intérieur, se laisse exceptionnellement déprimer par eux et *s'inverse*. La véritable raison, semble-t-il, en a été donnée par Verdier, Chopart, Boyer, Streubel : tous les auteurs, en la reproduisant, l'ont acceptée. Pour que l'invagination de la vessie, gênée dans son développement, se fasse, il faut que sa cavité soit spacieuse, que ses parois soient flasques et relâchées, de manière à ce que, en se développant autour de l'obstacle, le cône d'invagination se constitue. Si les parois vésicales ont conservé leur tonicité et leur musculature, le réservoir ne peut se distendre, l'urine s'en échappe de suite et l'inversion ne se produit pas. L'étiologie de l'inversion de la vessie confirme, nous le verrons, ces vues pathogéniques.

Hernie de la muqueuse. — Bien qu'il n'existe qu'un petit nombre d'exemples de hernie de la muqueuse de la vessie à travers l'urètre et que nous ne possédions que la relation de l'examen *post mortem* du fait de Noël, nous sommes en mesure de tracer de cette lésion une description peut-être plus exacte que celle de l'inversion de la vessie et de donner de sa pathogénie une interprétation plus satisfaisante encore. Les conclusions, auxquelles nous arriverons, reposent sur l'analyse de l'observation très détaillée que nous a transmise Patron dans son travail et sur l'examen histologique de la pièce anatomique que Malherbe et nous-même avons enlevée à nos malades respectives.

Les constatations, faites à l'autopsie de la petite malade de Noël, sont trop brièvement rapportées pour permettre d'interpréter la nature et le mode de formation de la tumeur sortant par le méat, et l'explication qu'essaie d'en donner l'auteur est inadmissible. Il est tout simplement dit qu'à l'ouverture du cadavre on découvrit que les uretères étaient dilatés au point d'avoir le calibre du côlon d'un adulte et que la tumeur, qui sortait par l'urètre, était une poche contenant véritablement de l'urine. S'appuyant sur ces données, le chirurgien d'Orléans explique la formation de la tumeur urétrale en disant « que l'obstruction des uretères à leur embouchure dans la vessie ayant retenu l'urine dans ces conduits, dont le trajet est oblique, ils se sont détachés de la tunique nerveuse et ont laissé échapper l'urine entre cette membrane et la tunique charnue. Après la séparation de ces tuniques, les uretères continuant de recevoir l'urine séparée par les reins, la tunique nerveuse a dû être poussée peu à peu dans l'urètre et enfin forcée de pénétrer au delà de ce conduit en se renversant pour former extérieurement la poche urinaire dont il est question. » Outre que Noël ne nous dit pas s'il y avait obstruction de l'embouchure des uretères et ne mentionne pas le point nouveau par lequel ils s'ouvraient entre la tunique *nerveuse* et la tunique *charnue*, nous croyons, avec Patron, qu'on ne peut admettre que les choses se soient passées comme il l'indique, car l'urine aurait certainement provoqué la mortification de la muqueuse.

Certains auteurs, et parmi eux Boissier de Sauvages et Léveillé, comparant la chute de la muqueuse de la vessie à la chute de la muqueuse du rectum, admettent que la muqueuse vésicale se séparant de la musculaire sous-jacente peut s'engager dans l'urètre et venir faire saillie par le méat. Aucun de ces auteurs n'apporte, il est vrai, de fait à l'appui de cette hypothèse, qui est combattue énergiquement par d'autres. C'est ainsi que Cruveilhier, dont l'autorité est si grande en anatomie pathologique, s'élève contre « cette malheureuse doctrine du déplacement de la muqueuse urétrale et vésicale à travers le méat urinaire ». En ce qui concerne la muqueuse de l'urètre, le prolapsus de cette membrane par le méat ne saurait être mis en doute et il en existe un grand nombre d'observations, que notre excellent collègue Francis Villar a réunies dans un mémoire fort intéressant. Ce prolapsus n'a d'ailleurs pas lieu de surprendre, car tous les anatomistes signalent l'existence d'une couche lâche de tissu conjonctif séparant chez la femme la muqueuse de l'urètre de la musculeuse et permettant son glissement. La même couche celluleuse se retrouve entre la muqueuse de la vessie et la musculeuse. Cruveilhier lui-même admet l'existence de ce tissu cellulaire qui, selon lui, est « assez lâche, séreux et extrêmement délié », et les auteurs les plus récents, Tourneux, Albarran, insistent sur cette couche, sans laquelle la muqueuse, quoique très élastique, ne pourrait se prêter aux alternatives de distension et de rétraction du réservoir. Elle est du reste très facile à mettre en évidence, et il suffit de saisir un des plis que la muqueuse forme dans la cavité du réservoir, lorsque celui-ci est vide, et d'exercer sur lui une légère traction, après l'avoir incisé à une de ses extrémités, pour décoller sur une grande étendue la muqueuse de la musculeuse. Cette faible adhérence des deux tuniques de la vessie a été mise à profit, on le sait, par les chirurgiens, qui, dans le cas de néoplasme n'intéressant que la muqueuse, circonscrivent d'un coup de bistouri la partie infiltrée et la séparent, en la disséquant, de la tunique musculaire. Ainsi donc, anatomiquement, le décollement de la muqueuse vésicale n'a rien d'inadmissible. Il se réalise parfois au cours d'une inflammation violente et constitue cette variété de cystite pseudo-membraneuse, cystite membraneuse, cystite exfoliante, etc. Mais dans ces cas la muqueuse, profondément altérée et mortifiée du fait de l'extrême violence des micro-organismes infectant la vessie suivant Jules Pepin, n'est plus qu'une eschare qui s'élimine. Ce processus, empressons-nous de le reconnaître, n'a rien de commun avec celui du décollement et de la hernie de la membrane interne, dont nous nous occupons ; nous ne le rappelons que pour donner une preuve de plus de la possibilité de la séparation de la muqueuse des autres tuniques constituantes de la vessie. Les observations de Solingen, de Hoin, données par leurs auteurs comme des exemples de prolapsus de la muqueuse vésicale par décollement, sont trop brièvement rapportées pour qu'on puisse contrôler l'interprétation, qui en est fournie, mais elles ne contiennent aucun détail permettant de soutenir que cette interprétation est erronée.

La pathogénie qu'il nous reste maintenant à exposer de la hernie de la muqueuse vésicale à travers l'urètre s'appuie sur trois faits : ce sont ceux de Patron, de Malherbe et le nôtre. L'étude des caractères présentés par la tumeur saillante au méat et l'examen histologique de ses parois ne laissent place à aucun doute sur la réalité de cette pathogénie. Le mérite de l'avoir saisie et nettement expliquée revient à Patron, mais je dois à la vérité de dire que mon ami le professeur Ferré, après l'examen de la pièce que je lui avais remise, arriva, sans connaître l'observation de Patron et son travail, à la même conception pathogénique.

Patron, après avoir rappelé la description, que donne un

auteur anglais, Baillie, dans son Traité d'anatomie pathologique, *de prolongements de la membrane interne de la vessie
disposés sans ordre au niveau du corps et du col de ce viscère,*
écrit ce qui suit : « Eh bien ! c'est à l'existence de ces prolongements près du col que nous croyons devoir attribuer l'origine de la tumeur qui nous occupe. L'urine venant heurter,
pendant la miction, à la base tendue d'un de ces prolongements, a fini probablement par creuser une cellule, qui à son
tour a permis à ce liquide d'y pénétrer, faire effort, et de la
pousser de plus en plus en avant, en déplissant par degrés
l'appendice qui la surmonte, pour acquérir une plus grande
capacité, en empruntant peut-être une partie de la muqueuse

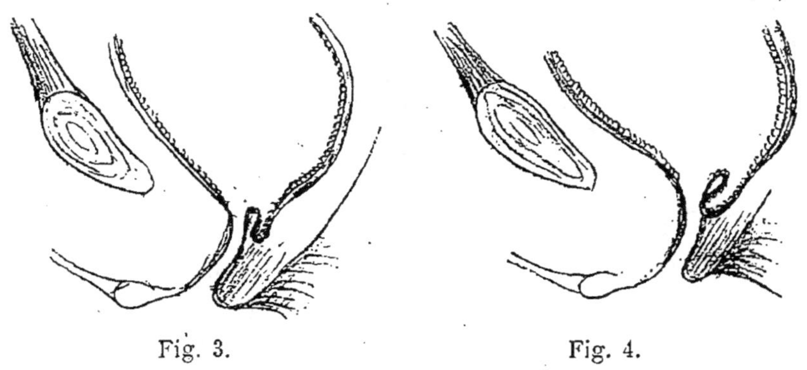

<table>
<tr><td>Fig. 3.</td><td>Fig. 4.</td></tr>
</table>

continue avec la face antérieure de ce prolongement, a atteint
par là un volume considérable et a pu se faire jour par l'u-
rètre. »

Ces prolongements, dont parle Baillie et que ses ressources
d'anatomiste du début du siècle lui ont montrés constitués
seulement par « du tissu cellulaire et un peu de graisse »,
ne sont autres sans doute que les glandes, dont la plupart des
histologiques de nos jours admettent l'existence au niveau du
trigone et plus particulièrement à l'embouchure de l'urètre.
D'après Hermann et Tourneux, ces glandules rappelant par
leur disposition celles de la région prostatique sont formées
de bourgeons, qui s'enfoncent dans l'épaisseur du chorion,
s'allongent, se ramifient et se creusent d'une cavité centrale.
Albarran, dans son livre *les Tumeurs de la vessie*, les décrit
de la façon suivante : « Dans la partie du trigone qui avoisine
le col de la vessie, on voit chez l'homme et chez le chien de

petits enfoncements de la couche épithéliale qui représentent des glandes tubulées ou de petites glandes en grappe s'ouvrant à la surface par un large et court canal. Ces glandes sont logées dans la partie la plus superficielle de la tunique sous-muqueuse. Elles ne présentent pas de membrane propre, mais bien une simple paroi formée par du tissu conjonctif ; l'élément glandulaire est représenté par des cellules épithéliales cylindriques basses presque cubiques, étagées en plusieurs couches : ces cellules limitent mal une cavité centrale, de forme irrégulière, qui contient des débris cellulaires. »

Qu'une de ces glandes s'ouvrant dans la vessie par un large et court canal se laisse pénétrer par l'urine et que ce liquide s'y accumulant sous pression au moment de la miction la distende fortement, elle se développera peu à peu en poche, en diverticule de la vessie, qui, se portant du côté de l'urètre où se trouve la moindre résistance et où la dirigent tout naturellement les efforts d'expulsion, le parcourra et viendra faire saillie par le méat. Les figures 3, 4 et 5 représentent les divers degrés de l'évolution d'une de ces glandes.

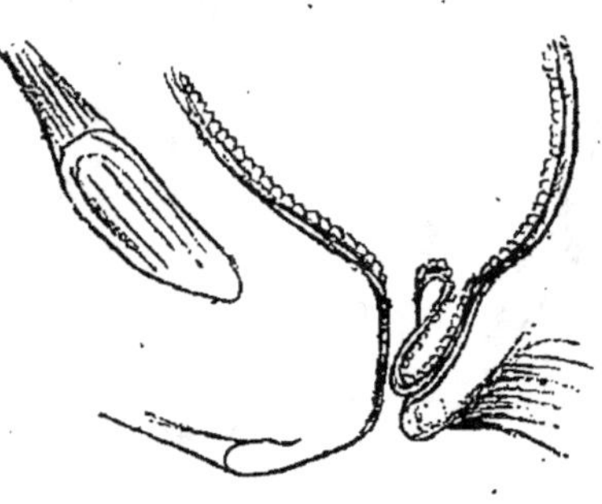

Fig. 5.

S'il en est réellement ainsi, une coupe des parois de la tumeur devra faire voir au microscope la superposition des diverses couches soulevées et repoussées par la glandule dilatée. C'est précisément là ce que démontre l'examen de la pièce de Malherbe et de la nôtre, ainsi qu'on peut s'en convaincre.

Examen de la pièce de Malherbe. — La pièce étant durcie dans l'alcool à 90°, des coupes, comprenant toute l'épaisseur du tissu, depuis l'épiderme assez épais tapissant extérieurement la masse polypiforme jusqu'à l'épithélium vésical, montrent, en procédant de l'extérieur à l'intérieur : 1° couche épidermique très épaisse dont beaucoup de cellules sont vésiculeuses et contiennent un petit noyau qui paraît libre dans la cavité de l'élément ; 2° au-dessous, cellules polyédriques de plus en plus petites, puis le corps muqueux de Malpighi avec des végétations disposées entre les papilles du derme ; 3° derme et couche sous-épidermique ne présentant rien de particulier ; 4° paroi musculaire sous forme de nombreux faisceaux de fibres lisses séparées par du tissu

conjonctif ; 5° immédiatement au-dessous de l'épithélium vésical,
couche très importante composée de tissu conjonctif fibrillaire
très fin, infiltré d'une très grande quantité de cellules lympha-
tiques rondes, de sorte que ce tissu a l'air presque complètement embryonnaire ; 6° enfin, l'épithélium vésical épais, stratifié
et terminé, du côté non adhérent, par une couche de cellules
d'apparence prismatique ; cet épithélium, bien qu'épais, paraît
formé d'assez jeunes cellules, dont les noyaux se colorent assez
vivement par le carmin.

Examen de notre pièce d'après la note de M. le professeur
Ferré. — La tumeur a la forme d'une poche pédiculée. La sur-

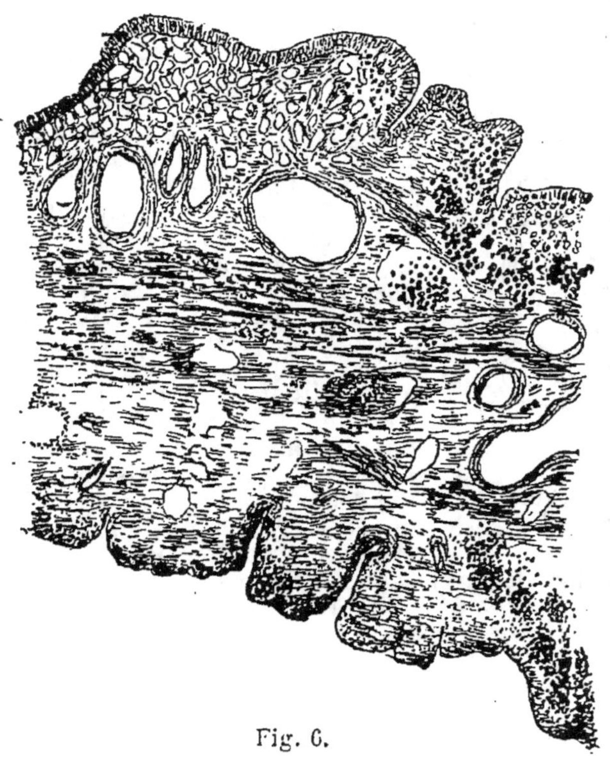

Fig. 6.

face extérieure est mamelonnée, tomenteuse ; la surface interne
est lisse et striée.

Après durcissement, les coupes montrent l'existence de différentes zones placées dans l'ordre suivant en allant de l'extérieur
vers l'intérieur : 1° une zone inflammatoire ; 2° une zone de tissu
conjonctif contenant des muscles lisses ; 3° une zone de tissu
conjonctif ; 4° une zone épithéliale, comme le montre la figure 6.

La première zone est formée de tissu conjonctif assez dense mélangé dans sa partie profonde de fibres lisses éparses. A la superficie, les éléments deviennent embryonnaires. Dans la profondeur et dans la zone suivante également se trouvent des îlots de cellules embryonnaires, dans lesquels les procédés spéciaux ne nous ont pas permis de déceler la présence de bactéries.

La seconde zone est composée de tissu conjonctif dans lequel on trouve des fibres musculaires lisses à direction variée : les unes longitudinales, les autres transversales et quelques-unes obliques.

La zone conjonctive sous-jacente varie de nature suivant le point où on la considère. Près de l'étranglement pédiculaire, le tissu conjonctif est lacunaire et d'une épaisseur relativement grande. Plus loin, c'est du tissu conjonctif ordinaire infiltré par places de nombreuses cellules embryonnaires, qui se prolongent jusque dans l'épithélium. Dans cette couche sont compris de nombreux vaisseaux, qui ne paraissent pas altérés.

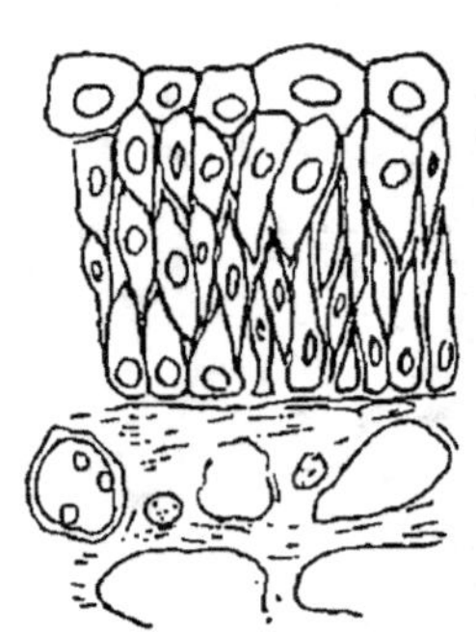

Fig. 7. — Cellules de la couche épithéliale.

La quatrième zone ou zone épithéliale est formée d'une couche externe et d'une couche interne, ainsi que l'indique la figure. 7. La couche externe est constituée par des cellules cylindriques allongées reposant sur le tissu conjonctif sous-jacent et généralement bien séparées de ce dernier. Elles sont au nombre de trois ou quatre. La couche interne est sur quelques points formée de cellules épithéliales, semblables aux cellules des couches sous-jacentes et présentant une base tendant à limiter la cavité de la poche, mais dans la majorité des points, ces cellules limitantes sont de véritables cellules polyédriques à base convexe tournée vers cette même cavité et à facettes reposant sur les cellules voisines. Cet épithélium se rapproche de l'épithélium vésical et peut être identifié avec lui.

ÉTIOLOGIE

Sur les 23 observations de déplacement vésical que nous avons réunies, la nôtre comprise, nous notons que l'affection s'est rencontrée 21 fois chez la femme et 2 fois seulement chez l'homme. On est en droit de se demander si cette énorme proportion de malades du sexe féminin ne tient pas à ce qu'en raison de la conformation anatomique de l'appareil excréteur des urines de ce dernier sexe, le renversement de la vessie se complète facilement et donne lieu à une tumeur sortant par l'urètre, en sorte que la lésion, qui peut souvent passer inaperçue chez l'homme, n'échappe jamais à l'attention chez la femme. Nous voyons, par exemple, que sur nos 21 cas de déplacement vésical dans ce sexe, 17 fois il existait une tumeur saillant au méat urinaire. Mais il y a aussi de nombreuses raisons pour que cette affection soit en réalité plus fréquente chez la femme. Elles sont d'ordre anatomique, physiologique et pathologique. En effet, en raison de la brièveté du périnée et de l'existence du vagin et de la vulve, la vessie est mal soutenue du côté de la base, et l'appareil ligamenteux, transformation de l'ouraque et des artères ombilicales, subit du fait de la distension de l'abdomen par la grossesse ou autre cause un allongement, qui ne peut que compromettre la fixité de son sommet. D'autre part, les phénomènes congestifs cataméniaux et les actes, dont le petit bassin est le théâtre au cours de la grossesse et de l'accouchement, doivent *a priori* prédisposer aux déplacements de la vessie, dont nous nous occupons. Il en est de même des affections de l'utérus, particulièrement de ses déviations, de son prolapsus, de ses tumeurs.

Il ne faut cependant pas exagérer l'influence de toutes ces causes, que l'analyse de nos observations va réduire à leur juste valeur.

Sur les 14 cas, dans lesquels l'âge du malade est exactement déterminé, nous notons que l'affection a été rencontrée 8 fois chez des femmes âgées de 25 à 40 ans, 3 fois chez des personnes ayant dépassé 45 ans et 3 fois chez des enfants n'ayant point encore atteint 15 ans. Ainsi donc, c'est principalement durant la période d'activité sexuelle que s'observent les déplacements de la vessie, mais retenons qu'ils peuvent aussi se rencontrer après la ménopause et avant l'établissement de la menstruation, voire même dans l'extrême jeunesse, puisque Ollivier en a vu un cas chez une fillette de 16 mois et Weinlechner chez une enfant de 9 mois.

Les grossesses et les accouchements ne semblent pas avoir une bien grande influence sur la production du renversement de la vessie, car sur un total de 9 observations, dans lesquelles les auteurs ont pris soin de nous renseigner à cet égard, nous ne relevons que deux grossesses. Les affections de l'utérus, et plus particulièrement son abaissement et sa flexion ou sa version en avant, ont été assez souvent rencontrées concurremment avec le renversement de la vessie. Dans certains cas, le déplacement de l'utérus a précédé et déterminé celui de la vessie, mais dans d'autres aussi, comme il est facile de s'en rendre compte à la lecture des observations, les lésions de ces deux organes ont été concomitantes et provoquées par la même cause. La même remarque doit être faite pour les quelques faits où la lésion de la vessie coexiste avec un prolapsus du rectum, une entérocèle.

Pour en finir avec les causes prédisposantes, mentionnons l'embonpoint excessif, qui relâche les tissus et diminue la capacité abdominale, comme cela ressort de l'histoire de l'abbesse dont parle Percy. Notons encore la flaccidité des parois de la vessie depuis longtemps distendue par l'urine chez les prostatiques, ainsi que le fait remarquer Verdier, à propos de l'observation de Foubert. Enfin, dans un autre ordre d'idées, signalons les attaques de diarrhée, de dysenterie, comme celles dont la malade que nous avons observée avait souffert dans son enfance.

Parfois le renversement de la vessie s'est effectué lentement et les malades n'ont conservé aucun souvenir des circonstances qui l'ont précédé, d'autres fois l'affection s'est déclarée brusquement à l'occasion d'une cause déterminante. Il semble, à la lecture des observations, que ces causes déterminantes interviennent surtout pour transformer l'inversion de la vessie en hernie de cet organe à travers l'urètre. En effet, dans bon nombre d'observations, il est dit que les malades souffraient depuis plus ou moins de temps de troubles dysuriques, lorsque brusquement est apparue au méat la tumeur formée par la vessie sous l'influence d'une des causes que nous allons énumérer. Ces causes sont un faux pas, une chute, des efforts répétés de toux, des quintes de coqueluche, un effort pour soulever un fardeau, etc. Dans quelques rares faits, l'intervention d'une cause agissant directement sur la vessie pour en déterminer le renversement et l'issue par l'urètre est des plus nettes. C'est ainsi que Haen attribue chez sa malade la hernie complète de sa vessie déjà tombée dans le canal aux violences qu'elle fit pour extraire elle-même une concrétion, qui s'y était formée. De même, Thomson explique de la façon suivante la pathogénie des accidents observés chez sa patiente. Un dépôt de phosphate s'étant fait à la surface interne de la vessie, il en résulta une cystite aiguë et des contractions excessives de l'organe pour se débarrasser de ce corps étranger et irritant, contractions qui chassèrent la vessie à travers l'urètre anormalement dilaté.

SYMPTOMATOLOGIE, MARCHE, DURÉE, TERMINAISONS

Symptomatologie. — Il nous paraît inutile de décrire séparément les symptômes de l'inversion de la vessie et ceux de la hernie de sa muqueuse à travers l'urètre ; une pareille manière de faire, qui s'imposait lorsque nous nous sommes occupé des lésions anatomiques, ne présenterait ici aucun avantage et nous exposerait à des redites sans profit. Nous aurons seulement soin, lorsque nous traiterons du diagnostic, d'insister sur les signes qui permettent de différencier ces deux variétés de déplacement de la vessie.

Tant que le cône constitué par la vessie invaginée ou par sa muqueuse fait seulement saillie dans la cavité du viscère, les symptômes de l'affection sont des plus obscurs et nous verrons à quelles fâcheuses erreurs ils ont pu donner lieu ; mais, lorsque la tumeur sort par le canal, il est le plus souvent aisé de la reconnaître. Dans l'un et l'autre cas, l'affection se traduit par des symptômes fonctionnels et des signes physiques que nous allons successivement passer en revue.

Il est exceptionnel que le déplacement de la vessie se fasse brusquement et s'accompagne de symptômes bruyants capables d'attirer l'attention des malades ; cependant, ce mode de début a parfois été observé. C'est ainsi, par exemple, que la malade de de Haen, ayant fait une chute sur la glace, « sentit qu'il lui tombait quelque chose vers les parties génitales… entendit alors qu'il se faisait un bruit dans son ventre et sentit en même temps une vive douleur qui s'étendait depuis la région ombilicale jusqu'à l'extrémité de deux corps, qui venaient de s'échapper ensemble du *sinus* propre à son sexe » ; de même, la patiente observée par Thomson éprouva, pendant qu'elle urinait, la sensation de quelque chose qui tombait, et fut immédiatement prise d'une violente douleur expulsive.

Dans la grande majorité des cas, la maladie s'installe sourdement, insidieusement, et ne se révèle que par des troubles vagues, tels que miction fréquente et impérieuse, difficulté à émettre les urines, arrêt brusque du jet, jet saccadé, etc.

Ces *troubles fonctionnels* n'acquierront de valeur pour le

diagnostic qu'autant que l'observateur saura les analyser dans leurs moindres détails. Comme ils sont tous engendrés par l'irritation du col vésical au contact duquel vient se mettre la partie déplacée, ils font défaut lorsque les malades émettent leurs urines dans le décubitus dorsal et apparaissent lorsqu'ils les rendent dans la position verticale, à genou ou accroupie. D'autres troubles que ceux de la miction sont aussi ressentis par les malades lorsqu'ils marchent, lorsqu'ils sont en voiture ou se livrent à un exercice quelconque. C'est une sensation de gêne, de pesanteur, de douleur derrière le pubis s'irradiant dans les flancs, vers les reins, à la racine des cuisses. Une des malades observées par Levret disait « sentir deux espèces de cordes tendues, qui l'obligeaient de rapprocher les cuisses de son ventre lorsqu'elle était couchée et de se pencher un peu en avant lorsqu'elle était levée ; de plus, cette femme assurait que toutes les fois qu'elle se mettait debout, elle sentait tomber tout un corps dur dans la vessie, qui, en même temps, qu'il lui donnait envie d'uriner, l'en empêchait ; mais que lorsqu'elle se couchait, ce corps se retirait et les urines sortaient alors avec moins de difficulté... »

Ces phénomènes de dysurie s'accentuent lorsque la portion de hernie déplacée s'engage dans l'urètre et sort par le méat, et il n'est pas rare qu'une ischurie complète mais heureusement passagère s'établisse. Lorsque la tumeur n'est pas trop volumineuse et que les contractions de la vessie sont modérées, l'urine filtre entre le pédicule et les parois du canal et l'évacuation du réservoir peut se faire ; mais si elle oblitère complètement l'urètre, le liquide urinaire ne peut sortir et il en résulte des contractions violentes et irrégulières du muscle vésical, qui par la congestion qu'elles déterminent dans la portion herniée complète encore la fermeture.

Dans le cas de hernie de la vessie à travers l'urètre, les malades n'urinent réellement bien que lorsque la tumeur est réduite, aussi usent-elles d'artifices pour obtenir cette réduction : les unes n'accomplissent la miction que couchées sur le dos, d'autres urinent debout ou accroupies, mais ont soin de repousser préalablement la tumeur dans la vessie et de l'y maintenir à l'aide d'une sonde ou d'une bougie. L'abbesse, dont l'histoire nous a été transmise par Percy, présentait au point de vue de l'émission des urines, une succession de phénomènes des plus curieux. Lorsque la tumeur étant sortie l'urine s'accumulait dans la vessie, la malade éprouvait des douleurs violentes qu'elle faisait ordinairement cesser en réduisant la hernie et en permettant ainsi à l'urine de s'épancher ; mais lorsque parfois elle avait le courage de souffrir pendant vingt ou vingt-quatre heures les effets de la rétention, la rentrée de la hernie sollicitée par l'extrême distension de la vessie s'effectuait d'abord peu à peu, puis tout à coup avec bruit, désobstruant l'urètre et ouvrant de la sorte une voie d'échappement à l'urine.

Malgré tous les embarras apportés à l'évacuation de la vessie, il est remarquable de voir que celle-ci s'enflamme très tardivement et que les urines restent pendant des années claires et limpides. Chez la malade que nous avons observée et dont le début de l'affection remontait à plus de quatre ans, il n'y avait aucune trace de cystite et tout le reste de l'appareil urinaire était dans un état d'intégrité parfaite. A la longue cependant, les urines finissent par s'altérer et, après avoir simplement renfermé une plus ou moins grande quantité d'hématies tenant aux saignements, qui se font à la surface de la tumeur, elles deviennent purulentes et contiennent sans doute (les observations sont trop anciennes pour que l'examen bactériologique en ait été fait) les éléments microbiens de l'infection urinaire commune. Mais, bien que toutes les conditions d'infection soient réunies dans les déplacements vésicaux que nous étudions, la mort par les reins est, ainsi que nous le verrons à propos des terminaisons, beaucoup moins fréquente qu'on pourrait le croire *a priori*.

Dans la première phase de l'affection, lorsque la tumeur constituée par le renversement des trois tuniques de la vessie ou par le soulèvement de la muqueuse seule fait simplement relief dans la cavité du viscère, les *signes physiques* ne sont pas beaucoup plus significatifs que les symptômes fonctionnels. Ils consistent dans la sensation d'une partie saillante, que le malade repousse en se sondant pour remédier lui-même à sa dysurie, ou que le chirurgien rencontre en explorant la vessie avec les instruments en usage. Comme il est facile de se l'imaginer à la simple réflexion, le contact révélé est celui d'un corps globuleux, immobile, rattaché par un pédicule au corps du réservoir et, caractère beaucoup plus facile à apprécier que les précédents et qui ne saurait échapper même à la main la moins exercée, recouvert d'une membrane plus ou moins tomenteuse ne résonnant pas sous le choc du bec de l'explorateur. On comprend que cette saillie intravésicale de la paroi même du viscère puisse en imposer pour un néoplasme ; mais on s'imagine difficilement qu'elle ait pu donner le change pour un calcul, nous verrons cependant à propos du diagnostic que cette erreur a été plusieurs fois commise.

Les caractères offerts par la tumeur saillant par le méat ont été consignés avec soin dans un assez grand nombre d'observations, de telle sorte qu'il nous sera facile d'en donner la description. Elle se présente sous la forme d'une tumeur dont le volume, ne dépassant guère dans la majorité des cas celui d'une noix, peut acquérir exceptionnellement, comme dans le fait de Percy et le mien, celui d'un œuf de pigeon et même d'un petit œuf de poule. La forme est globuleuse et elle se rattache aux parties profondes de la vessie par un pédicule plus ou moins délié. La surface, quelquefois pâle et à peine rosée, est le plus souvent rouge et cette coloration s'accentue encore pendant les efforts que la malade, gênée dans l'émission de ses urines, est obligée de faire pour en expulser quelques gouttes. C'est alors qu'elle devient turgescente, livide et qu'elle laisse assez souvent transsuder une petite quantité de sang. Nous avons pu constater l'existence de ce phénomène chez la malade que nous avons observée. Sous l'influence de son exposition à l'air, de son contact avec les vêtements, des manœuvres faites pour en obtenir la réduction, elle perd bientôt le poli qu'elle a à ses débuts et devient granuleuse, mamelonnée, boursouflée, sillonnée de dépressions plus ou moins profondes. Chez la malade de Thomson, nous l'avons déjà dit à propos de l'anatomie pathologique, la surface de la tumeur était écailleuse et recouverte d'une substance graveleuse ; chez la nôtre, il existait à son sommet une petite ulcération ovalaire, à fond grisâtre, d'un centimètre suivant son plus grand diamètre. Médiocrement sensible au toucher, la hernie de la vessie offre une consistance molle lorsque la malade est calme, mais qui devient ferme, rénitente ou absolument dure lorsqu'elle se contracte et fait des efforts. Ceux-ci cessant, la tumeur s'affaisse, se flétrit et rentre d'autant plus aisément dans la vessie à l'aide d'un léger refoulement que l'urètre est très dilaté.

Nous avons dit en étudiant les troubles fonctionnels que lorsque la hernie s'engageait dans l'urètre elle l'oblitérait et rendait la miction impossible pour peu qu'elle fût turgescente ; mais même alors il est possible d'introduire entre son pédicule et les parois du canal un stylet ou une sonde de femme qui donne issue à l'urine. Ce stylet ou cette sonde permettent de bien se rendre compte des rapports de la tumeur et de l'urètre ; la première ne fait que traverser ce dernier. L'instrument peut en effet passer circulairement entre les deux, mais en le conduisant profondément dans la vessie il est arrêté dans ce mouvement au point où s'implante le pédicule. Grâce à la grande dilatation de l'urètre et surtout à son extrême dilatabilité, ce point d'implantation peut presque toujours être reconnu directement par la vue, il suffit pour cela d'attirer doucement mais fermement la hernie au dehors.

Un mode d'exploration que l'on ne doit pas plus négliger dans les déplacements de la vessie que dans toutes les autres affections de cet organe, c'est le toucher vaginal et rectal. Outre que le toucher par le vagin, dans les cas où il existe une antéversion ou une antéflexion de l'utérus, révélera ces lésions, qui d'après Levret sont une cause assez fréquente de renversement de la vessie, il permettra, par sa combinaison avec la palpation hypogastrique, d'apprécier l'épaisseur des parois du réservoir. Chez l'homme le toucher rectal donnera à cet égard des renseignements non moins précieux.

MARCHE, DURÉE, TERMINAISONS

Abandonnés à eux-mêmes les déplacements de la vessie que nous étudions ont une marche progressive et indéterminée, qui conduit parfois les malades à la mort par le développement d'accidents que nous allons signaler. Cependant, si l'on s'en rapporte aux observations de Hoin, de Solingen, de Weinlechner, de Thomson, il n'est pas impossible que l'affection guérisse à la suite d'une réduction spontanée ou déterminée par des manœuvres très simples. Il convient de faire remarquer que ces guérisons définitives par simple réduction ont été notées chez des malades, dont l'affection toute récente pourrait en quelque sorte être caractérisée du nom de *hernie aiguë de la vessie à travers l'urètre.*

Dans le cas de Horn cité par Ebermaïer, la hernie vésicale était intermittente ; se produisant à la suite de grands efforts pour uriner, elle se réduisait toute seule.

Lorsque la mort survient, les malades succombent soit à la gangrène de la vessie, comme dans les cas de De Haen, de

Malagodi, soit à des accidents d'infection urinaire comme dans les cas de Foubert, de Noël. Une malade observée par Levret fut emportée à la suite d'une taille « qui lui fut faite dans le dessein de la délivrer d'une pierre que l'on croyait enchatonnée dans la vessie... » Cette erreur qui, aujourd'hui que nous connaissons bien les symptômes rationnels des calculs vésicaux et que nous avons des instruments perfectionnés pour en découvrir la présence, semble grossière a jadis été commise un certain nombre de fois, nous le verrons à propos du diagnostic, par des praticiens de valeur.

PRONOSTIC

La difficulté de reconnaître sûrement l'inversion de la vessie, alors qu'elle reste incluse dans la cavité de ce viscère, et les dangers que faisait autrefois courir une intervention sanglante sur sa hernie sortant par l'urètre, contribuaient évidemment à assombrir le pronostic de cette lésion. Sur 17 de nos observations, dans lesquelles la terminaison de la maladie est notée, nous relevons que la mort est survenue six fois à la suite des accidents précédemment signalés (deux fois gangrène de la vessie, trois fois accidents urinaires infectieux, une fois taille). Dans ces six cas il s'agissait trois fois de simple inversion intra-vésicale et trois fois de hernie des parois à travers l'urètre. Nous croyons pouvoir affirmer que, de nos jours, l'affection une fois reconnue, il sera non seulement facile de prévenir par des soins bien entendus ces complications redoutables, mais encore qu'il sera possible de remédier aux troubles fonctionnels, souvent très pénibles, engendrés par les déplacements de la vessie.

DIAGNOSTIC

Nous étudierons successivement les moyens de différencier l'inversion de la vessie et sa hernie à travers le canal de l'urètre des autres affections susceptibles d'être confondues avec ces deux ordres de déplacement du réservoir urinaire.

Inversion. — Comme on a pu le voir au chapitre de la symptomatologie, aucun des phénomènes morbides présentés par les malades atteints d'inversion vésicale n'est caractéristique : aussi comprend-on de quelle obscurité est entouré le diagnostic. Patron, dans son mémoire, après avoir essayé de donner les éléments de ce diagnostic, conclut « qu'avant sa sortie par l'urètre, cette maladie ne peut être diagnostiquée, et que tout au plus on pourrait en craindre la réalité lorsqu'il y aurait lieu à penser qu'aucune des affections qui lui ressemble n'existe, et nous ferions dans ce cas un diagnostic par exclusion très douteux. » Nous croyons que, grâce aux progrès de la séméiologie urinaire et au perfectionnement des moyens d'exploration de la cavité vésicale, ce diagnostic, bien que ne laissant pas d'être dans certains cas très difficile, est aujourd'hui néanmoins possible.

Les affections de la vessie avec lesquelles l'inversion peut être confondue ne sont d'ailleurs pas nombreuses. En effet, les symptômes fonctionnels qu'elle détermine ne pourraient en imposer pour de la cystite, de la cystalgie, du spasme et de la contracture du col et du corps de la vessie qu'à un observateur inexpérimenté, ou inattentif, méconnaissant le relief produit dans le viscère par le cône d'inversion ou négligeant de faire l'exploration intra-vésicale. A part quelques très rares productions des parois de la vessie, qui peuvent être considérées comme de véritables curiosités pathologiques, tels que les kystes simples ou hydatiques, les tumeurs dermoïdes, les seules maladies susceptibles d'être confondues avec l'inversion sont les calculs enchatonnés ou mieux enkystés et les tumeurs.

Au nombre des observations dans lesquelles l'inversion de la vessie a donné le change pour une pierre enkystée, signalons le fait de Rutty relatif à un homme, présentant tous les signes de la pierre et parmi eux celui d'un corps saillant dans la vessie, et à l'autopsie duquel on ne trouva qu'un amas d'excréments endurcis dans le cæcum et déprimant le fond du réservoir; celui de Foubert, ayant pour sujet un vieil officier atteint de rétention d'urine, chez lequel plusieurs chirurgiens avaient cru sentir une pierre et à l'ouverture duquel on trouva à la partie postérieure et supérieure de la vessie un enfoncement en forme de cône; renfermant dans son intérieur une portion de l'iléon d'un demi-pied de longueur environ; enfin rappelons celui de Levret, déjà mentionné, d'une femme, qui succomba aux suites d'une taille pratiquée pour la débarrasser d'un calcul enchatonné alors que les troubles qu'elle offrait tenaient à une forte antéversion de l'utérus.

Par le cortège des signes rationnels, qui les accompagnent, et en particulier par l'absence d'hématurie, les calculs enkystés, c'est-à-dire ceux qui sont recouverts de toute part par la muqueuse, sont bien faits pour en imposer pour une inversion de la vessie et les signes physiques, révélés par l'exploration avec l'instrument métallique, ne contribueront à mettre en garde le chirurgien contre cette méprise qu'autant qu'il tiendra compte des moindres circonstances. Bien que le fait puisse s'observer, il est cependant assez rare que les calculs enkystés n'aient pas été accompagnés, à un moment donné de leur évolution, de quelques-uns des signes habituels de la lithiase urinaire.

Mais si ceux-ci font défaut et que l'explorateur métallique révèle à la main, qui le manie, l'existence d'un relief intravésical de consistance ferme, ne résonnant pas au contact de l'instrument qui le frappe, le chirurgien a-t-il à sa disposition quelque expédient lui permettant de distinguer un calcul enkysté de l'invagination ?

A priori nous le croyons ; en effet dans quelques observations il est dit formellement que les troubles dysuriques cessaient lorsque les malades prenaient certaines positions propres à réduire l'invagination, il est donc logique de supposer qu'un instrument introduit à ce moment dans la vessie ne rencontrerait plus le cône d'invagination, ce qui ne saurait se produire dans le cas de calcul enkysté.

Il est aussi permis de penser que dans les cas où une portion de l'intestin remplie de matières fécales est contenue dans la partie inversée, comme cela fut constaté à l'autopsie chez les malades de Rutty et de Foubert, l'administration d'un purgatif trancherait le diagnostic.

La grande dilatabilité de l'urètre chez la femme et le peu de danger, que l'utilisation de cette voie d'accès dans la vessie présente de nos jours, offrent au clinicien une ressource qu'il ne doit pas négliger dans les cas difficiles. On comprend que le doigt explorant la face interne du viscère fera constater l'existence d'une saillie de consistance plus ou moins molle et réductible, s'il s'agit d'une inversion de la vessie ; de consistance ferme et irréductible, s'il s'agit d'un calcul enkysté. L'exploration digitale de la vessie nécessitant chez l'homme une opération préliminaire assurément bénigne, mais qu'on ne saurait considérer comme absolument dépourvue de danger, nous pensons que le chirurgien ne sera autorisé à y avoir recours que dans les cas où les symptômes par leur intensité lui forceront en quelque sorte la main. Il va sans dire qu'à l'exploration par la boutonnière périnéale il préférera l'ouverture de la vessie par l'hypogastre.

Tout en reconnaissant les services que la cystoscopie est susceptible de rendre dans le diagnostic de certaines affections, nous croyons que ce mode d'examen ne pourra être de quelque utilité dans les cas, qui nous occupent, qu'à un chirurgien très habitué au maniement de l'endoscope.

La symptomatologie des néoplasmes de la vessie présente aujourd'hui, grâce aux travaux du professeur Guyon et de ses élèves, un degré de précision tel qu'il est le plus souvent possible à un observateur attentif d'en affirmer l'existence, même en l'absence de constatation physique, par le cathétérisme, le toucher rectal simple ou combiné avec la palpation hypogastrique. C'est surtout l'hématurie avec les diverses circonstances qui la précèdent, l'accompagnent ou la suivent, qui sert de pivot à ce diagnostic. Mais ce symptôme peut exceptionnellement faire défaut, ainsi que quelques cliniciens et nous-même en avons observé des exemples; dans cette occurrence le relief fait dans la vessie par le néoplasme sera différencié de celui constitué par l'invagination au moyen des expédients qui ont servi à distinguer les calculs enkystés : tandis que la saillie intra-vésicale du néoplasme persiste dans quelque position que l'on pratique l'examen, celle de l'invagination peut se réduire et s'effacer.

Hernies. — Lorsque la vessie fait issue par l'urètre, que cette hernie tienne à une inversion et soit constituée par toutes les tuniques du viscère ou qu'elle ne soit formée que de la muqueuse, le diagnostic doit se faire d'abord avec les tumeurs prenant naissance dans l'urètre, puis avec celles qui tirent leur origine de la vessie. Cette question résolue, le chirurgien s'efforcera de différencier la hernie de la vessie inversée de l'issue de la simple muqueuse.

La possibilité de circonscrire complètement le pédicule de la tumeur, à l'aide d'un stylet ou d'une sonde introduite entre ce pédicule et les parois du canal, est un signe certain que la tumeur prend son attache dans la vessie : ce n'est qu'en enfonçant l'instrument au delà des limites du col qu'il est arrêté dans son mouvement de circumduction au niveau du point d'implantation. Par leur siège, leur forme, leur aspect, leur coloration, les tumeurs urétrales, qui ont fait l'objet d'un mémoire intéressant de Blum, se différencieront le plus souvent des hernies de la vessie par le méat sans qu'il, soit besoin d'avoir recours au signe précédent; mais il est une affection de l'urètre offrant plusieurs points communs avec celle que nous étudions et qu'il convient de mentionner plus particulièment, car, ainsi qu'on peut s'en rendre compte en lisant le mémoire de Patron, elle a été méconnue par nombre d'observateurs et prise pour une hernie de la vessie. Cette affection est le prolapsus de la muqueuse de l'urètre par l'orifice du méat. Elle a été étudiée très complètement il y a quelques années par notre collègue et ami Francis Villar. Cet auteur assigne pour caractère essentiel au prolapsus urétral de former « une tumeur qui fait pour ainsi dire partie du méat, de sorte qu'il est impossible d'introduire un stylet entre elle et le méat lui-même ; en outre, au centre de la tumeur se trouve un orifice, l'orifice du canal ».

Si je me reporte aux observations consignées dans ma thèse inaugurale et dans deux mémoires complémentaires sur les tumeurs de la vessie, il n'est pas rare de voir chez la femme les néoplasmes pédiculés de cet organe s'engager dans l'urètre, le dilater et venir faire saillie à l'extérieur par le méat. Les caractères présentés alors par la masse faisant issue ne sont pas sans rapports avec ceux de la vessie inversée ou de la muqueuse herniée ; nous croyons toutefois qu'il sera facile avec un peu d'attention de distinguer les néoplasmes des déplacements de la vessie. Tandis que les premiers offrent une consistance ferme et charnue, qu'ils ne se flétrissent, ni ne réduisent par la simple palpation, les seconds sont mous, on sent qu'ils sont creux à l'intérieur et en les malaxant on les voit se rider et diminuer de volume. Ajoutons que les néoplasmes procidents sont accompagnés, après comme avant leur exode, des symptômes qui leur sont propres et en particulier des hématuries. Dans le cas où la tumeur sortant par le méat a entraîné après elle la vessie et produit son inversion, le diagnostic n'est pas sans présenter quelque difficulté, mais c'est là un fait tout à fait exceptionnel et dont nous n'avons trouvé qu'un exemple rapporté par Godson [1].

---

1. *British medical Journal*, 1879, t. I, p. 630.

Différencier la *hernie de la vessie inversée de l'issue de la simple muqueuse*, telle est la dernière question que doit résoudre enfin le clinicien. La solution de cette question est de la plus haute importance pour la thérapeutique, nous le verrons. Formée par les trois tuniques du viscère l'inversion constitue une tumeur à parois épaisses, fermes, à pédicule court et volumineux, tandis que la hernie de la muqueuse se présente sous l'aspect d'une tumeur à enveloppes minces, d'une très grande mollesse et à pédicule long et grêle. La première est opaque, la seconde est demi-transparente et contient un liquide qui n'est autre que de l'urine. Etant donné ce que nous avons établi du mode de formation de la hernie de la muqueuse vésicale à travers l'urètre, nous savons en effet qu'elle n'est en quelque sorte qu'un diverticule du réservoir urinaire ; aussi est-il facile, en exerçant sur elle des pressions méthodiques, de la vider de son contenu, qui se déverse alors dans la cavité vésicale. Ce phénomène, de même que la demi-transparence, étaient des plus nets chez la malade de Patron. Nous avouons n'avoir recherché l'existence ni de l'un ni de l'autre chez notre malade. Un mode d'investigation auquel eut recours le médecin de Gibraltar mérite d'être signalé, car il fournit un élément précieux pour distinguer la hernie de la muqueuse de l'inversion. Ce mode d'investigation, c'est la ponction exploratrice de la tumeur qui ramènera de l'urine dans le premier cas, rien ou un peu de liquide péritonéal dans le second. Nous croyons que dans ce sens on peut aller plus loin pour rendre évident le diagnostic en poussant dans la tumeur une injection d'un liquide coloré aseptique et inoffensif comme le lait. S'agit-il d'une hernie de la muqueuse, le liquide pénétrera dans la vessie et en colorera le contenu ; s'agit-il d'une inversion, le liquide disparaîtra dans la cavité du péritoine.

TRAITEMENT

Les indications, auxquelles devra tout d'abord obéir le médecin appelé près d'un malade atteint d'un déplacement de la vessie, se déduisent naturellement des troubles qu'il éprouve. L'un des premiers est l'impossibilité où il se trouve de vider sa vessie en partie ou en totalité. Le cathétérisme pratiqué suivant les règles de l'antisepsie et avec un instrument approprié au cas y remédiera. Il sera répété aussi souvent qu'il sera nécessaire et au besoin la sonde sera laissée à demeure. Si les urines sont louches, purulentes, et s'il existe des phénomènes de cystite, on aura recours à des lavages à la solution d'acide borique, d'iodoforme, de nitrate d'argent, ou d'autres antiseptiques. En même temps qu'elles combattront l'inflammation de la vessie, ces injections calmeront la fréquence des mictions, la douleur, le ténesme vésical, etc.

Des cataplasmes, des embrocations et des fomentations chaudes, émollientes et narcotiques concourront au même résultat. Il en sera de même des bains locaux et généraux.

On ne devra pas oublier l'emploi de petits lavements laudanisés, de suppositoires opiacés, belladonés, au besoin d'injections hypodermiques de chlorhydrate de morphine. Les mêmes substances médicamenteuses narcotiques, antispasmodiques, sédatives (opium, belladone, jusquiame, bromure, etc.) seront aussi prescrites à l'intérieur. L'ingestion de tisanes émollientes, mais surtout balsamiques, aideront à atteindre le but poursuivi.

Mais tous ces moyens ne sont que palliatifs et, à moins d'avoir affaire à un de ces cas, comme celui de Horn, dans lesquels le renversement de la muqueuse à travers l'urètre se produit à l'occasion de violents efforts pour uriner, ils sont tout à fait insuffisants. Seule une intervention chirurgicale, qui variera évidemment avec la variété de déplacement de la vessie, peut assurer la cure définitive de l'affection. Cette intervention est, selon nous, parfaitement justifiée par la gravité des troubles fonctionnels qui, s'ils ne menacent pas toujours la vie des malades, rendent leur existence pénible. Mais avant d'indiquer à quelles opérations sanglantes le chirurgien devra avoir recours, je dois mentionner un certain nombre de manœuvres et d'expédients plus simples, qui ont donné quelques résultats.

La première de ces manœuvres est la *réduction*, qu'on obtient à l'aide d'un taxis méthodique, comparable à celui qui permet de faire rentrer les hernies vulgaires intestinales ou épiploïques. C'est de cette manière que John Green, Crosse et Thomson guérirent leurs malades et d'une façon définitive d'après le dire de ce dernier chirurgien. Comme la réduction spontanée, la réduction obtenue par la main du chirurgien ne nous semble avoir quelque chance de réussite que dans les cas où la hernie vésicale est récente, dans ces cas que nous avons proposé d'appeler *hernie aiguë*. Mais quel que soit l'âge du prolapsus vésical, on pourra toujours essayer de ce moyen. Sans insister sur les détails du manuel opératoire, qui se rapprochent de ceux du taxis dans les hernies, je ferai remarquer que le chloroforme y aidera beaucoup ; Thomson y eut recours. Il va sans dire que la position de la malade dans le décubitus dorsal (le siège un peu élevé et les épaules basses), que des sondages réguliers et même la sonde à demeure, en prévenant les moindres efforts de la miction, contribueront dans les jours suivants à assurer le succès de l'opération.

Weinlechner, ayant réduit le renversement de la vessie chez sa petite fille de 9 mois, l'empêcha de sortir avec de simples bandes de toile-Dieu. Solingen guérit sa malade en lui faisant porter une bougie particulière maintenant la hernie réduite dans la cavité du réservoir. C'est le même moyen qu'employa Percy chez l'abbesse, dont il nous a transmis l'histoire. « Il lui conseilla de tenir dans la vessie une sonde de gomme élastique longue de trois pouces, de cinq lignes de diamètre et suffisamment assujettie au dehors. Cette abbesse suivit ce conseil et ne fut plus exposée à cette tumeur qu'une seule fois, lorsque ayant voulu se mettre à genoux, la sonde chassée de l'urètre laissa sortir, mais pour un moment, une portion de la vessie. »

Chez les deux malades de Levret, que l'on soupçonnait atteintes de la pierre et qui avaient une inversion de la vessie déterminée par une forte antéversion de l'utérus, la viscère reprit sa forme normale lorsque la matrice fut redressée au moyen d'un pessaire approprié.

C'est en m'appuyant sur quelques opérations déjà pratiquées pour les déplacements de la vessie, que nous étudions, et en m'inspirant d'un certain nombre d'autres exécutées pour remédier à des affections vésicales d'un autre genre, que je vais maintenant indiquer les procédés d'interventions, auxquels le chirurgien désireux d'obtenir une cure radicale pourra avoir recours.

Il y a quelques années, Tuffier a eu l'idée de remédier à une cystocèle vaginale en suspendant la vessie à la paroi abdominale au moyen de fils de soie. Cette opération a été pratiquée presque à la même époque et pour obéir à la même indication par deux autres chirurgiens, de Walcas et Dumoret. Au dire de leurs auteurs, les résultats obtenus par ces cystopexies ont été satisfaisants ; mais comme on l'a justement fait remarquer à la Société de chirurgie, la colporrhaphie antérieure ou la colpopérinéorrhaphie convient bien mieux à ce genre de cystocèle, car elle s'adresse à la cause première du mal, à savoir la laxité de la paroi vaginale et au défaut de résistance du plancher périnéo-vaginal. Mais si l'application de la cystopexie au traitement de la cystocèle vaginale est discutable, nous croyons qu'elle pourra trouver son emploi dans l'inversion de la vessie incomplète, comme chez les malades de Foubert et de Rutty, ou même avec issue du viscère par l'urètre, comme chez la malade de Percy, à condition bien entendu que la tumeur soit facilement réductible. Le péritoine étant, dans les quelques faits où l'autopsie a été pratiquée, entraîné dans le cône d'invagination, l'opération sera intrapéritonéale. La paroi abdominale incisée sur la ligne médiane au-dessus du pubis comme s'il s'agissait d'une cystotomie hypogastrique et le péritoine ouvert, le chirurgien, après avoir désincarcéré les viscères contenus dans le cône, saisira celui-ci près de son sommet et le retournera. Une injection poussée à ce moment dans la vessie par un aide facilitera ce temps de l'opération. Pour pratiquer la fixation à la paroi abdominale, on se servira soit de fils de catgut, soit de fils de soie, en ayant soin, surtout si l'on a recours à cette dernière espèce de fil, de ne pas traverser les parois de la vessie de part en part pour éviter la précipitation des sels de l'urine et la formation d'un calcul. L'opération que je propose est également praticable chez l'homme et chez la femme.

Lorsque l'inversion est complète et que les parois vésicales font hernie à travers l'urètre, peut-on en tenter la cure radicale par l'ablation de la tumeur ? Je pense que cette ablation, déjà proposée par Sauvages, est rationnelle et praticable surtout aujourd'hui que nous avons, outre la méthode antiseptique, des matériaux et des procédés de suture parfaits. L'excision de la tumeur sera faite à la base du pédicule, après que le chirurgien se sera assuré par la palpation, la percussion et autres moyens qu'aucun viscère n'est contenu dans le cône d'invagination, et que les uretères, comme cela se présentait chez la malade de Green Crosse, ne viennent pas s'aboucher à sa surface. Pour prévenir l'ouverture du péritoine, on pourra, ainsi que je l'ai fait par précaution chez mon opérée, accoler ses parois l'une à l'autre par une série de fils à points passés ou, plus simplement, si le pédicule est mince, par une ligature en masse. La tumeur retranchée, les lèvres de la plaie vésicale seront soigneusement suturées au moyen de deux plans de suture au catgut à points séparés : le premier comprendra le péritoine et la couche musculaire, le second la muqueuse.

Si le pédicule est très large et que l'on redoute après l'excision de la hernie de voie l'urine s'infiltrer dans le péritoine par un défaut de la suture, on pourra, au lieu de réséquer la tumeur, l'invaginer en elle-même et la maintenir dans cette situation en la suturant. Voici comment on procédera : toutes les précautions antiseptiques prises et la malade mise dans la position de la taille, la tumeur attirée et maintenue au dehors, au moyen de deux fils de soie passant aux deux extrémités de son grand diamètre, le chirurgien disséquera tout autour de sa base une bandelette de muqueuse de 2 à 3 millimètres de largeur; puis, cet avivement fait, prenant une sonde cannelée il déprimera la hernie de manière à l'invaginer et à mettre au contact les parties avivées de sa base qu'une suture continue au catgut réunira sur toute la longueur.

C'est ce procédé que je me proposais de mettre en œuvre chez ma malade. Il est imité de celui que certains chirurgiens ont imaginé après la kélotomie pour enterrer au fond d'un pli maintenu par des sutures les parties sphacélées d'une anse intestinale.

Dans les cas où, comme chez les malades observées par Meckel et de Haen, la vessie complètement retournée sur elle-même sort à l'extérieur et constitue une pénible infirmité, le chirurgien peut être conduit à se demander si l'extirpation complète de la vessie n'est pas indiquée. De nombreuses expériences entreprises sur les animaux et de quelques opérations pratiquées sur des malades des deux sexes, il n'est pas douteux que la cystectomie totale soit réalisable et que la vie soit compatible avec l'ouverture des uretères à la peau ou leur abouchement dans les côlons, le rectum ou le vagin. Si le chirurgien le juge opportun, les malades atteintes de hernie totale de la vessie pourront donc bénéficier de ces progrès de la chirurgie au même titre que ceux affectés de certains néoplasmes de ce viscère.

La hernie de la muqueuse à travers l'urètre ne réclame d'autre traitement que l'excision à l'aide d'un simple coup de ciseaux, car ses parois minces et sans vaisseaux importants saignent peu et comme son pédicule s'ouvre dans la vessie même aucune crainte d'infiltration d'urine n'est à redouter.

Comme complément à l'ablation de la partie inversée du réservoir urinaire ou de sa muqueuse herniée, il pourra être bon, lorsque l'urètre précédemment dilaté par la tumeur ne reviendra pas sur lui-même et que la malade aura quelque peine à retenir ses urines, de pratiquer sur le canal l'une des opérations préconisées contre l'incontinence d'origine urétrale. La combinaison des procédés de Duret (incurvation de l'axe de l'urètre, relèvement du méat et allongement de la paroi postérieur du canal) et de Gersung (torsion de l'urètre sur son axe), ainsi que je l'ai fait chez une malade dont j'ai présenté l'observation à la Société de chirurgie, me semble mériter à cet égard l'attention du chirurgien.

INDICATIONS BIBLIOGRAPHIQUES

DES OBSERVATIONS D'INVERSION DE LA VESSIE ET DE LA HERNIE

DE LA MUQUEUSE VÉSICALE JUSQU'A CE JOUR.

Inversion.

1. De Haen* (Vienne, Autriche). *Ratio medendi in nosocomio practico, part. I, cap.* 7. Cette observation est rapportée *in extenso* dans *Essai sur différentes hernies,* par Hoin, dont nous donnons plus loin l'indication.

2. Foubert*. *Recherches sur la hernie de la vessie,* par Verdier (in *Mémoires de l'Acad. roy. de chirurgie,* t. I, p. 1. Edition 1819).

3. Levret*. *Des nouvelles remarques sur les déplacements de la matrice et des moyens d'y remédier,* par Levret (*Journ. de méd., chir., pharm.,* etc., sept. 1773. L'auteur rapporte 3 observations).

4. Percy*. In *Traité des maladies chirurgicales de Boyer* (t. IX, p. 86).

5. Rutty. In même recueil.

6. Meckel. In *Traité d'anatomie pathologique de Lobstein* (t. I, p. 137, Paris, 1829).

7. John Green Crosse. *Transactions of the prov. med. and. surg. Association* (XIV, nov. II, 1846).

8. Murphy. D'après John Green Crosse, *loc. cit.*

9. Horn. D'après Ebermaïer, in *Rust'shandb. der chir.* (Bd. XIII, p. 652).

10. Malagodi. *Raccoglitore medico di Fano,* 1855.

11. Tizoni. *Gazetta medica di Lombardia,* 1855.

12. Weinlechner, In *Jahrb. fur Kunderheilkunde,* VIII, 52 1874.

13. Thomson. *The Lancet,* janvier 1875.

14. Olivier. Cité par Winckel, in *Deutsche chirurgie* (L. 62, 1885).

15. Albert. *Traité de chirurgie,* traduit par Broca, 1892.

Hernie de la muqueuse.

16. SOLINGEN. *Observ. de mulier. et infant. morb. chir.* p. 741.

17. HOIN. *Essai sur les hernies,* p. 342, Paris, 1768.

18. NOEL. In *Recherches sur la hernie de la vessie,* par Verdier, *loc. cit.*

19 PATRON*. *Archives gén. de médecine,* 1857, V° série, t. X, p. 689.

20. MALHERBE*. *Annales des maladies des organes génito-urinaires,* t. II, 1884, p. 743.

* Nous avons marqué d'un astérique les observations détaillées que l'on pourra lire avec profit.

III

PROGRÈS RÉALISÉS DEPUIS SIX ANS

DANS LE TRAITEMENT CHIRURGICAL

DE L'EXSTROPHIE DE LA VESSIE

(Modification proposée au procédé de Segond.)

Dans mon mémoire de 1889 sur « le traitement chirurgical de l'exstrophie de la vessie », après avoir exposé les différentes méthodes et procédés opératoires dirigés contre ce vice de conformation, je me suis efforcé, en m'appuyant sur les observations publiées jusqu'alors et parvenues à ma connaissance, de comparer leurs résultats, d'apprécier leur valeur et de poser les indications et les contre-indications des unes et des autres.

Me trouvant en présence de 79 opérations faites par la méthode autoplastique, donnant une mortalité de 6,33 p. 100, je me suis cru autorisé à ce moment à recommander d'une façon générale cette méthode d'origine française (J. Roux, 1853) de préférence à ses deux rivales, la méthode de dérivation du cours de l'urine et celle de la suture des marges de la vessie. En effet la première, soit que l'on ait détourné le cours de l'urine dans l'intestin en conservant la vessie (procédés de Simon, Holmes, Lloyd, Thomas Smith), soit que l'on l'ait déversé dans la gouttière pénienne ou à la surface de l'abdomen (procédé de Sonnenburg) ne comptait que 10 faits fournissant une léthalité de 30 p. 100 ; quant à la seconde, soit que l'on ait suturé directement les marges de la vessie sans opération préalable (procédé de Gerdy), soit que l'on ait d'abord rapproché le pubis (procédé de Trendelenburg), si elle ne donnait aucun mort sur 6 cas, elle ne me paraissait pas avoir fait suffisamment ses preuves pour être jugée.

Je n'ai d'ailleurs nié aucun des avantages de ces deux méthodes et particulièrement de la seconde qui, ainsi que je l'ai écrit, repose sur « une idée ingénieuse et qui, si elle n'était difficilement réalisable, serait féconde dans ses résultats. En effet elle réparerait par *synthèse simple* et sans emprunt de tissus étrangers la malformation du réservoir urinaire et obéirait ainsi à cette loi fondamentale de la chirurgie anaplastique qui, suivant les expressions de Verneuil, prescrit de réparer le déficit avec des tissus analogues d'aspect et de structure. »

La prévention, que je nourrissais avec tous les chirurgiens de l'époque touchant la gravité immédiate et éloignée de l'abouchement des uretères à la peau ou dans les cavités naturelles du voisinage, m'avait fait rejeter, mais non pas sans appel, la méthode de dérivation du cours de l'urine. Pour ce qui est de la méthode de suture des deux marges de la vessie, je n'avais pas hésité à déclarer que toutes les fois qu'elle serait possible (comme dans les cas de Rigaud, de Hall, C. Wyman) le devoir du chirurgien serait « de préférer à tous autres procédés l'anaplastie par synthèse des parties congénitalement désunies » ; j'avais cru seulement devoir faire des réserves sur l'emploi des procédés de Trendelenburg et de Passavant, qui obtiennent le rapprochement du pubis à l'aide de la disjonction sous-cutanée ou à ciel ouvert des symphyses sacro-iliaques.

Six ans se sont écoulés depuis la rédaction de mon mémoire, la chirurgie urinaire, éclairée par l'expérimentation et mettant à profit tous les progrès de la médecine opératoire, a rempli bien des *desiderata*, qui étendent le champ d'application des méthodes de dérivation du cours de l'urine et de la suture des marges de la vessie au traitement de l'exstrophie.

Les expériences de greffe des uretères dans le rectum, pratiquées chez le chien par Novaro en 1888 et dont les résultats paraissaient peu encourageants, ont été répétées par Tuffier sans plus de succès d'abord, puis avec une réussite presque constante lorsque l'opérateur, au lieu de se contenter de suturer à l'intestin l'uretère sectionné dans sa continuité, a pris le soin de séparer de la vessie son embouchure pour l'unir au rectum. C'est là pour Tuffier la condition *sine qua non* de survie, car la muqueuse uretérale, défendue par le méat de l'uretère, qui oblige ce conduit à éjaculer l'urine dans le réservoir, demeure à l'abri de l'infection et la pyélonéphrite ascendante a ainsi toute chance d'être évitée[1].

Quant aux dangers résultant du contact de l'urine avec la muqueuse du rectum, les observations de Harvey Reed démontrent que l'irritation est peu intense et que l'accoutumance à ce liquide se fait rapidement. D'après cet auteur, les selles ne sont pas beaucoup plus fréquentes ni beaucoup plus liquides qu'à l'ordinaire, et il est probable qu'une grande partie de l'eau de l'urine est résorbée, tandis que ses éléments minéraux sont éliminés avec les matières fécales. L'année dernière Chaput a rapporté les observations de deux malades opérés depuis un certain temps déjà de l'uréterorectostomie : l'eux n'avait que trois selles par vingt-quatre heures, l'autre en avait de cinq à sept.

Ainsi donc, fort de ces résultats, le chirurgien doit désormais avoir moins d'appréhension pour la méthode de dérivation des urines, dont l'énorme mortalité a été abaissée par la pratique de ces dernières années de 30 p. 100 à 0 p. 100.

La méthode de suture des marges de la vessie s'est également enrichie d'un procédé, qui permet d'étendre son principe, reconstitution du réservoir urinaire avec des tissus de même nature que ceux qui le constituent normalement, presque à tous les cas, sans avoir recours à la disjonction des symphyses sacro-iliaques proposée par Trendelenburg et Passavant. A P. Segond revient le mérite d'avoir imaginé ce procédé d'une exécution facile et qui met à l'abri d'un accident inhérent à la méthode autoplastique, à laquelle il se rattache aussi par certains côtés, à savoir la formation de concrétions calcaires, conséquence du contact de l'urine avec des tissus autres que la muqueuse vésico-urétrale.

---

1. Ce travail était rédigé, lorsque parut, dans le numéro de janvier 1896 des *Annales des maladies des organes genito-urinaires*, un mémoire fort intéressant du Dr Achille Boari (de Ferrare) : « Manière facile et rapide d'aboucher les uretères sur l'intestin sans sutures à l'aide d'un bouton spécial ». Le lecteur y trouvera des preuves nouvelles de la possibilité de la greffe de l'uretère sur l'intestin et des moyens perfectionnés de la pratiquer.

Persuadé que l'on ne saurait reprocher à un chirurgien ses opinions successives, je ne mets aucune hésitation à revenir sur le jugement que je portais en 1889 sur les méthodes rivales de la méthode autoplastique, et à déclarer que leur domaine s'est agrandi et en particulier que le procédé de P. Segond a réalisé un progrès considérable dans la thérapeutique chirurgicale de l'exstrophie de la vessie.

Ce procédé consiste, comme on le sait, à pratiquer la dissection extrapéritonéale de la surface exstrophiée à la manière de Sonnenburg et à *conserver*, au lieu de *sacrifier*, le lambeau ainsi obtenu, pour le rabattre sur la gouttière pénienne aux lèvres avivées de laquelle il est suturé. Cela fait, le prépuce perforé à sa base et ramené au-dessus du gland, suivant la façon de faire de Le Fort, recouvre par sa face cruentée le lambeau vésical. Finalement des lambeaux d'emprunt, taillés suivant les besoins, comblent la surface saignante résultant de la dissection de la vessie. Comme le fait très justement remarquer P. Segond, ainsi se trouve créée « une sorte de canal à renflement supérieur dont les parois, formées d'un côté par la gouttière pénienne et de l'autre par la vessie rabattue, sont en conséquence exclusivement muqueuses et, partant, incapables de favoriser la formation des concrétions calculeuses ».

Le professeur A. Poncet (de Lyon), dans le but de donner plus d'ampleur au canal ainsi formé et de le reconstituer plus large et partant plus susceptible de remplir les fonctions de réservoir, au cas où il serait possible de suppléer à l'aide d'un artifice quelconque le sphincter absent, a légèrement modifié la taille du lambeau vésical de Segond. Au lieu de réduire la largeur du lambeau, résultant de la dissection de la surface exstrophiée aux dimensions de la gouttière pénienne à recouvrir, il la conserve toute entière et l'utilise dans sa totalité. Cette manière de faire me paraît encore un progrès apporté à la méthode de la suture des marges de la vessie.

La seule objection, qui m'était venue à la pensée de formuler à la lecture du travail de Segond, était la difficulté de la dissection de la vessie, non pas tant au point de vue des dangers de la pénétration dans la cavité péritonéale que de la possibilité de conserver au lambeau muqueux une épaisseur suffisante pour assurer sa vitalité. L'expérience m'a prouvé depuis que mes craintes n'étaient pas sans fondement. En effet, j'ai vu employer en 1893 par le professeur Th. Piéchaud le procédé de Segond avec la modification de Poncet et, grâce à son amabilité, je l'ai exécuté moi-même chez un petit malade de son service le 8 juin 1893. Dans ces deux cas le lambeau vésical trop mince se sphacèla et l'échec opératoire fut complet.

Il s'agissait dans les deux cas de tout jeunes enfants (2 ans et demi et 3 ans), du sexe masculin. La difformité, sensiblement la même consistait dans une exstrophie complète avec écartement des pubis. Chez mon opéré la surface rouge, mamelonnée, représentant la paroi vésicale interne, mesurait exactement trois centimètres et demi de largeur ; l'écartement interpubien était de six centimètres. Les parois de la vessie furent séparés par la dissection des parties sous-jacentes, de manière à former un lambeau comprenant toute la surface muqueuse de la vessie ectopiée, et s'arrêtant par sa base adhérente un peu au-dessus du point d'implantation des uretères. Ce lambeau replié sur lui-même suivant cette base vint recouvrir la gouttière pénienne. Ses bords latéraux ayant été suturés aux bords avivés de cette gouttière, et son bord antérieur recouvert par le prépuce ramené par-dessus la verge, la partie supérieure de la surface saignante de ce lambeau rabattu, ainsi que la brèche résultant de sa dissection, sont recouvertes par les téguments circonvoisins dûment mobilisés.

Disséqués avec soin et conformément aux conseils de Segond, qui recommande, pour ne point ouvrir le péritoine, de diriger constamment le bistouri vers la tunique musculaire superficielle, le lambeau ainsi obtenu présentait chez les deux opérés une très faible épaisseur et, chez mon petit malade, il fut même transpercé en un point que je m'empressai de suturer au catgut. C'est à cette extrême minceur du lambeau vésical que j'attribue l'échec que nous avons éprouvé dans nos deux cas. En effet tout sembla aller bien pendant cinq à six jours, lorsqu'à ce moment le sphacèle et la suppuration de la pièce vésicale causa la désunion des lambeaux autoplastiques cutanés eux-mêmes.

Pareil accident est arrivé au chirurgien anglais Anderson. Son malade avait 10 ans, mais celui du professeur Piéchaud et le mien avaient moins de 3 ans. Il n'est pas irrationnel de mettre sur le compte du jeune âge de nos opérés l'impossibilité, où nous avons été de tailler des lambeaux plus épais ; les malades opérés par les autres chirurgiens, à l'exception de celui de Vincent, qui n'avait que 24 mois, étant tous plus âgés ont dû sans doute fournir des pièces plus étoffées.

Considérant que la réussite du procédé de Segond gît dans la vitalité du lambeau vésical et que c'est sur lui que repose tout le bénéfice ultérieur de l'opération, voici l'importante modification que je me propose, le cas échéant, de lui faire subir. Au lieu de pratiquer la dissection extrapéritonéale de la paroi de la vessie, j'inciserai cette dernière de part en part jusque et y compris le péritoine qui y adhère presque toujours très fortement, de manière à avoir un lambeau dont la nutrition ne laissera rien à désirer. Les opérations sur les viscères abdominaux, et en particulier les interventions réclamées par les plaies intrapéritonéales de la vessie, et les résections pour néoplasmes de ce viscère nous ouvrent la voie dans ce sens. La crainte de ne pouvoir fermer l'ouverture pratiquée à la cavité abdominale pourrait seule nous arrêter, si nous ne savions combien le péritoine est mobile. Quant à la paroi musculo-aponévrotique, si ses bords ne pouvaient être directement rapprochés, rien ne serait plus aisé que d'en obtenir la jonction par des incisions libératrices appropriées.

Deux faits de Maydl (de Prague) montrent que le plan opératoire que je propose est parfaitement réalisable. Ce chirurgien, ayant ouvert la cavité péritonéale suivant les bords de la vessie exstrophiée, a réséqué toute la paroi de celle-ci située au-dessus de l'embouchure des uretères ; puis ces derniers ayant été greffés sur le côlon, il a fermé complètement la paroi abdominale. Les malades ont guéris en deux ou trois semaines.

Saisissant l'occasion qui m'est offerte ici de compléter mon mémoire de 1889, j'analyserai rapidement les observations d'intervention chirurgicale dans l'exstrophie de la vessie publiées depuis cette époque.

Mes recherches bibliographiques, qui, en raison de la vigoureuse poussée de publications médicales dans tous les pays durant ces dernières années, sont certainement moins complètes que celles ayant servi de base à mon premier travail, m'ont permis de réunir 52 opérations d'exstrophie par diverses méthodes et procédés dans l'espace de six ans. J'en comptais 95 en 1889, depuis la première tentative de Gerdy, en 1843, c'est-à-dire dans une période de 46 ans. De même que je faisais remarquer alors le zèle des chirurgiens à combattre ce triste vice de conformation, qu'il me soit permis de constater qu'il ne s'est pas ralenti, puisque dans cette courte période il offre à l'appréciation des documents, dont le nombre dépasse la moitié de ceux sur lesquels reposait mon jugement de 1889. Etant donnés les progrès réalisés par la médecine opératoire, il ne pouvait en être autrement ; c'est en effet dans le champ de la chirurgie réparatrice, naguère inexploré, que notre art peut aujourd'hui remporter ses victoires les plus brillantes et les plus durables.

Relativement aux méthodes et procédés employés, ces 52 opérations se répartissent ainsi :

Méthode autoplastique. . . . . 17 opérations.

Méthode de suture des bords de la vessie :

— Sans rapprochement du pubis :
  - Suture directe des bords de la vessie . . . . . 3 —
  - Suture des bords de la vessie après dissection et renversement de sa partie supérieure sur le bas-fond et la gouttière pénienne (Procédé de Segond). . . . . . 10 —
— Avec rapprochement du pubis. . . . . 16 —

Méthode de dérivation du cours des urines . . 6 —

Alors que la mortalité pour l'ensemble des 92 opérations réunies dans mon premier mémoire était de 15, et se trouvait réduite à 8, après défalcation des décès non directement imputables à l'intervention, elle est encore de 4 sur les 52 nouvelles observations servant de base à ce deuxième mémoire.

C'est la méthode de Trendelenburg, suture des bords de la vessie après rapprochement du pubis, qui endosse à elle seule la responsabilité de ces 4 cas malheureux. Ainsi se trouvent justifiées les craintes que j'exprimais, en 1889, sur la gravité de la disjonction préliminaire des symphyses sacro-iliaques. Je dois toutefois à la vérité de dire que les accidents, qui emportèrent les trois malades de Berg et celui de Trendelenburg, ne sont pas directement imputables à l'opération sur les articulations, car l'un d'eux succomba sous le chloroforme, deux autres furent emportés par une poussée de néphrite aiguë, et le quatrième par des phénomènes d'intoxication iodoformique.

La méthode autoplastique et la méthode de dérivation du cours des urines qui, il y a six ans, comportaient une mortalité de 6,33 et de 30 p. 100, n'enregistrent aucun décès à leur passif.

On le voit, les dangers, que courent les exstrophiés chez lesquels on tente la réparation de la difformité, sont actuellement réduits au *minimum*, et le chirurgien ne saurait baser son choix pour telle ou telle méthode sur la gravité comparative qu'elle offre. Ce choix devra lui être dicté par la considération des résultats éloignés de l'opération et sur la façon plus ou moins parfaite dont elle remplit les trois indications fondamentales suivantes : protection de la surface muqueuse, collection des urines, restauration des organes externes de la génération au point de vue de la forme sinon de la fonction.

Il n'est pas douteux, pour celui qui lit attentivement les observations des malades opérés par la méthode autoplastique et considère les dessins qui y sont souvent annexés, que la vieille méthode française, incessamment perfectionnée, donne des résultats orthomorphiques et fonctionnels très satisfaisants. Sur les 17 opérations nouvelles que j'ai relevées, je ne note qu'un insuccès par sphacèle des lambeaux ; le professeur Berger dut, dans la suite avoir recours au procédé de Segond, qui donna un bon résultat. Dans tous les autres cas, la restauration anatomique de la face antérieure de la vessie et de la paroi supérieure du canal fut complète, sauf chez un garçon de 9 ans opéré par Merril Rickerts, qui conserva une fistule à la partie supérieure.

Il va sans dire que les opérateurs de ces six dernières années n'ont pas obtenu de meilleurs résultats que leurs devanciers, au point de vue de la rétention physiologique des urines. Aucun d'eux, au cours de l'opération, n'a rencontré ces vestiges de fibres musculaires, qui donnèrent un moment à Hirschberg l'espoir de reconstituer le sphincter vésical. La méthode de suture des marges de la vessie, avec ou sans rapprochement du pubis, n'est d'ailleurs point supérieure à cet égard á la méthode autoplastique. Tout ce que l'on peut demander à l'une et à l'autre, c'est la réalisation d'un canal dirigeant les urines dans un réservoir artificiel, qui les collecte. Si certains opérés, comme celui de Walsham, peuvent retenir leurs urines cinq à six heures, la raison en est sans doute à la tension des tissus formant la paroi supérieure du canal de l'urètre restauré, et aussi à la capacité exceptionnelle de la vessie et au défaut de saillie de sa paroi postérieure, qui est presque toujours repoussée par la pression des intestins.

La formation des concrétions calculeuses, par suite du contact des urines avec la face épidermique des lambeaux reconstituant la paroi antérieure de la vessie, est le plus grave reproche à faire à la méthode autoplastique. Si cet accident ne se trouve pas noté un plus grand nombre de fois dans les observations, c'est qu'elles ont été publiées très peu de temps après l'intervention, ou que les opérateurs, considérant en quelque sorte ces dépôts calcaires comme une conséquence inéluctable de la méthode, ont négligé d'en mentionner la production. Je crois que Segond a trop poussé au noir le tableau clinique offert par les malades atteints de concrétions calculeuses dans leur vessie restaurée. Un malade, que j'ai suivi pendant cinq ans après l'avoir opéré d'une exstrophie par la méthode autoplastique, n'échappa pas, il est vrai, à cet accident, mais il en fut simplement incommodé, le court et large canal donnant accès dans la vessie permettant de faire avec la plus grande facilité l'extraction des formations calcaires. Malgré le peu de gravité de cet inconvénient, il doit être pris en considération et, comme je l'ai dit précédemment, les méthodes qui le préviennent, en n'offrant au contact de l'urine que des tissus qui lui sont physiologiquement prédestinés, ont à cet égard une réelle supériorité sur la méthode autoplastique.

Alors qu'en 1889 la méthode de suture des marges de la vessie n'avait été employée, à ma connaissance, que 6 fois (2 fois par affrontement des bords avivés sans rapprochement du pubis, et 4 fois avec rapprochement préalable du pubis par disjonction des symphises sacro-iliaques), aujourd'hui elle a été mise en pratique 27 fois et offre ainsi des éléments suffisants à l'appréciation.

La méthode de Trendelenburg et de Passavant, qui consiste à rapprocher de vive force, soit extemporanément, soit lentement, le pubis et à reconstituer la symphise, avant de songer à suturer les bords de la vessie, a été employée 16 fois, avec des variantes dans son exécution que je vais d'abord faire connaître. Six fois la disjonction des synchondroses sacroiliaques fut obtenue sans incision des parties molles à l'aide de la ceinture et de la gouttière de Trendelenburg et de Passavant ; deux fois Trendelenburg et Makins eurent recours à la disjonction à ciel ouvert ; six fois Berg pratiqua une ostéotomie iliaque verticale passant par la partie la plus élevée de la grande échancrure sciatique ; enfin deux fois Schlange mobilisa au ciseau et au maillet les tissus résistant interposés au pubis et les empêchant de se rapprocher. .

Comme je l'ai dit lorsque j'ai établi le bilan de la gravité des opérations ressortissant aux trois grandes méthodes de traitement de l'exstrophie vésicale, la méthode de suture des bords de la vessie après rapprochement du pubis enregistre à son passif les quatre décès que l'on trouve accusés dans les observations publiées depuis 1889. Mais ces décès ne sauraient être directement imputés au mode même d'intervention. En effet, le malade de Trendelenburg succomba à l'intoxication iodoformique, et, bien que trois autres cas malheureux aient été observés chez les opérés de Berg, il ne serait pas juste d'en accuser son procédé spécial d'ostéotomie transiliaque, puisque la mort est survenue une fois pendant le chloroforme et deux fois par suite de néphrite aiguë. Néanmoins, personne je pense, ne saurait souscrire à l'opinion exprimée par ce chirurgien, qui considère la section de l'os iliaque à travers l'épaisse couche des muscles de la fesse et dans le voisinage des gros vaisseaux sortant par la grande échancrure sciatique, comme moins périlleuse que la symphyséotomie sacro-iliaque à ciel ouvert de Trendelenburg. Cette dernière est assurément moins grave, mais les résultats fonctionnels obtenus par les opérateurs ne me semblent pas de nature à modifier l'opinion que je formulais en 1889 sur l'avenir de l'opération proposée par le chirurgien de Bonn, et je persiste à penser que la disjonction sous-cutanée des symphyses postérieures du bassin chez les jeunes enfants mérite seule de passer dans la pratique.

En effet, malgré l'espoir nourri par Trendelenburg, le rapprochement du pubis, s'il permet de restaurer la forme anatomique de la vessie, ne lui restitue en rien ses fonctions en temps que réservoir, et les malades demeurent dans l'impossibilité de retenir leurs urines.

Le suture directe des bords de la vessie sans rapprochement préalable du pubis, et sans dissection préliminaire de la surface exstrophiée, a été exécutée seulement chez trois malades. C'est là, on le comprend, l'opération en quelque sorte idéale de ce vice de conformation ; mais, malheureusement, elle ne peut être réalisée que dans un très petit nombre de cas, alors que la difformité se réduit à un défaut de soudure des marges vésicales, à une fissure comme dans les cas de Rigaud, de Hall, C. Wyman, cités dans mon premier mémoire. Chez une fillette de 9 ans, atteinte d'exstrophie complète, Duret (de

Lille), en mobilisant les bords muqueux du réservoir par une incision à concavité inférieure, parvint néanmoins, grâce à cette mobilisation, à les affronter l'un à l'autre ; la brèche abdominale fut ensuite comblée par deux lambeaux latéraux et les tubercules clitoridiens furent rapprochés. Un an après, la vessie pouvait contenir une soixantaine de grammes de liquide et une deuxième opération fut entreprise sur le canal pour le reconstituer, mais en raison de l'indocilité de l'enfant, il ne fut pas possible de s'assurer si elle gardait mieux ses urines. Dans une observation citée par Ahn et dans une autre de Berg, dont je n'ai pu prendre connaissance que de seconde main, le résultat est déclaré satisfaisant.

En imaginant son procédé, Segond, ai-je dit, a donné le moyen d'étendre le principe de la suture des bords, de la vessie à tous les cas d'exstrophie. Datant de sept ans à peine, ce procédé a été mis en œuvre 10 fois : trois fois par son auteur ; et les autres : une fois par Poncet (de Lyon), Vincent (de Lyon), Berger (de Paris), Anderson (de Londres), Richelot (de Paris), Piéchaud (de Bordeaux) et moi-même. Tandis que les quatre premiers opérateurs réussirent à reconstituer la vessie d'emblée, ou à la suite de quelques retouches, en rabattant sur la gouttière pénienne un lambeau vésical obtenu par la dissection intra-péritonéale de la surface exstrophiée, les quatre derniers virent ce lambeau se sphacéler ou se déchirer par suite de son extrême minceur ou de sa trop grande tension.

Chez les opérés d'Anderson, de Piéchaud et le mien, le sphacèle fut total, et la tentative de restauration vésicale échoua complètement. Chez le malade de Richelot, la paroi vésicale s'étant déchirée au point où le lambeau, après arrêt de la dissection, avait été replié sur lui-même, il en résulta une sorte de pont cutanéo-muqueux flottant au-dessus de la gouttière urétrale. Une suture de la paroi abdominale à la paroi antérieure de la vessie ferma par en haut le réservoir, qui fut dès lors reconstitué, de sorte que l'accident signalé retarda mais ne compromit en rien le succès.

Chez les trois opérés de Segond et chez ceux de Poncet, de Vincent, de Berger, on put se rendre compte dans la suite du résultat éloigné, qui fut excellent au point de vue orthomorphique, mais qui évidemment ne laissa pas moins à désirer au point de vue de la rétention volontaire des urines que celui réalisé par les divers procédés de la méthode autoplastique. Toutefois les opérés par le procédé de Segond eurent, sur ceux traités par la méthode autoplastique, cet avantage de ne pas voir de concrétions calcaires se former dans leur vessie. L'un d'eux mourut, il est vrai, d'une double pyélonéphrite, trois mois après avoir subi l'opération, mais cette complication, conséquence des fatigues et des excès auxquels se livra le malade, ne saurait être portée au passif de l'intervention.

La méthode de dérivation du cours des urines, qui comptait 10 opérations en 1889, en compte 6 nouvelles depuis cette époque. Dans ces 6 opérations, la vessie ayant été extirpée, les uretères furent suturés deux fois dans la gouttière pénienne, suivant le procédé de Sonnenburg et quatre fois greffés sur le rectum ou sur le côlon. Chez l'opéré de Socin et chez celui, dont l'observation est rapportée dans la thèse de Ahn, la suture des uretères dans le fond de la gouttière du pénis, transformée en canal par l'utilisation du prépuce, donna un résultat aussi satisfaisant que possible, mais les malades, est-il besoin de le dire, demeurèrent incontinents. Je ne sais ce qu'il est advenu dans la suite de la malade de 20 ans, chez laquelle Rein greffa les uretères sur le rectum. Le contact des urines avec la muqueuse de l'intestin détermina-t-il de la rectite ? se forma-t-il des concrétions calcaires dans l'ampoule rectale ? je l'ignore et je ne puis malheureusement pas faire servir ce fait à cette question encore controversée de la tolérance de la muqueuse rectale pour le liquide urinaire. J'exprime les mêmes regrets pour les opérations pratiquées par Maydl (de Prague), l'une chez une jeune fille de 14 ans et l'autre chez un jeune homme de 21 ans. Mais, le fait rapporté par Krynsky, au Congrès des médecins polonais de Cracovie, ne semble devoir laisser aucun doute sur la tolérance du rectum pour l'urine et sur la suppléance du sphincter vésical par le sphincter anal pour sa rétention. Ce chirurgien a en effet présenté un malade opéré d'une exstrophie vésicale par aboutement des uretères dans le rectum, et dont l'urine pouvait être retenue trois à quatre heures dans l'ampoule rectale sans autre inconvénient qu'un certain degré de résorption de sa partie aqueuse et une hypersécrétion rénale.

Si ces faits se multipliaient et s'il était cliniquement démontré que la déviation de l'urine dans le côlon ou le rectum n'entraîne aucun accident pour l'avenir et que l'ampoule rectale puisse faire fonction de réservoir pour ce liquide, le problème du traitement chirurgical de l'exstrophie de la vessie serait définitivement résolu, aujourd'hui que nous savons, après les recherches expérimentales de Tuffier et autres, quelles sont les conditions de réussite opératoire et post-opératoire de la greffe des uretères à l'intestin. L'opération décrite par Maydl au Congrès de Rome de 1894, que je résumerai en terminant, me paraît être celle qui serait alors de nature à remplir le mieux le but poursuivi.

La cavité péritonéale est ouverte sur le bord de la vessie exstrophiée, et la paroi vésicale est réséquée à l'exception d'un segment ovale renfermant les orifices des uretères. Chez la femme, la vessie est alors libérée de l'utérus, et chez l'homme elle est sectionnée au-dessous des insertions des corps caverneux. De la sorte, la portion de la vessie correspondant aux orifices des uretères est complètement mobilisée. De fines sondes ayant été préalablement introduites dans les uretères, on a ainsi deux pédicules constitués par ces conduits, leurs vaisseaux et le tissu conjonctif périphérique. A ce moment, le côlon est attiré, une incision longitudinale est pratiquée sur sa convexité, et la portion vésicale pédiculée est insérée entre ses lèvres : les muqueuses sont suturées ensemble et la séreuse intestinale est réunie à la musculeuse vésicale. L'intestin ayant été réduit dans l'abdomen, l'opération est terminée par la fermeture complète du ventre.

I. Résumé de 17 opérations d'exstrophie
par les diverses procédés de la méthode autoplastique.

1. *Arch. di ortopedia*, 1888. Francesco Parone (M. ans). Procédé auto-plastique. Résultat constaté 10 ans après : il n'y a que la fente pénienne et la partie inférieure du réservoir vésical, qui soient restées ouvertes.

2. *Arch. di ortopedia*, 1888. Francesco Parone (M., 7 ans). Procédé de Thiersch. Bon résultat, canal urétral recouvert sur une longueur de 3 centimètres.

3. *Soc. méd.* de Londres. 23 janvier 1888, *in The Lancet*. Walsham. (M., 12 ans). Lambeaux scrotal et hypogastrique. Bon résultat : malade garde ses urines 5 à 6 heures.

4. *Bull. de l'Acad. de médecine*, juillet 1833. L. Le Fort. (M., ? ans). Procédé autoplastique : le prépuce manquant pour appliquer le procédé de l'auteur, la peau de la partie inférieure de la verge fut utilisée dans ce but. Bon résultat anatomique mais l'urine s'écoule par la gouttière urétrale.

5. *Gaz di Ospitali*, n° 28, 1889. Brachini. Procédé de Thiersch. Guérison.

6. *Med. and. Surg. Report City hosp.* Boston, 1889. Gay. Procédé autoplastique. Résultat satisfaisant.

7. *Vrach*, Saint-Pétersbourg, 1889. Matvieff. Procédé autoplastique.

8. *Bull. Acad. med.*, 2 juillet 1889. BERGER. (F., 7 ans). Procédé autoplastique exécuté en plusieurs temps. Le canal urétral fut d'abord reconstitué par des lambeaux empruntés aux grandes lèvres. Il persista des fistules, qui furent fermées par des opérations successives. Bon résultat final.

9. *Annales des maladies des org. génit.-urin.*, 1890. THOMAS. (M., 2 ans). Procédé autoplastique à double plan de lambeaux Résultat excellent. La vessie fut reconstituée en une seule séance opératoire.

10. *Bull. Acad. méd.*, avril 1891. BERGER. (M., 50 ans). Insuccès. L'opérateur dut avoir recours plus tard au procédé de Segond, qui donna un bon résultat.

11. *Transact. cl. Soc.*, *London*, 1891. BATTLE. (M., 10 ans). Procédé autoplastique. Bon résultat.

12. *Transact. cl. Soc. London*, 1892. ANDERSON. (M., 10 ans). Procédé autoplastique. Résultat satisfaisant. Une première opération par le procédé de Segond modifié s'était terminée par le sphacèle des lambeaux.

13. *Thèse de Ahn*, 1892. FRIBOURG. (M., 3 ans). Procédé autoplastique.

14. *Congrès franç. pour l'avanc. des Sc.* Sess. de Besançon, 1893. PRIOLEAU (de Brives. (M., ? ans). Procédé autoplastique à simple plan de lambeaux. Bon résultat. Les lambeaux disséqués furent laissés adhérents par leur bord pendant six semaines et ne furent transportés sur la vessie que lorsque leur face profonde fut cicatrisée.

15. *Med. Record*, 1894. MERRILL RICKERTS. (M.. 9 ans). Procédé autoplastique, deux lambeaux latéraux. Succès, mais persistance d'une fistule à la partie supérieure, dont se félicite l'opérateur, car elle permet de faire des lavages pour enlever les concrétions.

16. *Ugeskr, for Berg. Läger*, vol. XXVI, fasc. 7 et 8, 1894. BERG. Procédé autoplastique ; encore en traitement.

17. *Ugeskr. for Berg. Läger*, vol. XXVI, fasc. 7 et 8 1894. REID. Procédé autoplastique encore en traitement.

II. Résumé de 29 opérations d'exstrophie
par la méthode de suture directe des marges de la vessie.

A. Première classe de procédés dans lequels on se contente d'affronter les bords avivés de la vessie sans rapprocher les pubis.

1. *Journ. des Sc. méd.* de Lille, 1891. DURET. (F., 9 ans). Incision à concavité inférieure suivant les bords muqueux de la vessie et détachant celle-ci des parois abdominales, suture de ses bords et fermeture de la brèche abdominale par deux lambeaux latéraux, rapprochement des tubercules clitoridiens. Un an après, la vessie pouvait contenir une soixantaine de grammes de liquide, le canal était reformé mais, à cause de l'indocilité de l'enfant, il a été impossible de s'assurer si elle gardait mieux ses urines.

2 *Thèse de Ahn.*, FRIBOURG. 1892. (F.. 2 ans). Suture des bords de la vessie. Bon résultat.

3. *Ugeskr fur Läger*, vol. XXVI, fasc. 7 et 8, 1894. BERG. Réunion directe des bords de la vessie. Guérison.

B. Deuxième classe de procédés dans lesquels la suture des bords de la vessie est précédée du rapprochement des pubis.

4. *British med. Journ.*, p. 696. Mars 1838. MAKINS. (M., 5 ans). Division à ciel ouvert des symphyses sacro-iliaques et, deux mois après, suture des bords de la vessie, qui ne tient pas en raison sans doute de la tension due à la cicatrice de la première opération. La vessie fut alors recouverte avec un lambeau latéral. Bon résultat. Le malade avait été opéré trois ans auparavant par la méthode de Thiersch qui avait échoué.

5, 6, 7. *Arch f. Klin. Chir.*, 1790 T. XL. p. 1, fasc. 1. G. PASSAVANT. Rapprochement des pubis à l'aide d'une ceinture et d'une gouttière. 3 opérations, 2 échecs.

8. *Soc. all. de chir.*, Berlin. Avril, 1891. SCHLANGE. Mobilisation du pubis au ciseau et au maillet : incisions verticales parallèles au bord externe des muscles droits et allant jusqu'au fascia transversalis ; finalement, suture médiane. Bon résultat.

9. *Soc. all. de chir.*, Berlin, avril 1891. SCHLANGE.

10. *Arch. gén. méd.*, 1892. TRENDELENBURG. 1892. (M., 2 ans et demi). Disjonction des symphyses sacro-iliaques. Il reste une fistule, nouvelle intervention, intoxication iodoformique et mort.

11. *Arch. gén. méd.*, 1892. TRENDELENBURG. (4 ans). Disjonction des symphyses sacro-illiaques. Trois opérations successives. Bon résultat.

22. *British med. Journal*, 21 octobre 1893. BROCKMANN. (M., 4 ans). Disjonction des symphyses sacro-iliaques. Bon résultat, mais il persiste de l'incontinence, l'épispadias n'ayant point été traité.

13. *Wien med. Woch*, 1894. 1112. TRENDELENBURG (M., 14 ans). Bon résultat.

14. *Ugeskr. for Läger*, Vol. XXVI, fasc. 7 et 8, 1894. BERG. Au lieu de la symphyséotomie sacro-iliaque de Trendelenburg, l'auteur a pratiqué comme moins dangereuse l'ostéotomie iliaque verticale, passant par la partie la plus élevée de la grande échancrure sciatique, les deux moitiés du bassin sont maintenues en place en intercalant entre elles un morceau d'ivoire épais de 1 centimètre. Guérison.

15. *Ugeskr. for Läger*. Vol. XXVI, fasc. 7 et 8. BERG. Guérison.

16. *Ugeskr. for Läger*. Vol. XXVI, fasc. 7 et 8, 1894. BERG. Mort sous le chloroforme.

17. *Ugeskr. for Läger*. Vol. XXVI, fasc. 7 et 8, 1894. BERG. Mort de néphrite aiguë.

18. *Ugeskr. for Läger*. Vol. XXVI, fasc. 6 et 8, 1889. BERG. Mort de néphrite aiguë.

19. *Ugeskr. for Läger*. Vol. XXVI, fasc. 7 et 8, 1894. BERG. Guérison.

C. Troisième classe de procédés dans lesquels la vessie disséquée en dehors du péritoine est rabattue sur la gouttière pénienne (SEGOND).

20. *Congrès français de chirurgie*. Paris 1894. SEGOND. (M., 8 ans). Procédé de Segond. La forme extérieure est suffisamment restaurée ; les urines coulent dans un canal exclusivement muqueux et sont recueillies dans un urinal en caoutchouc aisément supporté.

21. *Congrès français de chirurgie*. Paris, 1894. SEGOND. (M., 20 ans.)

Procédé de Segond. Le malade avait été opéré à 2 ans par la méthode autoplastique : depuis lors, des concrétions phosphatiques n'ont cessé de se former dans la vessie ; il en existait une au moment de l'intervention ; au 3ᵉ jour de l'opération, le malade eut une attaque de pyélonéphrite attribuable au cathétérisme permanent des uretères : cela n'eut pas de suite. Le malade se rétablit et était dans d'excellentes conditions n'ayant plus vu de concrétions calcaires se former, lorsque environ trois mois après, il fut emporté par une double pyélonéphrite, conséquence de fatigue et d'excès.

22. *Soc. de méd de Lyon*, 20 nov. 1890. PONCET. (M., 8 ans). Procédé de Segond, légèrement modifié en ce que toute la paroi postérieure de la vessie est utilisée.

23. *Soc. de méd. de Lyon*. 17 nov. 1890. VINCENT. (M., 24 mois). Procédé de Segond. Guérison.

24. *Thèse de Lacaze-Duthiers*. Paris, 1891. SEGOND. (M., 13 ans). Procédé de Segond. Bon résultat.

25. *Bull. acad. de méd.* 1891, avril. BERGER. (M., 50 ans). Procédé de Segond. Le lambeau vésical rabattu fut recouvert par un grand lambeau scrotal passant au-dessus de la verge. La méthode autoplastique avait primitivement échoué par sphacèle des lambeaux, Bon résultat. L'urine s'écoulant par la gouttière vésico urétrale est facilement recueillie dans un urinal.

26. *Transact. chir. soc. London*, 1891, p. 243. ANDERSON. (M., 10 ans). Procédé de Segond insuccès. Sphacèle du lambeau vésical.

27. *Bull. soc. de chir.* T. XX. p. 608, 1894. RICHELOT (M., 5 ans.) Procédé de Segond. Au bout de quelques jours, la paroi vésicale se déchira spontanément au niveau de son insertion à l'abdomen au point où s'était arrêté le décollement chirurgical, de telle sorte que la paroi cutanéo-muqueuse de nouvelle formation devint flottante au-dessus de la gouttière urétrale. Il fut dès lors nécessaire de suturer à la paroi abdominale la paroi antérieure de la vessie. La suture tint parfaitement et la guérison fut complète.

28. *Inédite*. PIÉCHAUD. (M., 2 ans et demi). Procédé de Segond avec la modification de Poncet. Au 5ᵉ jour le lambeau vésical se sphacèle, la suppuration s'empare des lambeaux autoplastiques qui se désunissent.

29. *Inédite*. POUSSON, (M., 3 ans). Procédé de Segond avec la modification de Poncet. Le 26ᵉ jour, alors que tout semblait marcher régulièrement, la suppuration et le sphacèle détruisent le lambeau vésical et une partie des lambeaux d'emprunt. Echec complet.

III. Résumé de 6 opérations d'exstrophie
par la méthode de dérivation du cours de l'urine.

1. *In Commun. de Second au Congrès français de chirurgie*, 1889. SOCIN. (M., ? ans). Abouchement des uretères à la gouttière pénienne Extirpation de la vessie. Bon résultat.

2. *Centralb. f. Gynecol.*, p. 393. REIN. (E., 20 ans). Greffe des uretères au rectum. Extirpation de la vessie. Suture des bords de la plaie abdominale. Résultat satisfaisant.

3. *Thèse de Ahn*. FRIBOURG. (M., 2 ans). Suture des uretères à la racine du pénis. Extirpation de la vessie. Guérison obtenue en deux ou trois semaines.

4. *Wien med. Woch.*, 1894, p. 1257. MAYDL. (M., 21 ans). Ouverture de la cavité péritonéale et résection de la paroi vésicale à l'exception

d'une portion ovale renfermant les orifices des uretères. Cette portion sectionnée au-dessus des corps caverneux et rendue mobile renferme les uretères avec leurs vaisseaux et leur tissu conjonctif. Le côlon ayant été attiré au dehors, une incision longitudinale fut faite sur sa convexité entre les lèvres de laquelle on insera la portion vésicale pédiculée, en suturant les muqueuses ensemble, puis la séreuse intestinale à la musculeuse vésicale. On réduisit ensuite le tout dans l'abdomen que l'on ferma complètement. Guérison en deux ou trois semaines. Résultat satisfaisant.

5. *Wien med. Woch.*, 1894, p. 1257. MAYDL. (F. 14 ans). Résultat satisfaisant.

6. *Congrès des médecins polonais à Cracovie*, d'après le *Bull. méd.*, 19 janvier 1896. KRINSLY. (M., ? ans). Abouchement des uretères au rectum. Résultat excellent ; l'ampoule rectale tolère bien l'urine et le sphincter anal joue le rôle du sphincter vésical.

IV

VALEUR DE L'INTERVENTION CHIRURGICALE

DANS

LES NÉOPLASMES DE LA VESSIE

———

Il n'est plus permis aujourd'hui de discuter sur la légitimité de l'intervention chirurgicale dans les néoplasmes de la vessie : les troubles dysuriques, qui les accompagnent parfois, les douleurs qu'ils déterminent souvent, et les hématuries, qui en sont la conséquence la plus habituelle, cessent presque invariablement dès que la vessie est ouverte. Ces heureux résultats, que l'on obtient même sans attaque directe de la néoplasie, mettent un terme aux symptômes les plus graves de l'affection, et laissent dans les cas désespérés les patients s'éteindre tranquillement. Dussions-nous ne procurer à nos malades que ce mince bénéfice, que nous aurions encore pour devoir d'intervenir.

Mais des faits nombreux attestent que l'extirpation des tumeurs de la vessie est susceptible de donner une survie, dont la moyenne, d'après les relevés d'un de mes mémoires antérieurs sur ce sujet, est de 9 mois chez l'homme et de 26 mois 12 jours chez la femme, et qui peut, chez certains sujets, atteindre 4 ans, 6 ans et même davantage. L'observation de quelques rares malades, suivis bien au delà de ce temps, semble même de nature à nous faire espérer que la cure radicale n'est peut-être pas au-dessus des ressources de la chirurgie.

C'est cette cure radicale que, dès leurs premières opérations, les chirurgiens poursuivirent avec d'autant plus de confiance que la structure normale de la vessie et la nature histologique des productions intra-vésicales et leur évolution anatomique et clinique semblaient les différencier des autres néoplasmes de l'économie, et devoir les cantonner pendant toute la durée de leur développement dans le viscère, où elles avaient pris d'abord naissance.

Les progrès de l'anatomie macroscopique et microscopique en ont malheureusement rappelé de l'optimisme de cette opinion, et l'on sait actuellement que les épithéliomas, les sarcomes et autres tumeurs malignes de la vessie ne le cèdent en rien par leur gravité et leur tendance à la récidive sur place, sinon à la généralisation, aux tumeurs des autres viscères. Bien plus, il est aujourd'hui hors de doute que, dans la vessie plus que dans tous les autres organes, des néoplasies, présentant pendant de longues années tous les caractères de la bénignité, sont susceptibles de se transformer à un moment donné en néoplasies de la plus extrême malignité.

Ces connaissances nouvelles sur la nature et l'évolution des tumeurs vésicales ont conduit, déjà depuis plusieurs années, les opérateurs à remplacer l'abrasion et l'extirpation simple du néoplasme par la résection partielle ou totale du réservoir urinaire. Mais il ne semble pas jusqu'ici que la cystectomie partielle ait donné de meilleurs résultats au point de vue de la survie que l'extirpation simple de la néoplasie. Quant à la cystectomie totale pratiquée par Bardenhauer, Gussenbauer, Kuster, Pawlick, elle constitue une opération tellement grave, que presque tous les opérés succombèrent immédiatement ou dans les jours qui suivirent l'intervention. L'observation de la femme opérée par Pawlick, qui vivait encore au bout de 2 ans et demi, est le seul élément d'appréciation que nous ayons sur la valeur de l'extirpation totale de la vessie au point de vue des résultats éloignés.

On ne peut évidemment que louer ces tentatives, mais ce qui sans doute arrêtera longtemps encore ceux qui ne font pas consister la chirurgie dans le seul acte opératoire, c'est la question très difficile à résoudre des indications et des contre-indications de l'extirpation totale ou partielle de la vessie dégénérée.

Si en effet, ainsi que je l'ai dit au début de cette note, l'intervention est parfaitement justifiée et s'impose même dans les cas où la vie des malades est menacée par la répétition d'hémorrhagies profuses, la violence des douleurs et la gravité des troubles dysuriques, elle ne saurait s'offrir avec les mêmes caractères de légitimité et encore moins d'urgence lorsque le malade n'a que de temps à autre quelques mictions sanglantes, de la douleur et de la gêne dans l'émission de l'urine. Etant donné la lente évolution des néoplasmes vésicaux, qui peut durer 10, 15, 20 ans et même davantage, et la tolérance de l'appareil urinaire pendant cette longue période, le principe général de la chirurgie des tumeurs, qui veut qu'on en pratique au plutôt l'exérèse, perd ici incontestablement de sa valeur. A moins de néoplasmes uniques ou peu nombreux, de petit volume, nettement pédiculés ou à surface d'implantation restreinte, situés dans les zones facilement accessibles de la vessie, le chirurgien sera-t-il blâmable de s'abstenir lorsqu'il sera consulté pour les quelques troubles, qui décèlent pendant si longtemps la présence d'une tumeur vésicale? C'est cependant à ce moment que la cure radicale s'offre avec toutes ses chances de succès : mais les dangers que présente l'opération seront-ils compensés par la survie qu'elle assurera à l'opéré ?

Les statistiques nombreuses et si bien dressées que nous possédons ne sauraient nous permettre de répondre à cette question, car dans les faits qui les composent, l'opération n'a été le plus souvent pratiquée qu'à une époque éloignée du début de l'affection, sous la pression de symptômes graves, et n'a consisté, dans l'immense majorité des cas, que dans l'extirpation pure et simple de la néoplasie.

Ma statistique personnelle présente à cet égard le même *desideratum*. Je crois néanmoins devoir la faire connaître. Si aucun enseignement nouveau d'ordre général ne s'en dégage, elle apportera du moins dans les détails de quelques-unes des observations qui la composent, son appoint à cette question encore d'actualité de l'intervention dans les tumeurs de la vessie.

Sur les 16 malades que j'ai observés, 8 ont été opérés, dont 6 par moi-même : 14 appartenaient au sexe masculin et 2 au sexe féminin.

Sans analyser par le menu les symptômes qu'ils présentaient, je noterai que chez presque tous le phénomène dominant était l'hématurie avec ses caractères pathognomoniques.

Chez 2 d'entre eux elle faisait cependant défaut, mais les troubles urinaires, joints aux constatations faites par l'exploration intra-vésicale avec la sonde et par la palpation bimanuelle, ne laissèrent pas longtemps le diagnostic en suspens.

Chez plusieurs je pratiquai l'examen endoscopique, mais cet examen ne m'a jamais servi qu'à contrôler l'exactitude du diagnostic déjà porté. Une fois cependant la cystoscopie m'a été d'une réelle utilité, en me faisant dépister un néoplasme inséré sur le côté gauche de la vessie, très près du col, chez un malade présentant des phénomènes très obscurs, et que plusieurs chirurgiens avaient attribués à de l'urétro-cystite.

Les chiffres suivants, qui expriment le temps s'étant écoulé depuis le début des premiers accidents révélateurs de l'affection jusqu'au jour où le malade est venu se soumettre pour la première fois à mon examen, confirment ce que nous savons sur la lenteur de l'évolution des néoplasies vésicales.

1 avait	éprouvé les premiers symptômes			6 mois	
4 avaient	—	—	—	1 an	
4	—	—	—	—	2 ans
2	—	—	—	—	3 —
1 avait	—	—	—	6 —	
1	—	—	—	—	13 —
1	—	—	—	—	18 —
1	—	—	—	—	26 —
1	—	—	—	—	30 —

(avant de me consulter)

Il serait assurément intéressant de savoir quelle était la nature de la néoplasie et de rapprocher sa structure histologique de la durée de son évolution. Ce rapprochement servirait sans doute à confirmer cette hypothèse infiniment probable que, dans la vessie comme dans tous les autres organes, les tumeurs histologiquement bénignes ont une évolution plus lente que les tumeurs histologiquement malignes. J'ignore malheureusement la nature histologique des néoplasmes pour lesquels l'intervention n'a pas eu lieu; quant à celle des tumeurs opérées, je la ferai connaître ultérieurement. A la vérité la constitution anatomique d'une tumeur que l'on enlève, alors qu'elle s'est développée depuis longtemps dans la vessie, ne saurait être dans tous les cas celle qu'elle présentait dans les premiers temps de son évolution. Comme je l'ai dit précédemment, la transformation des tumeurs bénignes en tumeurs malignes ne peut être mise en doute et la vessie, plus que tout autre organe, se prête à cette transformation des néoplasmes développés dans sa cavité.

Les symptômes locaux et généraux présentant sensiblement la même gravité chez mes malades opérés ou non, il n'est pas sans quelque utilité, pour juger de la valeur de l'intervention, de rapprocher de la survie post-opératoire le temps pendant lequel ont vécu encore, après le premier examen, les malades qui n'ont pas été opérés. Le tableau suivant a été dressé dans ce but. Il indique en outre la cause déterminante de la mort, lorsque celle-ci est survenue.

Temps pendant lequel les malades **non** opérés ont vécu après notre premier examen.	Temps pendant lequel les malades opérés ont vécu après l'opération.
1 malade mort quelques jours après : Épuisement par les douleurs et les hémorrhagies.	1 malade mort soixante heures après : Intoxication iodoformique.
1 malade mort deux semaines après : Affaiblissement prolongé par les hématuries,	1 malade mort trois semaines après : Épuisement sans hémorrhagie.
1 malade mort six semaines après : Hémorrhagies.	1 malade mort deux mois après : Pyélonéphrite.
1 malade mort six mois après : Hématuries.	1 malade mort cinq mois après : Fièvre urineuse après cathétérisme septique.
1 malade mort cinq ans après : Cachexie cancéreuse, énorme tumeur remplissant toute la vessie.	1 malade mort deux ans après : Récidive, 2ᵉ opération, anurie.
1 malade encore en observation depuis deux mois.	1 malade mort quatre ans après : Récidive hématurie.
2 malades perdus de vue après quelques semaines d'observation.	2 malades encore en observation vivants l'un opéré il y a quatre mois ; l'autre il y a sept mois.
	1 malade perdu de vue après quelques semaines.

Établissant la moyenne de la survie des malades opérés et non opérés de ce tableau, nous voyons que cette survie est de 1 an 4 mois et 2 semaines pour ceux chez lesquels on est intervenu, et qu'elle est de 1 an 2 mois et 8 semaines pour ceux chez lesquels on s'est abstenu.

Ainsi présentées, ces données de ma petite statistique paraîtront de prime abord bien peu favorables au principe de l'intervention dans les néoplasmes vésicaux ; mais si l'on entre dans les détails de leurs éléments on se convaincra que mes observations plaident encore pour l'opération. En effet, si l'on retranche du nombre des malades non opérés un vieillard de 73 ans, qui vécut sans hémorrhagie et sans douleur plus de 5 ans après la constatation des premiers symptômes, la moyenne de la survie au lieu d'être de 1 an 2 mois et 3 semaines s'abaisse à 8 semaines, tandis que celle des malades opérés reste à 1 an 4 mois et 2 semaines.

En considérant d'une part que les malades de la première série ont tous succombé à l'épuisement résultant des douleurs, des hématuries, ou autres accidents, auxquels ils étaient en proie, et d'autre part que ces accidents ont été conjurés par l'opération chez ceux de la seconde série, on ne pourra s'empêcher d'attribuer à l'intervention la prolongation de l'existence de ces derniers.

Si chez quatre d'entre eux la survie n'a pas dépassé 6 mois, chez deux elle a atteint 2 et 4 ans. Je ne sais quel avenir est réservé aux deux derniers opérés encore en observation, l'un depuis 4 mois, l'autre depuis 7. Etant donné le mode d'implantation des néoplasies dont ils étaient porteurs, et leur nature histologique, j'ai tout lieu de craindre que leur guérison ne soit pas plus définitive que celle des autres opérés.

Pour le moment ils jouissent de cette trève de symptômes, qui est le résultat auquel nous pouvons seul prétendre toutes les fois qu'une résection suffisamment étendue de la vessie, tant en largeur qu'en profondeur, ne nous offre pas les chances d'une éradication complète du mal.

Chez aucun de mes malades je n'ai pratiqué la résection de la vessie, mais je me suis efforcé de faire l'extirpation du néoplasme et de ses racines aussi largement et profondément que possible, par dissection du pédicule dans l'épaisseur des parois, par grattage ou par cautérisation.

Le point et le mode d'implantation de la néoplasie auraient rendu dans la plupart de mes cas la résection partielle impraticable, et dans plusieurs d'entre eux je n'aurais eu d'autres ressources pour faire l'extirpation complète du mal que de supprimer en totalité la vessie. Ce que j'ai dit précédemment de la gravité de la cystectomie totale explique pour quelle raison je n'ai pas osé entreprendre pareille opération.

Voici quels étaient le siège et le mode d'implantation des tumeurs opérées :

Côté droit au-dessous du trigone...................	Pédiculée
Bas-fond un peu à droite,.......................	Sessile
Bas-fond à droite...............................	Pédiculée
Col à droite...................................	{ 2 végétations pédiculées
Col à droite....	{ Grosse tumeur pédiculée et une série de végétations plus petites embrassant la partie inférieure du col en forme de fer à cheval.
Col à gauche..	{ Large pédicule s'étendant jusque dans l'intérieur du col.

L'examen histologique des 6 tumeurs, que j'ai personnellement opérées, a montré qu'il s'agissait de papillomes dans 3 cas, et d'épithéliomes lobulés dans les 3 autres.

L'incision de la vessie par l'hypogastre a été pratiquée chez tous mes opérés à l'exclusion de l'incision périnéale. Sauf dans 1 cas j'ai toujours eu recours aux tubes de Guyon-Périer pour drainer la vessie pendant quelques jours après l'opération. Dans l'unique cas où je tentai la fermeture du réservoir, la suture, après avoir semblé tenir pendant 10 jours, se désunit et l'urine filtra à l'extérieur, sans qu'il en résultât le moindre accident local ou général et sans qu'il se formât de fistule.

Comme on peut le voir dans le tableau, où j'ai noté le temps pendant lequel les malades opérés ont vécu après l'intervention, un seul a succombé à l'opération mais encore d'une façon très indirecte. Il s'agit d'un malade de 43 ans que j'opérai dans un état d'anémie extrême, où l'avaient plongé des hématuries profuses se produisant sans discontinuer depuis plus de 6 semaines. Craignant de le voir succomber au cours de l'opération, j'enlevai très rapidement le néoplasme par abrasion et, dans le but de diminuer la perte de sang, après avoir placé les tubes Guyon-Périer, je me hâtai de tamponner la vessie à l'aide de bandelettes de gaze iodoformée. Tout alla bien pendant 48 heures, les urines s'écoulaient incolores par les tubes, lorsque le matin du troisième jour le malade fut pris de délire, d'oppression, de refroidissement et mourut le soir même avec les signes de l'intoxication iodoformique. Un autre de mes malades, qui succomba au bout de 3 semaines, était extrêmement affaibli au moment de l'opération et fut emporté par épuisement progressif, mais après avoir vu s'atténuer ses atroces douleurs. Enfin comme conséquence très rare de l'opération, je dois signaler l'anurie, à laquelle succomba le malade chez lequel je dûs intervenir pour une récidive 2 ans après la première opération.

V

TRAITEMENT

DES

CALCULS VÉSICAUX CHEZ LES ENFANTS MALES

(TAILLE OU LITHOTRITIE ?)

———

Si, à l'heure actuelle, de l'avis de la grande majorité des chirurgiens sinon de l'unanimité, la méthode de choix pour le traitement des calculs vésicaux chez l'adulte est la lithotritie, tandis que la taille n'est plus considérée que comme une méthode d'exception perdant de jour en jour du terrain, l'opinion est encore indécise en ce qui concerne la meilleure méthode opératoire de la pierre chez l'enfant mâle. Comme preuve de cette indécision, qu'il me soit permis d'invoquer le résultat de quelques recherches bibliographiques que j'ai faites dans le but de savoir ce que pensent de la lithotritie et de la taille, chez les jeunes sujets, les chirurgiens les plus experts dans la matière tant à l'étranger que dans notre pays.

En Angleterre, sir Henry Thompson, Harrison, considèrent qu'au-dessous de 12 ou 14 ans l'extraction par les voies naturelles doit céder le pas à la cystotomie, à moins que la pierre soit de très petites dimensions, ne dépassant pas, par exemple, le volume d'un haricot ou ne mesurant pas au-delà de trois huitièmes de pouce dans son plus grand diamètre. Tous deux insistent d'ailleurs sur la difficulté plus grande de la lithotritie dans le jeune âge même pour de petits calculs. Edmund Owen, n'est pas beaucoup plus partisan que ses deux compatriotes de la lithotritie chez les enfants. Voici en effet ce qu'il écrit dans son traité de chirurgie infantile. « La lithotritie d'après la méthode de Bigelow devrait être essayée chez tous les enfants masculins, qui ne présentent qu'un seul calcul. Mais si celui-ci est trop volumineux ou trop dur pour être broyé, si la vessie est enflammée et en général si l'enfant *a moins de dix ans*, il convient de recourir à la taille »

En Amérique, W. Walsham, après avoir relevé une heureuse série de 12 lithotomies grèvée d'un seul décès, en rapporte une plus belle encore de 31 cas de lithotritie sans une seule mort et se prononce pour cette dernière. Par contre Briggs (de Nashville), dans un mémoire lu devant l'*Américan médical Association*, déclare que la taille est l'opération de choix chez les jeunes garçons au-dessous de 16 ans, tandis que chez les adultes c'est la lithotritie. Edmund Andrews émet la même opinion, s'appuyant sur cet argument que chez les enfants le petit calibre de l'urètre ne peut admettre le lithotriteur. White, autre chirurgien américain, préconise vivement la lithotritie avec aspiration, qui, selon lui, ne trouve de contre indications chez les enfants mâles que dans le volume et la dureté de la pierre. Keegan, dans un travail, où se trouve dépouillé une importante statistique de 160 cas, montre le même enthousiasme pour la litholapaxie. Il a pu broyer chez des enfants mâles des calculs volumineux pesant 30 et 40 grammes. Freyer, qui met en ligne une imposante série de 115 cas de litholapaxie chez de jeunes garçons sans un seul insuccès, écrit que c'est là une opération presque universellement applicable à tous les cas de calculs vésicaux, aussi bien chez les jeunes enfants que chez les adultes.

En Allemagne, où la méthode nouvelle appliquée à l'adulte a été, comme on le sait, l'objet d'attaques vigoureuses au Congrès de Magdebourg il y a quelques années, Dittel n'hésita pas, dès son apparition, à recommander son emploi chez les enfants. Schmitz, dans un mémoire important, reposant sur 88 opérations de pierre pratiquées chez des enfants de moins de treize ans, soit par les différentes tailles dans 70 cas, soit par la lithotritie dans 18 cas, dit n'avoir obtenu que d'assez médiocres résultats par la méthode non sanglante et déclare sa tendance à la rejeter sauf pour les calculs phospha tiques et chez les petites filles. N'ayant feuilleté qu'un petit nombre de publications allemandes, je ne sais quelle est actuellement l'opinion de nos confrères d'Outre-Rhin sur la valeur respective de la taille et de la lithotritie dans le jeune âge.

En Russie, comme en Amérique, on trouve un grand nombre de documents relatifs à la question, qui nous occupe. Cette abondance s'explique par la fréquece extrême de l'affection calculeuse dans plusieurs provinces de ce vaste empire. Les deux méthodes d'extraction de la pierre dans le jeune âge y ont leurs partisans. Tandis que Bereskine, après avoir rapporté 59 opérations de taille hypogastrique pratiquées par Irchik à l'hôpital d'enfants de St-Wladiminir de Moscou, donne la préférence à la cystotomie sus-pubienne, Wedenski, réunissant 148 opérations de lithotritie infantile pratiquées dans les divers hôpitaux de la même ville par Kline, Schmits, Ebermann et lui-même, considère le broiement par les voies naturelles comme bien supérieur à l'extraction par la méthode sanglante. Plus récemment, Alexandroff est venu par de nouvelles statistiques appuyer l'opinion de Wedenski.

En France, Desnos, dans sa remarquable thèse où se trouve analysé 226 opérations de lithotritie à séances prolongées, pratiquées par notre maitre commun le professeur Guyon, ne relève qu'un cas de lithotritie faite avec succès chez un enfant de 4 ans. A cette occasion il fait remarquer combien le chloroforme et l'évacuation immédiate des fragments rendent moins redoutable dans le jeune âge la lithotritie moderne. Kirmisson, dans sa thèse d'agrégation, usant des mêmes arguments, reconnaît à la lithotritie des avantages marqués, mais il insiste sur la nécessité de « faire l'évacuation complète de la vessie en une seule séance, ou du moins de pousser le broiement assez loin pour que la poussière calculeuse ne donne lieu, pendant son passage à travers l'urètre, à aucun accident », si l'on ne peut obéir à ces préceptes « il vaut mieux, dit-il, employer la taille qui fournit, à cet âge de la vie, de très beaux succès ». A lire les diverses observations publiées dans les recueils périodiques de notre pays, il ne semble pas que les chirurgiens français se soient rangés à l'opinion de Desnos et de Kirmisson. On ne trouve que très peu d'observations de lithotritie, tandis que les opérations de lithotomie sont nombreuses. La thèse de Gordon, dont les matériaux ont été empruntés à la pratique de deux maîtres éminents en chirurgie infantile, le professeur Lannelongue et de Saint-Germain, et qui reflète sans doute leurs idées, proclame la grande supériorité de la taille chez l'enfant sur la lithotritie, « parce qu'elle

est plus radicale et en même temps plus facile à pratiquer ».
Je sais, pour en avoir causé avec quelques chirurgiens bordelais, que la méthode sanglante a toute leur préférence.

Ainsi que je le disais en commençant, on voit par ce rapide
aperçu combien est flottante l'opinion des chirurgiens sur la
valeur comparative de la taille et de la lithotritie [1].

Si l'on s'en rapportait au seul résultat brut des statistiques
suivantes, la question serait bientôt tranchée, et la mortalité
notablement plus grande de la cystotomie devrait faire pencher
la balance du côté de la lithotritie.

Statistiques de 378 opérations de taille par des procédés divers || *Statistiques de 465 opérations de lithotritie*

PRATIQUÉES CHEZ DES ENFANTS

NOMS des auteurs	NOMBRE des opérés	NOMBRE des décès	POUR-CENTAGE de la mortalité	POUR-CENTAGE de la mortalité	NOMBRE des décès	NOMBRE des opérés	NONS des auteurs
Thompson.	12	1	8.1 0/0	0	0	3	Thompson.
Walsham	10	1	8.1 0/0	0	0	31	Walsham.
Edmund Andrews..	26	2	7.8 0/0				
Schmitz.	70	22	31.3 0/0	11.1 0/0	2	18	Schmitz.
				0	3	115	Freyer.
Werewkin.	187	20	10.7 0/0				
				4.37 0/0	7	160	Keegan.
Bereskine	59	8	13.6 0/0				
				15.6 0/0	5	32	Alexandroff.
Gordon.	12	1	8.1 0/0				
				0.9 0/0		106	H. Fenwich.
TOTAL	378	55	14.6 0.0	3 0/0	14	465	TOTAL.

En additionnant en effet les résultats des statistiques partielles réunies dans le tableau ci-dessus, je trouve que tandis

---

1. Dans une thèse (Bordeaux 1892) écrite à notre instigation par le
Dr. Poret, cet auteur a mis en regard les résultats de deux statistiques
imposantes, dont les éléments ont été empruntés à divers opérateurs
ayant eu à traiter des enfants atteints de calculs de la vessie. L'une
comprend 1,893 opérations par divers procédés de taille avec une mortalité de 10,6 0/0; l'autre 703 opérations de lithotritie avec une mortalité de
3,5 0/0. De l'ensemble de ces faits M. Poret se hâte peut-être trop de
conclure que « même chez les enfants, la lithotritie est préférable à la
taille hypogastrique et que celle-ci ne doit vivre que des contre-indications de la première... »

que 378 opérations par les divers procédés de taille donnent 55 décès, soit une mortalité de 14,6 0/0, 465 opérations de lithotritie ne fournissent que 14 décès, soit une mortalité de 3 0/0. La part des succès de la lithotritie est vraiment trop belle, et je me demande si ces brillants résultats, qui éclipsent ceux de la lithotritie chez l'adulte (5,31 0/0 de mortalité d'après Desnos et au-dessous de 3 0/0 d'après les derniers relevés de la pratique de Thompson et de Guyon), ne tiennent pas à quelques conditions particulièrement favorables des jeunes opérés. Après les restrictions judicieuses de Thompson, de Harrison, d'Edmund Owen, qui réservent la lithotritie aux calculs petits, peu durs, habitant une vessie peu enflammée et tolérante chez des enfants au-dessus de dix ans (Edmund Owen), après l'affirmation de Saint-Germain, qui rejette absolument le broiement intra-vésical dans le jeune âge, je crois qu'on ne peut dégager du dépouillement des statistiques précédentes que cette conclusion, que la lithotritie *pratiquée dans de certaines conditions chez les enfants donne d'excellents résultats.*

Ces conditions sont celles précisées par les chirurgiens anglais et que je viens de signaler. L'emploi du chloroforme et le débarras immédiat de la vessie a incontestablement agrandi chez l'enfant comme chez l'adulte le domaine de la lithotritie moderne. Grâce à l'anesthésie, l'indocilité des petits malades, les réactions violentes de la vessie ne sont plus des contre-indications absolues au broiement intra-vésical de la pierre, et l'évacuation immédiate et complète des fragments a fait disparaître les dangers de leur engagement dans l'urètre, accident que rend si facile chez les enfants le développement rudimentaire de la prostate.

Mais il est un *impedimentum* à la lithotritie dans le jeune âge, que les progrès de la médecine opératoire ne sauraient faire disparaître : c'est l'étroitesse du canal de l'urètre. Quelques perfectionnements que l'industrie ait apportés à la construction des lithotriteurs, les mors et la tige de ces instruments ne peuvent descendre au-dessous de certaines limites. Leur gracilité n'étant obtenue qu'au détriment de leur puissance, ils ne conviennent alors qu'au broiement de calculs petits et peu résistants. Plus souvent encore que le broiement, l'évacuation totale des fragments trouve dans l'étroitesse du canal des obstacles, qui la rendent impossible.

Je crois qu'avant d'entreprendre la lithotritie chez l'enfant, le chirurgien doit se préoccuper de l'évacuation et rejeter l'opération par les voies naturelles, si le diamètre du canal ne permet pas l'introduction d'une sonde suffisante. Nombre d'opérateurs ont été ainsi empêchés de faire et d'achever la lithotritie. On trouve dans la thèse de Gordon des échecs, qui n'ont pas d'autres causes. Chez le petit malade, âgé de quatre ans et dix mois, qui a été l'occasion de ce travail, j'ai été obligé de renoncer au broiement par les voies naturelles, parce que son canal se refusait à admettre le petit lithothiteur 00 de Collin correspondant au niveau de son bec au n° 17 de la filière, c'est-à-dire mesurant 5^{mm} 2/3.

Je ne sache pas que les dimensions du canal de l'urètre chez les enfants et son degré de dilatabilité aient été l'objet de recherches dans notre pays, je ne puis donc rapporter que ce que nous apprend à ce sujet l'expérience des opérateurs étrangers. Keegan avance que de trois à six ans, l'urètre peut admettre le n°7 ou 8 de la filière anglaise (n°s 13 à 15 de la filière française, ou 4^{mm} 1/3, à 5^{mm} de diamètre) et de huit à dix ans le n° 10 ou 11 et même quelquefois le n° 14 de la même filière anglaise (n°s 18 à 20 et même 24 de la filière française ou 6^{mm}, 6^{mm} 2/3 et même 8^{mm} de diamètre). W. Washam prétend qu'après le débridement du méat, on peut introduire dans l'urètre des enfants de trois ou quatre ans et au-dessous de cet âge, des instruments correspondant aux n°s 6 ou 8 de l'échelle anglaise, c'est-à-dire aux n°s 11 à 16 de la filière française, ou 3^{mm} 2/3 à 5 ^{mm} 1/2. D'après White, le canal des enfants admet sans difficulté le n° 16 de la filière Charrière.

Parmi les chirurgiens russes, Alexandroff exige pour pratiquer la lithotritie que le canal laisse passer le n° 14 de la graduation française, au-dessous de cette limite, il recommande de faire la taille. D'après Popoff, le professeur Kouzmine aurait pratiqué avec succès la lithotritie avec aspiration chez des enfants de deux à quatre ans, en se servant d'instruments correspondant au n° 20 de notre échelle. Il est vrai qu'avant d'entreprendre son opération il avait eu soin de dilater progressivement l'urètre, mais cet auteur affirme que chez le nouveau-né le canal admet sans peine le n° 14.

Le professeur Guyon, dans l'opération qu'il pratiqua chez l'enfant de quatre ans, dont l'observation se trouve dans la thèse de Desnos, se servit d'un brise-pierre n° 14 et d'une sonde évacuatrice n° 16. Mais le lendemain, le malade eut du gonflement de la verge, de la rougeur et de la douleur le long de l'urètre, phénomènes qui persistèrent durant quatre à cinq jours. Si l'urètre ne fut pas rompu au cours des manœuvres, il fut tout au moins violenté.

Les mesures du canal données par les chirurgiens anglais, américains et russes me paraissent exagérées, si je m'en rapporte à ce que j'ai pu constater par moi-même sur le petit nombre d'enfants, qu'il m'a été donné d'examiner depuis que mon attention est attirée sur ce sujet. Ces examens sont d'ailleurs trop peu nombreux pour me permettre de donner des moyennes. Si les différences que je crois exister entre le calibre des urètres infantils anglo-américains et russes et celui des urètres infantils français se confirment, on en trouvera peut-être la raison dans les différences de races.

Chez le petit malade de quatre ans et dix mois que je me disposais à lithotritier, je ne pus, ainsi que je l'ai dit, introduire dans son canal le lithotriteur n° 00 de Colin, et je ne parvins à faire pénétrer dans la vessie qu'une sonde n° 11. Dans l'impossibilité de pratiquer la lithotritie, je me décidai sans peine pour la cystotomie sus-pubienne, qui est une excellente opération aussi bien chez l'enfant que chez l'adulte et dont le manuel opératoire se perfectionne et se simplifie de jour en jour.

Voici mon observation, dont je ferai ressortir après l'avoir rapportée, les points les plus intéressants.

ANTÉCÉDENTS. — A. B..., âgé de quatre ans et dix mois, s'est toujours bien porté jusqu'au printemps dernier (1891). A cette époque il eut une assez forte attaque de coqueluche et, au déclin de cette affection, il commença à se plaindre de douleurs en urinant, les besoins devinrent plus fréquents, surtout pendant le jour, les urines se troublèrent et renfermèrent du sang à plusieurs reprises. L'enfant fut examiné à cette époque par un médecin, qui pratiqua le cathétérisme de la vessie. Cet examen fut négatif. Un traitement par les balsamiques fut prescrit qui améliora un peu les symptômes de cystites. Mais tous les phénomènes de fréquence, de douleurs des mictions, de troubles des urines, de pissement de sang ayant reparu avec une plus grande intensité, la mère conduit son enfant à la consultation des maladies des voies urinaires de la Faculté, le 18 janvier 1892.

L'introduction dans la vessie d'un explorateur à boule n° 11 me fait percevoir de suite un contact, qui joint aux symptômes subjectifs présentés par l'enfant, ne me laisse aucun doute sur l'existence d'un calcul dans la vessie. Une opération s'imposait, mais jusqu'au dernier moment je restai hésitant entre la lithotritie et la taille hypogastrique. J'avoue que malgré toutes mes préférences pour l'opération par les voies naturelles, en tant que méthode générale chez l'adulte, j'inclinai fortement vers la cystotomie. L'impossibilité, que j'éprouvai à introduire le petit lithotriteur n° 00 pour enfant de Collin, me décida pour cette dernière.

OPÉRATION. — Je la pratiquai le 30 janvier chez la mère de l'enfant, dans un milieu misérable. Anesthésie. Pas de ballonnement rectal. L'introduction de 60 grammes d'eau boriquée dans la vessie la fait fortement saillir à l'hypogastre.

J'incise les tissus sur le trajet de la ligne blanche jusqu'à la vessie sans ouvrir le moindre vaisseau important. Je ne trouve pas la couche de graisse jaune si abondante chez l'adulte. Je relève avec l'ongle les tissus prévésicaux vers l'angle supérieur de la plaie, de manière à entraîner avec eux le cul-de-sac péritonéal. J'incise alors la vessie, mais n'ayant pas donné à mon incision assez de longueur, je ne puis introduire mon doigt dans sa cavité et en soutenir les parois. Le viscère m'échappe ainsi et se rétracte en se vidant de son contenu derrière le pubis. J'ai beaucoup de peine à retrouver la ponction que j'y ai faite ; j'y parviens cependant en me servant du bec d'une sonde cannelée, je m'en sers comme conducteur et j'agrandis l'ouverture. Un fil passé dans chacune de ses lèvres les écarte et les soulève. Je n'ai dès lors aucune difficulté à retirer le calcul à l'aide d'une simple pince à forcipressure. Il mesure pas tout à fait deux centimètres dans son plus grand diamètre et un peu plus d'un centimètre dans son plus petit.

La vessie ayant été lavée à la solution de sublimé au 1/1000, ainsi que les lèvres de la plaie de la paroi abdominale, je commence par suturer la vessie à l'aide de six points séparés de catgut 00 (1) traversant toute l'épaisseur des parois de la vessie y compris la muqueuse. Je réunis également au catgut la boutonnière séparant les muscles grands droits, enfin je réunis complètement les téguments au moyen de quatre points au crin de Florence. N'ayant pas à ma disposition de sonde de de Pezzer, je place dans l'urètre une sonde en gomme très souple à béquille n° 11. Il m'est impossible, en raison du calibre du canal, d'introduire une sonde d'un numéro plus gros. Saupoudrage de la plaie à l'iodoforme, gaze salycilée chiffonnée, ouate entourant tout le bas-ventre et les organes génitaux dans leur entier.

SUITES OPÉRATOIRES. *Soir.* — La journée a été bonne, le malade n'a pas eu de vomissements chloroformiques, il a été très docile.

La sonde a bien marché jusque vers quatre heures et donné issue à plus de 200 grammes d'urine limpide, non teintée. Au moment où je vois le malade, cinq heures et demie, elle est bouchée et ne fonctionne plus. Je la débouche à l'aide d'une

---

1. La suture entrecoupée à points séparés est selon moi bien inférieure à la suture continue ou en surjet pour la fermeture de la vessie, aussi l'ai-je abandonnée pour cette dernière.

injection d'acide borique et il s'écoule de suite 30 à 40 grammes d'urine un peu épaisse et contenant quelques tractus sanguinolents. Le ventre est souple, le pansement est sec. Temp., 37,4.

31 janvier. — La nuit a été excellente. La sonde a très bien fonctionné et laissé écouler 600 grammes d'urine limpide. L'enfant est gai; souplesse du ventre; pansement sec; apyrexie.

Dans la journée, le petit malade est agité; il vomit le lait qu'il prend. Lorsque je le vois à six heures, son ventre est très ballonné, surtout à l'épigastre; la région suspubienne et les flancs sont plats, non douloureux spontanément ou à la pression. La respiration est un peu précipitée, pouls plein, régulier, 110 pulsations; temp., 38°. La sonde ne fonctionne pas depuis environ deux heures; je la débouche et l'urine se met aussitôt à couler et il en sort 60 à 70 grammes.

1er février. — Le malade a été agité cette nuit jusque vers minuit. A ce moment, il a eu quelques vomissements bilieux à la suite desquels le ballonnement du ventre a disparu. Ce matin, l'enfant est calme, pas de météorisme, pas de douleur au niveau de l'hypogastre; temp., 37,2. La sonde a bien fonctionné.

2 février. — Toujours état satisfaisant. Pas de fièvre. L'urine s'écoule très claire par la sonde. Le pansement est défait; pas le moindre gonflement, la moindre rougeur de la plaie; pas l'ombre de suppuration. Après avoir de nouveau saupoudré la plaie d'iodoforme je refais le pansement comme précédemment.

Tout allant parfaitement bien, je le laisse en place jusqu'au 8 février (dixième jour après l'opération.) Ce jour, la plaie paraît réunie; j'enlève la sonde à demeure, mais je conserve le même pansement sur l'hypogastre. Au dire de la mère, le malade a uriné deux ou trois fois par son canal dans la journée, mais lorsque je le vois le soir, son pansement est inondé, et je constate après l'avoir défait que l'urine s'échappe par l'angle inférieur de la plaie. Au-dessus, les points de suture sont solides; la plaie ne s'est pas ouverte; il n'y a pas de gonflement, pas de douleur, pas de trace d'infiltration d'urine. L'état général du malade est satisfaisant: temp., 37°. Je m'empresse de mettre une nouvelle sonde n° 11 à demeure et je refais le pansement. De suite, le cours de l'urine se rétablit par la sonde et l'écoulement par l'hypogastre cesse. Le pansement reste sec.

Je le défais le 12 février (quatorzième jour); la plaie est en bon état et la fistule inférieure paraît fermée. Je laisse néanmoins la sonde jusqu'au 15 février (dix-septième jour) et à ce moment je l'enlève définitivement. La plaie est en ce moment complètement fermée, car il ne passe plus d'urine et les mictions se font par l'urètre. Dès le lendemain le malade se lève et cinq ou six jours après il reprend ses jeux habituels.

Je ne crois pas devoir donner les raisons qui me décidèrent à pratiquer chez mon petit malade la taille hypogastrique, plutôt que l'une des nombreuses tailles périnéales. Outre la grande simplicité de son manuel opératoire, qui n'exige aucun instrument spécial, pas même le ballon rectal, nous le verrons, outre son extrême facilité d'exécution, le large accès qu'elle ouvre dans la vessie, la possibilité d'assurer à la plaie, jusqu'à sa complète guérison, le bénéfice de l'asepsie la plus parfaite, avantages que possède la cystotomie sus-pubienne à tous les âges, cette opération pratiquée chez les enfants en présente encore d'autres. En effet, dans les premiers temps de la vie, la vessie émergeant en grande partie au-dessus du détroit supérieur du bassin est d'un accès facile par l'hypogastre ; on ne traverse pour y arriver aucun organe important et on ne risque pas, comme dans les diverses incisions exigées par les tailles périnéales, d'inciser les conduits éjaculateurs. Ces avantages sont tels que je dirai volontiers que l'emploi de la taille hypogastrique, déjà préférable dans l'âge adulte, s'impose, à l'exclusion de toute autre, dans l'enfance.

Un point particulier à noter dans mon opération, c'est que je me suis passé du ballonnement. Contrairement à ce que l'on a cru au début du manuel opératoire de Petersen, le ballon introduit dans le rectum ne relève que d'une façon insignifiante le cul-de-sac antérieur du péritoine, mais son emploi n'en est pas moins à recommander chez l'adulte, car il soutient le bas-fond de la vessie et force ce viscère à se développer du côté de la cavité de Retzius, au fur et à mesure qu'il se dilate sous l'influence du liquide injecté dans son intérieur.

Chez l'enfant, où, je le répète, la vessie est située au-dessus du détroit supérieur, le ballon rectal est moins nécessaire. Il peut même, selon Defontaine, créer des dangers dans certains cas. Chez un petit malade opéré par ce chirurgien, le ballon trop distendu et trop enfoncé faisait saillir fortement le rectum sous la paroi abdominale au point qu'on aurait pu le prendre pour la vessie et l'inciser. Le même mouvement d'ascension du ballon dans l'intestin est signalé dans une observation de de Saint-Germain, rapportée dans la thèse de Gordon.

A mon avis, on évitera cet inconvénient en employant un ballon de petites dimensions, à forme plutôt sphérique qu'ovoïde de manière à ce que se développant tout entier dans l'ampoule rectale il n'ait pas de tendance à gagner du côté de l'S iliaque. Peut-être même vaudrait-il mieux imiter C.-J. Bond de (Leicester Infirmary), cité par Gordon, qui se contente de mettre une éponge dans le rectum. Cette éponge soutiendrait sans doute suffisamment la vessie pour l'empêcher de se rétracter derrière le pubis, comme cela m'est arrivé au cours de mon opération.

De plus, sans parler du danger de la rupture du rectum, elle n'exposerait pas aux accidents reflexes très pénibles, qui suivent parfois la distension de la partie terminale de l'intestin.

Les résultats de la suture de la vessie après la taille hypogastrique, considérés d'abord par les meilleurs chirurgiens comme très problématiques, ne sont plus discutables. Assez nombreuses sont aujourd'hui les observations où elle a réussi et dans lesquelles la réunion par première intention des parois de la vessie et dans des plans sus-jacents a été obtenue. Ces faits ont été observés chez des adultes. Dans le travail de Gordon, on peut lire une observation de C.-J. Bond, dans laquelle la suture de la vessie pratiquée chez un enfant de 10 ans a parfaitement réussi; mais Gordon ne croit pas que ce fait soit suffisant pour recommander la suture vésicale et faire abandonner le drainage.

J'estime qu'à l'heure actuelle on peut en rappeler de cet ostracisme, et qu'on est parfaitement autorisé à tenter la réunion par première intention après la taille hypogastrique aussi bien chez l'enfant que chez l'adulte. Cela à condition, est-il besoin de le dire, que l'état de la vessie, l'asepsie des urines etc., ne s'y opposent pas. Chez mon malade, où je fis cet essai, jusqu'au moment où je supprimai la sonde à demeure (le 10me jour) tout semblait marcher pour le mieux. Cette suppression trop hâtive fut seule cause de la désunion de la suture dans son angle inférieur et de l'issue de l'urine. Cet accident ne s'accompagna d'ailleurs ni d'élévation de température, ni de phénomènes généraux ou locaux, et l'urine cessa de passer dès qu'une nouvelle sonde fut mise en place. Le 17me jour la sonde fût définitivement enlevée, la plaie se maintint fermée et la cicatrisation ne s'est pas démentie depuis lors.

Je me demande si, malgré la suppression de la sonde, l'urine serait sortie par la plaie, si au lieu d'avoir eu affaire à un enfant j'eusse eu affaire à un adulte, qui docile et raisonnable aurait régulièrement vidé sa vessie, au lieu de la laisser distendre par l'urine. On sait en effet par les observations de Lucas-Championnière, Tuffier, Albarran et autres, que la sonde n'est pas nécessaire après la suture hermétique de la vessie. Je crois cependant qu'il est prudent d'y avoir recours. La sonde de de Pezzer, qui se maintient d'elle-même en bonne place dans la vessie et fatigue très peu le canal en raison de sa souplesse, rend trop facile son emploi pour qu'on le considère comme une complication dans le manuel opératoire.

Je crois devoir tirer du travail qui précède les conclusions suivantes :

1° L'opinion des chirurgiens des divers pays n'est pas encore fixée sur la valeur comparative de la lithotritie et de la taille dans le traitement des calculs chez les jeunes enfants ;

2° Il semble que leur préférence, surtout en ce qui concerne les chirurgiens de notre pays, les porte du côté de la taille ;

3° Les statistiques très favorables, il est vrai, à la lithotritie ont peut-être leurs résultats faussés par la diversité des éléments, qui ont servi à les établir ;

4° Les dimensions de l'urètre infantile encore mal déterminées sont le plus sérieux obstacle à la généralisation de la lithotritie dans le jeune âge ;

5° La taille hypogastrique, qui l'emporte de beaucoup sur les autres tailles chez l'adulte, s'impose presque chez l'enfant, en raison de la situation de la vessie et des dangers de la blessure des conduits éjaculateurs, auxquels exposent la plupart des tailles périnéales ;

6° Le ballonnement rectal n'est pas indispensable ; il peut parfois être gênant sinon dangereux ; une simple éponge placée dans l'intestin suffit à soutenir la vessie ;

7° La réunion de la vessie par première intention, après suture de la plaie, est réalisable chez l'enfant aussi bien que chez l'adulte. Dans ce cas l'emploi de la sonde à demeure est une mesure, sinon indispensable, tout au moins prudente.

INDICATION BIBLIOGRAPHIQUE

Sir Henry THOMPSON. *Leçons cliniques sur les maladies des voies urinaires.* Trad. franç. de R. JAMIN, 1889.

HARRISSON. *Lithotomy and Lithotrity.* 1883.

Edmund OWEN. *Traité pratique de chirurgie infantile.* Trad. franç. d'O. LAURENT. Paris, 1891.

W. WALSHAM. *British med. Journ.*, p. 818. Oct. 1887.

BRIGGS. *Médical Standard.* Chicago, 1889.

Edmund ANDREWS. *Journal of Amer. med. assoc.*, p. 829. 1889.

WHITE. *Philad. med. News.* 1890.

KEEGAN. *New York med. Journ.* Oct. 1888.

FREYER. *British med. Journ.* 1891.

Dittel. *Wienner med. Wochenschr.* 1881.

Schmitz. *Arch. f. Klin. chir.* Bd XXX, p. 247. Trad. dans le *Progrès médical*, fév. 1887, par Plicque.

Bereskine. IV° Congrès des médecins russes, tenu à Moscou, 1887.

Wedenski. IV° Congrès des médecins russes, tenu à Moscou, 1887.

Alexandroff. IV° Congrès des médecins russes.

Desnos. *Etudes sur la lithotritie à séances prolongées.* Th. inaug. Paris 1882.

Kirmisson. *Des modifications modernes de la lithotritie.* Th. agrég. Paris, 1883.

Gordon. *De la taille hypogastrique pour calcul chez l'enfant.* Th. Paris 1889.

VI

TRAITEMENT DES CALCULS ENCHATONNÉS

Une observation recueillie en 1883, dans le service de M. le professeur Guyon, a été le point de départ de ce travail. Je la donne d'abord dans tous ses détails.

OBSERVATION. — *Antécédents.* — B.., 63 ans, journalier, a été déjà opéré de la taille hypogastrique pour un calcul de la vessie, le 20 mai 1882, dans des conditions particulièrement défavorables. Il était alors profondément cachectique; soif vive, langue sèche, inappétence absolue; accès de fièvre précédés de frissons fréquents; régions des reins très douloureuses, incontinence d'urine, polyurie (2 à 3 litres par jour), urines alcalines et très fétides.

L'exploration de la vessie donnait les résultats suivants : le cathéter, dès son entrée dans la vessie, venait buter contre un calcul et avait la plus grande peine à le contourner, tant il était volumineux. Par le toucher rectal, on le sentait immobilisé entre les deux branches du pubis et, en raison de son volume considérable, on en constatait la présence dans la vessie à travers la région de l'hypogastre déprimé.

L'opération ne présenta rien de remarquable dans ses premiers temps, mais l'extraction du calcul fut très laborieuse. En effet, après avoir enlevé sans difficulté quelques petits calculs situés dans le voisinage du col, on rencontre une masse volumineuse enclavée dans le col absolument immobile : ne pouvant la dégager avec les doigts, on essaye de l'extraire avec des tenettes, mais sa friabilité est telle qu'elle se brise et on est obligé de l'enlever par morceaux. Durant ces manœuvres, on constate que le calcul est incrusté dans des fongosités du col.

Les débris du calcul pesaient 62^{gr},50. Ils se composaient d'urates d'ammoniaque, de chaux et de magnésie, d'oxalate de chaux et de phosphate ammoniaco-magnésien.

Malgré un état général des plus mauvais, malgré des manœu-vres longues et laborieuses, le malade non seulement se rétablit sans incident, mais encore reprit très rapidement de l'embon-point et des forces.

Le 13 juillet, moins de deux mois après son opération, il récla-mait son exeat. A ce moment, son état général était excellent; les urines, presque claires, ne contenaient que très peu de pus, elles étaient acides, mais toujours très abondantes. Le malade ne souffrait plus, mais il était obligé d'uriner toutes les heures et demie.

Cette première partie de notre observation se trouve relatée, avec tous ses détails, dans la thèse de notre ami Broussin (*Etude sur la taille hypogastrique*, p. 113). Nous lui en avons emprunté ses traits principaux.

A sa nouvelle entrée à l'hôpital Necker, à la fin d'octobre 1883, c'est-à-dire quinze mois environ après sa première opération, B... nous raconte que peu après sa sortie, il s'est mis à souffrir de nouveau de la vessie, qu'il a été tourmenté par des besoins fréquents d'uriner et qu'il n'a pu reprendre son travail. Malgré cela, son état général, si mauvais avant l'opération, qu'il a anté-rieurement subie, s'est maintenu excellent : B... est gras, quoi-qu'un peu pâle, il jouit des apparences de la meilleure santé, et l'examen de tous ses organes révèle leur intégrité absolue. Les urines sont claires et acides ; le malade est obligé d'uriner quatre ou cinq fois par heure et les besoins sont si pressants qu'il ne saurait y résister, et que parfois même, les urines souillent son linge à son insu. La quantité d'urine rendue dans les 24 heures est normale ; le malade n'éprouve plus aucune douleur dans les reins.

Le 2 novembre, le malade est exploré après avoir été chloro-formé. Le cathéter rencontre, à l'entrée même de la vessie, une masse dure, sonore à la percussion, immobile et au-dessus de la-quelle il passe assez facilement, pour tomber en arrière d'elle dans une vessie spacieuse et très profonde. Le doigt introduit dans le rectum rencontre, immédiatement en arrière de la pros-tate et se continuant pour ainsi dire avec cette glande, une masse globuleuse, de consistance très dure, proéminant forte-ment dans la cavité de l'intestin et absolument *immobile*. La palpation hypogastrique ne donne que des résultats négatifs.

Le diagnostic ne saurait être un moment hésitant, il s'agit d'un calcul situé à l'entrée de la vessie, dans le point où siégeait le premier. Le malade redoute de subir une nouvelle taille ; il de-mande à être débarrassé de son nouveau calcul par la lithotri-tie. M. le professeur Guyon promet de se rendre à ses désirs, mais il obtient du malade l'autorisation de le tailler à nouveau, si la lithotritie est impossible.

Opération. — Le 7 novembre, le malade est chloroformé. Une sonde à béquille est facilement introduite dans sa vessie et sert à y injecter environ 150 grammes de la solution d'acide borique. M. Guyon essaye alors d'introduire le lithotriteur, il n'y parvient qu'avec beaucoup de peine en passant par-dessus l'obstacle qui oc-cupe le col et, une fois l'instrument entré dans la vessie, il ne peut arriver à saisir le moindre corps étranger. Les manœuvres les plus variées, faites dans le but de saisir ce corps si volumineux obstruant le col vésical restent sans succès ; cependant le toucher rectal fait toujours constater la présence d'une masse-dure, de consistance osseuse, immobile et inébranlable, située exactement aux lieu et place de la prostate. En présence de ces tentatives infructueuses, M. Guyon se décide à pratiquer la taille hypogastrique.

Les préparatifs, injection intra-vésicale et ballonnement du rectum, ne présentent rien de spécial. Nous ferons seulement remarquer que l'on voit se dessiner très manifestement le globe vésical, qui remonte jusqu'à l'ombilic et tend la cicatrice de la première opération. M. Guyon incise directement sur cette cicatrice et ne rencontre au-dessous d'elle que des tissus fibreux ; la couche de graisse jaune pré-vésicale, si précieuse comme point de repère, a disparu et contrairement à ce qui arrive ordinairement la vessie ne montre pas dans l'angle inférieur de la plaie son globe sillonné de veines bleuâtres. A deux reprises, M. Guyon enfonce son bistouri dans l'angle inférieur, une petite quantité de sang s'échappe de ses ponctions mais la vessie n'est pas ouverte et l'on sent le globe bien au-dessus de la symphise du pubis. Le chirurgien se décide alors à faire remonter un peu plus haut du côté de l'ombilic l'incision de la paroi abdominale ; la vessie est ainsi mise à nu et ouverte. Les lèvres de la boutonnière vésicale sont maintenues écartées au moyen d'une anse de fil passée dans chacune d'elles et que des aides tendent modérément ; de cette façon, l'exploration de la cavité vésicale est des plus facile. Cependant le doigt ne trouve rien dans cette cavité même, mais, en se portant du côté du col, il rencontre ce corps dont l'existence était révélée par le cathétérisme et le toucher rectal. Il s'agit bien d'un calcul, mais ce calcul n'est pas à nu dans la cavité de la vessie, il est enclavé dans une loge située immédiatement en arrière de la prostate et se prolongeant même dans l'épaisseur de cette glande. L'extrémité du doigt peut être conduite sur le calcul à travers l'orifice de la loge, mais elle ne peut lui imprimer le moindre mouvement. A diverses reprises on essaie de déloger le calcul de sa cavité au moyen d'instruments divers (gorgeret, tenettes, etc.), pendant que le doigt d'un aide, introduit dans le rectum, maintient la pierre et cherche à la faire engager entre les mors de l'instrument. Toutes ces tentatives échouent. M. Guyon prend alors le parti de débrider l'orifice de la loge : avec le bistouri boutonné, il incise la lèvre antérieure de son orifice en dirigeant le tranchant de l'instrument vers le col de la vessie. Dès lors, il est facile d'introduire par cet orifice agrandi les mors d'une tenette, qui, embrassant les flancs du calcul, l'amènent à l'extérieur.

Ce calcul a la forme d'un rostre ; il mesure 3 centimètres dans son plus grand diamètre et 1 centimètre et demi dans ses plus petits. C'est un calcul friable, phosphatique. Il était placé dans sa loge de la façon suivante : sa base répondait à l'angle antérieur du trigone, tandis que sa pointe s'avançait dans l'épaisseur de la prostate jusque dans l'angle formé par l'écartement des deux branches du pubis. Le doigt introduit dans la loge rétroprostatique, maintenant déshabitée, constate que ses parois sont parfaitement lisses, exemptes de toute incrustation calcaire.

Les diverses manœuvres nécessitées par l'extraction de ce calcul ont fait durer 40 minutes la totalité de l'opération : le malade, parfaitement endormi, a du reste peu souffert et il n'a perdu qu'une quantité très minime de sang. On procède alors au pansement suivant les règles ordinaires. M. Guyon prend soin de conduire l'extrémité de ses tubes jusque dans le fond de la loge rétroprostatique et de les y maintenir avec les doigts pendant le dégonflement et l'enlèvement du ballon rectal. Deux points de suture sont placés à la partie supérieure de la plaie abdominale et, par-dessus le tout, on applique les pièces de pansement habituelles.

Suites opératoires. — Le soir, le malade va très bien. Température 37°,3. Les tubes ont bien fonctionné, toutefois le malade se plaint d'être mouillé. On défait le pansement et on trouve, en effet, qu'il est mouillé dans ses parties profondes; on en réapplique un nouveau.

8 novembre. Nuit très bonne. Température 37°,2. L'urine s'écoule claire et limpide par les tubes. La plaie, mise à nu, a très bon aspect, ses bords ne sont ni tuméfiés ni douloureux. — Pansement comme les jours précédents.

9 novembre. Rien de particulier à noter. Le malade est toujours apyrétique.

10 novembre. Les lèvres de la plaie ne se sont pas réunies à la partie supérieure, malgré les sutures faites en ce point, mais, après l'enlèvement des fils, elles s'écartent très peu et on ne sent pas le besoin de les rapprocher au moyen de bandelettes de diachylon. Les tubes sont laissés en place et le pansement ordinaire est rétabli.

11 et 12 novembre. Rien de remarquable ni dans l'état général ni dans l'état local du malade.

13 novembre. Les tubes sont supprimés et remplacés par une sonde fixée à demeure dans l'urètre, dès lors la plaie marche rapidement vers la guérison et, le 26 novembre, la réunion étant complète dans les parois profondes, il ne reste plus qu'une toute petite plaie superficielle de 4 centimètres de longueur non encore épidermisée. Ce jour même, on supprime la sonde à demeure. Les urines sont un peu troubles quoique acides, le malade n'éprouve aucune douleur vésicale, mais il ne peut conserver ses urines, qui s'écoulent continuellement sans faire naître l'envie de la miction.

28 novembre. L'examen du col, fait au moyen de l'introduction d'un explorateur à boule n° 20, révèle une paralysie complète du sphincter.

30 novembre. Afin de remédier au faible degré de cystite, qui se caractérise par un léger nuage dans les urines, on commence à faire des instillations de 10 à 20 gouttes de la solution de nitrate d'argent au 1/50 c.

5 décembre. Le malade se lève pour la première fois.

9 décembre. Les urines continuant à s'échapper de la vessie à l'insu du malade, M. Guyon fait électriser le col de la vessie, suivant son procédé. Dès le 11 décembre, le sphincter commence à reprendre ses fonctions. B... peut conserver ses urines pendant plus de dix minutes et il commence à éprouver la sensation du besoin d'uriner.

L'amélioration va croissant rapidement et, le 20 décembre, le malade peut rester plus de deux heures consécutives sans uriner.

Le 28 décembre, il quitte l'hôpital. Les urines sont absolument claires, le malade n'éprouve plus la moindre sensation douloureuse dans la vessie ; il urine environ toutes les trois à quatre heures.

Il est infiniment probable que le malade a continué à bien aller, car, s'il avait eu une seconde récidive, il serait revenu à l'hôpital Necker.

L'observation qu'on vient de lire renferme plusieurs enseignements. Elle montre d'abord que les vieux calculeux, cachectiques, à lésions rénales déjà avancées, sont capables de supporter les manœuvres de la taille sus-pubienne, alors que la lithotritie, on le sait, leur fait courir les plus grands dangers. Elle enseigne en second lieu qu'une première taille hypogastrique, sans créer des difficultés réelles pour une seconde, amène cependant certaines modifications dans les rapports anatomiques, que le chirurgien ne doit pas oublier.

Je ne fais que signaler en passant ces deux points, l'intérêt de ce fait résidant surtout dans les conditions toutes particulières que présentait ce calcul et dans les manœuvres opératoires qu'imposait son extraction.

Cette question des calculs enchâtonnés a été peu étudiée. Cela tient sans doute à la rareté de cette complication des pierres de la vessie. La perfection du diagnostic a fait, en effet, justice de l'opinion ancienne, qui voulait que l'on considérât comme enchâtonnés ces calculs sur lesquels se resserre la vessie dans ses contractions irrégulières et que parvient toujours à saisir un chirurgien prévenu de la possibilité de pareils cas. Si on trouve encore assez souvent dans la littérature médicale ancienne des observations de calculs enkystés, enchâtonnés, on n'en rencontre que bien peu dans les publications de notre époque, et nous voyons sir Henry Thompson lui-même, à propos d'un cas de calcul enchâtonné chez une femme qu'il a opéré avec succès, faire cette déclaration qu'il n'en a vu que 5 ou 6 cas chez l'homme.

Pour si rare que soit cette affection, il convient cependant d'être armé contre elle et de savoir quelle ressource la chirurgie nous offre pour en débarrasser la vessie. C'est dans ce but que j'ai réuni, à côté de mon observation, 20 cas de calculs enchâtonnés opérés de diverses manières et dont l'étude me servira à tirer quelques conclusions thérapeutiques.

Sans doute, il serait intéressant de rappeler par quels moyens on arrive au diagnostic d'une pierre enchâtonnée, tant au point de vue de sa présence dans la vessie, que de sa situation, son volume, etc. Mais je suppose ces questions résolues et ne veux exclusivement m'occuper que des moyens d'extraire de semblables calculs du réservoir urinaire.

Si le chapitre de la symptomatologie importe peu au but que je poursuis, il n'en est pas de même du chapitre de l'anatomie-pathologique, et on me pardonnera d'entrer dans quelques détails sur le siège, la nature des calculs enchâtonnés, sur les dispositions de la poche qui les contient.

Faisons d'abord une première remarque relative à l'âge des malades (1) chez lesquels on observe le plus souvent l'enchâtonnement des calculs vésicaux. Cette complication est en général l'apanage des gens âgés, observation qui corrobore bien l'opinion émise par Houstet à l'ancienne Académie de chirurgie sur le mode de formation de la poche renfermant la pierre.

Dans mes 21 cas, 6 fois l'âge du patient n'est pas exactement indiqué, mais la lecture des observations permet de penser qu'il s'agissait de gens ayant dépassé la cinquantaine; dans les quinze autres cas, 3 malades avaient moins de 15 ans; 1 était un jeune soldat; 1 avait 45 ans; 2 avaient de 50 à 60 ans; 5 avaient de 60 à 70 ans; 4 avaient de 70 à 80 ans. Le Dr Lemaire, dans son *Étude sur les calculs enkystés de la vessie* (th. de Paris, 1877) a rassemblé 24 cas, dont le dépouillement donne les mêmes résultats.

C'est, dans la très grande majorité des cas, au niveau du bas-fond de la vessie que siège la variété de calculs qui m'occupe. Cette circonstance se rencontre 12 fois sur 16 de mes observations, où la situation de la pierre se trouve nettement indiquée;

---

1. Je ne m'occupe dans cette étude que des calculs enchatonnés chez l'homme, ils sont bien moins fréquents chez la femme, où ils sont le plus souvent justifiables d'une intervention moins compliquée que chez le premier.

1 seule fois le calcul était retenu au sommet de la vessie, 1 fois il était immédiatement enchassé en arrière de la prostate, 2 fois il se prolongeait dans le col et était en même temps enclavé dans la prostate, où il s'était creusé une loge.

Le volume des pierres enchatonnées est extrêmement variable, il est ordinairement en rapport avec le diverticulum, qui se trouve complètement rempli et dont les parois s'appliquent exactement sur le contenu. J'aurai du reste à revenir sur cette disposition à propos de l'étude de la loge elle-même. Il n'est pas rare non plus que la pierre déborde la poche, sortant par son orifice dont les bords l'enserrent et creusent un sillon sur elle, de telle sorte que le calcul revêt dans son ensemble la forme d'un sablier, ou encore mieux d'une gourde, dont le renflement diverticulaire est forcément limité dans son accroissement, tandis que le renflement vésical peut atteindre des dimensions sans cesse croissantes. La pierre extraite de la vessie d'un jeune soldat par Podrazki (obs. 14) est un type du genre. Parfois on a vu le collet intermédiaire aux deux renflements se rompre au moment des manœuvres destinées à extraire la pierre de la vessie, ou même spontanément en dehors de toute intervention.

La surface des calculs enchatonnés, loin d'être lisse et polie dans tous les cas, est, au contraire, très souvent irrégulière, hérissée de mamelons, de pointes qui s'enfoncent dans les parois de là loge, font parfois corps avec elle et apportent les plus grandes difficultés dans l'extraction. 5 fois cette pénétration réciproque du calcul et de sa loge existait chez les malades dont j'ai relevé l'histoire et chez l'un d'eux (obs. 15), dont il fut impossible de débarrasser la vessie après une taille hypogastrique, on constata à l'autopsie que les parois vésicales pénétraient le calcul, qui semblait en faire partie intégrante.

En général, ce sont des phosphates, qui constituent la masse des calculs enchatonnés, et cette composition explique leur friabilité, circonstance qui, parfois, a favorisé leur extraction de la vessie et est devenue la source d'indications particulières.

Les divers caractères du calcul enchatonné étant connus, étudions maintenant sa loge. Quelle que soit son étendue, elle présente toujours un corps plus ou moins spacieux et un orifice de dimensions diverses qu'on peut appeler collet. Le corps est formé par la muqueuse dilatée de la vessie faisant hernie à travers les faisceaux musculaires hypertrophiés de la couche musculeuse; la séreuse seule double la muqueuse; les parois de la poche seraient donc très minces, si la muqueuse enflammée n'avait pas à ce niveau doublé et parfois même triplé d'épaisseur. C'est cette inflammation, qui devient le point de départ des végétations qui, comme je l'ai déjà dit, pénètrent assez fréquemment les anfractuosités du calcul. Nous avons vu que la pierre peut s'être creusé une loge au-dessous et immédiatement en arrière du col de la vessie, dans la prostate elle-même; dans ces cas, est-il besoin de le dire, le tissu de cette glande, écarté, condensé par le corps étranger, forme tout entière la paroi de la loge.

L'étude du collet de la poche est des plus intéressantes, car c'est sur lui que l'on doit agir de diverses manières pour énucléer le calcul enchatonné. Parfois ce collet est très large, au point qu'il n'est pour rien dans le maintien constant de la pierre dans sa loge et que l'on doit chercher dans une autre disposition, par exemple dans l'adhérence du calcul aux parois de la loge, la raison de son immobilité. Mais le plus souvent l'orifice est beaucoup plus étroit que le corps de la loge, il peut n'admettre que l'extrémité du doigt, ou être encore plus rétréci jusqu'au point de fermer toute communication entre la vessie et le diverticule habité par le calcul, disposition, empressons-nous de le dire, des plus rares.

La constitution des lèvres du collet est passée sous silence par les auteurs; en général ils se contentent de dire qu'au cours de l'opération ils ont trouvé une bride tendue, mince, tranchante, non élastique autour de l'orifice, mais aucun d'eux ne prend le soin de noter, à l'autopsie des sujets qui ont succombé, l'épaisseur de cette bride. C'est là une omission fâcheuse, car elle nous laisse sans renseignements sur l'étendue des débridements, que l'on peut pratiquer pour agrandir l'orifice d'entrée de la loge, sans courir le risque d'inciser de part en part les parois de la vessie à ce niveau. La pratique d'un certain nombre de chirurgiens nous indique toutefois que ces débridements peuvent être faits sans danger. Sir Murray Humphry (obs. 12) semble avoir ouvert la vessie en agissant ainsi, tandis que Souberbielle (obs. 5, 6), Podrazki (obs. 14), Guyon (obs. 21) parvinrent par ce moyen à déloger avec succès de volumineux calculs.

Telles sont les conditions dans lesquelles se présentent le plus communément les calculs vésicaux enchatonnés; voyons maintenant comment on peut les attaquer.

Evidemment ils ne sauraient être justiciables de la lithotritie, puisque leur enchatonnement même les soustrait à la prise des instruments broyeurs et d'ailleurs, fût-on assez heureux pour les saisir, il serait prudent de s'abstenir de les fragmenter. En effet, les débris tombant dans la loge en seraient difficilement expulsés et pourraient devenir le point de départ des accidents les plus graves. On sait que les plus habiles opérarateurs, M. le professeur Guyon, Sir Henry Thompson, redoutent pour ces raisons ces vessies à poches, à cellules, rares à la vérité, mais malheureusement le plus souvent impossibles à reconnaître, et Thompson pense que, si l'on pouvait arriver à ce diagnostic, il serait peut-être moins dangereux de pratiquer la taille que la lithotritie.

La taille est donc la seule opération qui convienne aux calculs enchatonnés, c'est elle qui a été mise en œuvre dans les 21 cas que j'ai réunis. 11 de ces malades guérirent, les 10 autres succombèrent, soit une mortalité approximative de 50 pour 100. Ce n'est certes pas là un résultat encourageant et en l'envisageant ainsi, sans réflexion, on serait tenté de revenir à la pratique de A. Paré, qui interdisait toute espèce de tentative. Mais, en analysant les faits de plus près, on voit que chez presque tous les malades qui ont succombé, il existait des lésions rénales avancées, qui auraient dû contre-indiquer toute intervention.

Cette question des contre-indications des opérations sur les voies génito-urinaires se retrouve au seuil de chaque discussion opératoire, je ne la soulèverai pas. Sous la condition expresse que les organes urinaires soient dans des conditions propres à permettre une intervention chirurgicale, les manœuvres nécessitées par l'extraction des calculs enchatonnés ne sont pas graves : une seule fois la mort en a été la conséquence directe (obs. 12, perforation de la vessie) ; dans les 9 autres faits, l'opération doit être exonérée du reproche d'avoir été la cause directe de l'issue fatale.

Concluons donc que l'intervention active dans le traitement des calculs enchatonnés par la taille est parfaitement légitime et voyons quel procédé permet une extraction sûre, facile et complète.

Divers procédés ont été mis en usage et le dépouillement de nos 21 observations nous montre que :

la taille latéralisée a été employée........... 3 fois
la taille bilatérale...................... ..... 1 »
la taille périnale (?).... .... 1 »
la taille rectale transversale .... 1 »
la taille latéralisée et dans la même séance
   la taille sus-pubienne .... 5 »
la taille latéralisée, puis quatre jours après
   la taille sus-pubienne .... 1 »
Quatre tailles latéralisées furent pratiquées
   en moins de 4 ans, finalement on fit la
   taille recto-vésicale.... .... 1 »
la taille sus-pubienne d'emblée.......... 8 »

On le voit, les tailles périnéales ont été le plus fréquemment employées, et parmi elles la taille latéralisée est celle qui a été le plus souvent mise à contribution, puisqu'on y a eu recours 10 fois; les autres tailles bilatérale, rectale, transversale, périnéale (sans autre indication) ont été employées chacune une fois; dans les 8 autres cas, la taille sus-pubienne a été pratiquée d'emblée.

Comparons maintenant les résultats fournis par ces divers procédés, non au point de vue de la mortalité, qui paraît être sensiblement la même pour chacun d'eux, mais au point de vue de l'extraction du calcul.

Commençons par les opérations, qui ont eu le moins la faveur des chirurgiens : la taille bilatérale, pratiquée par Dupuytren lui-même, ne permit pas même la constatation d'une pierre du volume d'une noix enchâssée dans une cellule de la vessie; la taille rectale transversale donna un succès opératoire complet à Simonin (de Nancy), mais au prix d'une fistule recto-vésicale dont le malade eut à subir tous les inconvénients depuis l'âge de 13 ans jusqu'à 22 ans, époque à laquelle il succomba à une affection aigüe; la taille périnéale (sans autre indication) semble avoir débarrassé complètement le malade de Piccinini, mais comme le titre de l'observation que j'ai seul pu consulter porte la mention mort, je laisse ce cas de côté. D'ailleurs, cette première série comprend trop peu de faits pour entrer en ligne de compte dans la balance des résultats fournis par les tailles périnéales et hypogastriques.

Les deux autres séries donnent des enseignements autrement précieux. En effet, la taille latéralisée a été pratiquée, ai-je dit, 10 fois, la taille sus-pubienne, 8 fois; nous avons là des éléments suffisants de comparaison. Or veut-on savoir combien de fois la taille latéralisée a été employée seule ? 3 fois seulement; dans les 7 autres cas, il a fallu y ajouter, soit dans la même séance, soit à quelques jours d'intervalle, 6 fois la taille hypogastrique et 1 fois la taille recto-vésicale. Chez les 3 malades sur lesquels la taille latéralisée a été seule pratiquée, nous voyons qu'une fois Souberbielle ne put rencontrer la pierre ni avec les doigts, ni avec les tenettes; qu'une autre fois Thompson ayant reconnu l'existence d'une pierre enchatonnée, bordée par un bourrelet de la muqueuse, fit des essais infructueux pour l'extraire et aima mieux l'abandonner que « recourir à une violence coupable ». Je ne parle pas de l'opération de Wyeth, dont je n'ai pas les détails. En résumé, la taille latéralisée seule n'a donné aucun résultat, et la faute en est bien à l'opération et non aux opérateurs, qui ne sauraient être soupçonnés ni d'inhabilité, ni de manque de ténacité dans leurs recherches, puisque certains, sans se rebuter, pratiquèrent plusieurs fois ce procédé sur le même sujet: ainsi fit, par exemple, Murray Humphry qui, avant d'en venir à la taille recto-vésicale, pratiqua sur un calculeux de 51 ans quatre fois la taille latéralisée.

Dans les 6 cas où la taille hypogastrique est venue au secours de la taille latéralisée, elle a triomphé 5 fois de toutes les difficultés et a permis l'extraction du calcul; 1 seule fois la pierre dut être abandonnée dans la vessie, tant était grande, ainsi que le montra l'autopsie, son adhérence aux parois de la loge. Chez les 8 malades où elle fut pratiquée d'emblée et à l'exclusion de toute autre opération, elle donna 8 succès opératoires.

De cet examen rigoureux des faits, je crois être en droit de tirer cette conclusion, que la taille hypogastrique est le procédé de choix dans le traitement des calculs enchatonnés, et comme il est à peu près démontré que, grâce aux heureuses modifications apportées aujourd'hui à la taille de Franco, sa mortalité n'est pas plus grande, si même elle n'est pas moindre, que celle des autres tailles, la thérapeutique a une arme puissante dans ce procédé.

Il suffit d'ailleurs de mettre en regard les indications réclamées par l'extraction des calculs enchatonnés de la vessie et les avantages de la taille sus-pubienne pour se convaincre que cette opération s'applique parfaitement à tous les cas. C'est ce que je veux faire, en terminant par l'étude des difficultés, qui se sont présentées au cours des opérations, qui font la base de ce travail.

Auparavant, qu'il me soit permis de rappeler qu'avec la précaution de tendre les lèvres de la boutonnière vésicale à l'aide d'un fil passé dans chacune d'elles, suivant la pratique de M. le professeur Guyon, on met l'intérieur de la vessie parfaitement en vue, et qu'on peut agir dans ce réservoir presque avec la même commodité que sur une surface exposée du corps. Il faut avoir été témoin de l'opération pour comprendre que ce que je dis n'a rien d'exagéré.

La vessie étant donc ouverte et maintenue largement béante, rien n'est plus facile que de cueillir pour ainsi dire le calcul dans sa loge, lorsque son ouverture est suffisamment large pour permettre l'application des tenettes sur ses parties latérales. Dans ces conditions, le calcul fût-il, ainsi que cela arrive souvent, adhérent aux parois de sa cellule, les tractions directes exercées sur lui deviennent des plus faciles et des plus puissantes.

Mais c'est surtout lorsque le calcul est véritablement enchatonné, lorsqu'un étroit orifice établit la continuité entre la loge et le reste du réservoir, que l'ouverture de la vessie pardessus le pubis est le seul procédé, qui permette l'extraction de la pierre sûrement et sans danger. Ici, en effet, il faut de toute nécessité, agrandir l'orifice de la loge, soit par la dilatation, soit par l'incision de ses lèvres, et comme ces divers moyens ne donneront qu'un accès difficile dans la cellule, l'extraction de la pierre réclamera encore des manœuvres laborieuses et délicates. Est-ce donc à travers le long et étroit canal créé par les divers procédés de taille périnéale, qu'on en tentera l'exécution? Les instruments n'arrivent qu'indirectement sur le point où ils doivent agir, puisque j'ai montré que ces calculs siègent de préférence vers le bas-fond et que là prostate, en général développée en raison de l'âge de ces malades, forme une espèce de promontoire, au-dessus duquel il convient de passer; la courbure nécessaire des instruments de dilatation et de préhension est donc une condition très défectueuse pour la précision des manœuvres. Un autre inconvénient des voies périnéales, c'est que les doigts ne peuvent ni diriger ni surveiller le travail des instruments, et que c'est complètement à l'aveugle qu'on essaye de dilater ou d'inciser les lèvres de la loge calculeuse. Aussi voyons-nous Murray Humphry perforer la vessie en voulant agrandir l'orifice avec le bistouri herniaire, et sir Henry Thompson, plus prudent, abandonner la pierre dans sa cellule plutôt que de « recourir à une violence coupable ».

Par la voie hypogastrique, rien n'est plus facile et plus sûr que toutes ces manœuvres; non seulement les doigts, mais même la vue, dirigent les instruments. Parfois l'extrémité du doigt suffira à dilater l'orifice de la loge et à énucléer la pierre; d'autres fois il faudra, pour obtenir cette dilatation, avoir recours aux mors des tenettes écartées avec une énergie prudente; si les lèvres résistent, on ne devra pas hésiter à y porter le bistouri boutonné et à débrider, au moyen d'une ou de plusieurs incisions peu profondes, portant sur les points où la bride paraît plus épaisse et plus résistante. L'accès de la loge étant possible si ses parois sont souples et amples, les mors des tenettes seront aisément conduits sur les flancs de la pierre, la saisiront solidement et l'amèneront sans difficulté; si, par contre, ses parois sont intimement appliquées sur le calcul, il faudra appliquer la tenette, branche par branche, comme les cuillers du forceps, ainsi que M. Monod le fit, réclamant au besoin, pour la réussite de cette manœuvre, le secours d'un aide qui, le doigt dans le rectum, soutient le plan sur lequel on agit et repousse le calcul entre les mors de la tenette. Il peut arriver qu'au cours de ces manœuvres la pierre se brise soit en gros fragments, soit en menus morceaux; grâce à l'ouverture hypogastrique, rien n'est plus facile que d'évacuer très exactement la loge de tous ces débris, de même qu'il est très aisé de la débarrasser des incrustations, qui pourraient exister dans ses parois. En un mot, l'incision hypogastrique permet *la toilette de la vessie*.

Je n'insiste pas sur le pansement, c'est celui de la taille suspubienne, en ayant soin de faire plonger les tubes dans le diverticule, autant qu'il est possible, pour en assurer le lavage et l'évacuation par les injections.

OBSERVATION I. — *Extraite du traité de la cystotomie suspubienne de Belmas, p. 115. Opérateur Souberbielle.*

Vieillard.

Taille latérale.

On ne peut rencontrer la pierre ni avec le doigt ni avec les tenettes.

Mort un an après.

Pyélo-néphrite double. Le calcul pesant une once deux gros trente-six grains, était fixé au sommet de la vessie par des incrustations qui le retenaient à la muqueuse et par une bride qu formait comme un plancher à la loge qui contenait la pierre.

OBSERVATION II. — *Même source.* — *Opérateur frère Côme.*

80 ans.

Taille latéralisée, puis dans la même séance taille sus-pubienne.

Deux calculs de moyenne grosseur furent d'abord extraits, et l'opérateur reconnut alors avec le bouton qu'il en existait un troisième. Malgré de patientes manœuvres, il ne put ni le saisir ni le déplacer. Ayant ouvert la vessie par-dessus le pubis, il retira sans difficulté un calcul du volume d'un macaron.

Guérison.

OBSERVATION III. — *Même source.* — *Opérateur Souberbielle.*

Homme adulte.

Taille latéralisée, puis dans la même séance taille sus-pubienne.

Après l'incision de la vessie par dessus le pubis, le chirurgien retira sans peine une pierre garnie d'aspérités retenues fortement dans une espèce de loge particulière située sur un des côtés du bas-fond de la vessie.

Guérison.

En sondant le malade, Souberbielle avait reconnu que la pierre était volumineuse, immobile près du col de la vessie; malgré tout le soin possible, il ne put faire glisser le bec de la sonde sur toute la circonférence du calcul. Certain d'éprouver des difficultés dans l'extraction, il proposa la taille sus-pubienne. On l'engagea à pratiquer la taille latéralisée, en établissant que si on ne pouvait extraire le calcul, cette opération serait le premier temps du haut appareil.

OBSERVATION IV. — *Même source.*

70 ans.

Deux tailles latéralisées à quelques mois de distance, finalement taille sus-pubienne.

La première taille latéralisée avait permis d'extraire trois calculs très durs de la grosseur de petits marrons. La seconde permit seulement de sentir un nouveau calcul sans pouvoir le saisir avec les mors des tenettes. La taille hypogastrique permit au doigt de reconnaître la pierre placée dans le côté gauche du bas-fond où elle était chatonnée. Elle fut extraite en la dégageant et la soulevant au moyen d'une curette.

Guérison.

OBSERVATION V. — *Même source.* — *Opérateur Souberbielle.*

66 ans.

Taille latéralisée, puis taille sus-pubienne dans la même séance.

Après la taille latéralisée, l'opérateur ne peut, malgré tous ses efforts, retirer une pierre cachée derrière la prostate. Ayant ouvert par l'hypogastre, il fit d'abord l'extraction d'une pierre qu'il ne parvint à retirer qu'en engageant sous un de ses bords les cuillers de la tenette et en lui faisant exécuter un mouvement de bascule. De la grosseur d'un petit œuf de poule, cette pierre offrait, outre plusieurs aspérités légères, une empreinte qui semblait devoir correspondre à un mamelon existant sur une autre pierre. En effet, introduisant le doigt dans la vessie, on sentit, vers le fond et un peu à gauche, un calcul presque entièrement recouvert par une membrane ; l'opérateur y porta le bistouri caché de Bienaise, débrida le kyste et à l'aide d'une curette retira une pierre ovoïde grisâtre du volume d'un petit biscaïen.

Mort deux mois après l'opération.

Pyélonéphrite suppurée double. Dépression profonde du bas-fond de la vessie, dont les parois sont très épaissies.

OBSERVATION VI. — *Même source.*

77 ans.

Taille sus-pubienne.

Voyant après l'ouverture de la vessie que le calcul était retenu par une bride circulaire, l'opérateur porta le doigt indicateur sur elle et l'incisa au moyen d'un bistouri boutonné, puis retira la pierre avec facilité.

Mort dans le coma le sixième jour.

Pyélonéphrite calculeuse suppurée. Dans la vessie, le trigone gonflé formait dans sa partie postérieure une bride, qui se continuait avec un repli développé accidentellement, et par cette disposition il y avait une espèce d'anneau circonscrivant l'ouverture d'une cavité particulière.

OBSERVATION VII. — *Même source.*

66 ans.

Taille sus-pubienne.

L'opérateur, voulant retirer la pierre chatonnée, la brisa avec les tenettes, tant elle était friable ; cependant on parvint à en extraire tous les fragments qui, rassemblés, formaient une masse égale à un œuf de dinde.

Guérison.

OBSERVATION VIII. — *Même source.*

Enfant.

Taille latéralisée, puis quatre jours après taille sus-pubienne.

Les tenettes ayant été introduites dans la vessie par le périnée, on eut la plus grande peine à soulever la pierre et une fois saisie elle ne put être extraite. Quatre jours après on recommença les manœuvres. Le chirurgien étant parvenu à saisir la pierre, mais ne pouvant l'extraire, ne l'abandonna pas ; il confia les tenettes à un aide, incisa la vessie au-dessus du pubis, porta le doigt dans

14

cet organe, dégagea le calcul et parvint à en faire l'extraction par l'incision du périnée.

Guérison complète le 27e jour.

OBSERVATION IX. — *Même source.*

63 ans.

Taille sus-pubienne.

La pierre volumineuse fortement chatonnée vers le bas-fond de la vessie se brisa au moment où on voulut l'extraire. On réussit à retirer tous les fragments et à reconnaître une autre pierre renfermée dans une poche particulière située au sommet de la vessie, derrière le crochet suspenseur; l'incision de cette poche permit l'extraction du calcul.

Mort d'épuisement progressif quelques jours après.

Néphrite suppurée. Il n'y avait plus de fragments dans la vessie, mais on trouva un petit calcul renfermé dans un kyste complet, formé aux dépens de la tunique charnue de la muqueuse, de plus un fongus placé sur le trigone vésical.

OBSERVATION X. — *Extraite de Civiale. Traité de l'affection calculeuse.*

68 ans.

D'abord lithotritie par Civiale; plus tard, taille bilatérale par Dupuytren.

Dupuytren retire par la taille deux calculs de moyenne grosseur et explore minutieusement la vessie sans rien y rencontrer.

Mort le 7e jour.

A l'autopsie, on trouva une pierre du volume d'une noix dans une cellule.

OBSERVATION XI. — *Extraite de Vidal. Traité de pathologie externe T. IV. Opérateur Amussat.*

Enfant.

Taille sus-pubienne.

L'opérateur constate la pierre, mais ne peut l'extraire; jugeant alors qu'elle était engagée dans le col, il la fit repousser avec une sonde et put l'extraire.

Guérison.

La pierre avait la forme d'une bouteille; c'était une pierre vésico-prostatique. Vidal dit à ce sujet : « Si un calcul né dans la vessie au voisinage de son col, finit par avoir un volume considérable, il envoie bientôt un prolongement du côté de la prostate et s'engage même dans son épaisseur ».

OBSERVATION XII. — *Extraite de Murray Humphry, de Cambridge. Rapport of sence cases of operation 1856.*

51 ans.

Quatre tailles latéralisées en moins de 3 ans. Dans une cinquième intervention, il pratique la taille recto-vésicale.

Le kyste ayant été atteint au moyen de la taille recto-vésicale, il est ouvert avec le bistouri herniaire, son orifice est dilaté avec le doigt et enfin, non sans difficulté, les tenettes y sont engagées et ramènent une pierre grosse comme une noix.

Mort de péritonite le 2e jour par perforation opératoire.

OBSERVATION XIII. — *Extraite de Thompson. In Traité des maladies des voies urinaires. Cité par S. Lemaire Études sur les calculs enkystés de la vessie (th. Paris 1877).*

74 ans.

Taille latérale.

Thompson fit aussi l'extraction d'une pierre phosphatique et de nombreux fragments. Explorant la vessie, il reconnut l'existence d'une pierre enchatonnée bordée par un bourrelet de la muqueuse; elle était immobile, le doigt la sentait par le rectum. Essais infructueux d'extraction.

Mort d'épuisement au bout d'un mois.

Thompson, rapportant ce fait, dit : « Je fis plusieurs essais, mais sans résultat, pour extraire cette pierre ankystée, car elle était trop profondément enchatonnée pour pouvoir être déplacée, à moins de recourir à une violence coupable. Le malade alla bien quelques semaines. Je me gardai bien de conseiller une nouvelle opération, persuadé par ce que j'avais rencontré qu'on ne pouvait faire plus ».

OBSERVATION XIV. — *Extraite de Podrazki in Manuel de chirurgie de Pitha et Billroth, 1871, p. 100. Cité par Broussin : Étude sur la taille hypogastrique (th. Paris 1882).*

Jeune soldat.

Taille sus-pubienne.

La pierre, qui mesurait 7 centimètres de circonférence, placée moitié dans la vessie, moitié dans un diverticule, se trouvait partagée en deux parties par un sillon profond, autour duquel s'appliquaient les bords de l'orifice comme une écharpe. Podrazki dut, pendant qu'un aide poussait la pierre par le rectum, faire plusieurs petites incisions sur la partie étranglée de la paroi pour faire sortir la pierre de la loge.

Guérison.

OBSERVATION XV. — *Extraite de Cornéo (Gaz. méd. ital. Lombarde). Canstast's Jahresberichte, 1857, III, p. 280. Cité par Broussin, loc. cit.*

?

Taille latérale, puis taille hypogastrique.

La taille hypogastrique ne réussit pas mieux que la taillelatérale et, après plusieurs tentatives infructueuses d'extraction, le calcul dût être abandonné dans la vessie.

Mort 17 jours après l'opération.

A l'autopsie, on dut inciser la paroi postérieure de la vessie pour avoir la pierre ; on constata alors que les parois vésicales pénétraient le calcul, qui semblait en faire partie intégrante.

OBSERVATION XVI. — *Extraite de R. Piccinini. Lo Sperimentale, octobre 1878.*

?

Taille périnéale.
Le calcul était enchâssé dans la vessie.
Mort.

OBSERVATION XVII. — *Extraite de Simonin (de Nancy). Rapport par Périer à la Soc. de Ch. in Bulletin de la Soc. de Ch., p. 166, 1880.*

13 ans.
Taille latérale infructueuse. Taille rectale transversale.

Par sa dernière opération, Simonin put extraire un calcul enkysté du poids de 80 grammes et du volume d'un œuf de poule.

Guérison avec fistule recto-vésicale. Mort d'une affection aiguë à 22 ans.

La fistule incommodait peu le malade. Le sperme était émis par le rectum. L'autopsie ne put être faite.

OBSERVATION XVIII. — *Wyeth in New-York med. Journal, avril 1879.*

?

Taille latérale.
Mort.

OBSERVATION XIX. — *Extraite de A. Patterson, Glascow med. Journal, p. 241, 1882.*

45 ans.
Taille latérale, puis séance tenante taille sus-pubienne.

Le calcul était très volumineux, muriforme, hérissé de saillies nombreuses et aiguës. Pour l'extraire, on fut obligé d'introduire un levier et de pousser en même temps par le rectum.

Guérison complète en 25 jours.

OBSERVATION XX. — *Extraite de Monod, in th. de Broussin, 1882.*

56 ans.
Taille sus-pubienne.

Le chirurgien avait d'abord tenté la lithotritie, mais il n'avait

pu saisir le calcul, l'instrument restant toujours au-dessus de lui.
Il fit alors la taille hypogastrique et reconnut que le calcul était
enclavé dans le bas-fond de la vessie dans une loge dont l'orifice
admet à peine le doigt. Par des manœuvres réitérées, laborieuses,
le calcul fut extrait par fragments.
  Guérison.

  A la suite des observations résumées, qui précèdent, je
rapporterai *in extenso* la suivante qui m'est personnelle. Elle
vient, elle aussi, à l'appui des idées émises dans le mémoire
qu'on vient de lire et outre les points communs qu'elle présente avec les cas analogues, elle offre certaines particularités
qui lui sont propres.

  ANTÉCÉDENTS. — M. de G..., soixante-treize ans, ingénieur en
retraite, a jusqu'à ces derniers temps joui d'une bonne santé;
depuis quelques semaines et bien qu'il ait de l'œdème des
membres inférieurs, des râles humides aux deux bases des
poumons, un peu de gêne de la respiration, l'auscultation attentive du cœur ne révèle aucun signe d'affection de cet organe,
l'examen des urines au point de vue de l'albumine est négatif,
rien du côté du foie et des autres viscères. En ce qui concerne
l'appareil urinaire : pas de blennorrhagie, jamais de sable dans
les urines, jamais de coliques néphrétiques.
  Devenu prostatique il y a une dizaine d'années, M. de G... se
sonde régulièrement depuis cette époque et à deux reprises, il a
brisé une de ses sondes dans sa vessie; le premier fragment a
été extrait par M. le professeur Guyon, il y a cinq ou six ans, le
second par un médecin de Versailles, il y a deux ans.
  Vers la fin du mois de juin de cette année, à la veille d'une
saison à Capvern, il a commencé à éprouver des envies d'uriner
plus fréquentes et impérieuses, en même temps que des douleurs
très violentes à la fin de la miction, lorsqu'il ne se servait pas
de la sonde; ses urines, à peu près claires jusqu'alors, sont
devenues troubles, laissant déposer une couche épaisse, gélatiniforme, mais sans traces de sang; les hématuries ont, en effet,
toujours manqué et le malade n'a pas remarqué que la marche,
la voiture augmentassent ses douleurs et provoquassent le besoin
d'uriner.
  Mon ami, le Dr Rabère, consulté à ce moment, sonde le malade
et reconnaît l'existence d'une concrétion calcaire dans la vessie.
Il veut bien me faire appeler le 9 juillet pour opérer son client.
  Un explorateur à boule n° 18 est conduit, sans révéler le
moindre obstacle, dans l'urètre jusqu'au col de la vessie; mais,
à son entrée dans le réservoir, il rencontre un calcul, dont
l'existence se traduit par une sensation très nette de frottement
rude. Ce calcul est enclavé dans le col, et la boule de l'explorateur passe au-dessus de lui avant de se dégager dans la vessie;
il me semble cependant mobilisable et susceptible d'être repoussé
dans la vessie.

Le malade et sa famille, appréhendant les dangers d'une inter-vent'on sanglante, me prient de faire tout mon possible pour extraire le corps étranger par la lithotritie. Comme je crois le calcul mobilisable et comme l'état de santé de M. de G..., quoique non parfait, ne me paraît cependant pas contre-indiquer la litho-ritié, je me décide à cette dernière opération.

Première opération. — Lithotritie.— Le malade est endormi sans la moindre difficulté par mon excellent confrère le Dr Gorry (de Saint-Laurent).

Lavage de l'urètre et de la vessie à la solution de nitrate d'ar-gent au 1/500e. Injection de 200 grammes de la solution boriquée dans la vessie. Lithotriteur à mors plats, n° 1 et demi, pénètre aisément dans la vessie et rencontre aussitôt le calcul ; j'ai cependant quelque difficulté à le saisir et je n'y parviens qu'en retournant les mors complètement en bas et en maintenant la branche mâle au contact du col. Une fois saisi, il se brise sans effort par la simple pression sans qu'il soit besoin d'avoir récours à la vis. Le broiement est rapide, en moins de douze minutes je ne trouve plus de fragments, mais je sens derrière la prostate, en relevant fortement la poignée de mon instrument de manière à ce que les mors plongent dans le bas-fond de la vessie, un frottement, indice certain de la présence d'une concrétion que je ne peux arriver à déloger et que je gruge aussi complètement que possible en la grattant avec mon lithotriteur. L'aspiration, qui se fait très aisément, donne issue à la moitié d'une cupule de fines poussières blanchâtres avec quelques menus fragments. Je termine l'opération par un lavage au nitrate d'argent.

En retirant la sonde en gomme, qui a servi à faire ce lavage, j'éprouve encore la sensation d'un frottement. Comme dans tout le cours de mon opération, j'ai manœuvré au voisinage immé-diat du col, le malade a saigné abondamment, aussi pour éviter la rétention d'urine par caillots ou par engagement des frag-ments que je crois laisser dans la vessie, je mets une sonde à demeure.

Le malade se réveille tranquillement ; il est un peu fatigué dans la journée par le chloroforme, mais il ne souffre pas du côté de la vessie et la sonde fontionne très bien. Pas de fièvre.

Suites de la première opération. — Les jours suivants, tout se passe également très bien. Le malade n'a pas d'élévation de température. Les urines se décolorent et s'éclaircissent très rapi-dement ; des lavages boriqués, pratiqués deux fois par jour, aident à cette modification.

Le troisième jour, la sonde à demeure est supprimée et le malade reprend ses sondages habituels. Il se lève le huitième jour.

Mon confrère Rabère l'explore le dixième jour avec l'explo-rateur métallique et, contre son attente, il ne trouve pas de con-crétion.

Pendant huit semaines, M. de G... n'éprouve plus aucun symp tôme du côté de la vessie, ses urines sont plus claires qu'avant l'opération et il se croyait complètement débarrassé de tout calcul, lorsque dans les premiers jours de septembre, il commença à avoir des envies plus fréquentes d'uriner, les mictions devinrent douloureuses, accompagnées de douleurs terminales et les urines se troublèrent, mais ne renfermèrent pas de sang.

Mon confrère Rabère, de nouveau appelé, explorant la vessie et trouvant un calcul situé près du col et à gauche, réclama pour la seconde fois mon concours. Comme lui, je constate la présence d'un calcul placé immédiatement en arrière du col et un peu à gauche, mais je ne peux arriver à le saisir avec le lithotriteur qui me sert à cette exploration.

Me rappelant les difficultés que j'ai eues lors de ma première opération et soupçonnant l'existence d'un enchatonnement vrai ou tout au moins d'un enclavement dans le sinus rétro-prostatique, je demande au malade et à ses parents, qui veulent encore que l'on tente la lithotritie, l'autorisation de pratiquer la taille si je ne puis parvenir à faire un broiement complet.

DEUXIÈME OPÉRATION. — TAILLE HYPOGASTRIQUE. — Le malade est endormi et après lavage nitraté de la vessie et injection de 250 grammes de solution boriquée, un lithotriteur à mors plats, n° 1 et demi, est introduit. Je rencontre de suite le calcul, mais il m'est impossible de l'embrasser dans mes mors et de l'y saisir. Sans prolonger davantage ces tentatives infructueuses, je me décide à pratiquer la cystotomie sus-pubienne. Ballon de Pétersen, 300 grammes. Injection vésicale de 420 grammes. Le globe vésical ne se dessine pas à l'hypogastre et je ne le sens pas à travers la paroi abdominale, cependant assez mince.

Je dois ici mentionner deux circonstances, qui ne laissèrent pas que de me préoccuper et me rendirent très prudent dans cette opération ordinairement si simple. Le malade, ayant eu quelques années auparavant un phlegmon sous-péritonéal consécutif à la perforation de l'intestin par un corps étranger (arête de poisson) qu'il avait ingéré, portait deux cicatrices un peu à droite de la ligne blanche et à trois travers de doigt du rebord du pubis ; de plus, il avait une forte pointe de hernie inguinale du même côté. Pour ces raisons, je craignais que le cul-de-sac péritonéal fut abaissé et que des adhérences ne m'empêchassent de le relever. Mes craintes, comme on va le voir, étaient vaines, bien que certaines modifications eussent été apportées dans l'aspect et la nature même des tissus et organes de la région.

En effet, la peau incisée, je ne trouve pas la couche graisseuse sous-cutanée, qui ne disparaît jamais complètement, même chez les sujets les plus émaciés, et je tombe de suite sur la ligne blanche. Cette aponévrose sectionnée sur la sonde cannelée, je ne vois pas les muscles droits qui sont très écartés l'un de l'autre et je ne rencontre pas non plus la graisse jaune sous-péritonéale. Comme la vessie, malgré les 420 grammes de liquide injecté dans son intérieur, ne fait aucun relief au fond de la plaie, j'ai quelque hésitation à la reconnaître et je ne suis convaincu que c'est bien elle que j'ai sous mon doigt qu'en augmentant sa tension par l'introduction d'un supplément de 60 grammes de liquide. Je l'incise alors et un flot de liquide qui s'en échappe me montre que je ne me suis pas trompé.

Les deux lèvres de l'incision étant suspendues et écartées par un fil, j'introduis mon doigt dans la cavité vésicale et l'explore. Tout d'abord, je ne rencontre que quelques débris résultant du *mouchage* du calcul, mais bientôt je trouve une surface rugueuse à peine saillante dans la vessie, mais qui se prolonge dans l'épaisseur des parois ; c'est un calcul enchatonné dans une cellule.

L'orifice de la cellule mesure à peine un centimètre de diamètre et ses lèvres sont fortement appliquées sur la pierre ; cependant, avec l'ongle de mon index, j'essaie de les en séparer et de dilater l'entrée ; je m'aide également pour cela du mors d'une longée pince à forci-pressure que j'introduis entre le calcul et le rebord de l'orifice. J'obtiens de cette manière, mais avec beaucoup de peine, une certaine dilatation qui me permet de conduire, l'une après l'autre, sur les flancs du calcul, les branches d'une pince que j'articule ensuite à la manière des branches du forceps. Cette pince en place, j'exerce quelques mouvements de traction sur le calcul sans le serrer fortement ; malgré cette précaution, il se brise. Les fragments se répandent dans la cavité vésicale, mais il reste dans la cellule un fragment volumineux qui représente à peu près la moitié del'ensemble du calcul. J'ai encore beaucoup de peine à extraire ce fragment, en raison de l'étroitesse de l'orifice de la cellule, qui semble doué de contractilité et s'être rétracté.

Ayant enfin réussi à le déloger, je le retire de la vessie. Je lave alors à grande eau le réservoir et introduisant une sonde en gomme dans la cavité même de la cellules, j'en chasse complètement les menus débris et les poussières. Après avoir procédé ainsi à la toilette de la vessie et de son diverticule, je place le tube de Guyon-Périer, je suture par étage les tissus au-dessus et au-dessous de lui et j'applique le pansement.

Suites de la deuxième opération. — Les suites furent des plus simples. Le malade n'eut pas la plus petite élévation de température ; les tubes fonctionnèrent parfaitement et lorsque le Dr Rabère défit le pansement le deuxième jour, il le trouva à peine humide. Le cinquième jour, il enleva les tubes et mit une sonde à demeure qui n'est laissée que quarante-huit heures. La plaie hypogastrique se ferma très rapidement et le douzième jour sa cicatrisation était complète.

Les débris de la première partie du calcul opéré par la lithotritie pesaient 2 grammes ; ils étaient blanchâtres, friables et constitués par des phosphates. Les fragments de la seconde partie, obtenus par la cystotomie, se composent de deux portions : l'une formée des débris résultant de l'écrasement par la pince, l'autre constituée par un volumineux morceau représentant près de la moitié du calcul enchatonné. Il est formé de couches concentriques de phosphates et offre cette particularité très remarquable de présenter au centre une cavité ou géode renfermant les débris très menus d'une des sondes, que le malade a autrefois brisée dans sa vessie.

Cette observation pourrait être résumée ainsi : calcul enchatonné saillant par moitié dans la cavité vésicale ; broiement dans une première séance de la portion libre ; extraction dans une seconde séance de la portion enchatonnée.

Les constatations faites au cours de ma première lithotritie, jointes à celles de ma dernière tentative de broiement et surtout l'examen direct de la situation du calcul, que j'ai pu faire après la cystotomie, me permettent de mettre en lumière les circonstances, qui ont rendu ma première intervention, pourtant si laborieuse, insuffisante et d'expliquer l'évolution des symptômes offerts par le malade, que l'on put croire complètement débarrassé de son calcul pendant plus de deux mois. — La concrétion dans son intégrité avait la forme d'une cornue, dont le renflement était renfermé dans la cellule vésicale, tandis que le col incliné vers l'embouchure de l'urètre à la vessie s'insinuait en partie dans le canal prostatique. C'est cette portion que tous mes instruments (explorateur à boule, explorateur de Guyon, lithotriteur) rencontraient à leur entrée dans le réservoir et que je pris en raison de son immobilité pour des incrustations du col de la vessie. Dans l'impossibilité où je fus de la déplacer et de la saisir franchement entre les mors de mon lithotriteur, je dus me contenter de la gruger péniblement. La portion saillante du calcul ainsi *usée* jusqu'au niveau des bords de la loge, je pus croire le malade débarrassé de ses concrétions avec d'autant plus de raison que l'aspiration me donna une assez grande quantité de débris et que les lèvres de la cellule, se resserrant vraisemblablement sur le fragment enchatonné, l'enkystaient complètement et le dissimulaient à la recherche de mes instruments.

La disparition de tous les symptômes subjectifs précédemment éprouvés par M. de G..., vint d'ailleurs s'ajouter à ces signes négatifs pour donner l'illusion d'un débarras complet de la vessie, et pendant plus de deux mois le malade put être considéré comme guéri. C'est, en effet, le propre des pierres enchatonnées de ne donner lieu à aucun des phénomènes si caractéristiques de l'affection calculeuse de la vessie ou de n'en présenter qu'une ébauche, qui passe souvent inaperçue du malade et du médecin. Ce ne fut que lorsque de nouvelles couches phosphatiques, déposées à la surface du fragment méconnu, eurent reproduit sa portion saillante, que les douleurs, les fréquences des mictions, les altérations de l'urine reparurent.

Instruit par les difficultés éprouvées lors de ma première intervention, on a vu par la lecture de mon observation que je n'hésitai pas cette fois, sinon à porter le diagnostic ferme de calcul enchatonné, du moins à reconnaître que seule, l'ouverture de la vessie était indiquée dans ce cas. Les tentatives de broiement, que je fis encore pour me rendre au désir du malade et de sa famille, ne firent que me confirmer dans cette opinion.

La taille résolue, il me restait à choisir entre les divers procédés dont dispose la médecine opératoire; ici encore, mon hésitation ne fut pas de longue durée. M'appuyant sur mes recherches antérieures, qui firent l'objet du mémoire précédent, j'optai de suite pour la taille sus-pubienne. On a vu à quelles manœuvres longues et délicates je dus me livrer pour extraire le calcul de sa loge et je ne doute pas que j'aurais été dans l'obligation d'abandonner la partie si j'avais ouvert la vessie par le périnée.

Je n'ai pas eu occasion d'opérer d'autres malades porteurs de calculs enchatonnés, mais j'ai pratiqué deux fois la cystotomie sus-pubienne pour des calculs enclavés dans le sinus rétroprostatique. Bien que se présentant dans des conditions différentes des calculs enchatonnés dans une cellule de la vessie, ces calculs enclavés sont parfois tout aussi difficiles à reconnaître, car l'explorateur peut passer au-dessus d'eux sans les rencontrer, et ils ne seraient justiciables d'autre opération que de la taille et de préférence de la taille sus-pubienne. En effet, il est arrivé à des opérateurs habiles, non seulement de ne pouvoir extraire par la taille périnéale des calculs logés derrière la prostate, mais même de les méconnaître. M. Ch. Monod a cité à la Société de chirurgie un bel exemple de calcul ayant ainsi échappé à un chirurgien distingué et les publications périodiques en contiennent un grand nombre d'autres.

VII

PROGRÈS RÉALISÉS PAR LA LITHOTRITIE MODERNE

DANS LE

TRAITEMENT DES CALCULS DE LA VESSIE

A. PROGRÈS D'ORDRE MÉCANIQUE RÉALISÉS PAR BIGELOW.

La chirurgie urinaire a suivi l'essor commun aux autres branches de l'art opératoire. La pierre dans la vessie, en particulier, naguère considérée comme une des affections les plus redoutables, en raison des dangers que présentaient les opérations dirigées contre elle, a vu sa gravité considérablement diminuer, grâce à la perfection croissante des méthodes et des procédés. Le progrès accompli a presque simultanément porté sur la lithotritie et la cystotomie.

En 1878, Bigelow (d'Harvard University) transforma radicalement la vieille lithotritie française de Civiale, si admirablement réglée dans sa pratique par Guyon dans notre pays et Thompson en Angleterre. *Aux séances courtes*, à l'expulsion lente des fragments par l'urètre sous l'influence des seules forces de la vessie, il substitua une opération qui, après le broiement du calcul, débarrasse *en une seule séance* le réservoir de tous ses débris. Non seulement le chirurgien américain parvint à éviter ainsi les inconvénients et les dangers multiples inhérents à l'ancienne lithotritie (répétition des séances, cystite, enclavement des fragments dans l'urètre, etc.), mais encore grâce à la puissance des instruments broyeurs et à la prolongation des séances, sous le bénéfice du chloroforme, il donna les moyens d'attaquer des calculs que leur volume semblait jusqu'alors réserver pour toujours à l'ouverture de la vessie. Aussi, pleins de prévention pour les tailles périnéales depuis longtemps seules employées et qui n'avaient que médiocrement bénéficié des pansements antiseptiques, les chirurgiens s'empressèrent-ils pour la plupart d'accepter avec des modifications de détail la litholapaxie de Bigelow et réservèrent-ils la cystotomie pour des cas exceptionnels.

Le triomphe semblait donc enfin définitivement assuré, dans le traitement de la pierre, à la méthode non sanglante, lorsque les progrès réalisés par Petersen (de Kiel), en 1880, dans le manuel opératoire de la taille sus-pubienne, appelèrent de nouveau l'attention sur la lithotomie. Séduits par la facilité de l'exécution de la taille de Franco restaurée, par la simplicité de ses suites grâce à l'application possible des principes de l'antisepsie la plus parfaite, certains chirurgiens proposèrent rien moins que l'abandon définitif de la lithotritie.

C'est surtout en Allemagne que fut fait le procès de la méthode du broiement des calculs par les voies naturelles. Von Volkmann, au Congrès de Magdebourg, et, deux ans après, Kœnig, au Congrès de Berlin, furent ses plus acharnés adversaires et déclarèrent, le premier « que la lithotritie n'est pas en rapport avec les progrès de la chirurgie moderne » ; le second que « le broiement des pierres par les voies naturelles n'est pas acceptable dans la chirurgie antiseptique ». Ce qu'ils reprochent surtout à la méthode non sanglante, c'est la grande habileté opératoire qu'exige le maniement des instruments dans la vessie et qui constitue, dit Kœnig, « comme un art qui doit être appris et pour lequel quelques-uns n'acquièrent jamais la main ».

Sans doute, la lithotritie, comme toutes les autres opérations, réclame un apprentissage préalable, mais elle n'est pas au-dessus de la portée de tout opérateur digne de ce nom et, comme le dit le professeur Guyon, elle ne saurait être ainsi « enterrée sous les fleurs jetées aux chirurgiens qui la pratiquent avec succès ».

Les petites statistiques des chirurgiens généraux sont là pour protester contre un semblable argument. Les résultats qu'elles proclament ne sont pas moins beaux que ceux des statistiques imposantes des lithotritistes les plus réputés portant sur plusieurs centaines de cas. On peut s'en convaincre en lisant le travail de Desnos, qui rapporte les faits de la pratique de divers chirurgiens, le mémoire plus récent de Kirmisson et les observations nombreuses éparses dans la littérature médicale.

En dépit de cette fin de non-recevoir des chirurgiens allemands, la lithotritie a bien définitivement conquis droit de cité dans la médecine opératoire et les autres arguments invoqués au delà du Rhin pour la bannir, tels que la fréquence des récidives, son impuissance vis-à-vis des calculs un peu volumineux, l'impossibilité d'appliquer à l'opération les principes de la méthode antiseptique, ne résistent pas plus à l'examen que le précédent.

Sans doute on observe, après le broiement intravésical de la pierre, des récidives; mais la taille elle-même les prévient-elle et supprime-t-elle la fâcheuse tendance de l'organisme à déterminer dans les voies urinaires la précipitation des matières salines? Je sais bien que, par récidive, les détracteurs de la lithotritie entendent surtout l'évacuation incomplète du réservoir, l'oubli dans un de ses replis de quelque fragment. Une exploration méthodique et un broiement complémentaire, s'il y a lieu, débarrasseront toujours à peu de frais la vessie de ces derniers débris. Du reste les tailles, même celle qui, comme la cystotomie hypogastrique, donne largement accès dans la vessie, ne garantissent pas toujours le débarras complet de la vessie. Pour n'en citer qu'un exemple, je rappellerai qu'un chirurgien habile, le Dr Defontaine (du Creuzot), dut pratiquer successivement, à deux mois de distance, la taille sus-pubienne chez un enfant de quatre ans et demi pour extraire dans la seconde opération un calcul de quatre centimètres lui ayant échappé à la première.

Le volume et la dureté de la pierre étaient, dans l'ancienne lithotritie, un obstacle à l'emploi du broiement par les voies naturelles; l'usage du chloroforme, en permettant l'introduction dans la vessie d'instruments plus puissants et la prolongation des séances jusqu'à la pulvérisation complète du calcul, dès lors facile à évacuer par l'aspiration, a permis à la lithotritie moderne d'attaquer avec succès des pierres mesurant des dimensions relativement considérables. Déjà, en 1886, Bazy, au premier Congrès français de Chirurgie, rapportait une observation dans laquelle il avait pu broyer sans grande difficulté un calcul de six centimètres de diamètre et dont les débris frais pesaient 110 grammes. Depuis, d'autres opérateurs n'ont pas hésité à entreprendre le broiement de pierres plus volumineuses encore. C'est ainsi que Delefosse a débarrassé en une seule séance d'une heure vingt minutes de durée la vessie d'un homme de soixante-neuf ans, dont le calcul très dur mesurait soixante-douze millimètres de long sur cinquante et un millimètres de large, et que Gussenbauer a guéri en dix jours un malade porteur d'une pierre de six à sept centimètres de diamètre, pierre qui nécessita deux cent vingt prises et une séance totale de trois heures un quart.

Comme toutes les autres opérations, enfin, la lithotritie a largement bénéficié de la méthode antiseptique. L'administration à l'intérieur de certaines substances, tels que le biborate de soude, le salol prépare un milieu parfaitement aseptique aux manœuvres opératoires et les injections intravésicales d'acide borique en solution, d'iodoforme en émulsion assurent l'antisepsie une fois l'opération terminée.

Ce n'est certainement pas là un des moindre progrès réalisés dans la pratique de la lithotritie. Les travaux de Guyon et de ses élèves ont, en effet, montré combien admirablement bien préparés à la pullulation des organismes inférieurs se trouvaient la vessie, les uretères et les reins chez les vieux urinaires et la nécessité d'éviter, par la propreté la plus scrupuleuse, la pénétration des moindres germes dans leur intérieur. L'antisepsie, plus peut-être que l'évacuation complète des débris après le broiement, a contribué à la disparition de ces accès de fièvre urineuse, de ces poussés de néphrite suppurée, si redoutés des anciens lithotritistes. Par là encore, l'opération de la pierre par les voies naturelles a vu son domaine s'agrandir et la cystite, pas plus que la néphrite, ne sont des contre-indications absolues à son emploi.

Ainsi donc, mise en parallèle avec l'opération sanglante, l'extraction des calculs par le broiement et l'évacuation ne lui est inférieure sur aucun point d'application pratique et sa supériorité s'affirme d'une façon éclatante, si on envisage la gravité des deux méthodes.

En effet, d'après un travail de statistique considérable d'Oscar Bloch (de Copenhague) et que nous a fait connaître de Pezzer, la mortalité de la lithotritie moderne serait moitié moindre que celle des tailles, elle ne s'élèverait qu'à 5 0/0. Cette statistique, basée sur la pratique de divers chirurgiens, déjà très favorable à l'opération, le devient encore davantage si l'on envisage seulement le résultat des faits d'un même opérateur. La léthalité tombe par exemple à 3 0/0 dans les statistiques intégrales de Guyon et de Thompson, qui portent sur plusieurs centaines de cas.

Qui donc, après cela, oserait nier que la lithotritie soit l'opération de choix dans le traitement des calculs, et que la taille doive être réservée aux seuls cas où la méthode du broiement intravésical est réellement impraticable ?

Or, ces cas eux-mêmes deviennent de plus en plus rares. Ils diminueront encore, non pas tant avec le perfectionnement des lithotriteurs et des aspirateurs, comme le dit Dittel, qu'avec les progrès du diagnostic permettant au médecin de reconnaître la pierre avant qu'elle ait atteint un volume qui la rende incassable, et qu'elle ait déterminé, du côté des voies urinaires et de la santé générale, l'ensemble de complications qui doivent lui faire préférer la taille. Mais nous ne sommes pas encore au temps souhaité par Thompson, où la lithotomie « ne sera plus qu'une opération exceptionnelle à l'usage des vieilles concrétions vésicales négligées par les malades ou méconnues par les médecins ».

Outre les cas extrêmes qui ne laissent aucune prise à l'hésitation, il est toute une série de faits cliniques où le choix entre les deux opérations est particulièrement délicat. L'observation de chacun apporte de nouveaux éléments à la solution de ce difficile problème, et c'est pour y apporter ma contribution que je me propose d'analyser en détail, ici, 5 opérations personnelles de lithotritie.

Sur mes 5 opérés, 4 ont guéri, 1 a succombé, grevant ainsi singulièrement ma petite statistique. Mais je dois de suite faire connaître la cause de ce décès, qui ne saurait véritablement être inscrit au passif de mon intervention. En effet, ce malade a été emporté au quinzième jour après l'opération, alors qu'un accès de colique néphrétique, survenu le dixième jour, avait subitement réveillé chez lui une double néphrite préexistante restée silencieuse à la suite de l'ébranlement opératoire. La gravité du rappel des coliques néphrétiques après la lithotritie, lorsqu'il existe une inflammation antérieure du rein, a été signalée par Desnos. C'est heureusement là un accident rare. Sur 226 opérations, cet auteur ne l'a observé que 5 fois et 2 de ces opérés y ont succombé.

Un de mes malades, porteur d'un petit gravier de moins d'un centimètre de diamètre a été opéré par la méthode ancienne, c'est-à-dire sans chloroforme et sans aspiration, mais en une seule séance. Chez les 4 autres, j'ai employé la méthode moderne. Je me suis conformé 3 fois au manuel opératoire de Guyon, qui recommande de compléter le broiement avant d'évacuer le réservoir. J'ai été obligé une fois, en raison des contractions de la vessie, d'avoirs recours à la litholapaxie vraie de Bigelow, qui consiste, comme on le sait, à concasser le calcul en fragments grossiers, à les aspirer sitôt qu'on a obtenu un certain nombre de débris, et à renouveler ainsi plusieurs fois le broiement et l'aspiration dans une même séance.

Une seule séance a suffi pour débarrasser complètement la vessie de 4 de mes malades ; chez un cinquième j'ai dû recourir à deux séances à six jours d'intervalle.

L'opération que je fis, d'après la méthode ancienne, fut courte et ne dépassa pas dix minutes, pendant lesquelles je fis huit prises et j'injectai, après le retrait du lithotriteur, cinq seringues de la solution boriquée, qui n'entraînèrent du reste à leur sortie ni fragments ni poussières.

Très courte aussi, ayant duré quinze minutes (dix minutes de broiement et cinq minutes d'évacuation par les lavages et l'aspiration), fut l'opération pratiquée chez un malade dont le calcul mesurait seulement environ un centimètre de diamètre.

Chez le malade auquel je dus faire subir deux séances, la première dura quarante minutes, la seconde ving-tcinq minutes.

Chez un quatrième opéré, les manœuvres opératoires se prolongèrent plus d'une heure et quart (quarante-cinq minutes de broiement et trente-cinq minutes de lavage et d'aspiration). L'irrégularité de la chloroformisation et l'engagement d'une fine poussière calculeuse dans le canal ayant rendu l'introduction de la sonde évacuatrice un peu difficile ont été les causes de cette prolongation de la séance.

Enfin, une cinquième opération a été exceptionnellement longue, près de deux heures et demie ! Par trois fois, j'introduisis tour à tour les instruments broyeurs et évacuateurs avant de parvenir à débarrasser complètement la vessie. La régularité du sommeil chloroformique, le désir formel que m'avait exprimé le malade d'être délivré en une seule fois de son calcul, furent les raisons qui m'engagèrent à prolonger aussi longtemps les manœuvres. Le patient la supporta d'ailleurs admirablement bien et la réaction fébrile dura chez lui vingt-quatre heures à peine.

Les calculs de mes 5 opérés appartenaient tous à la variété urique. Ils mesuraient chez 2 d'entre eux moins d'un centimètre de diamètre et leurs débris n'ont pas été pesés. Chez les 3 autres, ils avaient deux fois deux centimètres et demi et une fois plus de trois centimètres.

Mes malades, tous sexagénaires, sauf l'un d'eux âgé de quarante-quatre ans, ne se présentaient pas tous, eu égard à leur santé générale et à l'état de leur appareil urinaire, dans les mêmes conditions. Deux jouissaient d'une santé excellente, leur appareil urinaire, notamment, était dans un état d'intégrité parfaite. Bien plus, chez l'un d'eux, qui n'avait jamais eu de colique néphrétique et n'avait même jamais remarqué la présence de sables dans ses urines, l'existence de la pierre ne se traduisait que par quelques symptômes mal ébauchés qui, tout d'abord, déroutèrent mon diagnostic.

Chez un troisième malade, dont la santé était comme chez les précédents parfaite, la pierre, à part quelques poussées de cystite aiguë passagères et une douleur s'irradiant le long de la verge jusqu'à la base du gland, traduisait son existence par des symptômes communs à beaucoup d'autres affections de la vessie, tels que des crises douloureuses d'une très vive intensité, une très grande irritabilité de la vessie et un spasme invincible de la portion membraneuse de l'urètre. C'est sans doute aux contractions excessives du réservoir, dérobant momentanément le calcul au contact de l'explorateur, que la présence du corps étranger échappa à mon premier examen fait sans chloroforme. La contractilité vésicale apaisée par l'anesthésie me permit de le trouver de suite et de le broyer quelques jours après dans une séance, mais incomplètement, il est vrai, car l'enchatonnement momentané d'un gros fragment dans les plis de l'organe irrité m'obligea de procéder à un deuxième broiement. Non seulement je n'aurais pu, sans le chloroforme, mener à bien les manœuvres du broiement chez ce malade, mais encore j'aurais été dans l'impossibilité de pénétrer dans sa vessie, en raison du spasme du sphincter interurétral. Ce cas aurait donc échappé à la lithotritie ancienne. Sachant les effets du chloroforme sur la contractilité vésicale, je n'ai pas hésité à le rendre tributaire de la lithotritie moderne.

Chez un autre de mes malades, il existait depuis de longs mois une cystite intense et les parois du réservoir étaient tellement contractées qu'elles dérobèrent la présence du calcul à un premier examen. L'anesthésie me rendit là encore les plus grands services et, bien que la chloroformisation fût irrégulière et m'obligea à suspendre de temps à autre le broiement, sans retirer toutefois mon brise-pierre de la vessie, je pus mener à bonne fin, en quarante-cinq minutes, la fragmentation du calcul.

L'observation la plus instructive de ma petite série est assurément celle d'un malade que j'opérai avec l'aide de mon excellent ami le Dr E. Monod. Elle montre jusqu'où peut s'étendre le domaine de la lithotritie moderne. L'état général de ce calculeux était des plus alarmants : l'appétit était nul, la langue sèche, la soif vive, la constipation opiniâtre ; une fièvre lente avec exacerbation vespérale avait déterminé un amaigrissement considérable. Son état local était aussi très mauvais ; les envies d'uriner étaient presque incessantes ; les urines étaient troubles, glaireuses, ammoniacales, dénotant l'existence d'une cystite intense; mais, fait important, l'exploration méthodique des reins complètement négative donnait à penser que ces organes devaient être dans un état d'intégrité parfaite. En présence de cette situation, mon hésitation entre la taille et la lithotritie fut grande. Cependant, la santé du malade s'étant promptement relevée sous l'influence d'un traitement approprié et l'état local s'étant considérablement amélioré, je penchai bientôt vers la lithotritie ; mais avant de prendre un parti, je fis appel aux conseils de mon excellent collègue Monod, qui se rangea à mon opinion. C'est avec son assistance que je procédai à l'opération exceptionnellement longue, dont j'ai rappelé précédemment les détails. Les suites furent dés plus simples. La plus haute température, observée le soir même de l'opération, ne dépassa pas 38°,1 ; les symptômes de cystite ne tardèrent pas à s'amender, mais nécessitèrent pour disparaître complètement un traitement complémentaire sur lequel je reviendrai dans un instant.

Chez mes quatre autres opérés, la réaction post-opératoire fut également presque nulle. C'est à peine si une légère ascension du thermomètre de 1° à 1°,5 fut la conséquence du broiement intravésical. Le malade, auquel je dus faire subir à quelques jours d'intervalle deux séances de lithotritie, présenta une tolérance parfaite et, chez lui, l'apyrexie fut complète.

Comme je l'ai dit, un de mes opérés, pris de colique néphrétique au dizième jour après l'opération, succomba à une poussée de néphrite suppurée double. Ce fait ne peut donc pas entrer en ligne de compte dans l'appréciation des suites éloignées de mon intervention.

Deux malades, porteurs de calculs dépassant à peine un centimètre de diamètre et d'ailleurs exempts de toute complication, furent débarrassés de tous les symptômes qu'ils présentaient aussitôt l'extraction du calcul. Après les deux séances de broiement suivies d'évacuation qu'il dut subir, mon quatrième malade cessa d'éprouver les violentes douleurs qui dominaient son histoire clinique; les mictions, auparavant très fréquentes, redevinrent normales; les urines troubles jusqu'alors s'éclaircirent. Bref, la guérison semblait complète, lorsque trois semaines après son retour chez lui, il fut repris subitement des mêmes phénomènes douloureux. Je ne doutai pas, en apprenant ce retour des douleurs, qu'un fragment ne m'eût échappé dans cette vessie éminemment contractile. Le malade revint à Bordeaux dans les premiers jours d'avril et je trouvai, comme je m'y attendais, dans sa vessie un gros fragment mesurant un centimètre et demi que je broyai et évacuai en une seule séance, aussi bien supportée que les précédentes. Le malade, depuis lors, doit être considéré comme complètement et définitivement guéri, réserve faite bien entendu d'une nouvelle ponte rénale.

C'est encore le malade, dont j'ai signalé la longue durée et la difficulté de l'opération, qui est le plus intéressant au point de vue du résultat que le débarras de sa vessie eut sur le relèvement rapide de la santé générale et sur l'amélioration de la cystite. La fièvre vespérale, qui le minait depuis plusieurs semaines, cessa dès le deuxième jour après l'opération; l'appétit reparut, la constipation cessa et le malade se leva au onzième jour. Les envies d'uriner devinrent aussi rapidement moins fréquentes et les urines s'éclaircirent; cependant, la cystite quoique moins violente persistant, je dus combattre l'inflammation de la muqueuse à l'aide de quelques lavages à la solution de nitrate d'argent à 1/500e. Pendant six semaines, le malade n'éprouva plus aucun trouble et reprit ses occupations ordinaires. A ce moment, sous l'influence de grandes fatigues et de refroidissement (nous étions en décembre), il eut une nouvelle poussée de cystite. Avant de la traiter, je voulus m'assurer qu'aucun fragment n'avait échappé à la séance d'exploration que j'avais faite déjà quelques jours après l'opération. L'examen minutieux de la vessie ne me fit découvrir absolument rien dans sa cavité. Des lavages semiquotidiens avec l'émulsion d'iodoforme eurent bientôt raison de ce retour de la cystite. Depuis, le malade demeure guéri. Pour éviter toute reprise de l'inflammation et assurer la propreté de la vessie, il fait lui-même de temps à autre des lavages boriqués. En raison de l'hypertrophie de la prostate dont il est atteint, il urine trois ou quatre fois la nuit, mais il peut rester dans le jour plusieurs heures sans éprouver le besoin de vider sa vessie.

B. Progrès obtenus, grace a l'application des principes de l'antisepsie aux diverses manœuvres du broiement et de l'aspiration, par le professeur Guyon.

En résolvant le problème si longtemps poursuivi de l'aspiration des fragments après la lithotritie, Bigelow a fait faire un immense progrès à la méthode de traitement par les voies naturelles de la pierre dans la vessie. La mortalité, qui d'après Gross était de 10,81 0/0 avec l'ancien manuel opératoire, est descendue à 5 0/0 et même à 3 0/0, si l'on envisage seulement les statistiques de chirurgiens plus particulièrement adonnés à la pratique des maladies des voies urinaires. La morbidité a également diminué dans des proportions notables ; la fièvre, la cystite, la néphrite, pour ne parler que des accidents autrefois les plus redoutés, ont pour ainsi dire disparu. Ajoutons que la durée du traitement a été singulièrement abrégée.

Mais depuis cette révolution d'ordre mécanique accomplie par le chirurgien américain, un autre progrès a été réalisé, qui a amélioré encore les résultats immédiats et éloignés de la lithotritie moderne, et en a fait une des opérations les plus bénignes et les plus efficaces de la chirurgie. Ce progrès consiste dans l'application rigoureuse des principes de l'antisepsie aux diverses manœuvres du broiement et de l'aspiration.

C'est incontestablement à M. le professeur Guyon, que revient le mérite d'avoir précisé les conditions d'une bonne antisepsie des voies urinaires et de nous avoir indiqué les moyens de l'obtenir avant, pendant et après les manœuvres opératoires.

Sur une série de 180 lithotrities antiseptiques, l'éminent

opérateur n'a eu que 1 décès[1] survenu chez un malade épuisé par des douleurs extrêmes et dont l'état pulmonaire laissait à désirer. Quant aux suites opératoires, elles ont toujours été des plus simples et les complications fébriles notamment, qui naguère étaient en quelque sorte les compagnes obligées de toute lithotritie, ont été si exceptionnellement observées qu'on peut déclarer que la lithotritie faite d'une façon aseptique est une opération apyrétique.

Non seulement l'intervention de la méthode antiseptique a fait disparaître à peu près complètement la mortalité et la morbidité de la lithotritie, mais encore, en réduisant au minimum les réactions post-opératoires et en abrégeant la durée du traitement, elle a permis d'étendre le domaine de la lithotritie au delà des limites déjà reculées que lui avaient assignées la révolution de Bigelow.

La fièvre, la cystite, la pyélonéphrite ne constituent plus que dans des cas tout à fait rares des contre-indications au traitement des calculs vésicaux par les voies naturelles. Les maladies des grands appareils organiques qui, en raison des perturbations apportées dans l'économie par une opération sanglante, nécessitant un séjour prolongé au lit, une convalescence longue comme la taille et même la lithotritie ancienne, s'opposaient au traitement d'un certain nombre de calculeux ne sont plus un obstacle à l'intervention. Il en est de même de l'affaiblissement général produit par l'ancienneté de l'affection, l'intensité de ses symptômes, ou déterminé par l'âge du sujet, qui en est porteur.

En face des heureux résultats fournis par la lithotritie moderne antiseptique dans tous ces cas, autrefois tributaires de la taille ou considérés comme au-dessus des ressources de notre art, je serais presque tenté de dire qu'il n'existe d'autres contre-indications à l'extraction des calculs par les voies naturelles, chez les adultes du sexe masculin, que les circonstances matérielles s'opposant au broiement et à l'aspiration, tels que rétrécissement de l'urètre, volume et dureté du calcul, enchatonnement, etc.

Convaincu de l'excellence de la lithotritie, je l'ai toujours systématiquement employée dans le traitement des calculeux, qui ont réclamé mes soins, et je n'ai eu recours à la taille

---

1. Duchastelet. Communication faite au Congrès français de chirurgie, sixième session.

qu'après avoir échoué dans mes tentatives de broiement. Sur
un total de 37 opérations, je n'ai été obligé de renoncer à la
lithotritie pour recourir à la taille que 2 fois. Dans un de ces
cas, je me trouvais en présence d'un calcul d'acide urique
volumineux et très dur, mesurant six centimètres sur quatre,
que les lithotriteurs les plus puissants parvenaient à peine à
entamer; dans l'autre cas, il s'agissait d'un calcul enchatonné,
dont je ne pus broyer avec mon lithotriteur que la partie saillant hors de sa loge. La taille sus-pubienne, soit dit en passant, triompha sans peine des difficultés présentées par ces
deux cas.

Mes 35 opérations de lithotritie ont donné 2 décès, mortalité
un peu plus considérable, je le reconnais, que celle des statistiques de Gross, mais qui ne saurait être entièrement portée
au passif de la lithotritie antiseptique. En effet, l'un de ces
décès reconnaît pour cause un accident opératoire, une de ces
catastrophes auxquelles ne peuvent jamais se flatter d'échapper nos entreprises chirurgicales les mieux réglées, à savoir
une perforation de la vessie survenue pendant les manœuvres
de l'aspiration. L'autre décès a été déterminé par une néphrite
suppurative, qui emporta le malade au quinzième jour après
l'opération. Il convient de faire remarquer que cette complication d'ordre septique a sans doute été favorisée par un rappel de colique néphrétique, dont le malade, vieux calculeux et
ayant déjà eu une atteinte de pyélonéphrite, fut frappé au
cinquième jour.

La majorité des malades que j'ai lithotritiés se présentaient
dans des conditions telles, qu'il ne pouvait y avoir d'hésitation dans le choix de l'opération dont ils étaient justiciables,
mais certains d'entre eux offraient des états bien faits pour
rendre le clinicien perplexe dans sa détermination. Alors que
j'ai cru pouvoir faire bénéficier des progrès de la lithotritie
cette catégorie de malades, d'autres opérateurs auraient eu
recours sans doute à la taille, ou auraient différé leur intervention, ou même se seraient complètement abstenus.

Ce sont ces quelques cas que je désire rapporter succinctement dans cette note clinique.

OBSERVATION I. — Ma première observation a pour sujet un
homme de 57 ans, M. G., qui, ayant eu depuis une dizaine d'années
plusieurs crises de colique néphrétique suivies pour la plupart
d'expulsion de calculs, offrait depuis un an tous les symptômes
de la pierre dans la vessie.

Pendant tout ce temps, ses urines sont demeurées claires et limpides, et l'évolution de sa maladie parait avoir été aseptique. Toutefois, quelques jours avant que je sois appelé auprès de lui, il a eu tous les soirs des accès de fièvre violents; les besoins d'uriner sont devenus impérieux et très douloureux à la fin; les urines ont renfermé quelques petits filets de sang, mais elles ne se sont pas troublées et n'ont pas laissé déposer la plus petite trace de pus. L'analyse chimique y a révélé la présence de 50 grammes de sucre par litre, mais pas d'albumine.

Son médecin ordinaire, mon distingué confrère Cayla, ayant constaté la présence de plusieurs graviers dans sa vessie, me prie, le 13 mai 1892, de venir l'opérer chez lui, à une distance assez considérable de Bordeaux.

A mon arrivée, je trouve le malade en proie à un frisson intense et sous mes yeux évoluent les stades ordinaires d'un accès urineux franc. En présence de cet accès, j'étais disposé à me retirer sans intervenir, lorsque les vives sollicitations du malade et de son entourage me firent revenir sur ma détermination. Cependant, avant d'opérer M. G., j'attendis que son accès de fièvre fût terminé et je me livrai à une enquête approfondie afin de déterminer exactement la cause de ces accès fébriles. Etant donnés l'intégrité absolue de l'appareil rénal et des autres parties de l'arbre urinaire, les caractères physiques de l'urine, qui semblait parfaitement normale, je pensai que l'origine de la fièvre devait reconnaitre une autre cause qu'une lésion grave des organes urinaires ou qu'une altération de l'urine. Je crus devoir en conséquence l'attribuer aux petits traumatismes provoqués par le choc des calculs au niveau du col à la fin des mictions, traumatismes ouvrant la porte à la pénétration de l'urine dans la circulation et déterminant par là des phénomènes d'intoxication.

Cette conception étiologique admise, le débarras aussi prompt que possible de la vessie s'imposait et je procédai, dès lors, à l'opération séance tenante sans trop d'appréhension.

Je broyai sans la moindre difficulté plusieurs calculs du volume d'une amande de noisette environ, et pratiquai sans incident l'aspiration de 40 grammes de débris uratiques. Les suites furent des plus simples; le malade, dont la température ne dépassa pas la normale le soir de l'opération, n'eut plus un seul accès de fièvre. Sa glycosurie, cela va sans dire, ne fut nullement modifiée par le débarras de la vessie, mais elle n'eut aucune influence sur le résultat de la lithotritie. En aurait-il été de même si la taille eût été pratiquée?

Ainsi donc, voilà un fait qui prouve que la lithotritie antiseptique est non seulement une opération apyrétique, mais encore qu'elle peut devenir dans certains cas antipyrétique.

OBSERVATION II. — La seconde opération que je rapporterai a trait à un malade de 64 ans, chez qui je pratiquai d'urgence la lithotritie, alors qu'une récente crise de colique néphrétique venait de retentir d'autant plus fâcheusement sur sa santé générale qu'un de ses reins était probablement atteint de pyélonéphrite.

Opéré pour la première fois de la lithotritie en septembre 1890, M. K. alla suffisamment bien pendant onze mois pour se croire définitivement guéri(1). Cependant, il éprouvait depuis deux mois environ quelques signes de récidive, avait de temps en temps des poussées de cystite violente et se plaignait souvent de douleur dans le rein droit, lorsque vers le milieu de septembre ces phénomènes locaux s'accentuèrent en même temps qu'apparurent des accidents généraux : fièvre, troubles digestifs, perte des forces. En mon absence, le malade ne voulut consulter personne.

Je venais de rentrer de vacances, lorsqu'on me fit appeler précipitamment près de lui. Je le trouvai au lit, presque sans pouls, les extrémités froides, les traits tirés, très abattu et parlant à peine. On me dit que le matin, en voulant se lever, il a été pris de syncope. Depuis quelques jours, les besoins d'uriner sont devenus très fréquents et les urines très épaisses; celles de la nuit précédente sont très foncées de couleur et boueuses. La vessie est vide ; le rein gauche est un peu douloureux à la palpation, de même l'uretère correspondant, et le malade dit éprouver quelques douleurs spontanées de ce côté. Sous l'influence d'un traitement approprié (cataplasme sinapisé sur les reins, boule d'eau chaude, thé au rhum, potion à l'acétate d'ammoniaque, digitale et café), l'état général de M. K. se relève et, à six heures, la chaleur est revenue, le pouls bien frappé bat 76; pas d'élévation de température; mais, phénomène nouveau et important, depuis ce matin le malade n'a pas rendu plus de trois cuillerées d'une urine rouge, épaisse, ne contenant toutefois pas de sang. Dans la nuit, cette oligurie cesse et M. K. rend près d'un litre d'urine épaisse et foncée. Pendant cinq jours, l'état reste sensiblement le même; grande faiblesse, absence d'appétit, constipation, mais la langue reste humide et il n'y a pas d'élévation de température. Du côté de la vessie, les phénomènes vont en s'aggravant; les besoins d'uriner sont très fréquents, les mictions extrêmement douloureuses à la fin, les urines contiennent une grande quantité de dépôts glaireux. Persuadé que la vessie contient un calcul, j'insiste pour l'explorer et je trouve, en effet, une concrétion calcaire.

Sur le désir formel de M. K. de subir la même opération que la première fois et sur son refus absolu de l'opération sanglante, je me décide à tenter la lithotritie, bien que la santé générale du patient, l'état douloureux de l'appareil rénal antérieurement enflammé et qui venait peut-être d'être le théâtre d'une colique néphrétique, la cystite violente dont il souffrait, furent des raisons plaidant fortement en faveur de la cystotomie. Je pratiquai antiseptiquement le broiement et l'aspiration, non sans de très grandes difficultés, en raison de l'extrême irritabilité de la vessie qu'une narcose profonde ne put parvenir à soumettre.

---

1. Cette observation a été rapportée, à un autre point de vue, au Congrès français de chirurgie, sixième session.

Il était à craindre que ces difficultés opératoires, venant s'ajouter à l'état général très précaire du malade, ne provoquassent une réaction fébrile intense et des accidents graves; il n'en fut rien. La température s'éleva le soir de l'opération à 38°5, oscilla les jours suivants entre 37°5 et 38°, pour descendre le quatrième jour à 37° et ne plus le dépasser. Des débris volumineux, engagés dans l'urètre et que je dus extraire à deux ou trois reprises avec la pince de Collin, ne firent même pas élever la température.

Environ trois mois après cette opération, M. K. fut pris durant quelques jours de violentes douleurs dans les lombes du côté droit, avec malaise général, état saburrhal, fièvre, tous troubles qui se terminèrent par une abondante évacuation de pus par les urines. Depuis lors, bien qu'il soit probable que le rein droit ait été détruit en totalité ou en partie par la suppuration, la santé de M. K. s'est maintenue et se maintient encore bonne aujourd'hui, trois ans après cette dernière opération. Mais je dois à la vérité de dire que, malgré les lavages antiseptiques de la vessie, que le malade dit faire très régulièrement, les urines sont troubles, glaireuses, qu'il y a de la cystite et qu'enfin l'exploration de la vessie m'a révélé l'existence d'une nouvelle concrétion.

A côté des deux observations précédentes, qui démontrent que *la fièvre urineuse et des lésions inflammatoires avancées de l'appareil urinaire ne sont pas des contre-indications à la lithotritie antiseptique*, en voici deux autres, qui tendent à prouver que *les affections générales graves, en particulier des désordres de l'appareil circulatoire et un âge très avancé, ne sauraient s'opposer au succès de l'extraction des calculs vésicaux par les voies naturelles.* C'est là, il nous semble, une glorieuse conquête de la lithotritie moderne que de guérir des malades auxquels la gravité de la taille, avec ses dangers immédiats et ses suites longues, ne permettrait pas de toucher.

Aurait-il pu, par exemple, supporter la taille, le malade cardiopathe dont je vais résumer l'observation?

OBSERVATION III. — M. W., âgé de 74 ans, a consulté à intervalles éloignés, depuis trois ans, mon excellent ami le professeur Arnozan pour une affection mitrale, qui dans ces derniers temps s'est subitement aggravée et s'est compliquée d'insuffisance tricuspidienne. Le malade se plaignant, en outre, de troubles du côté des voies urinaires, M. Arnozan me prie de vouloir bien l'examiner. Les symptômes qu'il me dit éprouver me font de suite soupçonner l'existence d'un calcul de la vessie que je trouve, en effet, à l'exploration. Bien que les troubles engendrés par la concrétion ne soient pas très pénibles pour le moment, nous pensons qu'ils ne peuvent qu'empirer et que, par conséquent, il y a tout intérêt à intervenir. La lithotritie, après réflexion, nous semble être l'opération qui offre le plus de chance de réussite. Mais avant de la pratiquer, nous jugeons indispensable de soumettre le malade à un traitement destiné à améliorer sa situation, qui, au moment où nous l'examinons, est véritablement alarmante.

En effet, l'oppression est extrême et M. W. a de la peine à monter les quelques marches de son entresol ; la nuit, il a des crises de dyspnée intense, il ne peut rester au lit, même en prenant le soin de se tenir le tronc élevé par des coussins et il est obligé de passer la nuit dans un fauteuil. Les membres inférieurs sont le siège d'un œdème très prononcé, qui remonte jusqu'au-dessus du genou ; il existe un peu d'ascite et le foie est gros. L'auscultation du poumon révèle l'existence de râles sibilants aux deux sommets et de râles humides à bulles fines aux deux bases ; outre les signes de la lésion mitrale, l'auscultation du cœur fait reconnaître l'existence d'un souffle tricuspidien ; pouls veineux jugulaire ; pouls radial très irrégulier bat de 90 à 110 suivant les moments où on l'observe. L'examen des urines est négatif au point de vue de l'albumine.

M. W. est soumis pendant une huitaine de jours à l'usage de pilules composées de scammonée, scille et digitale, sous l'influence desquelles l'œdème et l'ascite s'améliorent considérablement, la dyspnée disparaît, le pouls se relève et se régularise.

A ce moment, l'état de notre malade nous semble assez bon pour nous autoriser à faire l'opération. Nous la pratiquons le 1er juin. Malgré l'état du cœur, l'administration du chloroforme, faite par le professeur Arnozan, ne présente aucun incident et la narcose complète me permet de broyer très rapidement un calcul de deux centimètres, dont le noyau est assez dur. Mais lorsque je veux faire l'aspiration, j'en suis absolument empêché, sans doute en raison de l'extrême flaccidité de la vessie. Désireux avant tout de ne pas trop prolonger l'anesthésie, je renonce à faire l'évacuation complète des débris calculeux et, afin de prévenir leur enclavement dans l'urètre, je mets une sonde à demeure n° 18. Elle est très bien supportée et fonctionne parfaitement, donnant issue, d'abord à une urine sanguinolente mélangée de sables fins, puis à un liquide de moins en moins coloré, mais entraînant avec lui des débris plus volumineux. Des lavages nitratés et boriqués facilitent la sortie de ces fragments, en même temps qu'ils entretiennent l'asepsie du milieu vésical et préviennent toutes complications infectieuses. M. W., en effet, durant les quinze jours que la vessie mit à expulser les débris du calcul, n'eut pour ainsi dire pas d'élévation de température (la plus haute ascension du thermomètre fut de 37°5, survenue le deuxième jour après l'opération). Dès le troisième jour, j'autorise le malade à se lever, à se tenir assis dans son fauteuil et à marcher dans sa chambre. J'évite de la sorte des crises de dyspnée et préviens l'engorgement pulmonaire, qui n'a pas manqué de se reproduire à la suite des quarante-huit heures de séjour au lit qu'il vient de passer.

Voilà cinq mois que M. W. a été débarrassé de son calcul, il ne souffre plus du tout de sa vessie et, grâce au traitement qu'il

a pu suivre régulièrement, son affection cardiaque s'est améliorée au point qu'il se dispose à entreprendre un voyage d'affaires
en Allemagne.

OBSERVATION IV. — Outre son grand âge, 83 ans, mon dernier
malade avait 25 centigrammes d'albumine (sérine) par litre
d'urine. Je l'avais vu quatre ans auparavant, à l'occasion de
troubles dysuriques vagues que je mis sur le compte de l'hypertrophie de la prostate, dont il était porteur, après que l'exploration de la vessie m'eut démontré qu'elle ne contenait aucun
calcul. Sous l'influence d'un traitement approprié, ces troubles
s'amendèrent et j'avais perdu M. J. de vue, lorsque mon ami le
professeur Arnozan, qui me l'avait adressé déjà la première fois,
me fit appeler de nouveau auprès de lui, à la fin du mois de
mars 1893. Depuis quelque temps, en effet, il offre du côté des
voies urinaires des signes de présomption d'un calcul vésical (fréquence des mictions, hématurie à la suite de la marche, douleur
à l'extrémité de la verge, etc.), et l'examen de la vessie, que je
pratique séance tenante avec l'explorateur à boule, me fait percevoir un contact qui ne me laisse à cet égard aucun doute.

M. J. est très affecté de son état et réclame à tout prix une
opération. Nous ne croyons pas devoir la lui refuser, mais son
âge et l'état de sa santé nous obligent à faire auprès des membres
de sa famille quelques réserves sur l'issue de notre intervention.

A la suite d'un ictère assez intense, dont il a été atteint il y a
deux ans et qui mit ses jours en danger, M. J. a conservé un
certain degré de faiblesse, quelques troubles digestifs, et ses
urines, qui aussitôt après sa maladie renfermaient 85 centigrammes
d'albumine par litre, en contiennent encore 25 centigrammes.
Mais à part quelques râles de bronchite, occupant la base des
deux poumons, il est juste de reconnaitre que l'appareil cardio-
pulmonaire est en bon état : le cœur bat régulièrement, aucun
souffle ; pouls un peu dur ; pas d'athérome ; pas de cercle sénile
péri-kératique.

La lithotritie, pratiquée le 13 avril, est régulièrement conduite
et la vessie est complètement débarrassée de tous ses débris dans
la même séance. Le soir de l'opération, le malade a un accès
franc de fièvre, avec frisson, chaleur et sueurs ; la température
atteint 38°6, mais dès le lendemain le thermomètre revient à la
normale et pendant quatre jours M. J. est aussi bien que possible, tant au point de vue local que général.

Dans l'après-midi du cinquième jour, il est pris d'envies d'uriner
fréquentes, de douleur pendant la miction et ne rend qu'une
petite quantité d'urines épaisses, louches, non sanguinolentes, en
même temps qu'il éprouve quelques malaises, que la langue se
sèche et que la température monte à 37°6. Cependant, autant
qu'on peut le vérifier par la palpation hypogastrique, la vessie se
vide bien ; la pression sur le rein gauche est un peu douloureuse ;
le ventre est ballonné.

Purgatif ; sulfate de quinine ; salol et lait.

Cet état, qui ne laisse pas que de nous inquiéter, dure trois jours, après lesquels une amélioration sensible et rapide se produit. Elle est annoncée par une augmentation de la sécrétion des urines et une distension de la vessie, qui oblige à avoir recours au cathétérisme suivi de lavages boriqués. Le neuvième jour, M. J. se lève quelques heures dans la journée. Il est dès lors dans la période de convalescence que suit bientôt la guérison complète.

Aujourd'hui, trois ans se sont écoulés depuis l'opération, la santé vésicale de M. J. ne laisse rien à désirer, grâce à des lavages réguliers qui entretiennent le bénéfice de l'intervention, et sous l'influence de la reprise de ses occupations habituelles et d'un exercice modéré ses fonctions organiques se font à merveille (1).

Bien que les moyens par lesquels j'assure l'asepsie et l'antisepsie de toutes mes manœuvres au cours de la lithotritie n'aient rien qui me soit absolument personnel, je crois cependant bon de les faire connaître.

Pendant les deux ou trois jours qui précèdent l'opération, j'administre à l'intérieur des médicaments qui, éliminés par les urines, rendent aseptiques ce liquide et ses organes d'excrétion. Après avoir employé les acides benzoïque et salicylique et leurs sels, le biborate de soude, etc., je me suis arrêté au salol, qui, on le sait, se dédouble dans l'intestin, en acide phénique et salicylique qu'on retrouve dans les urines.

Je donne, la veille et le matin de l'opération, 50 à 60 centigrammes de sulfate de quinine. A la vérité, je n'attache pas une grande importance à ce dernier médicament et je l'emploie, en quelque sorte, pour donner satisfaction au malade et à son entourage habituellement portés à considérer le sulfate de quinine comme l'agent antifébrile par excellence. Je ne suis pas non plus bien convaincu de la valeur antiseptique de la médication interne par le salol, mais j'estime qu'il n'y a aucun inconvénient à y avoir recours.

Par contre, j'ai la plus grande confiance dans l'antisepsie réalisée par la voie externe. Voici comme je la pratique. Je lave d'abord les organes génitaux externes et leurs environs avec une solution de sublimé au 1/1000e. J'irrigue largement

---

1. Depuis la publication de la note précédente, j'ai opéré avec succès un autre vieillard de 83 ans.

le canal de l'urètre avec la solution de nitrate d'argent au
1/500ᵉ ; puis, introduisant à travers ce canal désinfecté une
sonde jusque dans la vessie, je lave soigneusement ce réservoir avec la même solution argentique. Je fais passer trois ou
quatre seringues de la solution jusqu'à ce que le liquide ait
entraîné à l'extérieur tous les dépôts susceptibles de se trouver dans la vessie lorsqu'elle est enflammée. A ce moment,
j'injecte la solution d'acide borique au 40/1000ᵉ, et c'est avec
ce liquide que je procède aux manœuvres du broiement, des
lavages et de l'aspiration.

La vessie débarrassée des derniers débris calculeux, je termine en la lavant encore à la solution nitratée, que j'expulse
entièrement, laissant le réservoir à sec.

Lorsque j'ai broyé un calcul habitant une vessie depuis
longtemps enflammée, irritable, saignant facilement, après
avoir lavé au nitrate, j'injecte la solution iodoformée de Frey
(iodoforme, 25 grammes ; glycérine, 12 grammes ; eau distillée,
5 grammes ; gomme adragante, 10 centigrammes ; une cuillerée dans 300 à 400 grammes d'eau tiède). L'iodoforme, ainsi
mis en suspension dans l'eau, se dépose sur les parois de la
vessie, à la manière de l'iodoforme des injections éthérées du
professeur Verneuil pour les abcès froids, et forme un *véritable pansement* à la surface des érosions, des exulcérations et
des lésions traumatiques de la muqueuse vésicale.

Si l'on s'en rapporte à ce qui se passe toutes les fois qu'on a
injecté la solution iodoformée dans la vessie, il y a lieu de
croire que cette sorte de pansement reste un certain temps en
contact avec la muqueuse. En effet, le malade rend de l'iodoforme dans ses urines pendant plusieurs jours et c'est même
une éventualité dont il faut le prévenir, car il pourrait s'effrayer
de la présence de cette poudre jaune dans le liquide urinaire.
Ce séjour de grumeaux iodoformiques dans la vessie a même
été considéré par certains chirurgiens comme susceptible de
devenir le noyau de calculs ; je crois ce reproche purement
théorique, jusqu'ici aucune observation n'est venue justifier
ces craintes. Pour ma part, j'emploie depuis plusieurs années
la solution de Frey, soit après la lithotritie, soit dans le traitement de certaines cystites ; j'use également d'huile iodoformée sous forme d'instillations dans la tuberculose vésicale, je
suis et je revois mes malades, et jamais je n'ai constaté chez
eux de formation calculeuse.

C. Lithotritie dans un cas : 1° d'irritabilité excessive de la vessie enflammée ; 2° de calcul volumineux et très dur. Utilisation d'une poignée mobile s'adaptant a tous les lithotriteurs.

Les progrès immenses réalisés depuis une quinzaine d'années dans le traitement de la pierre dans la vessie ont porté à la fois et sur la taille et sur la lithrotritie. Inutile de rappeler les causes diverses qui ont contribué à diminuer, dans des proportions à coup sûr inespérées des chirurgiens antérieurs au dernier quart de notre siècle, la mortalité des deux méthodes d'extraction des calculs vésicaux. Ces causes ne sont en partie d'ailleurs que celles auxquelles la chirurgie générale doit ses succès croissants. Je ne crois pas à nouveau devoir fournir les raisons qui, aux yeux de la majorité des chirurgiens, permettent de proclamer la supériorité incontestable de la lithotritie sur la cystotomie, *toutes choses étant égales* dans les cas traités par l'une ou l'autre méthode. L'extraction de la pierre par les voies naturelles ne saurait, en effet, prétendre se substituer toujours à l'opération sanglante. Il est telles conditions d'âge, d'état général, d'altérations des organes urinaires, etc., où le chirurgien ne doit pas hésiter à recourir à la taille. Entre ces cas bien tranchés il y en a un petit nombre, qui laissent le chirurgien indécis. Parmi ces cas embarrassants se placent entre autres, d'une part ceux dans lesquels les réactions violentes d'une vessie enflammée gênent la manœuvre des instruments dans sa cavité, et d'autre part ceux dans lesquels le volume et la dureté de la pierre opposent une vive résistance au broiement. Forts du chloroforme, qui calme les contractions du muscle vésical, et de la puissance de leur instrumentation, les chirurgiens de nos jours ne sauraient regarder comme des contre-indications absolues à la lithotritie l'irritabilité de la vessie et la dureté du calcul. Assez nombreuses sont aujourd'hui les opérations où le chirurgien, désireux de faire bénéficier son patient des bienfaits de la lithotritie moderne, a passé outre sans avoir à s'en repentir. Ainsi s'agrandit de jour en jour le domaine de l'opération non sanglante.

Les deux faits que je vais rapporter méritent, je crois, de

prendre rang au nombre de ceux qui étendent la conquête de la méthode d'extraction de la pierre par les voies naturelles. Dans le premier j'ai pu débarrasser d'une énorme concrétion phosphatique la vessie chroniquement enflammée et intolérante d'un malade, que j'avais un an auparavant lithotritié pour un calcul urique recouvert d'une couche épaisse de phosphate, et dans le second j'ai pu broyer sans le moindre accident un calcul mesurant plus de 6 cent. 1/2 et d'une dureté excessive.

OBSERVATION I. — Mon premier fait concerne un homme de soixante-quatre ans, chez lequel je pratiquai une première lithotritie le 5 octobre 1889, pour un noyau d'acide urique, recouvert d'une épaisse couche de phosphate et séjournant depuis longtemps au sein d'une vessie enflammée. Le récit de cette première opération se trouve consigné dans la thèse de mon élève Bachelier.

Jusqu'au mois de septembre de l'année 1890, c'est-à-dire pendant onze mois, M. K... alla suffisamment bien pour se croire complètement débarrassé de tout calcul.

Cependant, de temps à autre et à des intervalles de plus en plus rapprochés depuis deux mois, il éprouvait des envies fréquentes d'uriner ; surtout le jour, après la marche, un exercice quelconque ; il présentait aussitôt des poussées de cystite caractérisée surtout par un abondant dépôt glaireux dans les urines. Ces symptômes me faisaient soupçonner l'existence d'une nouvelle formation calculeuse, mais le malade refusait de se laisser explorer. Cependant, vers le milieu de septembre, les phénomènes locaux s'accentuèrent, en même temps qu'apparurent des accidents généraux : fièvre, troubles digestifs, perte des forces. En mon absence de Bordeaux, le malade ne voulut consulter personne.

4 *octobre*. — A ma rentrée de vacances, je suis appelé précipitamment chez M. K., que je trouve au lit presque sans pouls, les extrémités froides, les traits tirés, très abattu et parlant à peine. On me raconte que le matin, en voulant se lever, il a été pris de syncope.

Depuis quelques jours, les besoins d'uriner sont devenus très fréquents et les urines très épaisses. On me montre celles de la nuit ; elles sont très foncées de couleur et boueuses, la palpation et la percussion de l'hypogastre démontrent que la vessie est vide. L'exploration du rein gauche est peu douloureuse, de même la pression sur le trajet de l'uretère correspondant. Interrogé avec soin, M. K... dit éprouver quelques douleurs spontanées de ce côté.

Cataplasme sinapisé sur la région des reins, thé au rhum, boule d'eau chaude, portion à l'acétate d'ammoniaque, digitale et café.

A six heures du soir le malade est moins abattu, peau chaude et moite, pouls bien frappé, bat 76; pas d'élévation de température. Depuis ce matin, M. K... n'a pas rendu plus de trois cuillerées d'urine très rouge et épaisse, mais ne contenant pas de sang. La douleur du rein a diminué. Continuation de la potion et boissons abondantes.

5. — Cette nuit le malade a rendu près d'un litre d'urine épaisse et foncée en un assez grand nombre de mictions. Il se sent mieux, pas de fièvre.

Pendant cinq jours, l'état reste sensiblement le même. Le malade est faible, sans appétit; constipation, mais langue humide.

11. — Les envies d'uriner, déjà très fréquentes, le deviennent encore plus; la fin des mictions est extrêmement pénible, les urines contiennent une grande quantité de dépôts glaireux.

Rien ne parvient à calmer cette fréquence des besoins et la douleur, qui vont au contraire en augmentant.

13. — Les souffrances sont atroces, continus, mais s'exaspérant à la fin des mictions qui ont lieu toutes les dix minutes, les quarts d'heure au plus. Persuadé que la vessie contient un calcul, j'insiste pour l'explorer, mais le malade ne consent à se laisser sonder qu'avec un explorateur en gomme à boule. A peine la boule a-t-elle franchi le col qu'elle entre en contact avec un calcul.

La présence de ce calcul dans la vessie imposait une opération. Ce ne fut pas sans une grande appréhension que je me décidai pour la lithotritie. Le désir formel de M. K... de subir la même opération, qui l'avait déjà débarrassé de son calcul, son refus absolu de l'opération sanglante ne furent pas sans quelque influence sur ma détermination, car l'état douteux de l'appareil rénal, qui venait peut-être d'être le théâtre d'une colique néphrétique, la cystite violente, la santé générale du patient étaient des raisons plaidant en faveur de la cystotomie.

Opération. — 14. — Je pratique la lithotritie. Le malade chloroformé s'endort sans difficulté, mais malgré une anesthésie profonde la vessie se refuse à admettre plus de 60 grammes de la solution boriquée et encore en sort-il une partie pendant l'introduction du lithotriteur. Cet instrument (n° 1, 1/2 mors fenêtrés) introduit, je saisis sans difficulté un calcul mesurant 3 bons centimètres 1/2. Le tenant fermement dans les mors, j'essaye de le promener dans la vessie pour voir si je ne trouve pas un contact révélant la présence du calcul, que je soupçonne être tombé récemment du rein. Mais cette manœuvre est rendue absolument impossible en raison du peu de liquide contenu dans la vessie et des contractions violentes des parois de cet organe. Après avoir fait éclater le calcul que j'ai saisi, j'ai la plus grande difficulté à broyer les fragments qui en résultent, car la vessie ne renferme presque plus de liquide et ses parois animées de contractions violentes se présentent à chaque instant entre les mors de mon brise-pierre. Après près d'une demi-heure d'un travail minutieux, je retire le lithotriteur et procède à un lavage. La vessie se contracte avec violence, chassant le liquide que j'y introduis, mais il ne sort que peu de débris.

Je me décide alors à faire l'aspiration. Malgré une large administration de chloroforme, j'ai de la peine à obtenir assez de soumission de la vessie pour injecter dans son intérieur la quantité de liquide nécessaire à l'aspiration. Cette aspiration prolongée pendant douze minutes donne issue à une assez grande quantité de fragments phosphatiques. Je perçois encore un cliquetis alors que rien ne passe plus par la sonde. Je sors la sonde aspiratrice et réintroduis un lithotriteur à mors plats, n° 1. La vessie se contractant avec énergie et ne tolérant qu'une très petite quantité de liquide, j'éprouve encore une certaine difficulté à briser quelques gros fragments.

A chaque instant je suis obligé de me débarrasser de la muqueuse qui s'engage entre mes mors bien qu'ils soient plats ; enfin, après un travail bien attentif de vingt minutes, je ne saisis plus de fragments. Mon lithotriteur retiré, j'introduis non sans quelques difficultés la sonde aspiratrice à travers l'urètre rempli de poussières calculeuses, et procède à l'aspiration. Je retire à peu près la même quantité de débris qu'à la première aspiration. Les fragments cessant de passer, j'entends encore un bruit de cliquetis, mais mes manœuvres durant déjà depuis près d'une heure, je ne crois pas devoir les prolonger davantage et je retire la sonde aspiratrice après avoir lavé la vessie à la solution iodoformée.

Le malade se réveille lentement et il est très abattu dans l'après-midi. Il rend environ 400 grammes d'urine épaisse, brunâtre, en quinze mictions séparées les unes des autres par quinze ou vingt minutes et accompagnées de grandes douleurs ; des poussières calculeuses et des débris assez volumineux sont mélangés à ses urines. Température, 38°,5.

Suites opératoires. — 15. — Nuit très agitée. Le malade a uriné tous les quarts d'heure avec douleurs et a rendu une assez grande quantité de menus fragments. Il est encore très affaissé. Le pouls est petit, peu fréquent. Température, 37°,6.

Dans la journée encore, expulsion d'assez gros fragments ; les urines sont moins foncées, mais encore louches ; les besoins d'uriner sont plus espacés. Température 37°,8. Le malade se plaint de douleurs constantes dans le canal, où je constate par la palpation la présence de débris calculeux. J'en retire d'abord un de la fosse naviculaire et plusieurs autres de la région périnéo-bulbaire.

16. — Toujours apyrexie presque complète. Température 37°,4, mais l'abattement du malade est très grand ; la langue est humide. Les envies d'uriner ont été encore fréquentes et douloureuses et quatre débris de calculs ont été rendus ; les urines sont moins troubles. Malgré mes recommandations le malade s'obstine à uriner debout ou accroupi et il a encore des fragments engagés dans le canal. Je les retire sans difficulté avec la pince de Collin.

Dans la journée M. K... rend encore quelques fragments ; ils sont plus petits et ne s'arrêtent pas dans le canal. Les besoins d'uriner s'éloignent (tous les trois quarts d'heure environ), ils sont moins impérieux, moins douloureux, les urines s'éclaircissent par le repos, mais laissent au fond du verre se former un dépôt filant assez abondant et emprisonnant des débris de calculs. Le malade toujours sans fièvre n'est plus abattu, il se sent revenir à lui, dit-il, il prend avec plaisir du lait et du bouillon.

Pendant six jours encore le malade rendit de très menus fragments de calcul, les urines allèrent en s'éclaircissant, les envies d'uriner s'éloignèrent, les douleurs disparurent. Des lavages boriqués aidèrent à la guérison de la cystite ; l'état général se releva très vite.

25. — J'explore la vessie avec le lithotriteur à mors plats nº 1 et ne rencontre pas de calcul. La tolérance du réservoir à ce moment me permet d'injecter près de 100 grammes de solution boriquée et de procéder à cette exploration dans de bonnes conditions.

27. — C'est-à-dire treize jours après l'opération, M. K... se lève pour la première fois, mais je ne lui permets de sortir que le 7 novembre.

Depuis cette époque, c'est-à-dire depuis dix-huit mois, la santé de M. K... s'est maintenue bonne. Il conserve de la fréquence des mictions, surtout la nuit, car il est prostatique ; ses urines sont limpides grâce aux lavages assidus qu'il fait de sa vessie ; lorsqu'il les cesse elles redeviennent troubles et déposent ; pas d'hématurie, pas d'augmentation des besoins d'uriner par la marche, l'exercice, en un mot, aucun indice de récidive calculeuse.

Comme on le voit, dans l'observation que je viens de rapporter, je n'ai pas eu seulement à compter avec les difficultés apportées au broiement par l'extrême irritabilité de la vessie enflammée, mais avec les dangers imminents créés par un trouble fonctionnel de l'appareil rénal ayant considérablement diminué la sécrétion de l'urine et plongé le malade dans un état fort alarmant. C'est encore un des progrès de la lithotritie moderne faite sous le chloroforme, avec l'antisepsie et en une séance, de ne pas trouver de contre-indication absolue dans les lésions des reins. Si chez M. K... ces lésions existaient, ce qu'il y a tout lieu de croire, les manœuvres intravésicales sont restées sans influence sur leur évolution. Elles n'ont aussi déterminé qu'une réaction fébrile de peu d'importance, car la température, qui s'est élevée le soir de l'opération à 38°,5, a oscillé le lendemain et les jours suivants entre 37°,5 et 38° pour descendre le troisième jour à 37° et ne plus le dépasser.

Mais ce qu'il y a de remarquable dans cette observation, c'est la gêne apportée au broiement par les contractions violentes et irrégulières de la vessie. Malgré un sommeil anesthésique profond, je ne parvins certes pas à faire tolérer à la vessie plus de 30 à 40 grammes de liquide, et c'est presque *à sec* que je dus opérer. La muqueuse se présentait à chaque instant entre les mors de mon brise-pierre et ce ne fut qu'avec une extrême prudence et une grande lenteur que je pus parfaire le broiement. Celui-ci achevé, je me trouvai aux prises avec les mêmes difficultés lorsque je voulus pratiquer l'aspiration.

D'abord la vessie s'opposa à l'admission dans sa cavité d'une quantité suffisante de liquide, et les parois vésicales venant s'appliquer sur les yeux de la sonde entravèrent l'issue des fragments. Je parvins cependant à force de patience, en déplissant pour ainsi dire la vessie avec la sonde aspiratrice à petite courbure, à faire sortir la plus grande partie des débris; mais il en resta une certaine quantité, dont quelques-uns volumineux s'arrêtèrent dans le canal d'où je dus les extraire. C'est encore une particularité intéressante de cette observation que l'engagement de ces débris dans l'urètre et l'absence d'accidents, qui les a accompagnés. La lithotritie moderne, qui obtient le débarras complet du réservoir, met à l'abri de cette complication. Chez mon malade elle a été la conséquence de l'irritabilité de la vessie.

Cette irritabilité et tous les phénomènes de cystite provoqués et entretenus par la présence de la pierre ont rapidement et complètement disparu après la sortie des derniers débris, au point que le 25 octobre, onze jours après l'opération, je pus injecter près de 100 grammes de liquide dans la vessie et l'explorer dans toutes ses parties.

Bien que je ne veuille pas ici aborder la question des récidives, l'un des arguments le plus volontiers mis en avant par les adversaires de la lithotritie et aussi dénué de valeur que les autres, je ferai remarquer que l'observation de M. K... est une preuve des bons résultats obtenus par le régime des lavages de la vessie pour prévenir la formation de calculs secondaires ou phosphatiques. Voilà près de 18 mois qu'il a été opéré et rien jusqu'ici ne traduit l'existence de nouvelles concrétions dans sa vessie.

Observation II. — Ma seconde opération a été pratiquée chez un malade de soixante-cinq ans placé dans le service de M. le professeur Demons, suppléé alors par mon excellent collègue et ami Denucé, qui voulut bien me confier le soin de l'opérer. Cet homme, d'une bonne santé habituelle et d'une très forte corpulence, a eu depuis une quinzaine d'années plusieurs attaques de coliques néphrétiques presque toutes suivies de l'expulsion de graviers dans les urines. Dans l'intervalle il a uriné des sables en abondance. Depuis trois ou quatre ans il n'a pas eu de nouvelles coliques et n'a plus rendu ni graviers ni sables, mais par contre il a présenté le cortège ordinaire des symptômes de la pierre dans la vessie. Ces symptômes n'ont jamais été très intenses, ils se sont même amendés dans ces derniers temps, particulièrement en ce qui concerne les hématuries qui ont presque cessé complètement. Le malade dit bien avoir eu à de certains moments des urines troubles, des envies d'uriner fréquentes et impérieuses, des douleurs à la fin de la miction, en un mot tous les phénomènes de la cystite, mais actuellement il n'y a pas de symptômes d'inflammation de la vessie, les urines sont claires et limpides.

Les anamnestiques fournis par le malade et les symptômes qu'il présente actuellement font soupçonner la présence d'une pierre dans la vessie, et le malade se refusant à tout examen intravésical avant l'opération est chloroformé le 7 septembre, après avoir été soumis au traitement préparatoire habituel de la lithotritie.

Opération. — Le sommeil anesthésique est difficile à obtenir et la vessie se refuse d'abord à recevoir plus de 30 à 40 grammes de la solution boriquée, cependant la chloroformisation étant poussée plus loin il peut y être introduit un peu plus de 100 grammes de liquide.

Le lithotriteur n° 1 1/2 à mors fenêtrés introduit rencontre de suite le calcul soupçonné, mais sa prise est difficile. Je crois à plusieurs fois l'avoir saisi, mais il échappe lorsque je serre le mors de mon brise-pierre. Je m'aperçois bientôt que ces échappées sont dues à ce que je donne un écartement insuffisant aux mors. En effet, les ayant ouverts plus largement, je saisis solidement un calcul, qui mesure plus de 6 centimètres et demi et ne permet pas à l'écrou de la branche femelle d'engrener.

Ne pouvant pour cette raison briser le calcul par la pression, j'ai recours à la percussion; mais ce n'est pas encore sans difficultés que je parviens à le faire éclater à coups de marteau. Les fragments obtenus quoique volumineux permettent l'engrènement de l'écrou, mais ils sont si durs que je ne puis arriver à les broyer en rapprochant le mors avec la vis et que je suis obligé de les briser avec le marteau. Je fais de la sorte éclater huit gros fragments dont le diamètre varie de 3 à 5 centimètres. Entre temps je broie par la pression un grand nombre de petits morceaux, pour lesquels il me faut encore déployer une assez grande force. Je m'applique à réduire en menus morceaux les débris et après vingt-cinq minutes de ce travail de concassage et de pulvérisation, je m'arrête, bien que je rencontre encore dans la vessie un très gros fragment, parce que les débris encombrant le bas-fond entravent les manœuvres intravésicales, que gênent en outre les contractions violentes de la vessie dont une partie du liquide s'est échappé. Le lithotriteur retiré, je fais d'abord des lavages, qui entraînent une grande quantité de sable fin et de très menus fragments, puis je procède à l'aspiration, qui évacue une quantité de débris telle que le réservoir de l'aspirateur est presque rempli.

Les lavages et l'aspiration ont duré douze minutes. Le malade supportant très bien le chloroforme, la vessie étant devenue tolérante et ne saignant pas, je crois pouvoir procéder de suite au broiement du fragment que je sais rester dans la vessie.

Je me sers du même lithotriteur que dans la première partie de l'opération et je saisis d'emblée un fragment volumineux ne permettant pas à l'écrou d'engrener. Je fais éclater ce fragment à l'aide du marteau et je suis encore obligé d'employer la percussion pour briser les gros éclats qui en résultent. Le reste s'écrase par la pression, mais au prix de grands efforts. Après vingt minutes de travail, durant lesquelles je fais un aussi grand nombre de prises que la première fois, je m'arrête bien que je sente logé du côté droit de la vessie un fragment en apparence assez volumineux. Les lavages amènent la sortie d'une grande quantité de sable et de débris et l'aspiration évacue *un réservoir et quart* de fragments. Je perçois encore un cliquetis produit par le gros fragment laissé dans la vessie, mais il ne sort plus de débris. Grands lavages de la vessie à l'acide borique et, pour finir, lavage à la mixture iodoformée.

L'opération a duré plus d'une heure et demie. Le malade se réveille tranquillement.

Suites opératoires. — La journée se passe très bien, pas de frisson, pas d'élévation de température, pas de douleur en urinant. Les urines rendues sont fortement teintées en rouge, mais ne contiennent pas de caillots.

Dès le lendemain les urines cessent d'être rouges, mais elles sont louches et laissent déposer une couche de pus assez épaisse et au milieu de laquelle se trouvent de la poussière calculeuse et de petits débris. Le malade n'a pas de fièvre, mais sa langue est large, blanche, épaisse; le ventre est souple, aucune douleur du côté des reins.

L'état saburral persistant, le malade est purgé le troisième jour, et à partir de ce moment on pratique des lavages réguliers de la vessie à la solution boriquée.

Rapidement la langue se nettoie, l'appétit revient, les urines se clarifient, les mictions sont moins fréquentes. Le malade commence à se lever le dixième jour.

Obligé de m'absenter à ce moment, je ne procédai au broiement du fragment laissé dans la vessie que le 9 octobre. Cette opération complémentaire fut très simple. Bien que le fragment ne mesurant pas plus d'un centimètre et demi fût encore assez dur, je le broyai rapidement par la pression et en évacuai les débris. Les suites furent régulières et le malade quitta l'hôpital le 25 octobre.

Je l'ai vu plusieurs fois depuis lors et tout dernièrement encore. Il a rendu quelques petits fragments dans l'urine pendant les premières semaines qui ont suivi sa sortie de l'hôpital; ses urines sont encore un peu troubles et déposent, mais il n'éprouve plus de douleurs en urinant et reste plusieurs heures sans en ressentir le besoin.

Les débris de calcul que je suis parvenu à broyer dans l'opération laborieuse que je viens de relater sont composés d'acide urique pur. Ils ont été desséchés à l'étuve et pesés après cette dessiccation. Leur poids total s'élève à 69 grammes : 59 grammes ont été extraits dans la première opération et 10 grammes dans la seconde. Le poids des poussières restées en suspension dans l'eau des lavages, celui des débris adhérents aux mors des instruments et des menus fragments rendus spontanément par le malade, peuvent être évalués sans exagération à 6 grammes, c'est donc un calcul pesant une fois sec 75 grammes que j'ai extrait par la lithotritie. Le diamètre par lequel je l'ai saisi mesurait plus de 6 centimètres, et c'était sans doute le plus grand. Bien que le diamètre des pierres vésicales ne soit pas toujours dans un rapport constant, on peut cependant, étant connues les dimensions du diamètre longitudinal, déduire approximativement celle des deux autres. Les calculs d'acide urique étant en général ovoïdes et aplatis en forme de galet, il est permis de penser que celui auquel j'ai eu affaire mesurant plus de 6 cent. 1/2 suivant sa longueur, avait 3 à 4 centimètres en largeur sur 2 ou 3 en épaisseur. C'est la dimension d'un bel œuf de poule, que l'on supposerait fortement aplati. J'ai pu du reste, en pesant des pierres de même composition uratique extraites par la taille, m'assurer de l'exactitude de mes évaluations.

Par ses dimensions, ce calcul mérite de prendre rang à côté des plus grosses pierres extraites après broiement par les voies naturelles, par exemple, celles de Bazy, de Gussenbauer, de Delefosse. La pierre broyée par Bazy mesurait 6 centimètres de diamètre et ses fragments bien égouttés mais encore humides pesaient 100 grammes. Celle extraite par Gussenbauer avait 6 à 7 centimètres, celle de Delefosse 7 centimètres de long sur 5 centimètres 1/2 de large. Par sa dureté, le calcul que j'ai extrait ne le cédait non plus en rien à ceux des opérateurs précédents, et comme eux j'ai dû recourir à la percussion pour le concasser et rendre ainsi possible le broiement à la pression. C'est du reste un fait bien connu que la résistance des calculs, surtout des calculs uriques, croît avec leur volume, et lorsque les auteurs ont assigné pour limites à la lithotritie la grosseur de la pierre, ils ont sous-entendu dans leur esprit l'idée de dureté.

L'éclatement à coups de marteau de la pierre dans la vessie paraît *a priori* une manœuvre hardie et pleine de dangers, la pratique a depuis longtemps démontré combien en réalité elle est inoffensive. Il faut néanmoins reconnaître que la percussion exige de la précision, de la sûreté de main, mais je la crois à la portée de tous les chirurgiens. Dans le cas de pierre volumineuse ne permettant pas à l'écrou de la branche femelle d'engrener l'écrou de la branche mâle, la pression est impraticable, force est donc d'avoir recours à la percussion. Dans le cas de pierre de grosseur moyenne ou petite mais très dure, comme les oxalates, la pression peut demeurer impuissante alors que la percussion par l'ébranlement brusque et instantané qu'elle détermine fait éclater le calcul. Bien que sans danger, je le répète, entre des mains exercées, j'estime cependant que la percussion ne doit être employée que comme une manœuvre d'exception, lorsque la pression est impraticable et impuissante.

Dans le but d'agrandir le champ de cette dernière manœuvre et de restreindre celui de la première, j'ai imaginé une *poignée mobile* s'adaptant à tous les lithotriteurs, et qui permet d'augmenter dans des proportions considérables la force développée avec le volant de la branche mâle des brise-pierres journellement en usage.

On sait quelles nombreuses modifications a subies le volant destiné à imprimer à la branche mâle le mouvement de rotation nécessaire au rapprochement des deux mors. Dans le dernier modèle de Collin, il consiste en une petite roue de 2 à 3 centimètres de diamètre, dont la jante très large est creusée de cannelures transversales. Ce volant facile à saisir entre la pulpe du pouce et la face palmaire de l'index, suivant la manœuvre classique, transmet intégralement à la main, qui le met en mouvement, les sensations perçues par le bec de la branche mâle; de plus il roule aisément entre les doigts, dans un sens ou dans l'autre. De la sorte le chirurgien a sans cesse dans la main les sensations fournies par les prises intravésicales (calcul ou paroi vésicale), et il peut à sa volonté et de suite en effectuer le broiement ou les laisser échapper. J'ajoute que la force développée par le chirurgien à l'aide de ce volant est suffisante pour broyer la grande majorité des pierres vésicales. Il y aurait donc plus d'inconvénients que de profits à supprimer la petite roue de la branche mâle et à la remplacer par une tige en croix s'articulant avec elle, ainsi que l'a proposé dernièrement M. Horteloup. La force gagnée par cette poignée fixe l'est au détriment de la précision, de la sûreté et de la rapidité. La poignée mobile que j'ai imaginée conserve aux lithotriteurs tous leurs précieux avantages. Il n'y a rien de changé dans leur construction, c'est une pièce de plus qu'on y ajoute ou qu'on supprime à volonté avec la plus grande facilité. Cette pièce très simple se compose d'une tige, qui, continuant l'axe du lithotriteur, offre à une de ses extrémités une sorte de fourche, dont chacune des dents s'engage dans les intervalles séparant les rayons du volant, tandis que l'autre extrémité est munie d'une tige transversale ou en croix. C'est sur cette tige, se maniant comme une tréphine, que porte l'effort de la main droite du chirurgien.

D. Lithotritie chez un hernieux.

Les auteurs, qui de nos jours ont écrit sur la taille et la lithotritie, s'accordent à regarder cette dernière comme l'opération de choix et considèrent l'ouverture de la vessie comme la méthode d'exception, dont les indications se restreignent de plus en plus. Aucun d'eux, je crois, n'a envisagé l'extraction de la pierre par les voies naturelles comme une opération de nécessité. Dans le cas que je vais rapporter, la cystotomie soit par le périnée, soit par l'hypogastre, aurait présenté de telles difficultés d'exécution sinon de tels dangers qu'il est permis de se demander si la lithotritie ne s'imposait pas à l'exclusion de tous les procédés de taille.

OBSERVATION. — Il s'agit d'un homme de soixante-seize ans, M. R..., rentier, porteur d'une vieille et très volumineuse hernie double et offrant depuis un an environ tous les symptômes d'un calcul vésical.

D'une santé générale excellente, il n'a jamais souffert de coliques néphrétiques et il ne se rappelle pas avoir jamais rendu de sables dans ses urines. Prostatique depuis plusieurs années, il se levait deux ou trois fois par nuit pour uriner et n'éprouvait durant le jour aucun trouble du côté de la vessie, lorsqu'il a été pris à la fin de l'hiver de 1891 d'envies d'uriner assez fréquentes pendant le jour, principalement lorsqu'il marchait ou se livrait à un exercice physique quelconque. A de certains moments, les mictions étaient difficiles et douloureuses. Il y a huit mois, à la suite d'une longue course, il a eu une première hématurie qui a cessé par le repos après deux ou trois mictions. Il y a trois mois, nouvelle hématurie, survenue également à la suite d'une promenade prolongée et ayant disparu aussi très vite par le repos. Peu après les urines, jusqu'alors claires et limpides, se sont troublées et ont commencé à laisser déposer au fond du vase une couche épaisse de pus, en même temps les besoins sont devenus plus fréquents, même lorsque le malade restait tranquille, et les mictions douloureuses. Les sondages réguliers, les lavages vésicaux, aidés de diverses médications internes, ne produisirent aucune amélioration et le médecin du malade voulut bien me faire appeler en consultation le 26 avril 1892.

A ce moment, les envies d'uriner sont très fréquentes, toutes les vingt, trente minutes au plus; les douleurs, extrêmement vives pendant toute la durée de la miction, s'exagèrent encore à la fin de cet acte; les sondages diminuent un peu les souffrances et le malade les réclame à chaque instant; les urines, très troubles, laissent déposer une épaisse couche de pus gélatiniforme, mais ne contiennent plus de sang depuis la dernière hématurie; il y a quelques semaines, le malade a rendu un petit fragment phosphatique. L'état général n'est pas trop mauvais; malgré l'absence de sommeil, la perte d'appétit, le malade n'est pas très affaibli; langue bonne, légère constipation, les reins ne sont pas douloureux à la pression, apyrexie.

M. R... est porteur d'une ancienne et énorme hernie scrotale double, qui déforme complètement la région du bas ventre et même celle du périnée. En effet, il existe au-dessus des plis inguinaux deux grosses tumeurs constituées par les pédicules des hernies et se rejoignant presque par leur bord interne sur la ligne médiane. La peau de l'hypogastre, tendue lorsque le malade est debout, est lâche, plissée au-dessus de la racine de la verge lorsqu'il est couché. La verge, absorbée par le développement des bourses, a presque complètement disparu, et lorsque le malade n'a pas le soin de la faire saillir en repoussant autour d'elle les tissus du scrotum, l'urine coule en bavant sur le sac scrotal. Ce sac, sollicité à s'agrandir sous la pression des viscères abdominaux, a emprunté si je puis ainsi dire, pour ce faire les téguments du périnée et cette région n'existe plus, la poche scrotale s'étendant jusqu'à l'anus. Cette volumineuse hernie, je n'ai pas besoin de le dire, est irréductible, elle est sonore dans toute son étendue et sa malaxation détermine du gargouillement. Malgré cette infirmité, M. R... peut marcher, et, avant d'être retenu dans son appartement par la crainte des hématuries et par sa cystite, il avait une vie assez active pour son âge.

Ayant de bonnes raisons, d'après les anamnestiques que je viens de rappeler, de soupçonner l'existence d'un calcul vésical, je pratique d'abord l'exploration du canal avec une bougie à boule n° 18 que je conduis dans la vessie. A peine la boule s'y est-elle dégagée, que je sens le contact d'un corps étranger. L'exploration avec l'explorateur métallique vient confirmer l'existence d'une pierre. Je propose la lithotritie, qui est de suite acceptée et que je pratique deux jours après, le 28 avril.

Opération. — Le malade, ayant subi le traitement préparatoire sur lequel je reviendrai, est chloroformé et s'endort rapidement. Lavage de l'urètre et de la vessie au nitrate d'argent, puis injection intra-vésicale de 230 grammes de la solution boriquée à 4 0/0. Lithotriteur à mors plat n° 1 et demi. Broiement facile et rapide d'un calcul criant sous l'instrument. Vingt minutes de broiement et dix minutes d'aspiration. La vérification, à laquelle je procède séance tenante, ne me révèle pas la présence de gros fragments, mais l'existence de sables dans le bas-fond. J'essaie de les avoir par l'aspiration, mais un des ajutages en caoutchouc de mon instrument s'étant fissuré, je ne peux évacuer la totalité de ces débris. Je laisse dans le canal une sonde à demeure.

Le malade se réveille calme d'abord, puis il est pris de violentes contractions très douloureuses de la vessie et se refuse à garder la sonde. Dans la journée, il urine toutes les vingt minutes, toutes les demi-heures au plus et éprouve à chaque miction des souffrances atroces : il expulse ainsi une assez grande quantité de sables et de débris ; les urines sont un peu sanguinolentes. Cependant il n'a aucune réaction générale, sa température à six heures et demie est à 37°,6. Il dort dans l'intervalle des crises et réclame à manger.

Le 29 avril. — Les crises douloureuses ont persisté toute la nuit, malgré l'administration d'une potion au chloral et au bromure et un suppositoire morphiné. Les urines ne sont plus teintées, mais elles contiennent une assez grande quantité de fins débris. Apyrexie, 37°,2. Je pratique un lavage à l'acide borique avec une grosse sonde en gomme à deux yeux et j'extrais ainsi de menus fragments.

Soir. Toute la journée encore, mictions fréquentes, douloureuses et expulsion de débris ; urines non sanguinolentes, mais troubles. Bon état général ; température 37°4 ; le malade s'alimente bien ; selles dans la journée.

Le 30. — Toujours très bon état général, mais mictions fréquentes et douloureuses ; urines troubles contenant des sables et des débris. La situation se maintient ainsi jusqu'au *6 mai*. A partir de ce moment, le malade n'expulse plus ni sables ni débris, les sondages et les lavages n'en font plus sortir. Les envies d'uriner deviennent de moins en moins fréquentes, les mictions moins pénibles, les urines s'éclaircissent de jour en jour. Pour aider à la disparition de la cystite, je fais continuer les lavages boriqués et je fais quelques injections avec la solution iodoformée de Frey.

En quelques jours, les urines deviennent limpides, la fréquence et la douleur des mictions ont disparu. L'état général est excellent, le malade se lève.

Le 11. — Je procède à la vérification sous chloroforme. Elle est négative. Le malade est un peu fatigué à la suite de cette exploration. Il n'a pas de fièvre, mais ses urines redeviennent troubles, les besoins fréquents et douloureux. Cependant, cette petite poussée de cystite ne dure pas. Deux jours après, tout est rentré dans l'ordre.

Le troisième jour, M. R... se lève et se promène dans son appartement.

Le 17. — Il descend dans son jardin.

Depuis lors, il continue à aller bien. Je l'ai revu ce matin même (27 mai), il est complètement rétabli. Il se lève encore trois ou quatre fois la nuit pour uriner, mais il est prostatique. Dans le jour, il reste trois, quatre heures sans éprouver le besoin de vider sa vessie. Ses urines sont claires et limpides. Je fais néanmoins continuer deux sondages par jour et un lavage boriqué, car la vessie ne se vide pas complètement.

Les raisons qui, chez ce malade, m'auraient presque fait un devoir de recourir à la lithotritie, en supposant que cette opération n'eût pas été formellement indiquée par les conditions mêmes de la pierre et l'état des organes urinaires, tenaient à l'existence de sa très volumineuse hernie scrotale double. En effet, qu'il me soit permis de signaler les obstacles que le chirurgien eût été appelé à tourner au cours de l'un quelconque des procédés de cystotomie et des dangers qu'il eût eu à côtoyer.

Le scrotum, fortement distendu par les viscères herniés, s'était agrandi, ai-je dit dans ma description, aux dépens des téguments du périnée, de telle sorte que la poche scrotale s'étendait jusqu'aux confins de l'anus. Cet envahissement de la région périnéale aurait certainement gêné pour donner à l'incision superficielle toute là régularité qu'elle comporte, je ne doute pourtant pas qu'avec un peu d'attention on ne fût parvenu à trouver les points de repère nécessaires à ce premier temps de l'opération. Avec de la prudence, je crois également que le chirurgien eût évité l'ouverture des sacs herniaires, mais il est bien permis d'envisager la possibilité de ce risque en présence de ces énormes tumeurs sonores jusqu'à leur partie la plus reculée et la plus déclive, tout au voisinage de l'anus. Dans tous les cas, l'opérateur eût ouvert un tissu lamelleux, lâche, offrant un champ d'infiltration facile aux liquides physiologiques ou pathologiques s'écoulant par le trajet périnéal après l'extraction du calcul.

On le sait, un des désavantages des tailles par le périnée, c'est de ne se prêter que très incomplètement à l'asepsie et à

l'antisepsie des pansements. Chez mon malade, le développement considérable des bourses, reposant par une large surface
sur le plan du lit et retombant ainsi au-devant de la plaie, aurait rendu encore plus difficile que chez tout autre les soins à
donner. L'écoulement de l'urine et des produits de sécrétion
du trajet vésico-périnéal sur les téguments du scrotum, auquel
il faut joindre le contact des matières fécales presque impossible à prévenir, aurait inévitablement déterminé de l'irritation
et même engendré des excoriations susceptibles de devenir le
point de départ de poussées inflammatoires plus ou moins
septiques de cette peau mince et riche en vaisseaux lympha-
tiques.

Comme les diverses tailles périnéales, la cystotomie sus-pubienne aurait offert chez M. R..., du fait de sa double hernie,
certaines difficultés d'exécution et l'aurait même exposé à
quelques dangers. En effet, les deux tumeurs constituant le
pédicule des hernies formaient au-dessus des aines deux volumineux bourrelets qui, se rejoignant presque par leur bord interne, ne permettaient d'accéder à la ligne blanche que par
un espace assez étroit. L'incision de la paroi abdominale, la
découverte et l'ouverture de la vessie, puis après l'extraction
du calcul, la suture de la plaie et les pansements eussent été
d'une exécution un peu laborieuse et délicate.

Mais le véritable écueil avec lequel le chirurgien aurait eu
à compter dans ce cas particulier, c'est l'abaissement du cul-
de-sac péritonéal prévésical, et la difficulté de le relever même
après l'ouverture de la cavité de Retzius. Cet abaissement du
péritoine presque au niveau de la symphyse pubienne et son
immobilisation dans cette position est facile à expliquer. Les
viscères herniées, attirant de plus en plus le péritoine pour
s'en coiffer, ont bientôt épuisé son extensibilité et forcent dès
lors son cul-de-sac prévésical à s'abaisser ; quant à la difficulté
qu'on trouve à le relever, elle tient, dans la grande majorité
des cas, au poids même des viscères, qui opèrent la traction
de la séreuse ; exceptionnels, en effet, sont les cas dans lesquels le cul-de-sac du péritoine a contracté des adhérences
avec la symphyse. Cette disposition du péritoine chez les individus porteurs de hernie volumineuse double a été constatée
par Ch. Féré sur les vieillards de Bicêtre. Sur quatre sujets
atteints de hernies inguino-scrotales doubles, cet observateur
a trouvé que constamment le cul-de-sac du péritoine prévésical reste au contact presque immédiat du pubis, malgré la

distension de la vessie par une injection forcée. Cet abaissement existe aussi chez les porteurs de hernies scrotales simples, mais à un degré moindre, car Ch. Féré a trouvé que sur trois sujets « le fond du cul-de-sac ne remontait que d'un centimètre au plus et seulement du côté où n'était pas la hernie. ». D'après Broussin, qui rapporte, dans son *Étude sur la taille hypogastrique* (th. inaug. Paris, 1882) la note communiquée à ce sujet par Ch. Féré, cet abaissement du péritoine chez les hernieux ne doit pas être perdu de vue par l'opérateur, qui se propose d'ouvrir la vessie par-dessus le pubis, et il doit être considéré, « si ce n'est comme une contre-indication de la taille hypogastrique, au moins comme devant attirer toute l'attention du chirurgien ».

Je me range volontiers à cette manière de voir ; avec de la prudence et un peu d'habileté, on parviendra le plus souvent à éviter la blessure du péritoine abaissé, que si on l'ouvre on aura toujours la ressource d'en faire la suture avant d'inciser la vessie. Cet accident, ainsi traité, n'a pas de nos jours la gravité d'autrefois, je n'hésite pas à le reconnaître, mais je crois qu'il vaut encore mieux ne pas s'y exposer. L'existence d'une hernie scrotale double ou simple doit, en définitive, compter parmi les raisons qui déterminent le choix de la méthode opératoire à employer chez les malades atteints de calcul vésical.

Comme je l'ai dit, la lithotritie était formellement indiquée chez mon malade par les conditions mêmes de son calcul et l'état de ses voies urinaires et je n'eus pas à faire intervenir dans le choix de l'opération les raisons que je viens d'exposer. Je choisis sans hésitation la lithotritie qui, toutes choses égales d'ailleurs, a toute ma préférence dans le traitement des calculs vésicaux. Mais j'estime que dans le cas où le volume, la dureté de la pierre, l'état de la vessie et des autres parties de l'appareil urinaire, etc., laissent le chirurgien indécis entre la méthode sanglante et l'extraction par les voies naturelles, l'existence d'une hernie scrotale volumineuse, simple ou double, doit faire pencher son choix vers la lithotritie sinon même la lui imposer.

L'extrême bénignité de la méthode d'extraction des calculs vésicaux par les voies naturelles n'est plus à démontrer et, chez mon malade, les suites opératoires ont été des plus simples, comme on a pu le voir. M. R... a souffert pendant quelques jours encore, jusqu'à ce que les derniers débris laissés involontairement dans sa vessie, en raison du fonctionnement imparfait de l'aspirateur, aient été expulsés. La cystite a dès ce moment disparu, comme c'est d'ailleurs la règle.

Quant aux accidents généraux, la fièvre notamment, le malade n'en a pas eu l'ombre d'un. Le soir de l'opération, la température s'est élevée à 37°,6 ; le lendemain, elle est tombée à 37°,2 et n'a plus dépassé ce chiffre. Alors qu'il y a quelques années la fièvre et les autres accidents relevant comme elle de l'infection manquaient rarement de se produire après la lithotritie, on ne les observe aujourd'hui que tout à fait exceptionnellement. Ce résultat tient évidemment à l'introduction dans la chirurgie urinaire de la méthode antiseptique.

E. Statistique des tailles et lithotrities
pratiquées par l'auteur.

Nos livres classiques enseignent que la lithotritie est l'opération de choix des calculs vésicaux et la préférence de la plupart des chirurgiens pour l'opération par les voies naturelles s'affirme dans leurs publications personnelles. Mais si l'on suit la pratique d'un certain nombre, on se convaincra que le procès de la lithotritie est loin d'être gagné et que beaucoup, ne réservant le broiement que pour les calculs de petit volume alors que la vessie est saine et le cathétérisme facile, s'empressent d'avoir recours à la taille pour peu que la concrétion soit volumineuse, qu'il existe une légère cystite ou que la prostate soit hypertrophiée.

C'est dans le but de faire ressortir l'excellence de la lithotritie comme méthode générale de traitement de la pierre dans la vessie, que je fais connaître ici le résultat de ma statistique personnelle comprenant tous les malades que j'ai traités de la pierre.

D'une façon générale, la lithotritie ne reconnaissant pour moi d'autres limites que le volume et la dureté du calcul, je n'ai eu recours à la taille que lorsque ces conditions physiques se sont opposées au broiement. Je ne les ai rencontrées que 6 fois ; chez mes 39 autres malades j'ai pu pratiquer la lithotritie.

L'extraction complète de la pierre ayant nécessité chez

quelques-uns de mes lithotritiés plusieurs séances et les récidives à longue échéance m'ayant obligé d'en opérer quelques autres plusieurs fois, j'arrive à un total de 59 lithotrities d'une part. Deux de mes malades préalablement lithotritiés ayant dû subir ultérieurement la taille, l'un pour un calcul enchatonné, l'autre pour cinq calculs enclavés dans le sinus rétro-prostatique, j'obtiens un total de 8 tailles d'autre part.

Mes 59 lithotritiés ont donné 2 morts, mes 8 taillés en ont également donné 2, ce qui porte la mortalité de la lithotritie à 3,39 0/0 et celle de la taille à 25 0/0.

Mes 2 lithotritiés ont succombé : l'un à une néphrite infectieuse après rappel de colique néphrétique au 17° jour après l'opération ; l'autre à un accident rarement noté dans les observations publiées, à savoir une rupture de la vessie au cours de l'aspiration. Mes 2 taillés ont été emportés par des accidents uro-septiques au 3° jour.

Ne voulant pas entrer ici dans l'analyse de mes observations, je ferai seulement remarquer, pour montrer les ressources qu'offre la lithotritie, que j'ai pu opérer par cette méthode, avec succès, 10 vieillards de plus de 70 ans, parmi lesquels 2 avaient 83 et 84 ans, et que j'ai pu broyer, sans le moindre accident, des calculs dont les débris secs pèsent 70 et 80 grammes et représentent, ainsi que je m'en suis assuré, des concrétions mesurant 6 centimètres et demi sur 4 centimètres et demi.

VIII

DE LA CYSTOTOMIE PRÉLIMINAIRE

APPLIQUÉE AU TRAITEMENT

DE CERTAINES FISTULES VÉSICO-GÉNITALES ET VÉSICO-INTESTINALES

Le traitement des fistules vésico-génitales par la méthode américaine, qui, dès ses débuts, a donné de si beaux succès, a bénéficié encore, dans ces dernières années, de l'antisepsie et de tous les perfectionnements de la médecine opératoire, au même titre que toutes les autres interventions chirurgicales. Il n'est, je pense, actuellement aucun chirurgien, qui ne considère l'occlusion par le vagin de la solution de continuité, mettant en communication le réservoir urinaire avec le canal génital, comme le meilleur moyen mis à notre disposition pour remédier à la pénible infirmité qu'elle crée, et pour prévenir les complications qu'elle peut engendrer par sa persistance, soit du côté de la vessie, des uretères et des reins, soit du côté de l'utérus et de ses annexes.

Malheureusement, si cette opération s'adresse au plus grand nombre des cas de fistules vésico-génitales, il en est qui lui échappent complètement. En effet, la première condition requise pour son application, c'est la possibilité d'atteindre la fistule par le vagin. Or il s'en trouve qui, par leur situation élevée au voisinage du col de l'utérus ou au niveau même de ce col qu'elles intéressent (f. vésico-utéro-vaginales profondes et f. vésico-utérines), ne sauraient se prêter aux manœuvres destinées à pratiquer l'avivement et la suture; d'autres, pro-

fondément cachées derrière des brides, des replis cicatriciels,
s'y dérobent également ; certaines, enfin, en raison de l'étroitesse du vagin, sont complètement inaccessibles aux instruments. Sans doute, les opérateurs ont imaginé des procédés
ingénieux pour se donner accès sur ces fistules et leur appliquer la méthode commune de traitement par la voie vaginale :
tels sont, pour les fistules haut placées (juxta et intra-vésicales), l'emploi du ruban de Bourguet (d'Aix) ; la traction par
les pinces à griffes, à la manière de Dieffenbach ; l'abaissement de l'utérus à la façon de Jobert (de Lamballe) ; pour les
brides, les adhérences, les sténoses du vagin, la dilatation au
moyen des boules de Bozeman, le massage, et au besoin les
débridements profonds, préconisés par Chaput. Tous ces expédients ont incontestablement élargi le champ de la méthode
vaginale : ils ne sauraient néanmoins avoir la prétention d'en
rendre justiciables toutes les fistules vésico-génitales.

Les fistules non puerpérales, qu'on observe dans le jeune
âge, soit à la suite de gangrène du vagin dans le décours des
fièvres éruptives, soit à la suite d'un traumatisme ou d'une
ulcération de la cloison par un calcul de la vessie, comme chez
la petite fille dont l'observation a été le point de départ de ce
travail, nous semblent plus particulièrement échapper à la
voie vaginale, en raison de l'étroitesse des parties molles et
du faible écartement des branches ischio-pubiennes dans l'enfance.

Dans l'impossibilité d'atteindre la fistule dans les cas que
nous venons de rappeler et partant de l'oblitérer, les chirurgiens en étaient réduits, jusqu'à ces dernières années, pour
remédier à l'incontinence, à transformer en annexe de la vessie l'une des cavités naturelles du voisinage. De cette idée na-
quirent l'épisiorrhaphie de Vidal (de Cassis), la colporrhaphie
ou colpocleisis de Simon (d'Heidelberg), l'hystérocleisis de
Jobert (de Lamballe), la fistulisation recto-vaginale combinée
à l'occlusion du vagin de Rose. Si, dans un certain nombre de
cas publiés, ces diverses opérations ont donné des résultats
satisfaisants au point de vue de la contention des urines, ces
résultats ont été achetés, il ne faut pas l'oublier, au prix de la
suppression des fonctions génitales (copulation et fécondation).
N'est-ce pas là un sacrifice pénible à demander à un ménage ?
Une autre conséquence fâcheuse, menaçant l'avenir même de
la malade, peut résulter de la dérivation de l'urine dans le va-

gin, l'utérus ou le rectum : c'est l'inflammation de ces cavités et inversement l'infection ascendante de l'appareil urinaire.

En réfléchissant aux inconvénients et aux dangers de la méthode dite indirecte de traitement des fistules vésico-génitales, on ne peut s'empêcher de souhaiter vivement que la chirurgie soit bientôt mise en possession d'un procédé opératoire, lui permettant de fermer par la suture les fistules, que leur situation élevée et certaines dispositions particulières du vagin rendent inaccessibles par cette voie. Quelques tentatives faites dans ce but donnent à penser que le jour n'est pas loin où ce *desideratum* sera rempli.

Ne pouvant atteindre les fistules par la voie naturelle, quelques chirurgiens ont songé à s'y donner accès par une voie artificielle. Mon excellent collègue Michaux a développé devant le Congrès de chirurgie (VIe session) les avantages qu'offre, selon lui, pour les fistules haut placées et à parois cicatricielles rigides et adhérentes au squelette du bassin, la création d'un chemin à travers la fosse ischio-rectale. Avant cette tentative, qui fut couronnée d'un demi-succès, d'autres opérateurs avaient utilisé l'ouverture sus-pubienne de la vessie pour arriver sur la fistule, l'aviver et la suturer.

C'est à cette *cystotomie préliminaire* que j'ai eu recours pour oblitérer une fistule vésico-vaginale chez une petite fille de 6 ans, ayant eu la cloison ulcérée par un calcul de la vessie. Après avoir rapporté mon observation dans ses détails, j'essaierai de tracer l'historique de la méthode de traitement des fistules vésico-génitales par la taille haute, de décrire son manuel opératoire et de faire ressortir ses avantages.

OBSERVATION. — *Fistule urétro-vésico-vaginale chez une fillette. — Taille sus-pubienne. Fermeture de la fistule par la vessie. — Guérison avec persistance de la fistule urétro-vaginale.*

Antécédents. — H..., âgée de 6 ans, est une petite fille d'assez chétive apparence. Il y a deux ans, mon excellent ami, le professeur Piéchaud, l'a opérée d'un calcul vésical qui, après avoir ulcéré la cloison vésico-vaginale, faisait saillie dans le vagin.

Depuis cette époque, la malade perd constamment ses urines. A deux reprises différentes, on a essayé d'oblitérer la fistule par le vagin ; mais ces tentatives ont échoué.

Lorsque je vois pour la première fois la petite H..., dans le service de la clinique chirurgicale des enfants, en septembre 1892, je la trouve pâle amaigrie, peu développée pour son âge. Elle passe toutes ses journées assise sur une chaise, au lieu de jouer avec ses petites camarades ; aussi est-elle profondément triste et la faiblesse de son intelligence tient peut-être en partie à l'isolement auquel elle est condamnée.

Examen des parties. — En l'examinant, je constate la présence d'un gonflement œdémateux considérable des grandes lèvres, qui forment deux bourrelets saillants fermant la vulve. Les téguments, qui recouvrent ces grandes lèvres, sont sains. du moins dans la portion que l'on voit sans les écarter ; mais, au niveau de la commissure inférieure, l'écoulement incessant de l'urine a déterminé des ulcérations se prolongeant sur le périnée qu'elles ravinent profondément ; de la fourchette à l'anus s'étend un sillon ulcéré, profond, à bords taillés à pic et recouverts d'un enduit muqueux imprégné de sels calcaires. L'écartement des grandes lèvres montre leur face interne et toute la vulve tapissée d'une couche muco-purulente, grisâtre, infiltrée de sels phosphatiques.

Introduisant le petit doigt dans le vagin, je reconnais l'existence d'un orifice mettant en communication ce conduit et la vessie. Cet orifice admet l'extrémité du petit doigt, qui pénètre dans le réservoir urinaire et est senti facilement à travers l'hypogastre déprimé.

En arrière de l'angle postérieur de la fistule, il existe un éperon d'un centimètre de longueur environ, séparant cet angle postérieur du fond du vagin. Ce conduit, malgré la dilatation antérieure exigée par les deux tentatives opératoires, n'a guère un diamètre supérieur à 2 centimètres et demi ; je ne puis donc voir que très imparfaitement la fistule ; mais, en examinant le vestibule, je constate *de visu* que la paroi inférieure de l'urètre a été détruite et qu'une fistule urétro-vaginale fait suite à la fistule vésico-vaginale.

Les deux tentatives d'oblitération par le vagin, faites par le professeur Piéchaud, ayant échoué, je ne songe pas à les renouveler et je prends le parti d'opérer la petite malade, en me créant une voie d'accès à la fistule par l'ouverture sus-pubienne de la vessie.

OPÉRATION. — Le 27 septembre 1892, la jeune H... est chloroformée. Le vagin, la vulve et l'hypogastre sont lavés et désinfectés à la solution de sublimé. Le vagin est distendu au moyen d'une boule d'ouate entourée de gaze iodoformée, de manière à former un plan résistant permettant de mieux reconnaître les parties après l'incision de la paroi abdominale. Cela fait, j'incise la paroi au-dessus du pubis sur la ligne médiane, dans une étendue de 5 centimètres environ ; la ligne blanche traversée, je reconnais la graisse jaune sous-péritonéale, qui est en faible quantité.

Le tampon d'ouate, mis préalablement dans le vagin, n'offrant pas assez de résistance pour que je puisse relever le cul-de-sac péritonéal en grattant avec l'ongle la face externe de la vessie, j'introduis le doigt de la main gauche par le vagin dans le réservoir urinaire à la faveur de la fistule et sur ce doigt, soulevant la paroi antérieure, je relève le cul-de-sac du péritoine. Ce relèvement se fait bien ; mais, malgré le soin que j'ai de mettre ma malade dans la position de Trendelenburg, la séreuse poussée par les anses intestinales tend à faire saillie dans le champ opératoire ; aussi un aide sera-t-il obligé de la retenir à l'aide d'un rétracteur durant tout le cours de l'opération.

La paroi de la vessie bien mise à nu, je l'incise en me guidant sur mon doigt, qui n'a pas abandonné sa cavité. Je donne à cette incision environ 4 centimètres de longueur et je passe de suite un fil de soie dans chacune de ses lèvres pour les soulever et les écarter.

Pendant que deux aides maintiennent ces fils suspenseurs, j'avive les deux lèvres de la fistule. Je me sers pour cela d'un bistouri boutonné, au tranchant duquel mon doigt, introduit dans le vagin, présente successivement chacune de ces lèvres.

L'avivement achevé, je dispose les fils de catgut, dont j'ai résolu de me servir de la manière suivante. Une aiguille à chas, presque droite, d'une dimension convenable et armée d'un catgut n° 0, est passée dans la lèvre gauche de la fistule, à une bonne distance de son bord libre ; puis son extrémité saillante dans le vagin est saisie avec une pince et entraînée hors de la vulve. Le fil de catgut ayant suivi, il en résulte qu'un de ses chefs sort par l'ouverture de la vessie et l'autre par la vulve. Pour ramener ce dernier chef de la vulve à l'ouverture de la vessie, après avoir traversé la lèvre droite de la fistule, et lui faire décrire une anse vaginale, je procède comme suit. L'aiguille qui m'a servi tout à l'heure, armée cette fois-ci d'un fil de soie fine, est passée par ouverture hypogastrique à travers la lèvre droite de la fistule et l'entraîne hors de la vulve, comme l'a été précédemment le fil de catgut traversant la lèvre gauche. Le chef du fil de soie, débarrassé de son aiguille, est noué au chef correspondant du fil de catgut, et, finalement, ce fil ramené par des tractions par l'ouverture vésicale passe par la lèvre droite de la fistule et forme une anse vaginale embrassant la fistule dans sa concavité. Deux autres fils de catgut sont passés par le même artifice en avant du premier et, pour affronter les lèvres de la solution de continuité, il ne me reste plus qu'à nouer les chefs respectifs de chacun des fils dans l'intérieur de la vessie : ce que je fais sans grande difficulté.

La fistule vésico-vaginale étant de la sorte oblitérée, je procède à la reconstitution de la paroi inférieure de l'urètre. Je commence d'abord par refaire le méat : ce qui est très facile, grâce à l'existence de chaque côté d'une petite languette de tissu, dont je n'ai qu'à aviver et à suturer les bords à l'aide de deux crins de Florence très souples. La réfection du corps du canal est plus difficile ; j'y parviens cependant, en avivant longitudinalement les parois du vagin de chaque côté de la gouttière urétrale et en les affrontant au moyen de fils de soie plate passés avec des aiguilles très courbes. Une sonde de caoutchouc, préalablement placée dans la vessie, a servi de moule à ce canal et elle assurera la sortie des urines jusqu'à la réunion des parties. Pour assurer mieux encore cet écoulement, je place dans l'orifice hypogastrique de la vessie un tube de Guyon-Périer de faible calibre. Je suture au-dessus et au-dessous de ce tube la vessie d'abord, puis les muscles droits au catgut, et enfin les téguments au crin de Florence. Saupoudrage de la plaie à l'iodoforme ; bourrage du vagin à la gaze iodoformée ; enveloppement ouaté.

Suites et résultat. — Les suites furent des plus simples. La malade, malgré sa faible constitution, supporta très bien le choc opératoire ; la température monta de quelques dixièmes de degré les trois premiers jours, sans dépasser 38° ; puis tout rentra dans l'ordre. La sonde placée dans l'urètre et le tube sortant par l'hypogastre fonctionnèrent régulièrement. Au 9° jour, je les enlevai tous les deux.

Pendant quelques jours l'urine s'écoula à la fois par l'hypogastre et l'urètre. Ce dernier me paraissait cependant parfaitement reconstitué au point de vue anatomique, lorsque, vers le 15° jour, les lèvres de la gouttière urétrale se désunirent. Quant à la fistule vésico-vaginale proprement dite, ses bords se maintinrent réunis. Je pus, en effet, m'assurer, en portant le doigt dans le vagin, que l'éperon séparant ce conduit de la vessie, qui avant l'opération mesurait un centimètre de longueur, avait approximativement plus de 4 centimètres et qu'il était impossible à l'extrémité de mon petit doigt de pénétrer dans la vessie. Au lieu de s'écouler par une large brèche dans le vagin, l'urine s'échappait par un orifice admettant une sonde n° 20, orifice représentant en quelque sorte le col de la vessie dépourvu d'urètre. Je me proposai de tenter à nouveau la reconstitution du canal mais je n'ai pas eu occasion de revoir la petite malade.

I. Fistules vésico-vaginales.

RECHERCHES HISTORIQUES

L'idée d'utiliser la voie vésicale pour l'opération des fistules vésico-génitales n'est pas neuve ; elle se trouve en germe dans le procédé du ruban de Bourguet (d'Aix), que nous avons précédemment rappelé.

Il est aussi arrivé à plus d'un chirurgien, ne pouvant découvrir l'orifice d'une fistule cachée derrière un pli du vagin ou se dérobant au fond d'une dépression infundibuliforme, d'introduire le doigt dans la vessie par l'urètre dilaté et de faire saillir et d'abaisser avec ce doigt recourbé en crochet la cloi-

son de manière à bien mettre en lumière les bords de la solution de continuité et à en pratiquer l'avivement et la suture
sans difficulté. C'est là assurément un expédient ingénieux et
dépourvu de tout danger, que Cruveilhier fils et Villeneuve
(de Marseille) ont proposé de généraliser à toutes les opérations de fistules vésico-vaginales. Après eux, Follet (de Lille),
ayant, à l'aide du doigt introduit dans la vessie par le canal,
décollé le réservoir urinaire de l'utérus pour oblitérer par la
suture une fistule vésico-utérine, proposa de réserver ce procédé d'éversion de la cloison aux cas de fistules vésico-génitales ayant un siège très élevé.

Dans tous les cas que je viens de rappeler, les opérateurs
ont utilisé la voie vésicale simplement à titre d'adjuvant. Ils
n'y ont eu recours que pour faciliter les manœuvres de l'avivement et de la suture par le vagin. Il est probable que, depuis la restauration de la taille de Franco, plusieurs auteurs
ont songé à se frayer à travers la vessie ouverte par-dessus le
pubis un accès sur les fistules inopérables par le vagin ; mais
je n'ai trouvé cette idée nettement formulée que dans l'article
fistules urinaires du Dictionnaire encyclopédique, rédigé par
mon très distingué collègue et ami Eugène Monod. Depuis,
quelques rares auteurs de livres didactiques y ont fait allu-
sion ; mais le nouveau *Traité de chirurgie*, le *Traité de gyné-
cologie* de Pozzi la passent sous silence.

A Trendelenburg revient le mérite d'avoir transporté cette
idée du domaine de la théorie dans celui de la pratique. Il a
fait la taille haute comme opération préliminaire chez trois
femmes atteintes de fistules vésico-urinaires. P. Baumm, qui
nous a fait connaître la pratique de son maître, a eu également recours à cette opération chez une de ses malades. Au
XXe Congrès des chirurgiens allemands, Bardenheuer (de Co-
logne) en communiqua deux observations intéressantes. En
Amérique, Jacob Rosenthal a publié les détails d'une opération de ce genre, pratiquée par Léopold. En Angleterre, Mc
Gill en a rapporté deux faits à la Medical Society of London.

Ainsi, il résulte de nos recherches bibliographiques que le
traitement des fistules vésico-génitales par la cystotomie préliminaire a été mis en pratique 9 fois ; notre fait personnel
porte ce chiffre à 10.

Ce sont là des matériaux peu nombreux, il est vrai, mais
suffisants, croyons-nous, pour donner une description du ma-

nuel opératoire et porter un jugement favorable sur la méthode.

MANUEL OPÉRATOIRE

— Précautions préliminaires. — L'asepsie la plus rigoureuse devant présider à tous les temps de l'opération, la région sera lavée et désinfectée avec soin les jours qui précéderont l'intervention et au moment même de celle-ci. Le vagin, la vulve et le périnée seront débarrassés des incrustations phosphatiques qui les encroûtent, par des bains et des lotions au bicarbonate de soude. Contre la rougeur érythémateuse, les excoriations et les ulcérations, qui s'observent si souvent, on emploiera des onctions de pommade à l'acide borique, au calomel, à l'oxyde de zinc. Existe-t-il un état inflammatoire de la vessie, on le fera disparaître par des lavages boriqués et nitratés au besoin, en même temps que des boissons abondantes légèrement diurétiques, et parmi elles le lait, seront administrées pour modifier la composition des urines. Dans le but de les rendre aseptiques, le salol pourra être utilisé avec avantage. Comme la vessie sera dans l'espèce le théâtre principal de l'opération, le chirurgien ne saurait prendre trop de précautions pour la rendre apte à supporter toutes les manœuvres opératoires, et à la mettre dans des conditions telles qu'elle ne puisse nuire à leur réussite.

La malade, anesthésiée et placée dans le décubitus dorsal, le bassin élevé et la tête basse, c'est-à-dire dans la position de Morand-Trendelenburg, le chirurgien se placera à sa droite comme pour la taille hypogastrique en général; mais, au cours de l'opération, il passera à gauche, se mettra même entre les jambes de la patiente, si cela doit lui faciliter les manœuvres de l'avivement, du passage des fils, etc.

PREMIER TEMPS. — *Incision de la paroi abdominale et ouverture de la vessie.* — Dans tous les cas de fistules vésico-géni-

---

1. Ce mémoire était publié depuis plus d'un an, lorsque M. le professeur simon Duplay a communiqué à l'Académie de médecine (19 nov. 1895) un travail sur le même sujet, à propos d'une observation personnelle de cystorrhaphie intra-vésicale par dédoublement de la paroi vésico vaginale au pourtour de la fistule et double suture l'une profonde extra-vésicale l'autre superficielle intra-vésicale.

tales opérées jusqu'à ce jour par la voie vésicale, les téguments et la vessie ont été incisés transversalement. Léopold chez sa malade a ajouté à cette incision parallèle au pubis une incision perpendiculaire suivant la ligne blanche, de manière à former un T. Chez ma petite malade j'ai eu recours à la taille verticale commune, et je pense que, grâce à la résolution chloroformique des muscles droits, cette incision donne suffisamment de jour pour manœuvrer dans le fond de la vessie. Que si on prévoit quelque résistance de la part de la boutonnière musculaire, on devra cependant se conformer à la pratique des opérateurs qui ont mis avant nous à contribution la cystotomie préliminaire; au besoin je crois qu'on serait autorisé à recourir à la symphyséotomie et, chez ma petite patiente, où l'exiguité de tous les organes ne donnait pas de place, je fus sur le point de la pratiquer.

La section des divers plans de la paroi abdominale ne présente rien de spécial; mais, l'espace prévésical ouvert, il pourrait être difficile de reconnaître la paroi de la vessie et de relever le cul-de-sac péritonéal, si, à défaut de la distension préalable de la vessie rendue impraticable en raison de l'existence de la fistule[1], nous n'avions, grâce à cette fistule, le moyen d'y suppléer. Ce moyen consiste, ainsi que je le fis chez mon opérée, à introduire l'extrémité du doigt à travers le vagin et la fistule jusque dans la vessie, de manière à soulever la paroi antérieure de ce viscère. Le cul-de-sac péritonéal est alors aisément relevé en grattant cette paroi antérieure sur la pulpe du doigt, qui sert également à soutenir la vessie pour la ponctionner. Léopold, dans son opération, eut recours, pour inciser la vessie, à un cathéter conduit dans la vessie à travers le vagin et la fistule, cathéter jouant le rôle de la sonde à dard de frère Côme. La vessie ponctionnée, l'ouverture en est agrandie à l'aide d'un bistouri boutonné ou mieux encore au moyen d'un coup de ciseaux, et un fil de soie plate est passée dans chacune de ses lèvres pour les écarter et les soulever. Ces fils et des écarteurs appropriés, comme celui de Bazy par exemple, assureront la béance de l'ouver-

---

1. L'existence de la fistule mettant en communication la vessie et le vagin n'est peut être pas un obstacle insurmontable à la distension du réservoir. On pourrait, en effet, en introduisant par l'urètre dans la vessie un ballon en caoutchouc à parois minces, le gonfler en insufflant de l'air ou en injectant de l'eau dans sa cavité et distendre ainsi la vessie, comme on distend le rectum dans l'opération de Petersen.

ture vésicale. L'écarteur vésical de Watson, dans la construction duquel l'auteur s'est sans doute inspiré du blépharostat, ou quelqu'autre écarteur automatique, pourront, si le chirurgien les a à sa disposition, rendre de grands services.

DEUXIÈME TEMPS. — *Avivement.* — Le chirurgien trouvera dans l'arsenal ordinaire des instruments, destinés à l'opéra-

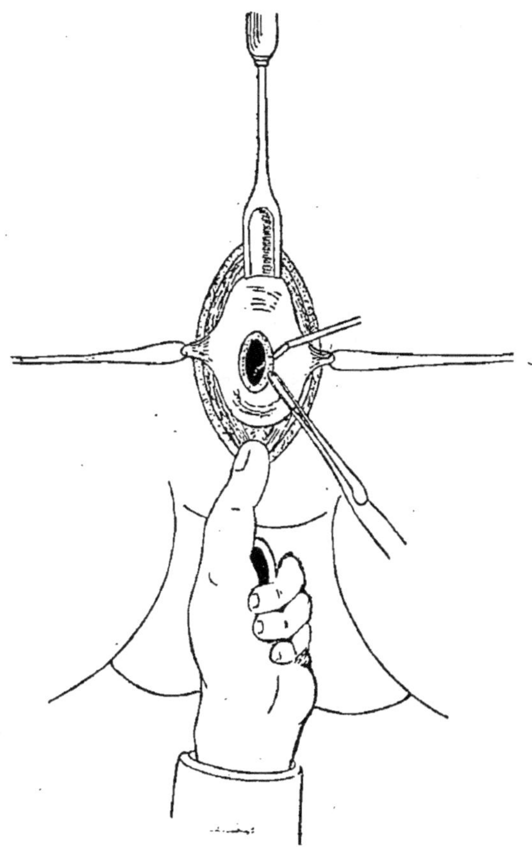

Fig. 1. — Manière de procéder à l'avivement de la fistule. Un doigt introduit dans le vagin en soutient les lèvres et les offre au tranchant du bistouri. Manœuvre dans la vessie.

tion de la fistule vésico-vaginale par les procédés américains, tout ce qui lui sera nécessaire pour faire l'avivement (bistouris de diverses formes, ciseaux, pinces, érignes, etc.). Je recommande tout particulièrement l'usage d'un petit couteau à long manche, coudé sur le plat et tranchant sur le champ, dont nous donnons ci-joint le dessin. Avec ce couteau, rien n'est plus facile que de cruenter les bords de la fistule du côté de la vessie, si l'on a la précaution de soutenir chacune de ses lèvres et de les présenter au tranchant avec son doigt ou celui d'un aide introduit dans le vagin. Le dessin ci-contre (*Fig.* 1.) représente la manière de procéder.

L'avivement devra être large (un bon demi centimètre et même davantage) et complet. L'opérateur s'appliquera à bien *soigner* les angles de la fistule. L'éclairage de la vessie au moyen d'une petite lampe à incandescence servira, s'il est nécessaire, à surveiller les progrès de l'avivement et à s'assurer de sa perfection.

TROISIÈME TEMPS. — *Suture.* — La nature des fils servant à faire la suture a dans l'opération des fistules uro-génitales par la vessie la même importance que dans l'opération par le vagin. Je crois que, lorsque le conduit vaginal offre une voie suffisante pour qu'on puisse nouer les fils par sa cavité et plus tard les retirer, les fils métalliques (fil d'argent, fil de fer recuit, etc.) sont préférables à tous autres.

Trendelenburg s'est servi de soie. Dans sa première opération il fit le nœud dans la vessie; mais dans les autres il noua dans le vagin afin d'éviter les incrustations du nœud. Baumm recommande formellement l'emploi du catgut. C'est également au catgut chromé qu'eut recours Mc Gill pour suturer les lèvres de la fistule du côté de la vessie; mais il y joignit une suture de sûreté à la soie, du côté du vagin.

Lorsque la fistule est absolument inaccessible par le vagin, force est bien de se servir de fils résorbables de catgut, et l'expérience démontre qu'on peut compter sur eux. Ces fils ne disparaissent évidemment pas en totalité par résorption. Celle-ci ne peut s'exercer qu'aux points où ils traversent les tissus, et au bout de quelques jours l'anse continue, qui se trouve dans le vagin, et le nœud inclus dans la vessie se détachent : la première sort d'elle-même par la vulve ou est entraînée par les lavages vaginaux; la seconde mise en liberté dans la vessie doit être recherchée avec soin dans les urines et, si elle tarde à sortir, si elle s'incruste de sels calcaires, rien n'est plus facile que de l'extraire avec un petit lithotriteur.

Quelle que soit la nature des fils choisis, leur passage à travers chacune des lèvres de la fistule n'est pas sans présenter. quelque difficulté. Voici le procédé que j'ai employé chez ma petite malade. Les manœuvres en sont simples et ne réclament aucun outillage spécial ; aussi je crois devoir le recommander.

Une aiguille, très légèrement courbe suivant ses bords, du modèle de Hagedorn, et suffisamment courte pour qu'elle puisse facilement évoluer dans le vagin, est armée d'un fil de catgut n° 1 ou 0 et saisie dans les mors d'un porte-aiguille de manière à ce qu'elle soit dans l'axe de l'instrument. La lèvre

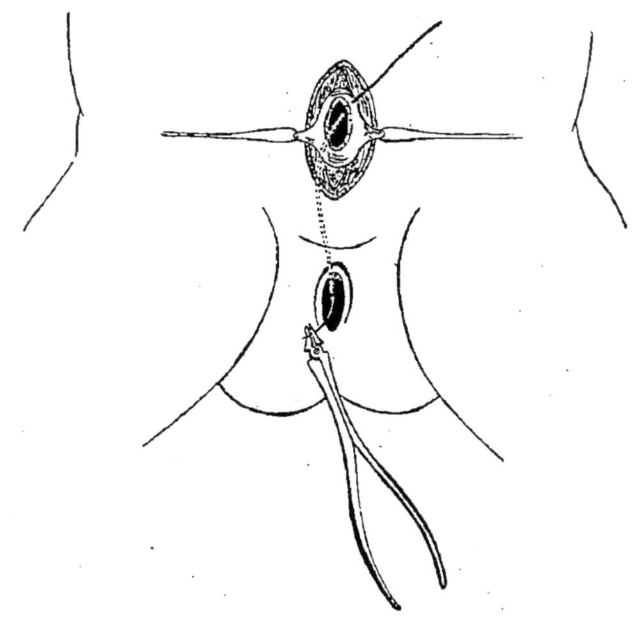

Fig. 2. — Manière de passer le fil de catgut à travers une des lèvres de la fistule et de l'entraîner par le vagin au dehors de la fistule.

gauche de la fistule est alors traversée avec cette aiguille un peu en dehors de l'avivement, et la pointe saillante dans le vagin, saisie avec des pinces et attirée hors de la vulve, entraîne avec elle le fil de catgut (*Fig. 2*).

La première partie de la besogne est à ce moment faite : le plein du fil traversant la lèvre gauche de la fistule, l'un de ses chefs sort par l'ouverture hypogastrique de la vessie et l'autre par le vagin et la vulve. Il reste à ramener ce dernier chef à travers la lèvre droite de la fistule, de manière à le faire ressortir par l'ouverture vésicale, comme le premier chef, et à former en définitive une anse vaginale embrassant la fistule.

J'y arrive à l'aide de l'artifice suivant. L'aiguille, dont on s'est précédemment servi, et armée cette fois d'un fil de soie fin, est passée avec le porte-aiguille dans la lèvre droite de la fistule et ramenée par le vagin et la vulve comme précédemment, Puis le chef vaginal de ce fil de soie, réuni au chef correspondant du fil de catgut par un nœud plat, ramené par des

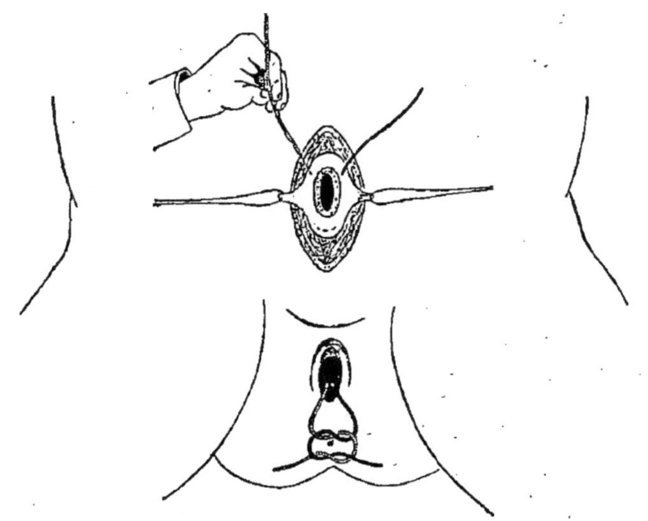

Fig. 3. — Manière de ramener le fil de catgut, préalablement passé dans une des lèvres de la fistule, à travers la lèvre opposée, de façon à former une anse vaginale, embrassant la solution de continuité. (La figure représente le moment où le chirurgien va serrer le nœud réunissant le catgut passé dans la lèvre gauche à la soie traversant la lèvre droite).

tractions à travers la lèvre droite, entraîne avec lui le fil de catgut (*Fig. 3*).

Lorsqu'un nombre de fils suffisant ont été passés de la sorte, il ne reste plus pour affronter les bords de la fistule qu'à nouer leur chefs respectifs dans la vessie.

Si les fils peuvent être noués dans le vagin, leur mise en place est plus facile. Il suffit, après avoir passé l'un des chefs dans une des lèvres de la fistule, de passer de la même manière le second chef dans l'autre lèvre. L'anse se trouve ainsi placée dans la vessie et les extrémités sont fixées dans le vagin par l'un des procédés de la méthode américaine, d'autant plus applicable ici que l'on peut se servir de fil métallique.

Dans la manière de passer les fils que je viens d'indiquer, j'ai eu en vue la suture à points séparés. Il serait tout aussi aisé, on le comprend, de faire en suivant le même manuel opératoire la suture continue ou en surget. Ce mode de suture, qui est peu employé lorsqu'on opère par le vagin, assurerait peut-être une réunion des lèvres de la plaie plus exacte que la suture à points séparés, si j'en juge par les résultats que m'ont donné ces deux genres de suture dans la fermeture de la vessie après la taille sus-pubienne.

Quatrième temps. — *Fermeture partielle et drainage de la vessie.* — L'occlusion complète de l'ouverture hypogastrique de la vessie pourrait peut-être être tentée une fois la fistule vésico-vaginale oblitérée; mais je crois plus prudent de n'en faire qu'une occlusion partielle et de drainer la vessie. C'est du reste le conseil formel donné par Trendelenburg; Baumm s'y est conformé chez son opérée; Léopold et Mc Gill ont également pratiqué le drainage de la vessie et ce dernier chirurgien lui attribue la plus grande part dans la réussite de l'opération.

On se servira avec avantage, pour assurer l'écoulement de l'urine, des tubes accolés de Guyon-Périer. Ceux-ci mis en place, les lèvres de l'ouverture vésicale seront suturées au-dessus et au-dessous à l'aide d'un nombre de points suffisants de catgut; les muscles droits et la ligne blanche seront réunis de la même manière; enfin, les téguments seront affrontés aux crins de Florence.

Cinquième temps. — *Pansements.* — *Soins consécutifs.* — L'opération terminée, le vagin est modérément bourré de gaze iodoformée, et le pansement de la plaie vésico-hypogastrique est celui de la taille sus-pubienne en général. Comme dans cette dernière, on devra veiller avec soin au bon fonctionnement des tubes de drainage.

Du 6e au 8e jour les tubes seront supprimés et l'orifice de la vessie, pansé à plat, ne tardera pas à se fermer. Que si on redoutait son occlusion trop rapide et les effets fâcheux de la distension vésicale, il serait facile de prévenir cette dernière, en mettant dans la vessie une sonde à demeure comme on le fait dans la méthode américaine.

Les fils de catgut ne se résorbant, ainsi que je l'ai dit, que dans l'épaisseur des tissus qu'ils traversent, il conviendra de veiller avec soin à l'expulsion de leurs anses vaginales et surtout vésicales, et au besoin à aller chercher ces dernières dans la vessie avec un petit lithotriteur. Si l'on a employé des fils métalliques noués du côté du vagin, ils seront enlevés par ce conduit du 8e au 10e jour.

Résultats et avantages.

Les dix opérations de fistules vésico-génitales faites jusqu'à ce jour par l'ouverture préliminaire de la vessie ont donné sept succès complets, un succès partiel et deux insuccès, ainsi qu'on peut le voir dans le tableau ci-joint.

Si l'on se rappelle que les auteurs classiques s'accordent à considérer la méthode indirecte, par l'oblitération du col de l'utérus et l'occlusion des organes génitaux externes, comme l'unique ressource dans les cas de fistules compliquées, de la nature de celles rapportées dans notre petit tableau statistique, on ne pourra s'empêcher de regarder comme très encourageants les résultats qui y sont consignés.

L'ouverture de la vessie et les manœuvres destinées à oblitérer la fistule à travers ce viscère ouvert n'ont certainement pas plus de gravité, puisqu'aucun des malades opérés jusqu'à ce jour n'a succombé, que les divers cleisis génitaux et autres opérations indirectes, et cette manière d'attaquer la solution de continuité a, sur toutes ces interventions, l'immense supériorité de ne pas ouvrir la voie à l'infection des appareils génitaux et urinaires, et de conserver intégralement les organes de la génération.

Bien plus, la section vésicale, dont nous avons conseillé de maintenir les lèvres entr'ouvertes pour le passage des tubes à drainage, augmenterait les chances de réunion de la fistule en prévenant les hémorragies, que l'on voit parfois survenir chez les malades opérés par la méthode vaginale. M. le Dr Ziembecki (1) n'a-t-il pas indiqué la taille hypogastrique, faite à temps, comme l'unique moyen de s'opposer à cet accident, dont il attribue la cause prédisposante à la phlébectasie de la cloison vésico-vaginale consécutive à la grossesse. Il s'est

---

1. *Congrès Gynécol. de Bruxelles* in *Bulletin médical,* 28 septembre 1892.

CYSTOTOMIES EXÉCUTÉES

POUR FISTULES VÉSICO-GÉNITALES

NOMS des opérateurs	SIÈGE ET NATURE de la fistule	RÉSULTATS	REMARQUES
Trendelenburg...	F. vésico-utérine puerpuérale.	Succès.	»
Trendelenburg...	Idem.	Idem.	On dût pratiquer ultérieurement un colpocleisis.
Trendelenburg...	Idem.	Insuccès.	Idem.
Baumm............	Idem.	Succès partiel.	On dût oblitérer une portion persistante de la fistule par le vagin; il persiste une fistule hypogastrique.
Bardenheuer.....	F. vésico-vaginale et utérine très étendue.	Succès.	»
Bardenheuer......	F. vésico-vaginale.	Idem.	»
Léopold	F. vésico-vaginale puerpérale.	Idem.	Dans cette opération, on ne fit pas la suture de la fistule; mais on créa une nouvelle vessie ou plutôt on isola la fistule du reste de la vessie.
Mac Gill.	F. vésico-vaginale consécutive à un épithélioma du plancher de la vessie.	Idem.	Après la guérison, on maintient pendant longtemps et intentionnellement une fistule hypogastrique.
Mac Gill..........	F. juxta-cervicale puerpérale.	Idem.	»
A. Pousson....... (Inédite)	F. vésico-urétro-vaginale, consécutive à l'ulcération de la cloison par un calcul.	Idem.	La fistule urétro-vaginale persista.

appuyé, pour donner ce conseil, sur une donnée très exacte de la physiologie de l'incision sus-pubienne, que nous avons fait ressortir il y a longtemps, à l'instigation de M. le profes-seur Guyon, dans notre thèse inaugurale. Cette donnée est la suivante : la vessie une fois ouverte ne se contractant plus, la congestion de ses parois se dissipe et la circulation se régu-larise, laissant à l'hémostase la possibilité de se faire ici, comme dans tous les autres organes et tissus.

La voie ischio-rectale n'ayant été employée jusqu'à ce jour à la cure des fistules vésico-vaginales que par son ingénieux promoteur M. le Dr Michaux, ne saurait, pour cette raison, être comparée dans ses résultats à la voie vésicale. Qu'il me suffise de dire que mon collègue Michaux n'obtint qu'une fer-meture partielle de la fistule et qu'il se proposait, lors de sa communication au Congrès de Chirurgie, d'en compléter l'obli-tération soit par le vagin, soit par le chemin qu'il avait suivi. Opératoirement les diverses manœuvres, que nécessitent l'avivement et la suture de la fistule vésico-vaginale, ne sont certes pas plus aisées à travers la fosse ischio-rectale qu'à travers la vessie. Dans le cas qui m'est particulier, l'étroi-tesse du détroit inférieur, vu l'âge de ma malade, ne m'aurait certes pas permis d'agir sur la fistule avec la liberté voulue. Chez les femmes grasses, à périnée épais, je pense que le chirurgien, après avoir ouvert l'espace pelvi-rectal inférieur, rencontrerait, pour traiter la fistule, toutes les difficultés qui se montrent chez l'homme pour le traitement des affec-tions de la vessie par le périnée et qui ont fait préférer de nos jours la taille haute aux tailles basses.

II. Fistules vésico-intestinales.

S'il m'a été possible de montrer, avec des faits à l'appui, les avantages qu'offre la cystotomie préliminaire dans le traite-ment de certaines fistules vésico-génitales, je ne puis fournir que des arguments théoriques touchant les ressources que cette voie peut offrir pour la cure des fistules mettant en com-munication la vessie avec l'intestin.

C'est à M. le professeur Le Dentu, que j'ai entendu au cours d'une discussion à propos d'une communication de Duménil (de Rouen) sur la colotomie lombaire appliquée au traitement des fistules vésico-intestinales, émettre l'idée que ces fistules pourraient être oblitérées à la faveur de l'ouverture préalable de la vessie. Au dire de Bouilly, Simon aurait proposé d'ouvrir la vessie par le vagin, de la renverser pour cautériser ou suturer la fistule vésico-intestinale et d'opérer plus tard la fistule vésico-vaginale artificielle. Outre qu'elle ne saurait s'appliquer à l'homme, cette opération de Simon n'a pas la simplicité franche et hardie de l'opération proposée par M. Le Dentu.

C'est donc à la cystotomie sus-pubienne que je conseillerai d'avoir recours pour fermer les solutions de continuité faisant communiquer la vessie avec l'intestin. Mais cette opération transvésicale des fistules vésico-intestinales ne saurait évidemment être employée au traitement de toutes les fistules sans distinction. A défaut de faits cliniques, qu'on me permette de faire ressortir par le seul raisonnement les avantages de la méthode opératoire que je défends, et d'en poser les indications.

Et tout d'abord il est inutile d'insister sur les inconvénients et les dangers des fistules vésico-intestinales. Les seules fistules vésico-rectales, d'après les relevés de Cripps, entraîneraient la mort en moyenne au bout de 2 ans dans la proportion de 73 0/0. La gravité de ces lésions rend ainsi légitimes toutes les tentatives opératoires, et, quelque hardie qu'ait été la conduite des chirurgiens qui, comme Von Dittel, Cripps, Czerny, n'ont pas hésité à pratiquer la laparotomie pour y porter remède, elle ne saurait être taxée de téméraire. Nous verrons tout à l'heure que certains trajets mettant en communication l'intestin et la vessie ne sauraient être traités autrement que par l'ouverture de la cavité abdominale.

Au point de vue opératoire, les fistules vésico-intestinales doivent être classées en deux catégories : celles qui sont accessibles par l'anus et le rectum, et celles qui sont inaccessibles par cette voie.

A moins de circonstances tout à fait particulières, comme l'existence d'une bride, d'un repli, d'une sténose du rectum dérobant l'orifice fistuleux à la vue et aux instruments, les fistules vésico-rectales, qui sont de beaucoup les plus fréquentes, devront être traitées par la voie ano-rectale, soit que l'on fende délibérément tous les tissus compris entre l'ouverture dans le rectum et le col de la vessie pour obtenir la cicatrisation du fond vers la superficie, soit que l'on cautérise au fer rouge, soit que l'on suture ou que l'on oblitère à l'aide d'un lambeau autoplastique l'orifice de communication.

Il ne serait certes pas irrationnel d'utiliser la résection du coccyx et d'une portion du sacrum, c'est-à-dire l'opération de Kraske, au traitement de certaines fistules vésico-rectales trop haut placées pour qu'on puisse les atteindre par la cavité même de l'intestin. Mais *a priori*, je pense que cette manière de faire ne serait ni plus facile ni plus bénigne que l'opération faite à travers la vessie.

Dans les fistules mettant en communication la vessie avec l'S iliaque, le cœcum, les côlons, l'intestin grêle, la fermeture par la vessie préalablement ouverte est, je crois, la méthode de choix, sous la réserve expresse cependant que l'on ait affaire à une fistule ostiale ou bimuqueuse, c'est-à-dire sans trajet intermédiaire. Lorsqu'il existe un trajet intermédiaire plus ou moins long, tortueux et suppurant, et qu'on se trouve en présence d'une fistule non uro-stercorale, mais uro-pyo-stercorale, c'est évidemment à la laparotomie qu'on doit donner la préférence. Seule, l'ouverture large de la cavité abdominale permettra de reconnaître la longueur et la disposition du trajet fistuleux, de juger s'il est possible d'en faire l'extirpation, et de traiter ensuite les orifices de la vessie et de l'intestin par une suture appropriée.

Sans me dissimuler les dangers de la laparotomie employée au traitement des fistules vésico-intestinales, je la crois possible et parfaitement légitime. Avec les progrès qu'a réalisés de nos jours la chirurgie abdominale, il n'est plus permis de considérer la colotomie lombaire proposée, il y a une dizaine d'années, par Duménil (de Rouen) comme l'*ultima ratio* de la chirurgie, en présence d'une fistule vésico-intestinale, à moins que celle-ci ne soit néoplasique.

Je réserve, on le voit, la cystotomie préliminaire à un nombre restreint de cas; mais je pense qu'employée au traitement des fistules, dont nous avons indiqué la variété, elle rendra d'inappréciables services.

Reste une question importante à résoudre avant d'entreprendre l'opération, c'est précisément celle de savoir à quelle variété de fistule on a affaire. Ce serait sortir du cadre de ce travail que de rechercher les moyens que nous avons de résoudre ce problème. Qu'il me suffise de faire observer qu'à défaut de renseignements sur la cause et l'évolution de la lésion et de symptômes suffisamment nets pour se prononcer entre une fistule simplement uro-stercorale et une fistule uro-pyo-stercorale, l'examen cystoscopique pourra fournir des indications précieuses.

Que si le diagnostic reste en suspens, malgré tous les moyens d'investigation, le peu de danger de l'ouverture de la vessie et la possibilité de transformer en opération curative une opération exploratrice feront encore un devoir au chirurgien d'avoir recours à la vieille taille de Franco rajeunie, dont le champ des indications va chaque jour grandissant.

INDEX BIBLIOGRAPHIQUE

Zur operation der Blasen-cervicfisteln von der Blasenhaus; in *Arch f. Gynæk*, 1891, t. XXXIX, p. 492.

XX° Congrès des chirurgiens allemands (avril 1891); d'après le *Mercredi médical*. 1891.

An operation for the cure of vesico-cervical fistula by the sectio alta, with recovery; in *The american Journ. of obstetrics and disease of women and children*, vol. XXVII, mars 1893.

An operation for vesico-vaginal fistula through a supra pubic opening in the bladder; in *The Lancet*, vol. II. 1890, nov., p. 966.

IX

ANESTHÉSIE DE LA VESSIE PAR L'ANTIPYRINE

Il y a longtemps que les chirurgiens ont cherché à obtenir l'anesthésie de la vessie en injectant dans sa cavité des solutions médicamenteuses. Le laudanum, l'extrait thébaïque, le chlorhydrate de morphine, le salicylate de soude, bien d'autres substances, sans oublier le chlorhydrate de cocaïne, sur lequel on a fondé tout d'abord les plus grandes espérances, ont été injectés tour à tour dans la vessie avec des succès divers[1]. Cette inconstance dans les résultats obtenus s'explique aisément : on sait, en effet, que l'épithélium vésical sain est imperméable et que l'absorption des liquides introduits dans le réservoir urinaire ne peut avoir lieu que lorsque son épithélium est altéré ou détruit.

Comme l'a fort justement fait remarquer mon ami Hache (de Beyrouth), c'est cette inégalité d'action de la cocaïne, liée à un état de la muqueuse, qu'il est presque toujours impossible d'apprécier par avance, qui a empêché de se généraliser la méthode de l'anesthésie locale de la vessie par cet alcaloïde.

Aujourd'hui que l'on connaît bien les effets toxiques de la cocaïne et que ses plus ardents partisans, comme M. Reclus lui-

---

1. On consultera avec fruit sur ce sujet la thèse d'un de mes élèves, le D\u0072 Joseph Cornet. Etude historique et critique des anesthésiques locaux de la vessie. (*Thèse de Bordeaux*, 1895).

même, conseillent de ne jamais injecter dans les tissus une dose supérieure à 15 ou 20 centigrammes, on frémit à la pensée des dangers qu'ont courus les premiers malades dans la vessie desquels on a injecté 40, 60, 80 centigrammes ou 1 gramme de cette substance (Weir, Bruns et Fürstenheim) ; 1 gr. 50 (Delefosse); 7 grammes ! (Eugène Bœckel)

Quelle preuve plus démonstrative de l'imperméabilité de l'épithélium vésical aux substances toxiques et médicamenteuses pourrait être fournie ? Bien que les détails des observations des malades, chez lesquels ces « doses folles » ont été employées, ne nous renseignent que bien insuffisamment sur l'état de leur vessie, il n'est pas douteux que l'épithélium en fût intact.

Un cas malheureux, que rapporte loyalement notre collègue Albarran dans son *Traité des tumeurs de la vessie*, est la preuve que les dangers des injections intra-vésicales de cocaïne ne sont pas illusoires. Ce chirurgien ayant introduit dans la vessie d'un calculeux irritable, qu'il désirait cystoscopiser, environ 60 grammes d'une solution à 1 0/0 de chlorhydrate de cocaïne, vit succomber son malade sous ses yeux, malgré tous les secours qu'il s'empressa de lui porter aux premiers signes d'intoxication. De ce fait, il tire la conclusion suivante : que la dose de cocaïne à injecter dans la vessie ne doit jamais dépasser 5 à 10 centigrammes.

L'expérience m'a démontré que 5 à 10 centigrammes de chlorhydrate de cocaïne en solution à 1 0/0 sont suffisants à insensibiliser l'urètre postérieur et le col de la vessie de manière, par exemple, à faire supporter les instillations de nitrate d'argent ou de sublimé, qui sont parfois très douloureuses ; mais cette dose reste le plus souvent, pour ne pas dire toujours, sans effet sur la sensibilité du corps de la vessie malade. Je crois que la raison en est dans ce fait, que les 5 ou 10 grammes de liquide diluant la cocaïne ne se mettent au contact que d'une partie de la muqueuse de la vessie revenue sur elle-même et laissent sans le toucher le fond des plis qu'elle forme [1]. Pour que toute la face interne soit baignée

---

1. Ce que je dis ici des plis vésicaux s'applique aux cas où la vessie st malade depuis longtemps, car la face interne de la vessie saine à état de vacuité est parfaitement lisse. La vessie, on le sait, ne se vide pas à l'instar d'un ballon de caoutchouc, à parois minces, se plissant sur elles mêmes, mais par l'approche de la paroi postérieure vers la paroi

par la solution, il est nécessaire que le réservoir soit légèrement distendu par une injection de 30 à 40 grammes, mais à cette dose, la solution à 1 0/0 devient dangereuse, et une solution à un titre inférieur, par exemple à 0,25 0/0, est insuffisante.

Il est une substance d'une puissance anesthésique locale à la vérité moins grande que la cocaïne, mais aussi moins toxique, que certains auteurs, Brik[1] et Vigneron[2] (de Marseille), ont songé à substituer à la cocaïne pour obtenir l'anesthésie de la vessie : c'est l'antipyrine. Quel que soit l'état de l'épithélium de la vessie, elle peut toujours être injectée sans danger dans sa cavité et y séjourner, et comme son pouvoir antiseptique est au moins équivalent à celui de l'acide borique, elle peut aussi, à ce point de vue, remplacer ce dernier dans les manœuvres intra-vésicales nécessitant un certain degré de distension du réservoir.

Ayant eu recours un certain nombre de fois à l'emploi de l'antipyrine comme anesthésique de la vessie, je désire communiquer le résultat de mes observations et indiquer la façon dont je me suis servi de cet agent pour obtenir l'insensibilité de ce viscère.

Je l'ai employé : 1° pour examiner la vessie au cystoscope ; 2° pour l'explorer à l'aide de la sonde métallique et du lithotriteur, notamment dans la séance de vérification, qui doit suivre toute lithotritie ; 3° pour pratiquer de courtes séances de broiement de menus calculs ; 4° pour laver à la solution argentique la vessie enflammée.

Dans tous les cas où je me suis servi de la solution d'antipyrine pour pratiquer la cystoscopie, j'ai pu constater une plus grande facilité des manœuvres de l'instrument, surtout lorsqu'il s'agissait d'explorer le col. Je dois cependant à la vérité de dire que, chez un malade que je soupçonnais atteint d'un néoplasme implanté dans le voisinage du col et dont la vessie infectée était très irritable, l'antipyrine ne m'a pas per-

---

antérieure, puis par le soulèvement du bas-fond et l'abaissement du sommet, de sorte que le viscère vide revêt une forme triangulaire présentant une face antéro-inférieure, une face postéro-supérieure et trois bords. C'est cette configuration que les anatomistes assignent à la vessie.

1. Brik. *Semaine médicale*, 14 mars 1894.
2. Vigneron (de Marseille). *Annales des maladies des organes génito-urinaires*, mai 1894, p. 348.

mis l'exploration à l'endoscope et j'ai dû recourir à l'anesthésie générale par le chloroforme.

Comme exemple de la tolérance que la vessie analgésiée à l'aide de l'antipyrine offre aux manœuvres d'exploration faites avec le lithotriteur, je citerai le fait suivant : chez un vieillard de quatre-vingt trois ans que j'avais opéré de la lithotritie et qui conservait un certain degré de cystite et surtout une grande irritabilité de la vessie, je pus explorer dans tous les sens ce viscère et m'assurer qu'il ne renfermait aucun débris calculeux. Le malade, pourtant assez pusillanime, déclara que ces manœuvres étaient très supportables.

Un autre de mes opérés de lithotritie, dont la vessie chroniquement enflammée est le théâtre de formation calculeuse récidivante, a pu être débarrassé à diverses reprises de concrétions phosphatiques presque sans douleur.

Chez une femme atteinte de cystite du corps avec contracture douloureuse du col et spasme de l'urètre provoquant parfois des attaques de rétention, j'ai pu obtenir avec l'antipyrine la tolérance de la vessie aux injections de nitrate d'argent et améliorer considérablement l'état inflammatoire de la muqueuse.

Ces quelques faits suffisent à montrer les ressources que la solution d'antipyrine peut rendre à la chirurgie urinaire.

Je dois ajouter que, chez aucun de mes malades, je n'ai observé d'accidents locaux ou généraux; pas de retentissement sur la sécrétion rénale; pas de troubles intestinaux; pas de manifestations cutanées, etc.

Je me suis servi uniformément chez tous mes malades d'une solution d'antipyrine à 2 0/0, mais ce titre peut être augmenté sans danger et porté à 4 0/0 d'après Vigneron. La quantité que j'ai injectée a varié suivant la nature de la manœuvre intra-vésicale que je me proposais de faire et aussi et surtout, suivant l'état de la vessie. Le temps pendant lequel je l'ai laissée séjourner dans le réservoir a varié également.

Lorsque j'ai voulu explorer la vessie au cystoscope ou aux instruments métalliques (sonde, lithotriteur), j'ai injecté d'abord 50 ou 60 grammes de la solution d'antipyrine, puis, après cinq à dix minutes d'attente, j'ai injecté, sans évacuer le liquide déjà introduit, 50 à 60 grammes de la même solution. C'est à la faveur de ce liquide, agissant à la fois et comme anesthésique et comme antiseptique, que j'ai pratiqué l'exploration vésicale. Cette exploration finie, j'ai laissé parfois la solution dans la vessie et ai abandonné au malade le soin de l'expulser par la miction ; d'autres fois, je l'ai évacuée à l'aide de la sonde ; dans certains cas, après l'avoir évacuée, j'ai injecté de nouveau 30 à 40 grammes pour obtenir une prolongation de l'analgésie.

Lorsque j'ai eu affaire à des vessies enflammées et intolérantes, je me suis conformé au précepte qui veut que l'on subordonne la quantité du liquide à injecter à la capacité momentanée du réservoir et, chez certains malades, je n'ai pu introduire que 40, 30, 20 et même 10 grammes de la solution d'antipyrine. Après un séjour dans la vessie de dix minutes de cette petite quantité de liquide, il m'est souvent arrivé de pouvoir en injecter une certaine quantité de plus. C'est dans ces cas de vessie intolérante que l'on se trouvera bien de la solution à 4 0/0.

Lorsque l'injection a été faite pour analgésier la vessie et permettre soit un lavage, soit une instillation au nitrate d'argent ou à toutes autres substances médicamenteuses susceptibles de provoquer de la douleur, j'ai évacué la solution d'antipyrine une fois l'anesthésie produite et pratiqué ensuite le lavage ou l'instillation suivant les règles ordinaires.

Lorsque les urines sont épaisses, purulentes et glaireuses, il est bon de laver à plusieurs reprises la muqueuse vésicale par des injections répétées d'antipyrine, afin que la solution qu'on laissera pour obtenir l'anesthésie se mette en contact direct avec la face interne du viscère.

Lorsque le lavage a été pratiqué, il peut être utile, pour calmer les douleurs qui pourraient se réveiller, d'injecter une certaine quantité de la solution d'antipyrine et de l'abandonner dans la vessie. J'ai dû le faire quelquefois, mais ce liquide, diluant la substance modificatrice qui imprègne la muqueuse, en diminue les effets ; mieux vaut donc ne pas recourir à cette injection, à moins d'une très grande susceptibilité du malade.

CHAPITRE IV

AFFECTIONS DES REINS

I

DE LA TUBERCULOSE RÉNALE PRIMITIVE

L'observation que je vais rapporter me semble intéressante à divers points de vue, que j'essaierai de mettre en relief après en avoir donné connaissance. Il s'agit d'une tuberculose primitive du rein droit, s'étant uniquement révélée pendant plus de sept mois par des hématuries profuses et de longue durée, sans purulence des urines, sans troubles vésicaux, sans augmentation de volume de l'organe malade, hématuries qui avaient plongé le malade dans un tel état d'anémie que je pensai un instant être obligé de pratiquer la néphrectomie.

Antécédents héréditaires et personnels. — M. M..., âgé de vingt-cinq ans, est issu de père et de mère qui vivent encore et se portent bien; cependant, sa mère est de constitution assez délicate et souffre de l'estomac depuis longtemps. Ni frère ni sœur. La grand' mère maternelle et un oncle dans la même ligne seraient morts de phtisie pulmonaire, mais à un âge avancé (soixante-quatre et soixante-six ans.)

Le malade, qui a toujours habité la campagne, où sa position de fortune lui permet de vivre sans travailler et avec tout le confort désirable, a toujours eu une bonne santé. Sauf une fièvre muqueuse à l'âge de six ans et des migraines fréquentes auxquelles il est sujet, on ne relève rien dans ses antécédents. Aucun accident strumeux ou lymphatique dans son enfance. Jamais de troubles du côté des voies urinaires; pas d'incontinence infantile dans sa jeunesse; plus tard, pas de blennorrhagie, pas d'affections vénériennes. M. M,.., reconnu apte au service militaire, a accompli son année de volontariat dans l'artillerie. Il a très bien supporté les fatigues de son nouvel état et, malgré les exercices divers auxquels il a dû se livrer et en particulier celui du cheval, il n'a jamais souffert des reins ni d'aucune autre partie de l'appareil urinaire.

Début et évolution de la maladie. — Au commencement d'octobre 1893, le malade, ayant été appelé à faire une période d'instruction militaire, est pris tout à coup, dès les premiers jours de son arrivée au régiment, sans aucune cause, sans aucun phénomène prémonitoire, d'une hématurie qui s'est continuée depuis lors sans interruption, mais avec des redoublements d'intensité, jusqu'au milieu du mois d'avril, époque à laquelle M. M..., est venu me consulter pour la première fois, c'est à dire pendant plus de sept mois.

Comme le sang qui teignait son urine était en quantité assez faible, sans caillots, qu'il n'y avait aucun trouble apporté à la miction, aucune douleur, M. M..., continua à faire son service; mais, en présence de la persistance de l'hématurie, il se décida après quelques jours à entrer à l'infirmerie. Le repos et un traitement approprié par les hémostatiques ne modifièrent en rien la situation.

Le malade, rentré chez lui dans les derniers jours d'octobre, garda la chambre.

Le jour de la Toussaint, sans que rien ait été changé à ses habitudes, l'hématurie devint subitement plus abondante et les urines, simplement rouges jusqu'alors, prirent une coloration noire très foncée en même temps qu'elles s'épaissirent et que des caillots accumulés dans la vessie déterminèrent de la gène de la miction et même de la rétention pendant quelques heures. A ce moment aussi et pour la première fois, le malade ressentit des douleurs dans les lombes du côté droit; très violentes, ces douleurs restèrent localisées et ne se propagèrent pas le long de l'urètère, vers l'aine ni dans le testicule. Cette crise d'hématurie dura trois ou quatre jours. Le traitement consista dans l'administration de l'opium à l'intérieur et l'application de quelques ventouses sur la légion lombaire. Les douleurs se calmèrent assez vite, mais l'urine resta foncée pendant quelques jours pour reprendre ensuite sa teinte rougeâtre habituelle.

Le reste du mois de novembre et tout celui de décembre se passèrent sans incident. M. M... continua à rendre comme par le passé des urines rouges, sans que le repos ou l'exercice, la marche ou la voiture aient la moindre influence sur leur coloration ou déterminent la plus petite douleur du côté des reins.

Au commencement de janvier, nouvelle crise de douleur rénale toujours à droite et d'hématurie avec caillots et gêne de la miction. Moins intense et moins longue que la première, cette crise dure deux jours, après quoi les urines reprennent leur coloration rouge habituelle.

Vers le milieu de février, troisième crise hématurique analogue aux précédentes et durant deux jours.

En mars, l'état restant stationnaire, notre malade, qui n'éprouve aucune douleur, reprend tout à fait le genre de vie qu'il menait avant de pisser le sang. Il se tient longtemps debout dans la journée, fait des courses assez longues à pied, va en voiture, sans que tous ces exercices réveillent la moindre souffrance du côté du rein ni augmentent la proportion du sang contenu dans les urines.

ÉTAT DU MALADE LORS DU PREMIER EXAMEN. — Le 12 mai 1894, M. M... vient me consulter pour la première fois. A son entrée dans mon cabinet, je suis frappé par la pâleur extrême de son visage, qui est celle des gens perdant depuis longtemps du sang; la muqueuse des lèvres, celle des gencives et la conjonctive sont décolorées. Malgré cela, le pouls est assez plein; le malade a conservé ses forces et il n'a pas maigri, dit-il. Son appétit est bon; il n'a pas et n'a jamais eu de fièvre; pas de sueurs nocturnes; pas d'essoufflement. Toutes ses fonctions se font bien et il ne se plaint que de pisser du sang depuis sept mois d'une façon constante et avec les redoublements que nous avons signalés.

Ayant fait six à sept heures de chemin de fer pour se rendre à Bordeaux, il éprouve, dit-il, en ce moment, quelques douleurs dans les lombes à droite. Les urines qu'il rend devant moi dans deux verres sont également teintées en rouge foncé; le sang est intimement mélangé et quelques petits caillots noirâtres, du calibre d'une plume de corbeau et de quelques centimètres seulement de longueur, se déposent au fond du dernier verre. Leur expulsion n'a donné lieu à aucun effort, aucune douleur; la miction, d'ailleurs, n'a jamais été douloureuse ni fréquente; c'est ainsi qu'il est exceptionnel que le malade se lève la nuit pour uriner et le jour il reste trois, quatre heures et plus sans en éprouver le besoin.

Le mélange intime du sang à l'urine, la nuance uniforme que ce liquide présente du commencement à la fin de la miction, l'absence de toute douleur et de fréquence des besoins d'uriner me donnent à penser que le sang provient non de la vessie, mais du rein, et l'examen que je fais du réservoir me confirme de suite dans mon opinion. En effet, après m'être assuré que le canal est libre avec un explorateur à boule n° 20, j'introduis dans la vessie une sonde en caoutchouc n° 18, qui donne d'abord issue à quelques grammes d'urine foncée comme celle émise par le malade un moment auparavant. La vessie ayant été lavée à l'acide borique, ce liquide ressort clair et incolore jusqu'à la dernière goutte. La palpation bi-manuelle du réservoir révèle une souplesse parfaite de ses parois, et son expression entre le doigt rectal et la main hypogastrique ne détermine aucun saignement de la muqueuse.

L'exploration des deux uretères est absolument négative; pas de douleur; pas de tuméfaction; pas d'induration le long de leur trajet. Il en est de même de l'exploration des deux reins. Comme il y a tout lieu de supposer, en raison des douleurs que le malade a toujours ressenties à droite au moment de ses crises hématuriques, que le rein de ce côté est la source de l'hémorrhagie, je mets en œuvre tous les moyens d'investigation en usage aujourd'hui pour surprendre les affections de ces organes. Mais, non seulement le rein droit ne me paraît pas augmenté de volume mais encore il n'est nullement douloureux. Malgré cette intégrité apparente, je n'en persiste pas moins à localiser dans ce rein l'origine de l'hématurie.

Me réservant de contrôler ultérieurement l'exactitude de cette première partie de mon diagnostic par l'examen cystoscopique, je m'applique pour le moment à en résoudre la seconde partie, à savoir la nature de l'affection rénale dont mon malade est atteint. Toute idée de néoplasme bénin ou malin s'éliminant pour ainsi dire d'elle-même, du fait que le rein n'est ni déformé ni augmenté de volume et que le malade a conservé un état de santé relativement satisfaisant, je me rallie aux deux hypothèses suivantes : calcul ou tuberculisation du rein et, me rappelant la physionomie des hématuries nullement influencées ni par le repos ni par l'exercice, j'incline vers la seconde.

Si les antécédents de famille de M. M..., que j'ai rappelés au début de mon observation, contribuent à étayer cette opinion, on ne trouve rien dans ses antécédents personnels qui soit de nature à la fortifier. L'examen le plus minutieux, que je fais à ce moment des testicules, des épididymes, du cordon, de la prostate et des vésicules, ne me révèle aucune lésion de ces organes. Mais l'analyse bactériologique des urines vint trancher la question. Mon excellent collègue et ami Deniges, à qui je confie cet examen, me remet, en effet, quelques jours après, une note dans laquelle il me dit que les urines, normales au point de vue de leur composition chimique (éléments constitutifs du sang mis à part), contiennent, avec les hématies et quelques cylindres muqueux, de nombreux leucocytes nettement bacillaires.

Étant données l'abondance et la persistance des hématuries, qui n'ont jamais complètement cessé depuis sept mois et demi et qui ont amené cet état de pâleur extrême qui frappe tout d'abord en voyant M. M..., *je me demande si, au cas où un traitement médical ne parviendrait pas à arrêter les pertes de sang, il ne serait pas indiqué de pratiquer la néphrectomie.* Je m'en ouvre au malade, tout en lui représentant cette opération comme une ressource ultime, à laquelle il ne conviendra d'avoir recours qu'après échec d'un traitement par les hémostatiques, les reconstituants et les anti-bacillaires, suivi pendant plusieurs semaines. En conséquence, je prescris : une potion à l'alun de fer, des infusions de matico et de l'arséniate de soude en même temps que des bains salés.

Ce traitement régulièrement suivi ne donne d'abord aucun résultat. L'alun de fer et le matico sont abandonnés après une douzaine de jours, mais la solution arsenicale et les bains de Salies sont continués. M. M..., retourné chez lui et suit ce traitement dans sa famille pendant deux mois sans amélioration notable; il éprouve même dans ce laps de temps deux crises hématuriques, non moins violentes que dans les premiers temps de sa maladie et sans douleurs lombaires.

Devant cette persistance des pertes de sang, je crois devoir rappeler à M. M..., la proposition que je lui ai précédemment faite d'enlever le rein malade. Il hésite d'abord puis, après avoir pris conseil de ses parents, il refuse catégoriquement.

ÉVOLUTION ULTÉRIEURE DE LA MALADIE. — Cependant, dans les premiers jours de juin, il semble se produire une légère diminution dans la quantité de sang rendu dans les urines. Le 12, l'hémorrhagie cesse complètement, presque tout à coup, et cela dure jusqu'au 16. Jamais, m'écrit le malade, le sang n'avait disparu d'une façon si complète et surtout pendant si longtemps. Le 16, le sang réapparait, mais en faible proportion avec quelques petits caillots, mais sans douleur dans le rein ni le long de l'uretère.

A partir de la fin de juin, l'hématurie, qui jusqu'alors avait été le phénomène prédominant et pour ainsi dire unique de l'état pathologique de M. M..., passa au second rang et fut remplacée par la pyurie. De temps en temps et à des intervalles assez rapprochés, le malade rend bien du sang dans ses urines, mais cela dure peu ; par contre, il y a toujours une assez forte proportion de pus, ce qui n'existait pas auparavant.

L'état général reste bon ; il n'y a pas de fièvre ; l'appétit est conservé ; pas d'amaigrissement ; la pâleur tend même à disparaître depuis que l'hémorrhagie est suspendue.

La guérison complète n'arrivant pas, M. M... va consulter un maître éminent de Paris, qui confirme le diagnostic de tuberculose rénale droite avec intégrité de la vessie, mais avec un commencement d'infiltration de la prostate et du col des deux vésicules séminales ; les cordons, les épididymes et les testicules sont sains. En présence de ces lésions de l'appareil génital interne et étant donnée la suspension à peu près complète de l'hématurie, le chirurgien consulté est d'avis qu'il n'y a pas lieu de faire une néphrectomie préventive et que l'ablation du rein ne serait exigée que si des symptômes graves venaient à se déclarer ; pour le moment, il conseille de recourir à un traitement médical par les anti-bacillaires, les reconstituants, la vie au grand air.

J'ai revu M. M... le 4 décembre ; il ne rend plus maintenant que tout à fait exceptionnellement du sang dans ses urines ; mais, par contre, celles-ci sont toujours troubles, purulentes, ne s'éclaircissent pas par le repos. Le rein droit n'est pas augmenté de volume ; il n'est pas douloureux ni spontanément ni à la pression ; la palpation sur le trajet de l'uretère est indolente. Il n'est pas douteux que le malade soit aujourd'hui au stade de suppuration d'une pyélo-néphrite ou tout au moins d'une néphrite tuberculeuse ; mais, comme sa santé se maintient bonne, je crois qu'il convient de s'en tenir encore à un traitement purement médical.

Si j'ai cru devoir rapporter cette observation, c'est qu'à mon avis elle constitue un document de quelque importance pour l'histoire de la tuberculose rénale.

Elle apporte d'abord son appoint à la question si controversée de la tuberculisation primitive du rein. On sait que si depuis bien longtemps on ne met plus en doute l'existence de la tuberculose localisée à l'appareil génito-urinaire, on discute encore sur son point de départ. Pour les uns, les bacilles se développeraient d'abord dans les parties inférieures de cet appareil pour gagner ensuite les parties supérieures ; pour les autres, ils coloniseraient au début dans le rein et n'envahiraient que consécutivement la vessie, la prostate et le reste de l'appareil génital.

L'existence de ces deux modes d'évolution de la tuberculose ne saurait être mise en doute aujourd'hui ; mais, comme le fait remarquer mon collègue et ami Vigneron dans son travail : *De l'intervention chirurgicale dans les tuberculoses du rein*, il est impossible, dans l'état actuel de la question, d'établir par des chiffres la fréquence relative de la tuberculose rénale primitive ou secondaire. A l'exception de Dickinson, tous les auteurs s'accordent néanmoins à considérer, d'une façon générale, la tuberculose secondaire ou ascendante comme la forme de beaucoup la plus fréquente. Dans son *Traité des affections chirurgicales des reins, etc.*, le professeur Le Dentu, examinant la question de la tuberculose descendante, ne la nie pas ; mais il pense qu'il convient de faire des réserves sur le degré de fréquence que quelques-uns lui reconnaissent. Le professeur Guyon considère ce mode de propagation de haut en bas des bacilles comme tout à fait exceptionnel, et son élève Vigneron, bien qu'ayant réuni dans son travail déjà cité, 84 cas de tuberculisation primitive du rein contre 22 cas de tuberculisation secondaire, déclare que, pour lui comme pour son maître, la tuberculose rénale secondaire est de beaucoup la plus fréquente. Si les résultats de sa statistique sont contraires à l'opinion qu'il avance, c'est qu'il n'a relevé que les faits ayant donné lieu à une intervention chirurgicale, précisément parce que les lésions étaient limitées au rein.

Sur 22 observations cliniques de tuberculose génito-urinaire relevées sur le registre de la consultation des voies urinaires de la Faculté par un de mes élèves, M. Donnadieu[1], une seule fois le rein semble avoir été pris d'abord.

C'est principalement à l'aide d'observations de malades soignés dans les hôpitaux et de constatations faites à l'amphithéâtre qu'a été étayée cette opinion, en quelque sorte classique, d'après laquelle la tuberculose rénale secondaire l'emporterait de beaucoup par sa fréquence sur la tuberculose

---

1. Du point de départ de la tuberculose urinaire. (*Arch. clin. de Bordeaux*. nov. 1892.)

primitive. La disproportion entre ces deux modes de l'infection bacillaire de l'appareil génito-urinaire serait beaucoup moindre, si les malades étaient observés dès le début et avec toutes les ressources que nous avons aujourd'hui de dépister le bacille de Koch.

Le fait que je viens de rapporter donne un appui à cette proposition que j'émets avec toute réserve. Considéré comme atteint de tuberculose rénale secondaire ou ascendante, lorsqu'il fut examiné par le chirurgien consultant de Paris un an après le début des accidents, le malade avait été regardé par moi, lorsque je fus appelé à lui donner mes soins au sixième mois de sa maladie, comme atteint de tuberculose rénale primitive. A ce moment, comme je l'ai noté dans mon observation, le malade ne présentait aucun des troubles fontionnels de la tuberculisation de la prostate et des vésicules, encore moins du col de la vessie, et l'examen très attentif et plusieurs fois répété que je fis par le toucher rectal et les autres modes d'exploration de l'appareil génital interne ne me révéla absolument rien de ce côté.

Si, en l'absence de tous les symptômes du côté de l'uretère et de la vessie permettant de supposer que les bacilles se sont propagés par continuité du rein aux vésicules et à la prostate, il est difficile d'affirmer dans ce cas l'existence d'une tuberculose descendante, au sens qu'on attache aujourd'hui à ce mot, il est encore plus difficile de croire à l'existence d'une tuberculose ascendante. La vessie, en effet, est saine ; l'examen endoscopique l'a démontré ; l'uretère paraît aussi indemne, et il n'existe aucune trace de cette sorte d'ensemencement progressif de l'agent tuberculeux reliant entre eux les différents territoires de l'appareil génital atteint. J'inclinerai donc volontiers à penser que chez M. M... la prostate et les vésicules ont été infectées par la voie sanguine, comme le rein l'avait été lui-même antérieurement par les bacilles charriés dans le sang, et dont le mode de colonisation dans le parenchyme rénal a été si bien étudié par Durand-Fardel et Baumgarten.

Le second point intéressant de mon observation, sur lequel je désire d'autant plus insister qu'il me semble aussi plaider en faveur du début par le rein de l'invasion bacillaire de l'appareil uro-génital, est l'hématurie continue avec redoublement, mais toujours abondante, qui a été pendant plus de six mois le symptôme prédominant et presque unique de la maladie de M. M... Assurément, le pissement de sang n'est pas rare dans la tuberculisation rénale. Tous les auteurs, qui ont écrit sur la question, sont unanimes à le regarder comme un bon signe de la première période de la maladie, mais tous aussi s'accordent à dire que la quantité de sang contenue dans les urines n'est jamais abondante, que souvent il faut en rechercher la présence, que l'hématurie est transitoire, qu'elle apparaît et disparaît sans cause, qu'elle est de courte durée et qu'enfin elle diminue de fréquence et d'intensité au fur et à mesure que les lésions rénales se prononcent. Comparées très judicieusement par le professeur Guyon aux hémoptysies pulmonaires, les hémoptysies rénales sont aussi d'ordre congestif et leur évolution suit l'évolution de la tuberculisation du parenchyme infecté. Tous les médecins ne savent-ils pas que les crachements du sang, très fréquents pendant la période de crudité des tubercules, deviennent rares au fur et à mesure que survient l'état caséeux et la phase cavitaire de l'affection? Ce qui se passe dans le poumon se passe également dans le rein.

Je n'insiste pas sur ces faits, qui sont connus de tous et je reviens à mon malade dont les hématuries, contrairement à la règle, ont été profuses et de longue durée.

J'ai fait quelques recherches pour trouver des cas analogues au mien et je n'en ai rencontré que trois, qui puissent lui être comparés.

L'un appartient à Czerny et se lit dans la thèse de Vigneron ; il s'agit d'une femme de trente-cinq ans, chez laquelle la tuberculisation rénale s'annonça par une hématurie qui dura trois mois consécutifs.

Le second a été observé par Habershon et est cité également par Vigneron ; il a trait à un homme de vingt-huit ans qui pissa du sang pendant quatre mois consécutifs.

Le troisième a été rapporté par Tuffier dans les *Annales des maladies des organes génito-urinaires* de juillet 1893 et lui a servi à établir l'existence d'une forme hématurique de la tuberculose rénale, correspondant à la forme hémoptoïque de la tuberculose pulmonaire ; il s'agit également d'une femme, âgée de quarante-deux ans, qui après avoir avoir eu pendant un certain temps des hématuries abondantes, mais intermittentes, fut ensuite prise d'un pissement de sang considérable, qui dura plus de quinze jours et plongea la malade dans un état de pâleur excessive et d'affaiblissement très grand.

Chez ces trois malades comme chez le mien, la tuberculose

rénale était bien nettement primitive ; en dehors des hématuries, les urines étaient absolument normales.

N'est-il pas permis, en face de ces quatre faits, de se demander si la violence et la durée de l'écoulement sanguin mélangé à l'urine ne tiennent pas précisément à l'évolution des tubercules dans la zone corticale presque exclusivement composée de vaisseaux ? A l'abri des infections mixtes qui, on le sait, impriment dans le poumon une marche rapide à la fonte purulente, sinon à la caséification des tubercules et à la formation des cavernes, les granulations restent longtemps à l'état de crudité dans cette portion du parenchyme rénal et ont ainsi tout le temps de produire, du côté des vaisseaux, sur les parois et dans l'intérieur desquels ils se développent principalement, les altérations diverses, qui aboutissent au raptus hémorragique.

Il n'en est pas de même lorsque la tuberculisation du rein est secondaire ou ascendante. Se propageant au rein à la faveur d'une urétéro-pyélite, dans les produits de laquelle on trouve toujours avec les bacilles d'autres microbes pyogènes en abondance, le processus destructeur, mixte d'emblée, frappe d'abord la zone des pyramides relativement peu vasculaire et détermine rapidement la mortification de grandes étendues de tissu sans donner aux hémorragies congestives le temps de se produire.

L'opposition que je viens de faire entre la tuberculose rénale primitive et secondaire au point de vue du symptôme hématurie se vérifiera-t-elle en clinique ? L'avenir nous l'apprendra ; j'ai voulu seulement, par les quelques considérations précédentes, attirer l'attention sur un point, qui peut être important, de la séméiologie de la tuberculose du rein.

Un troisième et dernier point, que je désire aborder à propos de mon observation, est relatif à l'intervention opératoire. Comme je l'ai dit, l'état de pâleur était si grand et les pertes de sang se continuaient si abondantes chez M. M..., durant les premières semaines qu'il fut soumis à mon observation, que je crus devoir proposer la néphrectomie. Cette opération se trouvait-elle justifiée par la situation ?

Je ne puis évidemment entrer ici dans la discussion de la valeur des interventions hâtives dans les tuberculoses localisées, interventions théoriquement séduisantes, mais bien décevantes dans la pratique. Peut-on, en effet, nourrir l'espoir de retirer de l'organisme tous les bacilles susceptibles de s'y trouver, alors que par une exérèse, large et précoce, on supprime le foyer circonscrit où tout d'abord ils accusent leur présence ? Assurément non. Ne semble-t-il pas sage, dès lors, d'être très réservé dans l'emploi de toutes opérations précoces chez les tuberculeux et de repousser en particulier celles qui s'adressent à des viscères importants ? L'ablation d'un rein bien pertinemment reconnu tuberculeux, alors que la maladie ne se traduit que par la présence de bacilles dans les urines, ne saurait être plus justifiée que la résection du genou ou de la hanche aux premiers symptômes de tumeur blanche. Aussi, tous nos auteurs classiques, et parmi eux ceux qui se sont plus spécialement consacrés à l'étude des maladies de l'appareil urinaire, les professeurs Guyon et Le Dentu, Tuffier, dans le *Traité de chirurgie*, se prononcent contre l'intervention hâtive dans la tuberculose rénale ; mais tous recommandent d'y avoir recours dans la période d'état, lorsque le rein suppure, qu'il y a des douleurs, de la fièvre et que, sous l'influence de ces divers accidents, la santé générale commence à s'altérer,

Si l'hématurie ne figure pas au nombre des indications de la néphrectomie, c'est sans doute qu'elle revêt rarement le caractère de persistance et de gravité qu'elle présentait chez M M... Lorsque j'ai été appelé à lui donner mes soins, les pertes de sang qu'il subissait depuis plus de six mois constituaient un véritable danger ; sans menacer immédiatement son existence, elles mettaient au moins le malade dans des conditions inférieures de résistance vis à vis l'infection bacillaire. La proposition, que je lui fis de supprimer la source des hématuries en lui extirpant le rein, ne me semble pas avoir été téméraire ; elle était simplement rationnelle. Grâce à la médication interne, les hémorragies ont cessé. Malgré cette heureuse terminaison, dont je suis le premier à me féliciter, *je crois que les hématuries doivent prendre rang au nombre des indications de la néphrectomie dans certaines formes de la tuberculose rénale.* C'est pour obéir à cette indication que, dans le cas de Tuffier que j'ai précédemment signalé comme exemple de tuberculisation rénale à forme hématurique, ce chirurgien pratiqua l'extirpation du rein et guérit sa malade [1].

---

1. Depuis la communication de ce travail à la Société de Médecine et de Chirurgie de Bordeaux (séance du 4 janvier 1895), Routier a rapporté à la Société de Chirurgie de Paris, une nouvelle observation de néphrectomie pour tuberculose rénale hématurique prise pour un néoplasme.

II

L'INTERVENTION CHIRURGICALE

DANS LA

TUBERCULOSE RÉNALE PRIMITIVE

EST-ELLE LÉGITIME ?

Si je porte cette question à la tribune du Congrès de Médecine[1], c'est que je pense que les médecins sont mieux placés
que les chirurgiens pour apporter à sa discussion certains éléments préjudiciels, dont je ne nie pas la valeur, mais dont on
a peut-être exagéré l'importance. En effet, tandis que ceux-ci
ne sont appelés à voir les malades atteints de tuberculose rénale qu'à une période avancée, alors que des symptômes
bruyants existent et que les lésions se sont généralisées à
d'autres départements de l'appareil génito-urinaire, ceux-là,
au contraire, sont souvent consultés pour des troubles peu accusés et peuvent ainsi observer la période pendant laquelle le
rein est seul envahi par le processus bacillaire.

Aux médecins appartient donc plus particulièrement le rôle
de se prononcer sur l'existence et le degré de fréquence de la
tuberculose rénale primitive, d'en fixer les types cliniques et
d'en déterminer la marche et le pronostic.

A la vérité, des observations cliniques assez nombreuses et
de rares constatations nécroscopiques, jointes à des recherches
expérimentales variées, ne permettent plus d'élever aucun

---

1. Travail communiqué au Congrès français de médecine, Bordeaux,
1895.

doute sur l'envahissement du rein par le bacille de Koch. Les médecins et les chirurgiens sont du même avis à cet égard, mais où leur désaccord commence, c'est sur la question de savoir quelle est la fréquence relative de la tuberculose primitivement localisée dans le rein et de celle qui, débutant par la vessie, la prostate ou les vésicules séminales, ne l'envahit que secondairement.

Pour les chirurgiens, la tuberculose rénale primitive serait exceptionnelle et la tuberculose secondaire très fréquente. C'est l'opinion soutenue par le professeur Guyon et ses élèves. c'est aussi celle reproduite par Tuffier dans son article du *Nouveau Traité de chirurgie*. Mes observations personnelles confirment cette manière de voir. Sur 10 cas de tuberculose rénale suivis dans ma clientèle privée, 7 fois l'invasion bacillaire semblait avoir débuté par la vessie ou l'appareil génital, 2 fois il pouvait y avoir des doutes sur le début vésical ou rénal, 1 fois seulement l'affection s'était très manifestement localisée primitivement dans le rein. Sur 22 observations cliniques de tuberculose génito-urinaire, relevées sur les registres de la consultation des maladies des voies urinaires de la Faculté par un de mes élèves, M. Donnadieu, une seule fois le rein semble avoir été pris d'abord.

Pour les médecins, au contraire, la tuberculose rénale primitive l'emporte de beaucoup par sa fréquence sur la tuberculose secondaire. Il y a longtemps que Rayer, Rokitansky ont émis cette idée, à laquelle se rattachent de nos jours le professeur Cornil, MM. Lécorché, Durand-Fardel, Cayla, pour ne citer que quelques auteurs de notre pays, auxquels peut être joint le rédacteur de l'article *Tuberculose rénale* du *Nouveau Traité de médecine*.

Ce que j'ai dit, au début de ma communication, sur la situation différente faite aux médecins et aux chirurgiens appelés à se prononcer sur le mode d'envahissement de l'arbre urinaire par les tubercules, explique cette divergence d'opinion.

Elle cessera sans doute le jour où il sera possible de saisir dans l'évolution clinique de la bacillose rénale quelques caractères permettant de différencier les cas, où elle débute par le rein et ceux où elle ne l'envahit que secondairement. En effet, ce que nous savons depuis les recherches de Baumgarten et de Durand-Fardel sur la colonisation des bacilles dans les vaisseaux des glomérules, lorsque l'infection se fait par la voie sanguine, d'une part, et ce que nous ont appris depuis longtemps les constatations anatomiques et récemment les expériences d'Albarran sur le mode d'envahissement du rein, de l'embouchure des canalicules urinifères au sommet des pyramides à leur origine dans la substance corticale, d'autre part, permettent *a priori* d'inférer que le tableau symptomatique doit être sensiblement différent dans les deux cas.

· La tuberculose primitive, cantonnée d'abord dans la zone essentiellement- vasculaire du rein, se traduira surtout entre autres symptômes par des phénomènes congestifs (douleurs lombaires, hématuries); la tuberculose secondaire, envahissant la zone des pyramides relativement peu vasculaire, et alors que le bassinet et les calices sont déjà le siège d'une infection mixte ayant son point de départ dans la vessie, se révélera principalement par des lésions suppuratives (pyurie).

· Brissaud, en 1886, est un des premiers qui aient cherché à tracer le tableau clinique du rein tuberculeux médical et, l'année dernière, un interne des hôpitaux de Paris, Du Pasquier, s'est efforcé d'établir, dans sa thèse, une dichotomie symptomatique entre le rein tuberculeux médical et le rein tuberculeux chirurgical.

Au nombre des traits qui caractérisent cliniquement la tuberculose rénale primitive, se détachent au premier plan des phénomènes douloureux d'intensité et d'allure tout à fait particulières et l'hématurie. C'est en s'appuyant sur la prédominance de ces deux phénomènes que Tuffier a été conduit à admettre une forme douloureuse, et une forme hématurique de tuberculose rénale. La forme douloureuse est caractérisée par une douleur lombaire, unilatérale, siégeant le plus souvent à gauche. Continue, spontanée, à peine augmentée par la pression sur la région du rein malade, cette douleur simule souvent un lumbago chronique. Tant que les lésions cantonnées dans la zone corticale ne déversent pas dans le bassinet et l'uretère leurs produits purulents et caséeux, les irradiations le long de l'uretère et dans l'aine, donnant lieu au syndrome de la colique néphrétique, font défaut. Mais ce que l'on observe souvent, ce sont des symptômes réflexes du côté de la vessie, consistant en mictions fréquentes, impérieuses et douloureuses. Ces phénomènes vésicaux, bien faits pour égarer le diagnostic du clinicien non prévenu, ont, suivant moi, une grande valeur séméiologique. Lorsque cet ensemble de troubles douloureux du col vésical, qu'on est convenu de décrire sous le vocable de *cystalgie*, résiste aux moyens dirigés contre [lui et particulièrement à la dilatation cervicale, il convient de se méfier de la cause pathogénique de cette cystalgie et de songer à la tuberculose rénale. J'ai lu un certain nombre d'observations où, après l'échec de la dilatation du col, la cause des phénomènes vésicaux s'est révélée ultérieurement par la manifestation des symptômes habituels de l'infection du rein par la bacillose. J'ai, pour ma part, observé deux faits de ce genre très remarquables, dont l'un se trouve rapporté dans la thèse d'un de mes élèves, M. Brodu.

Plus encore que la douleur *in situ* dans le rein, ou réflexe dans le réservoir urinaire, le pissement de sang semble devoir être un bon signe de la tuberculose rénale primitive. Les auteurs sont d'un avis unanime sur ce point, et les hématuries symptomatiques de la tuberculisation rénale ont été fort judicieusement comparée aux hémoptysies traduisant l'infection du poumon par les bacilles de Koch ; mais où ils se séparent, c'est sur la question de l'abondance de ces pertes de sang. Pour la plupart, elles ne sont jamais copieuses ; pour quelques-uns, par contre, et parmi eux Brissaud, elles sont toujours abondantes. L'évolution des tubercules se faisant, ainsi que je l'ai rappelé précédemment, dans la zone corticale presque exclusivement composée de vaisseaux, lorsque le rein est infecté par la voie sanguine, l'abondance des hématuries ne doit nullement surprendre. Un certain nombre de faits ont été publiés, qui sont de nature à montrer la valeur du pissement de sang dans le diagnostic de la tuberculisation primitive du rein ; il peut être le premier et pendant un temps quelquefois assez long le seul symptôme de l'affection. Parmi les observations les plus remarquables dans ce genre, je citerai celle de Czerny, d'une femme de 35 ans, chez laquelle la tuberculisation rénale s'annonça par une hématurie, qui dura trois mois consécutifs ; celle de Habershon, ayant trait à un homme de 28 ans, qui pissa du sang pendant trois mois ; celle de Tuffier, relative à une malade de 43 ans qui, après avoir eu pendant un certain temps des hématuries abondantes mais intermittentes, fut ensuite prise d'un pissement de sang considérable, qui dura plus de quinze jours et plongea la malade dans un état de pâleur excessive et d'affaiblissement très grand ; celle de Routier, concernant une femme de 28 ans, chez laquelle l'abondance de l'hématurie détermina le chirurgien à faire la néphrectomie. M. le professeur Le Dentu, dans son *Traité des affections chirurgicales des reins*, rapporte avoir opéré de la taille hypogastrique un malade ayant pour tous symptômes des hématuries répétées qui, n'ayant point été enrayées par l'ouverture de la vessie, reconnaissaient très probablement pour cause une tuberculose rénale latente. Dans une leçon clinique publiée dans l'*Union médicale* (1894), M. le professeur Jaccoud attire aussi l'attention sur la valeur symptomatique de l'hématurie dans la bacillose du rein. J'ai moi-même rapporté et commenté devant la Société de Médecine de Bordeaux (janvier 1895) l'observation d'un jeune homme, urinant en abondance du sang depuis plus de six mois et n'ayant aucun autre symptôme d'une tuberculisation du rein droit.

Etant admis le mode tout différent d'évolution des tubercules dans le rein, suivant qu'ils y ont été ensemencés par la voie sanguine ou qu'ils y sont parvenus par extension des lésions de la vessie, des uretères et du bassinet, il n'est pas irrationnel d'admettre que la différence que nous avons signalée dans la symptomatologie se retrouve dans la durée et la terminaison de l'affection. Se développant dans la profondeur du parenchyme, à l'abri des infections mixtes, qui ont, ainsi qu'on le sait par ce qui se passe dans le poumon, sur l'évolution des foyers bacillaires la plus désastreuse influence, les tubercules primitifs offrent sans doute plus de chance de guérison que les tubercules secondaires envahissant toujours les canalicules urinifères en même temps qu'un grand nombre de microbes pyogènes ; et lorsqu'ils arrivent à créer dans le rein des cavernes communiquant d'abord entre elles et plus tard avec les calices et les bassinets, ce travail de destruction doit être lent à s'effectuer. Je ne sache cependant pas que les auteurs aient signalé de différence dans la tendance plus grande vers la guérison du rein tuberculeux médical, non plus que dans la lenteur de son évolution. La solution de cette question appelle encore de nouvelles observations. S'il m'était permis de faire servir à cette solution les faits personnels qu'il m'a été donné de suivre, je dirais qu'il m'a semblé que la durée de la tuberculose primitive l'a emportée sur celle de la tuberculose secondaire. J'observe notamment, depuis bientôt deux ans, un jeune homme chez lequel la tuberculose rénale s'est accusée d'abord uniquement par des hématuries profuses et qui, à l'heure qu'il est, ne présente que quelques globules de pus dans ses urines et jouit, bien que depuis quelque temps sa prostate soit légèrement bosselée, des apparences de la meilleure santé.

On le voit, nombreuses sont les inconnues que présente l'histoire de la tuberculose rénale primitive. Si les observations cliniques ultérieures venaient à confirmer les caractères distinctifs de la tuberculisation rénale primitive et de la tuberculisation rénale secondaire que j'ai essayé de tracer, il semblerait qu'un grand pas serait fait dans la voie des indications et des contre-indications opératoires de la tuberculose rénale à ses débuts.

Pour si désirable que soit cette précision dans le diagnostic du point de départ de la tuberculose urinaire, je crois qu'au point de vue de l'opération elle n'a qu'une valeur relative. Avec la majorité des chirurgiens français, j'estime que l'existence dûment reconnue de foyers bacillaires dans le rein, alors que tout le reste de l'appareil génito-urinaire et tous les autres organes de l'économie en paraîtraient exempts, ne saurait justifier l'intervention, et je ne peux partager l'opinion de Du Pasquier, pour qui le rein tuberculeux médical par son origine est précisément celui qui offre à l'opérateur le plus de chance de voir son entreprise couronnée de succès. On sait, en effet, combien sont décevantes et illusoires les opérations dirigées contre les tuberculoses locales dans le seul but de les supprimer ; la récidive *in situ* ou dans un autre point de l'organisme est presque la règle ; elle le deviendrait toujours si le traitement général antibacillaire et reconstituant n'était pas là pour en assurer parfois les heureux effets. C'est en vain, selon moi, que l'on a argué de la disposition du rein, en quelque sorte isolé du reste de l'organisme, auquel il est rattaché seulement par son pédicule vasculaire, pour avancer que son ablation hâtive a plus de chance que pour tout autre organe de prévenir l'infection de l'économie. Mais cette infection n'existe-t-elle pas déjà lorsque le rein s'ensemence et peut-on espérer que tous les bacilles charriés par le sang, constituant une véritable bacillehémie, soient venus se fixer dans le rein malade ? Pareil raisonnement a été fait pour le testicule tuberculeux ; or, je ne crois pas être démenti en disant ici que rien n'est moins rare que l'évolution de la tuberculose dans la prostate ou dans le testicule du côté opposé après la castration unilatérale, et que cette évolution s'observe non moins fréquemment après la castration double.

Il convient, en outre, de faire remarquer que si la situation topographique des testicules permet de recourir sans grands dangers à une opération pouvant parfois être radicale, il n'en est pas de même pour les reins. Malgré les progrès de la chirurgie, la néphrectomie est une opération sérieuse, et avant de l'entreprendre se pose cette question redoutable : le rein est-il unique ? Question que la perfection actuelle des moyens d'investigation ne permet pas toujours de résoudre. La difficulté de reconnaître quel est celui des deux reins, qui est malade, et de se rendre compte de l'état d'intégrité de son congénère accroît encore les aléas de l'intervention. Je sais bien que, dans ces dernières années l'exploration des reins, comme celle de la plupart des organes splanchniques, s'est enrichie de procédés nouveaux ; ils ne sauraient cependant donner dans tous les cas une certitude absolue.

Pour ces raisons, et surtout pour celles tirées de la valeur thérapeutique des opérations radicales dans les tuberculoses locales, je crois que l'intervention dans l'infiltration bacillaire primitive du rein ne saurait être légitimée en dehors d'accidents, tels que la douleur, l'hématurie, forçant la main au chirurgien. Mais dans ces cas, alors que les souffrances, privant le malade de sommeil et d'appétit, contribuent à son épuisement et que les pertes de sang diminuent de jour en jour sa résistance, il ne saurait y avoir d'hésitation, la néphrectomie est en principe très justement indiquée. Je l'ai proposée à un de mes malades perdant du sang dans ses urines depuis plus de six mois ; Tuffier y a eu intentionnellement recours et Routier l'a également pratiquée, croyant, il est vrai, avoir affaire à un néoplasme du rein de tout autre nature.

III

HYDRONÉPHROSE INTERMITTENTE

NÉPHRORRAPHIE — GUÉRISON

Dans le travail fortement documenté que MM. Terrier et Baudoin ont publié sur l'hydronéphrose intermittente dans la *Revue de Chirurgie*, à la fin de 1891, ces auteurs ont réuni quatre-vingt-trois faits de cette variété clinique de rétention aseptique des urines ou d'uronéphrose, comme propose de l'appeler le professeur Guyon. Ce chiffre déjà considérable, si on se rappelle que l'attention des praticiens n'a été attirée sur ce type de l'hydronéphrose que depuis le mémoire de Landau, en 1888, c'est-à-dire depuis quatre ans à peine, ne peut manquer que de s'accroître rapidement, car en réalité, d'après les auteurs que je viens de citer, la *forme intermittente de la rétention rénale* est au moins aussi fréquente que sa *forme fixe ou définitive*. Cette dernière, presque seule connue depuis Rayer, n'est le plus souvent que l'aboutissant de la première.

L'observation, que je rapporte ici, présente donc au moins cet intérêt qu'elle vient grossir le contingent des cas d'hydronéphrose intermittente publiés jusqu'à ce jour. Mais on verra par ses détails qu'elle contribue, en outre, à fixer un point important de la pathogénie et de la thérapeutique de cette affection, c'est là surtout la raison qui m'engage à la faire connaître.

Il s'agit dans ce cas, comme dans la grande majorité de ceux réunis dans le mémoire de MM. Terrier et Baudoin, d'une hydronéphrose intermittente observée chez une jeune femme atteinte de mobilité anormale du rein droit. L'évolution clinique des accidents, qu'elle a présentés jusqu'au jour de son opération, ne laisse aucun doute sur la relation existant entre leur apparition et le déplacement de l'organe migrateur. La malade, qui souffrait à peine et ne présentait aucune tuméfaction du rein tant que celui-ci occupait sa loge, voyait ses crises de douleurs éclater lorsqu'il en sortait en même temps que la tumeur hydronéphrotique réapparaissait. La raison de ces alternatives de bonne santé et d'accès douloureux est facile à comprendre. Tandis que, dans les intervalles de santé, l'uretère non déviée permettait à l'urine de s'écouler en totalité dans la vessie, il ne la laissait plus filtrer qu'en partie et provoquait la distension du bassinet au moment des crises, à cause de la coudure avec ou sans torsion que le rein lui faisait subir en se portant en bas et en avant.

Cette conception du mécanisme de l'hydronéphrose intermittente chez les malades porteurs de rein mobile, à laquelle Landau avait été amené par le dépouillement des seules observations cliniques de son mémoire de 1888, a été confirmée de la manière la plus éclatante par les pièces anatomiques examinées par Terrier et Baudoin. Elle a conduit ces auteurs à considérer la fixation du rein comme le meilleur traitement à opposer à la rétention rénale intermittente compliquant la néphroptose, du moins lorsque cette rétention est à ses débuts, qu'elle est aseptique et que le rein est susceptible d'être replacé dans sa loge.

A l'époque de la publication de leur travail, ils ne pouvaient invoquer à l'appui de leur manière de voir que deux observations : l'une de M. Guyon, l'autre de M. Quenu. La malade de M. Guyon, opérée depuis sept mois, n'avait plus eu la moindre crise douloureuse. Celle de M. Quenu n'avait eu qu'une amélioration passagère, sans doute parce que la poche hydronéphrotique était déjà infectée au moment de l'intervention et que les lésions de l'extrémité supérieure de l'uretère étaient trop anciennes pour que la réintégration du rein dans sa loge ait suffi à rendre à l'uretère sa perméabilité première.

Depuis lors, M. Guyon a fait publier par un de ses élèves, M. Vigneron, une nouvelle observation de néphrorraphie pour hydronéphrose intermittente chez un homme de trente-deux ans, porteur d'un rein gauche mobile. Comme dans son premier cas, le succès a été complet et le malade n'a plus eu une seule crise depuis la fixation de son rein.

On doit encore à ce chirurgien deux autres faits, qui témoignent de la valeur du retour du rein dans la fosse lombaire et confirment ainsi indirectement l'exactitude du mode pathogénique précédemment invoqué. Dans ces deux faits rapportés dans la thèse de M. Arnould, le port d'une ceinture maintenant le rein en place a suffi à faire disparaître la rétention rénale et tous ses accidents.

A ces cinq observations très encourageantes de fixation, soit opératoire, soit orthopédique du rein mobile cause de l'hydronéphrose intermittente, la nôtre, pensons-nous, viendra s'ajouter utilement. L'opération remonte à sept mois et la guérison ne s'est pas démentie depuis lors.

Sans insister sur les détails opératoires, que j'ai du reste consignés avec soin dans mon observation, je ferai remarquer que je n'ai pas fait d'avivement du rein et que je me suis contenté de le suspendre au périoste de la dernière côte, par un fil de soie vertical passant en plein tissu rénal, et de le fixer à chacune des lèvres de la paroi lombaire par deux gros fils de catgut horizontaux traversant aussi le parenchyme de la glande et comprenant également sa capsule adipeuse. Je suturai ensuite couche par couche les différents plans musculo-aponévrotiques au catgut et les téguments au crin de Florence, en prenant la précaution de placer dans l'angle inférieur de la plaie une mèche de gaze iodoformée pour la draîner en cas de besoin. Cette précaution fut d'ailleurs inutile, car il n'y eut pas là moindre suppuration et au bout de quinze jours la cicatrisation était complète.

HISTOIRE CLINIQUE. — X... (Jeanne), vingt-cinq ans, domestique.

Antécédents. — Père et mère en très bonne santé. Six frères et sœurs également bien portants. Un autre de ses frères, épileptique, a succombé aux suites d'une brûlure étendue survenue à la suite d'une chute qu'il fit dans le feu pendant une de ces crises.

La malade n'a jamais fait aucune maladie grave. Réglée pour la première fois à dix-sept ans seulement, elle l'a toujours été depuis très régulièrement, sans douleurs. Elle est devenue enceinte à dix-neuf ans et a accouché à terme d'un enfant, dont la sortie a été laborieuse et a nécessité une application de forceps. A la

---

1. Depuis la rédaction de ce travail (février 93), un certain nombre d'opérations de fixation du rein pour hydronéphrose intermittente ont été faites, notamment par Albarran, Tuffier, Gérard Marchant, etc.

suite de ce travail, la paroi vésico-vaginale s'est sphacélée et il en est résulté une large fistule urinaire. La santé de la malade n'en a d'ailleurs nullement souffert et quoique perdant ses urines, Mme X... a continué à vaquer à ses occupations ordinaires jusqu'à l'âge de vingt-deux ans.

Début de l'affection. — A cette époque, elle fut prise tout à coup et sans cause appréciable de sa première crise douloureuse. Cette crise, survenant en dehors de la période menstruelle, se traduisit par des douleurs tolérables au début, siégeant sur la ligne médiane, au-dessus du pubis, pour gagner bientôt la région lombaire droite. La douleur augmenta peu à peu d'intensité pour atteindre son apogée au bout de deux ou trois heures. A ce moment, les souffrances furent tellement vives que le malade se roulait sur son lit. Pendant toute la durée de la crise, le ventre se gonfla surtout à droite et devint dur. La malade eut des nausées, mais pas de vomissements ; l'urine s'écoula du vagin goutte à goutte, comme à l'habitude, mais fut un peu sanglante.

Évolution de la maladie. — Quelque temps après, la malade entre à l'hôpital Saint-André dans le service de mon collègue et ami Dubourg, pour y être traitée de sa fistule vésico-vaginale. Diverses tentatives, faites dans ce but au court de l'année 1889, restèrent sans résultat.

Au mois de juin 1889, quinze jours après le troisième essai de fermeture de la fistule, la malade eut une nouvelle crise de douleurs, débutant dans la soirée, vers six heures et persistant toute la nuit avec les mêmes caractères que la première.

La malade quitta peu après le service et resta hors de l'hôpital jusqu'au mois de septembre 1891. Pendant cet intervalle de temps elle eut plusieurs crises, mais moins intenses et moins longues que les premières. La malade dit avoir remarqué qu'après chaque crise son flanc droit restait tendu et douloureux pendant plusieurs semaines. Interrogée avec soin, elle affirme n'avoir jamais rendu de graviers ou de sable dans ses urines, mais elle se souvient qu'au moment de chaque crise elles étaient un peu troubles et laissaient se former au fond du vase un dépôt rougeâtre assez abondant.

Au moins de septembre 1891, la malade entre de nouveau dans le service de M. Dubourg pour sa fistule. Deux tentatives opératoires sont faites successivement ; l'une en septembre sans résultat, l'autre en décembre avec un plein succès.

Trois semaines après cette dernière opération, la malade est prise d'une nouvelle crise d'une durée de deux heures environ, survenant pendant la nuit et offrant tous les caractères des premières. Le lendemain, à la visite, la malade est fatiguée et se plaint du côté droit ; mais, à ce moment, l'examen le plus minutieux ne révèle rien d'anormal dans cette région ni dans le reste de la région abdominale. Les urines recueillies et analysées sont normales. Le visage est un peu bouffi, mais sans œdème palpébral.

Jusqu'à la fin du mois d'avril, la malade éprouve une douleur constante dans le flanc droit, sans crises aiguës ; c'est une sensation de tension continue qui l'empêche de marcher et de rester longtemps debout.

Examen local. — Le 30 avril, un examen est pratiqué sous le chloroforme. Rien dans le flanc gauche. La palpation du flanc droit révèle l'existence dans cette région d'une tumeur volumineuse, occupant tout l'espace compris entre la douzième côte et la crête iliaque ; elle est rénitente, sonore à la percussion superficielle et submate à la percussion profonde, elle suit les mouvements de la respiration ; elle est ovoïde et lisse à sa surface. La loge rénale paraît vide et dépressible.

En présence de ces constatations, on pense avoir affaire à un rein flottant et probablement hydronéphrotique. A partir de ce jour, on recueille avec soin les urines.

Le 1er mai : la malade rend dans les vingt-quatre heures 550 grammes d'urine, fortement teintée en rouge ne laissant se former qu'un léger dépôt, mais ayant une odeur forte ; ni albumine ni sucre ; urée, 8 grammes par litre (?) ; au microscope, grande quantité de globules rouges, très peu de globules blancs, pas de tubes, quelques éléments sphériques, cristaux d'acide urique en assez grande quantité, pas de bacilles de la tuberculose.

Le 3 : urines, 900 grammes, teintées en rouge ; diarrhée, céphalalgie, vertiges, mouches volantes, nausées sans vomissements.

Le 6 : urines, 1,850 grammes ; l'état général s'améliore, la douleur du flanc disparaît, la tumeur n'est plus appréciable et la palpation ne révèle plus qu'un peu d'empâtement.

Le 7 : urines, 800 grammes, absolument claires.

Du 7 mai au 3 juin : les urines de vingt-quatre heures oscillent entre 800 et 1,000 grammes ; elles sont constamment claires. La malade se lève un peu ; son état semble meilleur ; elle n'accuse plus qu'une sensation de douleur vague et peu intense dans le flanc ; la palpation n'y fait pas constater de tuméfaction, mais seulement un peu d'empâtement.

A partir de ce jour jusqu'au 15 juin, la quantité d'urine descend à un chiffre qu'elle n'avait pas encore atteint, comme en témoigne le relevé suivant :

Le	4 juin la malade rend	200	grammes d'urine.		
Le	5	—	—	—	350	—	—
Le	6	—	—	—	400	—	—
Le	9	—	—	—	250	—	—
Le	10	—	—	—	400	—	—
Le	11	—	—	—	250	—	—
Le	13	—	—	—	300	—	—
Le	14	—	—	—	250	—	—

Ces urines sont louches, un peu rougeâtres. La malade éprouve des douleurs violentes dans le côté : elles sont continues, avec quelques exacerbations ne rappelant cependant pas les crises antérieures. La tumeur a reparu dans le côté droit. La température oscille entre 36°6 et 37° ; céphalée constante rebelle à tous les traitements ; pas de vomissements ; pas de diarrhée.

A partir du 15 juin, les accidents locaux et généraux s'amendent peu à peu, en même temps que la quantité des urines émises dans les vingt-quatre heures augmente, sans jamais dépasser néanmoins 600 à 700 grammes. La malade cependant continue à éprouver de la douleur dans le flanc droit et la palpation fait constater dans cette région l'existence d'une tumeur beaucoup plus petite que celle trouvée pendant les crises, plus mobile et offrant tous les caractères d'un rein déplacé. Cette tumeur est douloureuse à la pression; la constriction du corset et même des autres vêtements, si peu serrés qu'ils soient, réveillent de grandes souffrances; la marche est impossible; la station verticale elle-même très pénible; aussi la malade ne peut-elle plus s'habiller et sortir de son lit. Elle réclame une opération qui puisse la délivrer de son mal.

Le service étant à ce moment confié à ma direction, j'observe pendant quelques semaines la malade et, après m'être convaincu que les crises douloureuses qu'elle offre reconnaissent pour cause des attaques d'hydronéphrose intermittente dues au déplacement du rein, je me décide à pratiquer la néphrorraphie. La quantité d'urine rendue à ce moment varie de 500 à 600 grammes. L'analyse, faite par mon collègue et ami Denigès, donne le résultat suivant : densité, 1,021; réaction, neutre; urée, 15,75; acide urique, 0,35; albumine, traces.

Opération. — Le 21 juillet, la malade chloroformée est couchée sur le flanc gauche et repose sur un coussin qui la soulève à ce niveau et développe l'échancrure costo-iliaque droite. Incision verticale parallèle au bord externe de la masse sacro-lombaire et à 6 centimètres de la colonne vertébrale, s'étendant du bord inférieur de la onzième côte à deux travers de doigt de la crête iliaque. Les plans musculo-aponévrotiques sont rapidement traversés sans ouverture de vaisseaux importants et j'arrive dans la loge rénale, où je trouve sans peine le rein qu'un aide y refoule en déprimant fortement la paroi abdominale au niveau du flanc. Je l'explore et constate qu'il est volumineux, mais parfaitement sain, de même que les calices et le bassinet. Je passe alors en plein tissu rénal et à environ un centimètre et demi du bord convexe deux gros fils de catgut n° 2, l'un près de l'extrémité inférieure de l'organe, l'autre à égale distance de ses deux extrémités; un troisième fil de soie plate est passé près de l'extrémité supérieure. Prenant chacun des chefs des fils de catgut, je fais avec eux un nœud au contact de la face du rein, puis traversant avec ces chefs, rendus libres, à la fois la capsule cellulo-adipeuse et la lèvre correspondante de la boutonnière musculaire faite à la paroi lombaire, je les y fixe par un nœud solide. Quant au fil de soie passé dans l'extrémité supérieure du rein, il est attaché au périoste de la face externe de la douzième côte sans la contourner. De la sorte, le rein est comme suspendu à cette dernière côte. Avant de fermer la plaie, je l'aseptise soigneusement avec la solution de sublimé et, par prudence, je place dans son angle inférieur pour la drainer une mèche de gaze iodoformée. Je suture couche par couche les différents plans musculo-aponévrotiques au catgut et les téguments au crin de Florence. Saupoudrage à l'iodoforme et pansement à la gaze et au coton salicylé.

SUITES OPÉRATOIRES. — Le soir, la malade est très bien ; elle n'a pas été fatiguée par le cohlorforme, n'a pas vomi ; pas d'élévation de température. Elle a rendu 150 grammes environ d'urine claire, limpide, sans la moindre trace de sang.

Le 22 juillet : nuit bonne ; la malade s'est plainte seulement et se plaint encore d'une légère douleur dans le côté droit. Température, 37°1 ; urines 600 grammes depuis l'opération, limpides, non sanguinolentes.

Rien à noter les jours suivants ; tout marche régulièrement ; apyrexie complète ; pas de sang dans les urines.

Le 23 : le pansement est défait ; la plaie est en très bon état et paraît réunie ; la mèche de gaz iodoformée est enlevée, il s'écoule par l'orifice qui lui livre passage une petite quantité de sérosité noirâtre, mais pas la moindre goutte de pus.

Le 4 août : on enlève les sutures des téguments ; la plaie est réunie dans toute son étendue ; l'orifice de la mèche iodoformée est également fermé par des bourgeons encore mous. Les urines qui sont toujours restées claires sont peu abondantes ; elles ne dépassent guère 800 à 1,000 grammes dans les vingt-quatre heures ; la malade ne présente d'ailleurs aucun accident de rétention.

Elle commence à se lever dans les premiers jours de septembre, plus de six semaines après l'opération. Pendant son séjour au lit, elle a bien éprouvé parfois de légères douleurs dans le côté, mais jamais rien de comparable à ses souffrances antérieures. La palpation profonde de la région rénale y révèle la présence du rein qui paraît toujours un peu gros, mais est solidement fixé à sa place.

RÉSULTATS ÉLOIGNÉS. — La malade reprend peu à peu les forces qu'elle a perdues pendant son séjour prolongé au lit et s'habitue progressivement à se tenir debout et à marcher. Vers la fin de novembre, elle peut être considérée comme parfaitement rétablie et, à partir de ce jour, elle aide l'infirmière de service aux grosses besognes de la salle. Depuis lors jusqu'à aujourd'hui, elle n'a cessé de se livrer à ces occupations relativement fatigantes. Le rein est resté parfaitement fixé, la malade n'a plus eu la moindre crise, les urines sont restées claires et limpides ; leur quantité varie de 1,000 à 1,200 grammes dans les vingt-quatre heures.

CALCUL RÉNAL

INCISION A LA FOIS EXPLORATIVE ET CURATIVE DU REIN

Le fait suivant est de nature d'une part à démontrer le degré de perfection auquel est parvenu de nos jours le diagnostic de la lithiase rénale, et d'autre part à prouver que, pour la découverte des calculs du rein, la supériorité sur tous les autres moyens appartient à l'incision de l'organe parallèlement à ses deux faces du bord convexe aux calices et au bassinet.

Il s'agit d'un cultivateur de 34 ans, sans aucun antécédent morbide personnel ou héréditaire, n'ayant notamment jamais eu de coliques néphrétiques, ni de sables dans ses urines. Depuis quelques années il se plaint de douleurs dans la région du rein droit; fixes, elles ne s'irradient pas le long de l'uretère, ni ne retentissent du côté du testicule, elles disparaissent lorsque le malade est tranquille et se font sentir dès qu'il s'agite, marche et travaille.

Les urines claires, limpides, et ayant leur coloration normale au repos, se teignent en rouge à la suite des mouvements ; ces hématuries étudiées avec soin dans leur modalité ont tous les caractères des hématuries rénales ou plutôt aucun de ceux des hématuries vésicales. D'ailleurs, l'exploration de la vessie est complètement négative et son examen à l'endoscope ne révèle absolument rien d'anormal dans sa cavité. Bien que cet examen ait été pratiqué à diverses reprises, il ne m'est pas possible d'établir une différence dans la coloration du liquide s'écoulant par l'un et l'autre uretère, il est également incolore des deux côtés. La palpation des deux reins ne révèle rien au point de vue de l'augmentation de volume, pas de ballottement, je note seulement que la pression sur le rein droit est douloureuse.

En présence de ces symptômes, je porte le diagnostic très probable de calcul rénal à droite et je propose la néphrotomie, persuadé que si je ne trouve pas de concrétion dans le rein, l'incision de la capsule de cet organe mettra un terme aux souffrances du malade, qui le rendent incapable de tout travail.

Je pratique l'incision le 11 septembre 1894.

Chloroforme. Incision recto-curviligne suivant le bord externe de la masse sacro-lombaire. J'arrive rapidement et sans difficulté sur l'atmosphère graisseuse, qui incisée me conduit sur le rein. Celui-ci est très élevé et presque tout entier caché par le rebord des fausses côtes qu'il dépasse en bas de deux centimètres à peine. Cependant, saisissant son extrémité avec une pince à griffes, je le fais abaisser par un aide dans le champ de mon incision lombaire. La palpation attentive de ses deux faces, pas plus que celle du bassinet, ne me révèle la présence d'aucun corps étranger dans son intérieur : l'acuponcture que je pratique dans tous les sens ne me fait non plus rien découvrir. M'appuyant sur les signes de présomption de calcul présentés par le malade, je ne me fie pas à ces renseignements et j'incise le rein suivant son bord convexe et parallèlement à ses deux faces. Mon index introduit dans la plaie me fait alors rencontrer dans la corne inférieure un calcul arrondi, du volume d'une noisette, roulant dans une cavité d'où j'ai quelque peine à l'extraire, car en raison de sa forme il offre peu de prise aux instruments. L'écoulement sanguin, qui a été assez abondant au moment de l'incision, est presque nul au moment où j'extrais le calcul : une irrigation d'eau boriquée chaude l'arrête complètement.

La grande profondeur de la plaie et la situation élevée du rein rendant la suture du parenchyme rénal quelque peu difficile, je renonce à la faire et je me contente de placer dans la plaie du rein une mèche de gaze iodoformée ; les parties molles susjacentes sont réunies au moyen de six crins de Florence, excepté à la partie inférieure de la plaie, qui laisse passage à la mèche de gaze.

Les suites furent des plus simples : le malade n'eut pas la moindre élévation de température ; c'est à peine si pendant les deux premiers jours un peu d'urine vint mouiller le pansement. Le troisième jour, la mèche de gaze fut enlevée ; le quatorzième jour, la plaie était complètement fermée, et le 2 octobre, c'est-à-dire vingt-trois jours après l'opération, le malade quittait l'hôpital. J'ai eu depuis, à diverses reprises, de ses nouvelles : il n'a plus eu d'hématurie ; il ne souffre plus et a repris son travail de cultivateur.

V

DE L'ANURIE CALCULEUSE

ET DE SON TRAITEMENT CHIRURGICAL [1]

A. OBSERVATION D'ANURIE CALCULEUSE, SUIVIE
DE QUELQUES REMARQUES SUR LES PROCÉDÉS DE DIAGNOSTIC
ET DE THÉRAPEUTIQUE CHIRURGICALE
MIS A LA DISPOSITION DES CHIRURGIENS EN PAREIL CAS.

Dans le courant de décembre 1888, je me trouvai en compagnie de deux très distingués confrères de Saintes, MM. les Dʳˢ Bouyer et Des Mesnards, en présence d'un cas d'anurie calculeuse, dont je donnerai d'abord l'observation, telle qu'elle a été rédigée par M. Des Mesnards, médecin habituel du malade.

P... (Henri), cinquante-huit ans. Tempérament lymphatique-rhumatisant.

---

1. Depuis 1887 la question du traitement chirurgical de l'anurie calculeuse n'a cessé de me préoccuper. Outre un travail en collaboration avec M. le Professeur Demons adressé à l'Académie de Médecine, j'ai fait sur ce sujet diverses communications à la Société de médecine et de chirurgie de Bordeaux et j'ai inspiré dans le but d'élucider certains points obscurs de ce problème thérapeutique les thèses de Gargam (Calculs des uretères; *th. de Bordeaux* 1887); de Laguens (Contribution à l'étude de l'anurie calculeuse, diagnostic et traitement; *th. de Bordeaux* 1889) ; de Donadieu (De l'anurie calculeuse et en particulier de son traitement chirurgical; *th. de Bordeaux* 1895). Ce dernier travail a été couronné par la société de chirurgie de Paris. Prix Duval 1895.

Il y a dix-neuf ans, névralgie de la tête qui a duré assez longtemps, n'a cédé à aucun traitement et a disparu subitement.

En mai 1884, première attaque de colique néphrétique traitée par la pommade belladonée, les grands bains et la morphine à l'intérieur. Elle s'est terminée, au bout de huit jours, par l'expulsion de deux petits graviers de la grosseur d'un grain de millet.

Le 23 novembre 1885, nouvelle attaque de colique néphrétique, qui n'a pas eu les caractères classiques. Elle s'est jugée par des sueurs profuses et des urines abondantes contenant des quantités de sable non aggloméré.

Le 30 novembre. — Le malade allait mieux et avait repris ses occupations lorsque, *le 14 décembre*, après une journée de fatigue en voiture, il est rentré très souffrant. Urines mêlées de sang noir, douleurs vives s'irradiant des reins au bas-ventre, au périnée, au méat ; ballonnement du ventre ; état nerveux. Cet état s'est prolongé avec des alternatives de calme et d'exacerbation jusqu'au *28*. Tantôt les urines contenaient du sang, tantôt elles étaient abondantes et claires et laissaient déposer, par le refroidissement, du sable en abondance.

Le 26 et le 27. — Fréquentes envies d'uriner sans résultat et le 27, en allant au cabinet, il a senti sortir par le canal de l'urètre deux petits corps durs. Aussitôt, les urines sont sorties en abondance et le malade a cessé de souffrir. Cette amélioration s'est maintenue.

Je rappelle pour mémoire du 25 juin au 8 juillet 1886 angine pultacée, caractérisée principalement par une constriction à la gorge telle que, du 26 juin au 2 juillet, il n'a pu rien avaler. Au mois de juillet 1887, impetigo de la barbe.

Pendant une période de près de trois ans, du commencement de 1886 à la fin 1888, il n'a pas été arrêté par l'affection qui nous intéresse ; cependant, de temps à autre, il se plaignait de douleurs dans la région des reins et dans le bas-ventre. Les urines contenaient toujours du sable. Il prenait presque continuellement tantôt du bicarbonate de soude, tantôt de l'eau de Contréxeville. De temps à autre, il rendait un peu de sang dans les urines et se trouvait ensuite soulagé.

C'est au commencement d'octobre qu'il a été tout à fait arrêté. A ce moment, il s'est mis à rendre tous les deux ou trois jours environ un demi-verre de sang pur s'accompagnant de douleurs vives en urinant ; puis les urines redevenaient claires, abondantes, chargées toujours de sable et la douleur disparaissait. Les reins n'étaient pas sensibles, le malade accusait des douleurs, particulièrement dans le bas-ventre, au périnée, au méat. Sentiment de chatouillement agaçant le long du canal de l'urètre. Le cathétérisme, pratiqué à la fin d'octobre, fut absolument négatif. A la suite, l'état resta le même ; quelques accès de fièvre, la nuit, sans régularité. Hématuries passagères, accompagnées de douleurs très vives, alternant avec l'émission d'urines très abondantes, claires, laissant déposer de l'acide urique et rendues sans douleur. De temps à autre, véritables crises nerveuses s'accompagnant de ballonnement du ventre et de contraction très douloureuse des sphincters anal et vésical. Constipation habituelle. Le bromure de potassium d'abord, l'antipyrine ensuite ont calmé ces douleurs, puis n'ont plus agi. Il a fallu employer les injections de morphine qui ne le calmèrent qu'à moitié. De temps en temps, les crises douloureuses semblaient arriver à heures régulières, ce qui nous a engagé à donner du sulfate de quinine, puis cette régularité a disparu. Plusieurs analyses d'urine ont été faites ; toutes ont révélé des traces d'albumine, des globules de pus en petite quantité, une fois des spermatozoïdes et toujours une augmentation considérable de la proportion d'acide urique et une diminution de l'urée.

Le 24 décembre. — Consultation avec le Dr Pousson, qui a sondé le malade sans rien trouver dans la vessie.

Du 24 décembre au 2 janvier. — Même état. Il prend du carbonate de lithine, des pilules de podophylle contre la constipation ; injections de morphine ayant été jusqu'à 6 centigrammes par jour.

Le 2 janvier 1889. — Le malade est tombé subitement dans un état d'anéantissement ; il dit ne pas souffrir, mais il ne s'intéresse à rien de ce qui se passe autour de lui. Le soir, le malade revient à lui et les douleurs réapparaissent.

Le 3. — Il a un peu dormi, la nuit, sans injection de morphine ; plusieurs selles abondantes dans la journée ; urines abondantes et claires ; état nerveux ; a pris deux verres d'eau de Contréxeville.

Le 4. — Même état.

Le 5. — Nuit moins bonne. Journée fatigante. Il urine toutes les demi-heures environ un demi-verre à chaque fois, ce qui fait en somme une assez grande quantité d'urine dans la journée ; contractions vives et douloureuses des sphincters. L'eau de Contréxeville est supprimée.

Le 6. — Mauvaise nuit. A uriné toutes les demi-heures, a rendu ce matin un petit gravier, gros comme une tête de petite épingle. Un peu mieux le matin. Crise nerveuse au moment du déjeuner. Douleurs continuelles dans le bas-ventre et dans les côtés ; contraction continuelle des sphincters anal et vésical. N'a pas été à la selle hier et aujourd'hui. Pilule de podophylle.

Le 7. — Très mauvaise nuit ; il a rendu de l'urine sanglante avec un caillot de cinq centimètres de longueur, ayant la forme de l'urètre ; puis l'urine est redevenue claire. Il se plaint de spasmes dès qu'il veut manger ; cependant il a faim et se nourrit un peu. Aujourd'hui, jour de foire, il s'est occupé de ses affaires. Lavement avec quinze gouttes de laudanum ; sirop de chloral pour la nuit.

Le 8. — Mauvaise nuit, journée meilleure. Il est sorti aujourd'hui en voiture ; les envies d'uriner sont toujours très fréquentes.

Le 9. — La nuit a été meilleure, la journée moins bonne : envies d'uriner fréquentes ; mais urines rares et difficiles à émettre. Le soir, le malade est très agité. Lavement avec quinze gouttes de laudanum.

Le 10. — A souffert toute la nuit, a rendu des caillots, mais très peu d'urine. La journée a été très mauvaise; un bain de tilleul, dans lequel il est resté trois quarts d'heure, l'a un peu calmé. Il a dormi ensuite; mais les douleurs sont revenues très vives, lui arrachant des cris à chaque miction. Les besoins reviennent tous les quarts d'heure et il ne rend que quelques gouttes d'urine teintée de sang. Injection de 3 centigrammes de chlorhydrate de morphine.

Le 11. — Très mauvaise nuit : pas de sommeil et douleurs très vives, pour rendre à peine quelques gouttes d'urine. Ventre souple ; vessie non distendue ; plusieurs selles cette nuit. Un bain de tilleul ne produit aucun soulagement. A trois heures, il a rendu, depuis le matin, à peine un verre à liqueur d'urine trouble. Le ventre est dur. Le cathétérisme, pratiqué facilement avec une sonde en gomme, n'amène pas une seule goutte d'urine. Injection de 20 grammes de solution boriquée, ressort parfaitement claire. Tisane nitrée. Le soir, injection de 35 milligrammes de morphine, pour calmer les souffrances atroces.

Le 12. — Nuit un peu plus calme; mais sans émission d'urines. Nouvelle tentative de cathétérisme, faite par le Dr Bouyer. Trois ventouses scarifiées de chaque côté, à la région lombaire, retirent environ 400 grammes de sang sans amélioration. Prendra, dans la journée, en deux fois, infusion de 30 centigrammes de poudre de digitale dans 120 grammes de véhicule. La première, prise à onze heures, ne produit aucun résultat; deux heures après la prise de la seconde, vers cinq heures, il vomit une demi-cuvette de bile vert clair et urine en même temps un demi-verre d'urine mêlée de sang; puis tout s'arrête et il essaie d'uriner, toutes les heures environ, avec de vives douleurs qui lui arrachent des cris pour rendre quelques gouttes à peine d'urine sanglante. Le pouls est faible. Œdème des mains et du cou. Prendra demain matin 20 centigrammes de macération de feuilles de digitale.

Le 13. — Il a encore vomi de la bile après sa prise de digitale. Infusion de jaborandi, qui produit une transpiration abondante. Le soir, consultation avec MM. les Drs Bouyer et Pousson.

Le 14. — La nuit n'a pas été très mauvaise; mais le malade n'urine toujours pas. Il a pris pas mal de champagne, a continué à transpirer sous l'influence du jaborandi; un peu de délire tranquille de temps à autre.

Le 15. — Nuit très agitée ; toujours pas d'urine ; pouls extrêmement faible ; il avale difficilement. Dans l'après-midi, injection de 1 centigramme de pilocarpine, qui produit une expectoration et une transpiration abondantes. Il n'a pas été à la selle depuis deux jours. On prescrit pour demain matin 30 grammes d'huile de ricin avec huit gouttes d'huile d'épurge dans une émulsion.

Le 16. — Nuit un peu plus calme. Pas d'urine. Abondante purgation. Excitation et délire presque continuels. Injection de 1 centigramme de pilocarpine.

Le 17. — Nuit assez calme sans rien prendre. Injection de pilocarpine le fatigue beaucoup. Le soir, forte dyspnée due à des ronchus dont les bronches ne peuvent se débarrasser. Vin de champagne.

Le 18. — Nuit calme. Poitrine moins pleine le matin, respiration sèche. Malade sans connaissance. Pouls petit, misérable ; il succombe dans la soirée.

En résumé, voilà un malade qui, après avoir eu en mai 1884 et en novembre 1885 deux crises de colique néphrétique bien caractérisées, rend pendant trois ans des sables en abondance et est atteint, en octobre 1888, d'hématuries intermittentes et de douleurs vives au périnée, le long de la verge et au niveau du méat, sans la moindre manifestation du côté des reins. Cependant les urines sont rendues en quantité normale, lorsque tout à coup, à la suite d'une promenade en voiture, la fonction urinaire se supprime et le malade n'expulse plus que quelques cuillerées d'urine sanguinolente, jusqu'à sa mort qui survient le dixième jour.

Je prendrai occasion de ce fait, qui présentait une obscurité profonde relativement à certaines conditions indispensables à connaître dans le cas où l'on aurait voulu intervenir chirurgicalement, pour faire quelques remarques théoriques ou déjà consacrées par la pratique touchant les procédés de diagnostic et de thérapeutique chirurgicale que les progrès de la science mettent aujourd'hui à notre disposition en pareille occurrence.

Lorsque tous les moyens médicaux ont échoué, les cas d'anurie, du genre de celui que je viens de rapporter, sont justiciables incontestablement de la chirurgie, au même titre que les cas d'obstruction intestinale. Rayer, déjà, dans son *Traité des maladies des reins*, n'hésitait pas à déclarer « qu'il serait permis de tenter la néphrotomie dans un cas de mort imminente par l'effet d'une pyélite calculeuse double, sans tumeur, mais avec anurie complète. » Les beaux succès de la chirurgie rénale de nos jours donnent entièrement raison à la proposition de Rayer et on ne compte plus les observations où, même en l'absence de suppression de l'urination forçant en quelque sorte la main, le chirurgien est intervenu heureusement au cours d'une pyélite calculeuse. L'étude attentive des symptômes plus ou moins bruyants, mais en général toujours suffisants, que présente le malade atteint de pyélite, permet, en effet, dans la très grande majorité des cas, de porter un diagnostic assez précis pour que l'opérateur dirige, sans hésiter, son attaque sur le côté malade.

Il n'en est pas de même dans les faits d'anurie survenant

brusquement par obstruction calculeuse de l'un ou des deux
uretères, sans douleurs localisées, sans le moindre phénomène indiquant de quel côté, à quel niveau est l'obstacle,
cause de tous les accidents. Aussi la chirurgie est-elle restée
inactive.

Avant de montrer par quels moyens on peut arriver à la
solution de ces diverses questions, sûrs garants d'une intervention véritablement effective, il ne me paraît pas inutile de
rappeler dans quelles conditions et par quels mécanismes la
migration des calculs des reins vers la vessie peut déterminer
l'anurie.

Elle la produit : 1° dans les cas d'unicité du rein ; 2° lorsqu'il y a oblitération simultanée des deux uretères par les
calculs ; 3° lorsque survient une obstruction brusque d'un
uretère, alors que le rein opposé est frappé, depuis plus ou
moins de temps, d'impuissance fonctionnelle soit par oblitération calculeuse ancienne de son uretère, soit par altération
profonde de sa substance ; 4° lorsqu'il se fait un réflexe inhibitoire sur la fonction du rein sain.

Assurément, il serait très utile, au point de vue des déter-
minations opératoires, de leur moment, de leur mode, de savoir
auquel de ces mécanismes est due l'anurie. C'est là une question que ne saurait résoudre que très exceptionnellement la
clinique dans les cas ordinaires et jamais dans les cas particuliers, que nous supposons, d'absence complète d'anamnestiques et de phénomènes subjectifs.

Je ne veux, d'ailleurs, pas aborder dans ces quelques réflexions ce côté extrêmement délicat du problème et je me
contenterai de rappeler les nombreux moyens que nous avons
aujourd'hui de constater le siège du calcul obturateur.

Je les diviserai en deux catégories : *a.* ceux qui ne réclament
aucune intervention sanglante ; *b.* ceux qui exigent tout au
moins une incision préalable.

a. Au nombre des premiers se place d'abord *la palpation des
uretères à travers la paroi abdominale.* Sans insister sur son
manuel opératoire, qu'on trouve détaillé dans les thèses de
Tourneur, de Hallé, de Pérez, qu'il me soit permis de rappeler
les précautions indispensables à prendre pour tirer de cette
palpation tout le profit qu'on est en droit d'en attendre. Outre
les autres moyens propres à favoriser l'exploration des vis
cères profonds abdominaux, il convient de débarrasser l'intes-

tin grêle et les côlons à l'aide de purgatifs doux, mais puissants. On devra aussi, autant que l'état du malade le permettra, administrer les anesthésiques, pour peu que le patient, pusillanime ou très sensible, ne s'abandonne pas complètement aux manœuvres.

Toutes ces conditions remplies, le chirurgien portera ses mains à plat sur la paroi abdominale, suivant le trajet d'une ligne qui, parallèle à l'axe du corps, coupe l'arcade crurale à l'union de son tiers interne avec ses deux tiers externes et représente exactement la direction de l'uretère, d'après Tourneur. En cas de calcul arrêté dans ce canal, les doigts pourront ainsi, si la paroi du ventre n'est pas trop épaisse, rencontrer un cordon dur ou plutôt une nodosité indiquant la présence du gravier.

Après la palpation abdominale de l'uretère qui, faisons-le remarquer, ne peut s'appliquer qu'à la moitié environ de sa longueur, vient *la palpation intrapelvienne* par l'intermédiaire d'un des viscères de la région.

Avec Hallé, je crois que le toucher rectal chez l'homme, vaginal chez la femme, constitue un moyen précieux d'exploration des uretères et qui, dans les cas particuliers qui nous occupent, ne doit pas être moins négligé que ne doit l'être le toucher rectal dans l'obstruction intestinale. N'est-ce pas, en effet, dans la portion pelvienne des uretères, ainsi que le démontrent les relevés de Merklen, Morris, Gargam, que s'arrête le calcul migrateur?

Parmi les moyens d'exploration des uretères par l'intermédiaire du rectum, je ne mentionnerai que pour mémoire le procédé de Simon, consistant, on le sait, dans l'introduction entière de la main dans le rectum. Il nécessite, sous peine de graves accidents, entre les dimensions de la main du chirurgien et celles du rectum du patient une adaptation, qu'on ne rencontrera pas toujours.

Le véritable procédé d'exploration par cette voie, c'est le toucher digital avec la précaution de placer le malade dans le décubitus dorsal, de façon à ce que la pulpe de l'index puisse explorer sans effort tout le champ parcouru par les uretères, et qu'au besoin l'autre main, déprimant la paroi hypogastrique, permette la palpation bimanuelle. Le chloroforme sera encore ici d'un grand secours, car le périnée, souple et ne se défendant pas contre l'introduction du doigt, donnera une plus longue pénétration.

De cette manière, on pourra, non seulement sentir le calcul arrêté dans la partie convergente du trajet pelvien des uretères, ainsi qu'a pu le faire chez un garçon de six ans Rawdon (de Liverpool), cité par Morris, mais même il est permis d'espérer que, par des pressions méthodiques de haut en bas, on pourra, dans quelques cas, provoquer la chute du corps obstruant dans la vessie. Dans un fait rapporté par Ceci, dans la *Riforma medical* de septembre 1887, le chirurgien a fait plus que constater le calcul par cette voie, il a ouvert résolument l'uretère et a extrait ainsi le corps étranger.

Chez la femme, le toucher des uretères par le vagin sera encore plus fructueux en renseignements que chez l'homme, car, d'après les recherches de Pawlick et de Sœnger, ce conduit peut être ainsi exploré sur une longueur de six à sept centimètres. Pour pratiquer cette palpation, après avoir porté dans le cul-de-sac antérieur du vagin le doigt homonyme de l'uretère à explorer (c'est-à-dire index droit pour uretère droit, index gauche pour uretère gauche), le chirurgien dirigera la pulpe vers l'angle antéro-latéral, comme s'il voulait dédoubler le ligament large à travers la paroi vaginale.

Les moyens que je viens de rappeler sont d'une grande simplicité d'exécution ; ils sont à la portée de tous les chirurgiens doués de quelque perfection du tact et, s'ils ne sont pas toujours fidèles, ils sont, du moins, dans tous les cas, absolument sans danger. Celui que je vais maintenant rappeler n'est peut-être pas aussi inoffensif et réclame un apprentissage préalable, un tour de main que peut seule donner une pratique courante et étendue de la chirurgie urinaire : je veux parler du cathétérisme des uretères par les voies naturelles.

Je ne sache pas que ce cathétérisme ait été pratiquement réglé chez l'homme. Les tentatives de Grüenfeld, de Newmann, de Nitze, qui se sont efforcés d'éclairer, à l'aide de leur endoscope ou cystoscope électrique, l'intérieur de la vessie, n'ont pas fait faire un grand pas vers la solution de ce problème.

Ce n'est que chez la femme qu'on est parvenu à cathétériser l'uretère sans opération préalable. Simon (d'Heidelberg) est un des premiers chirurgiens, qui aient pratiqué cette opération, et encore se servait-il du doigt introduit dans l'uretère dilaté pour guider l'extrémité de la sonde vers le méat uretéral. Depuis, Pawlick et Warnots se sont ingéniés à trouver des points de repère permettant sans grand tâtonnement l'introduction de sondes appropriées dans l'uretère.

Voici quel est le manuel opératoire de Pawlick, manuel accepté par Warnots. Son cathéter consiste en une tige d'un à deux millimètres de diamètre, canalisée dans toute son étendue et terminée par une extrémité olivaire mousse. Après avoir employé, pour l'introduire, la position genu pectorale de la malade, le chirurgien allemand y a renoncé et se sert aujourd'hui de la position classique de la taille. Une valve large déprime la paroi postérieure du vagin et permet de voir la paroi antérieure sur laquelle se dessinent les repères, qui servent à diriger le bec de la sonde vers l'embouchure des uretères. Ces repères sont deux sillons qui, commençant au point où finit le relief de l'urètre sur cette paroi vaginale, vont en divergeant de façon à figurer un V ouvert du côté du col utérin. Une injection vésicale modérée (150 à 200 grammes d'eau dans la vessie) est nécessaire pour rendre évidents ces deux sillons, donner une certaine fixité au plancher vésical, et permettre l'évolution de la sonde dans le réservoir. Toutes ces précautions étant prises, le chirurgien introduit le cathéter uretéral à travers l'urètre et, arrivé dans la vessie, il en relève l'extrémité qu'il a en main vers le pubis, de manière à déprimer le fond vésical. Cette dépression, visible sur la paroi supérieure du vagin, indique le point où se trouve le bec du cathéter, qu'il suffit ensuite de faire glisser le long des sillons divergents précédemment signalés. De légers mouvements de rotation sont imprimés de temps à autre à l'instrument pendant cette reptation, de manière à ce que son extrémité s'engage dans le méat uretéral. Une grande liberté de progression en avant de la sonde et l'impossibilité de la mouvoir dans tous les sens indiquent qu'elle s'est engagée dans l'uretère.

S'il était bien certain que les uretères fussent dans l'un et l'autre sexe aussi accessibles que l'attestent les auteurs, dont je viens de rappeler les travaux, non seulement le diagnostic, mais encore la thérapeutique des cas d'anurie calculeuse que nous supposons seraient singulièrement simplifiés. On pourrait, en effet, provoquer la migration du corps obstruant par la dilatation prudente de l'uretère ou, plus simplement encore, l'aspirer au moyen de l'instrument dont s'est servi Hurry Fenwick, en Angleterre, pour produire ce qu'il a appelé *le cailletage des uretères* dans les hématuries profuses d'origine rénale.

Des moyens précédents, qui désobstrueraient à peu de frais
l'uretère, je dois rapprocher un expédient, dont s'est servi deux
fois avec un plein succès Reginald Harrison, pour débarrasser
les bassinets et les uretères des calculs qui les encombraient
sans les oblitérer complètement. Le chirurgien anglais, après
avoir rempli la vessie d'eau tiède, l'y maintint sous une forte
pression à l'aide d'un des appareils utilisés dans la litholapaxie. Le liquide passa de cette manière dans les uretères et
jusque dans les bassinets, ainsi que l'attestèrent les sensations
du malade et la chute dans le réceptacle de l'aspirateur de
plusieurs fragments de calculs. Après cette opération, les
malades restèrent guéris. Bien que le reflux du liquide de la
vessie dans les uretères soit en opposition avec les données de
la physiologie, Harrison pense que dans certaines conditions
la pression des liquides peut mettre en défaut le mode d'abouchement des uretères à la vessie et recommande le procédé
qui lui a si bien réussi.

Tels sont les moyens non sanglants que nous avons de résoudre le difficile problème posé par l'anurie calculeuse.

b. Il me reste maintenant à mentionner les ressources qu'offre
en dernier ressort la médecine opératoire elle-même au chirurgien en quête d'un diagnostic précis.

On comprend aisément, d'après ce que j'ai dit plus haut du
manuel opératoire du cathétérisme des uretères chez la femme,
combien difficile et incertaine est cette manœuvre. C'est pour
la simplifier que certains chirurgiens comme Emmet, Bozeman
ont proposé d'ouvrir la vessie par le vagin et de cathétériser
directement les conduits uretéraux, dont l'embouchure est
ainsi mise sous les yeux de l'opérateur. Bozeman, dans un travail tout récent, vante sans mesure la création d'une ouverture au niveau des angles du trigone (kolpo-uretéro-cystotomie)
comme pouvant servir encore plus à la thérapeutique des affections obscures des voies urinaires supérieures qu'à leur diagnostic. Selon lui, on peut ainsi laver le bassinet, dilater l'uretère, faciliter par divers moyens la progression d'un calcul, etc.,
etc. Sans partager entièrement l'enthousiasme de Bozeman, je
crois que son opération est indiquée et peut offrir de précieuses
ressources au diagnostic dans les cas qui nous occupent.

Les renseignements donnés par le cathétérisme des uretères
me paraissent si précieux que je crois qu'on doit y avoir recours, même chez l'homme, alors que son exécution à ciel ou-

vert réclame cependant une opération assez sérieuse. C'est évidemment par la taille hypogastrique, aujourd'hui si bénigne, que l'on mettra à découvert les méats uretéraux et personne n'imitera plus Harrison qui, après avoir pratiqué expérimentalement la taille périnéale sur un cadavre, introduisit sa main dans le rectum de manière à faire sortir la muqueuse vésicale par la plaie et à cathétériser les uretères. Cette idée d'explorer les canaux uretéraux à la faveur de la taille sus-pubienne est venue à l'esprit d'autres chirurgiens. Axel Iversen l'a mise en pratique récemment, afin de se rendre compte de l'état des reins d'un individu chez lequel il se proposait de faire une néphrectomie. Dans les cas d'anurie calculeuse, elle s'impose d'autant plus qu'il résulte des relevés des auteurs déjà signalés que, fréquemment, le corps étranger s'arrête tout près de l'embouchure de l'uretère à la vessie. Dans ces conditions, il sera souvent facile, ainsi que l'a fait remarquer Gargam et que le recommande Cullingsworth cité par Israël, d'extraire le calcul grâce à un léger débridement, transformant de cette façon, séance tenante, une opération exploratrice en une intervention thérapeutique.

On pourrait même se passer de ce débridement et déloger le calcul avec une curette, comme le fit Henri Morris après avoir simplement dilaté le col de la vessie chez une femme de 55 ans.

Les opérations précédentes ne peuvent servir qu'à l'exploration des conduits uretéraux et ce n'est qu'éventuellement qu'elles peuvent être utilisées à la levée de l'obstacle. Je vais rappeler maintenant celles qui remplissent à la fois les deux indications.

Le premier de ces moyens que je signalerai a été proposé par notre collègue M. Lefour. Il consisterait à ouvrir la paroi du ventre sur la ligne médiane et à explorer ainsi successivement les deux uretères en pénétrant dans la cavité abdominale elle-même. Ce procédé n'est autre que le procédé transpéritonéal que Langenbuch, Martin, Thornton ont employé pour explorer les deux reins avant de pratiquer la néphrectomie. Si l'on se rappelle les renseignements infidèles que, suivant Czerny, il donnerait alors qu'il s'agit des reins, on sera peu disposé à y avoir recours pour l'exploration des uretères. Il ne pourrait, d'ailleurs, servir qu'à l'examen de la partie supérieure de ces conduits. Enfin, il offrirait une voie trop périlleuse à l'extraction des calculs par incision de l'uretère. La profondeur des parties et les intestins obstruant complètement le champ opératoire permettraient ici, encore moins que dans la néphrectomie, de procéder aux délicates opérations destinées à prévenir la sortie des urines de l'uretère, tout en conservant sa lumière.

L'incision lombaire est assurément un bon moyen d'exploration du rein, du bassinet et de la portion adjacente de l'uretère, malheureusement elle ne s'adresse qu'à un seul côté. Serait-on donc autorisé, au cas où on ne trouverait rien du côté ouvert, à faire séance tenante l'incision du côté opposé? La gravité de la situation et l'innocuité presque complète de cette double opération ne rendraient peut-être pas cette conduite irrationnelle. Mais encore convient-il de faire remarquer que le doigt introduit dans la plaie lombaire, quelque direction qu'on lui donne, ne peut atteindre que la partie supérieure du conduit urétéral. Bien que quelques opérateurs, comme Israël, après avoir ouvert le bassinet pour remédier à des accidents de pyélonéphrite, aient pu, par le cathétérisme rétrograde de l'uretère, pousser dans la vessie un calcul enclavé dans ce conduit, je ne crois pas qu'on puisse ériger cet expédient en règle opératoire et qu'en l'absence du corps obstruant dans la partie accessible de l'uretère, on doive ouvrir le bassinet et explorer l'uretère avec un instrument approprié. Il est toutefois permis de se demander si, tout compte fait et vu l'imminence de la mort, cette incision du bassinet ne serait pas encore une bonne chose. Peut-être aurait-elle sur le réflexe sécrétoire en état d'inhibition une heureuse influence de détente et, dans les cas d'anurie par oblitération simultanée des deux uretères ou bien lorsqu'il n'existe qu'un seul rein, elle ouvrirait sûrement une voie d'échappement à l'urine.

La véritable incision exploratrice de l'uretère est, croyons-nous, l'incision verticale faite dans le flanc même (laparotomie vraie) et descendant en se recourbant vers la fosse iliaque. C'est cette incision, analogue à celle de la ligature de l'iliaque primitive ou de l'aorte, que recommande Morris pour l'extirpation extra-péritonéale du rein. Il n'est douteux pour personne que, par cette voie, le chirurgien puisse, en décollant le péritoine, arriver sans encombre sur l'uretère et l'explorer dans toute son étendue du bassinet à son embouchure à la vessie. Il va sans dire qu'ici, comme dans l'incision lombaire, cette opération ne permet que l'abord d'un seul uretère et qu'en cas de renseignements négatifs l'opérateur peut être forcé de la pratiquer du côté opposé. Le calcul reconnu, des pressions douces de haut en bas devront être employées avant toutes choses et auront sans doute, grâce aux anesthésiques faisant cesser le spasme, quelque chance de réussir. Que si elles échouent, le chirurgien sera tout à son aise pour pratiquer une incision sur le corps obstruant, en faire l'extraction, et traiter ensuite l'uretère incisé de façon à prévenir l'issue de l'urine et à assurer rapidement la continuité de son canal excréteur.

C'est à peu près à cette incision qu'eut recours W. Kirham dans un fait qu'il vient de publier tout récemment dans *The Lancet*. Sans entrer absolument dans les cas d'anurie calculeuse que nous avons en vue ici, puisque le chirurgien anglais avait des indices sérieux de croire que l'uretère qu'il visait était obstrué, cette observation est très encourageante, car elle montre ce que peut faire aujourd'hui la chirurgie contre les calculs des uretères. Malheureusement, elle est un peu laconique sur les détails opératoires et sur les suites immédiates.

Il s'agit d'un fermier, âgé de 58 ans. Six ans avant, colique néphrétique à droite, à la suite de laquelle il a rendu un petit calcul. Un an après, deuxième colique encore à droite; les douleurs très aiguës cessent subitement et le malade reprend ses occupations. Le 24 mai, nouvelle colique, cette fois-ci à gauche, à la suite de laquelle il est tout étonné de ne plus rendre d'urine. Jusqu'au 27, bien qu'il n'urine pas, il n'éprouve aucun trouble; ce jour-là, il se plaint de malaise et de faiblesse. Injections de pilocarpine chaque jour, produisant des sueurs abondantes. Le 30, il est sans appétit, très faible, se plaint de mal de tête, d'assoupissement avec sentiment de grande prostration et d'engourdissement musculaire qui l'oblige à garder le lit, ce qu'il n'avait pas encore fait. Etant donnés ces antécédents, le chirurgien anglais conclue que l'uretère droit a été obstrué à la suite de la première colique et que le rein droit est ainsi rendu inutile, tandis que l'uretère gauche est aussi maintenant obstrué par l'arrêt du calcul qui a occasionné la dernière attaque. Après avoir averti le malade de la gravité de la situation, Kirkham lui proposa de faire une incision sur le trajet de l'uretère dans l'espérance que, s'il n'était pas assez heureux pour pouvoir enlever le calcul, il pourrait, du moins, sauver sa vie en ouvrant le bassinet de manière à donner issue à l'urine. Le malade ayant accepté, l'opération est pratiquée le 30 mai, c'est-à-dire six jours après le début de l'anurie. Le malade endormi par l'éther, une incision est faite de la pointe de la dernière côte jusqu'à l'épine iliaque antérieure et supérieure et le rein largement mis à découvert. Cet organe est exploré avec soin et le chirurgien ne trouvant pas

de pierre dans son intérieur explore par en bas toute la longueur de l'uretère et reconnaît très distinctement, dans son
canal, une pierre arrêtée à environ un demi-pouce du point où
ce conduit croise l'origine de l'artère iliaque externe. L'attaque
de l'uretère, dans cette partie de sa course, présentait une certaine difficulté; cependant, après avoir légèrement agrandi la
plaie, le chirurgien put inciser l'uretère sur le corps étranger et
extraire un calcul du volume d'un gros noyau de datte environ.
Un peu d'urine s'échappa par l'incision, mais en quantité très
minime, autant qu'on put en juger. L'hémorrhagie fut également
insignifiante. Un gros drain fut introduit dans la plaie, dont les
lèvres furent rapprochées par des sutures. Le pansement consista
en une épaisse couche de gaze iodoformée, maintenue par un
bandage. Une demi-heure après l'opération, le malade rendit
naturellement un once et demi d'urine (45 grammes), de petites
quantités furent ensuite émises à intervalles très rapprochés et,
dans les 24 premières heures, l'opéré fit environ 26 onces (780 gr.)
d'urine mélangée de sang. Le 1er juin, 40 onces (1,200 grammes)
furent rendus et le sang disparut complètement. A partir de ce
moment, le malade alla on ne peut mieux et le 10 juillet, la plaie
étant complètement fermée, il reprenait ses occupations.

B. Trois cas d'anurie calculeuse suivis d'une analyse
de huit opérations d'urétérotomie.

Dans ces dernières années, les chirurgiens, jusqu'alors con-
templateurs inactifs en face des accidents si souvent mortels
(mortalité de 20 0/0 d'après Merklen) de l'anurie calculeuse,
ont songé à attaquer directement l'obstacle s'opposant à la
fois au cours de l'urine vers la vessie et à sa sécrétion par le
rein. En 1888, M. le professeur Demons, à propos de trois faits
qu'il lui avait été donné d'observer, émit l'idée, déjà venue
à l'esprit de bien des chirurgiens, d'aller à la recherche des
calculs obturateurs de l'uretère et fit ressortir toutes les difficultés que rencontrerait le plus souvent le clinicien à résoudre
cette question préalable, sans la solution de laquelle l'entreprise opératoire ne saurait être légitimée, à savoir le siège de
l'obstacle. Dans bien des cas, en effet, non seulement il est
impossible par les seuls troubles subjectifs de savoir dans quel
point de l'un des uretères le corps migrateur s'est arrêté, mais
encore on ne peut avoir que de vagues présomptions sur le
côté obstrué.

Quelque temps après, ayant eu moi-même occasion d'ob-

server un malade emporté au 6ᵉ jour par une attaque d'anurie
calculeuse, je publiai quelques remarques sur les procédés de
diagnostic et de thérapeutique mis par les progrès de la science
à notre disposition en pareil cas.

J'ai observé depuis cette époque 4 autres cas d'anurie calculeuse : deux se sont terminés brusquement par la mort aux
6ᵉ et 15ᵉ jours de la maladie; le troisième a été suivi de guérison après une suspension de la sécrétion urinaire n'ayant pas
dépassé 24 heures; dans le quatrième, le malade a succombé
au 10ᵉ jour du début des accidents et 24 heures après avoir
subi une opération chirurgicale pour lever l'obstacle.

Ces quatre faits ne renferment, à la vérité, aucun enseignement capable de faire faire un pas à la solution de ce difficile
problème du siège des calculs des uretères, mais je les crois
assez intéressants par ailleurs pour qu'ils méritent d'être rapportés. Je ferai suivre chacun d'eux de quelques réflexions et
je profiterai de l'occasion pour rappeler les opérations faites
jusqu'à ce jour dans le but d'extraire les concrétions calculeuses arrêtées dans les uretères.

OBSERVATION I. — M. de B., pharmacien, 48 ans, d'une constitution vigoureuse, est atteint de gravelle urique depuis plusieurs
années. À plusieurs reprises, il a eu des coliques néphrétiques,
et, il y a deux ans, l'analyse de ses urines y a révélé la présence
d'une proportion notable d'albumine.

M. de B., quoique sentant ses forces décliner, n'en continua
pas moins à mener une vie très active et pour ne point alarmer
sa famille ne suivit aucun traitement.

Sa santé se maintenait malgré cela dans un état assez satisfaisant, lorsqu'il fut pris brusquement à la fin de décembre 1890
d'une colique néphrétique à gauche, que son médecin ordinaire
combattit par les grands bains et les injections de chlorhydrate
de morphine, Cette médication eut sur la douleur son effet habituel, elle la fit cesser rapidement; mais quelques jours après,
sans nouvelle crise, la sécrétion des urines se tarit complètement et le malade devint anurique.

Pendant 6 jours, M. de B., quoique tourmenté par d'assez fréquentes envies d'uriner, ne rendit à chaque miction que quelques gouttes d'un liquide rougeâtre, sanguinolent. Il demeurait
malgré cela dans un état de bonne santé apparente, sans fièvre,
sans troubles digestifs, sans phénomènes cérébraux, lorsque
subitement, dans le courant du sixième jour, s'étant levé pour
uriner, il eut pendant les efforts qu'il faisait une syncope et mourut instantanément.

OBSERVATION II. — M. X., âgé de 46 ans, extrêmement vigoureux et d'une très forte corpulence, a toujours joui d'une santé

excellente, mais depuis une dizaine d'années il est sujet à des coliques néphrétiques revenant à des intervalles assez rapprochés et à diverses reprises il a rendu des graviers.

Il y a douze jours, après avoir éprouvé une douleur sourde le long de l'uretère droit, le malade a constaté qu'il ne rendait plus qu'une très minime quantité d'urine; les envies d'uriner se faisaient cependant sentir comme à l'ordinaire et même plus fréquemment, mais il ne pouvait arriver à émettre que quelques gouttes d'un liquide rosé et cela au prix d'efforts très violents. Son médecin ordinaire, appelé près de lui, le sonda, mais ne retira qu'une quantité insignifiante d'urine teintée en rose. Le malade, se plaignant avec insistance d'une douleur peu vive, mais continue, dans les lombes et le flanc droit, il fit appliquer successivement deux vésicatoires, d'abord un sur la région du flanc droit, puis quelques jours après un second sur la région lombaire du même côté. Cette vésication resta sans effet et le malade continua à ne pas uriner; il ne souffrait d'ailleurs pas et jouissait de l'intégrité de toutes ses autres fonctions.

Le 2 septembre 1891, c'est-à-dire douze jours après le début des accidents, la situation ne se modifiant pas, le médecin traitant appelle en consultation le Dr Denucé, qui constate par les divers modes d'exploration de la vessie et par le cathétérisme que la vessie est vide. Il juge la situation d'autant plus grave, que le malade a eu depuis la veille des vomissements glaireux et il engage X. à entrer à l'hôpital.

Dès le lendemain de son entrée à l'hôpital Saint-André, 4 septembre, mon collègue et ami M. Denucé voulut bien me le montrer et me demander mon avis à son sujet.

Je me trouve en présence d'un homme aux traits non altérés, ne se plaignant de rien autre chose que de ne pouvoir uriner; les envies, qui dans les premiers jours le tourmentaient, ont disparu. La vessie ne me parait faire aucun relief à l'hypogastre, mais comme le malade a une paroi abdominale très grasse et extrêmement épaisse, je ne me fie pas aux renseignements fournis par la vue et la palpation. J'introduis donc, sans difficulté d'ailleurs, une sonde olivaire dans la vessie et je retire moins d'une cuillerée à café d'un liquide rougeâtre. J'injecte dans la vessie une certaine quantité de solution boriquée, qui revient claire et limpide. Je note que le liquide pénètre avec une certaine difficulté dans le réservoir, en raison de la rétraction de ses parois. C'est à peine si je puis introduire 40 grammes de liquide. Si je dépasse cette quantité, le malade souffre peu, mais la contraction de la vessie repousse le piston de la seringue. L'explorateur métallique se meut avec peine dans cette petite vessie, où il ne rencontre de toute part que les parois rétractées.

Le toucher rectal est négatif : prostate non hypertrophiée, pas de sensibilité au niveau de la portion convergente des uretères. L'examen de ces conduits par la palpation abdominale, rendu obscur en raison de l'embonpoint excessif du sujet, est également négatif. Les reins ne paraissent pas augmentés de volume, mais la pression au niveau du rein droit dans l'angle costo-vertébral réveille une certaine douleur, plus vive que la sensation déter-

minée par la pression symétrique du côté opposé. C'est du reste
de ce côté que le malade a ressenti sa dernière colique néphrétique. Le malade est sans fièvre, il a eu quelques vomissements
la nuit dernière, mais son état général paraît excellent.

Je porte le diagnostic d'anurie calculeuse par obstruction de
l'uretère droit et je propose la laparotomie, au sens étymologique
du mot, c'est-à-dire *ouverture du flanc*, pour aller à la recherche
du calcul obturateur. Avant d'intervenir, je conseille toutefois
d'essayer de certains moyens médicaux, qui m'ont quelquefois
réussi : grands bains, enveloppement des régions rénales par une
ceinture de cataplasme, digitale, caféine à l'intérieur.

Cette médication ne donne aucun résultat, X. demeure anurique. Dans la journée, il a encore des vomissements; son état
général paraît cependant bon, il n'accuse aucun autre phénomène
urémique que ces vomissements.

Le lendemain, 5 septembre, quinzième jour de la maladie, à
8 heures du matin, après s'être soulevé sur son séant pour boire
un bol de lait, X. est pris d'une syncope et meurt subitement.

Autopsie 24 heures après la mort. — Sérosité claire et limpide dans la cavité péritonéale. La vessie est fortement rétractée
derrière le pubis, elle renferme à peine une cuillerée à entremets
d'un liquide rosé; la muqueuse du bas-fond est injectée, particulièrement aux angles postérieurs du trigone, autour de l'embouchure des uretères. Les uretères sont sains, mais les bassinets,
les calices et les reins présentent des altérations remarquables.

Le rein droit est considérablement augmenté de volume; à sa
surface se voient un nombre considérable de kystes, qui lui
donnent l'aspect d'un rein polykystique. Ces kystes contiennent
un liquide limpide, citrin. Les calices et les bassinets sont moyenne-
ment distendus par un liquide également jaunâtre, sans traces de
pus. Au niveau du point d'union du bassinet et de l'uretère se
trouve un calcul aplati sur plusieurs de ses faces et conique dans
son ensemble. Ce calcul oblitère complètement le calibre de
l'uretère. Plusieurs des calices de ce côté contiennent de fins
graviers et du sable. La substance médullaire a presque complètement disparu et la substance corticale est réduite à une
couche de quelques millimètres d'épaisseur.

Le rein gauche est moins volumineux, mais cependant il est
plus gros que normalement; il existe aussi quelques kystes à sa
surface, mais ils sont moins nombreux et plus petits. Les calices
et le bassinet sont moins distendus que du côté opposé; ils contiennent un liquide jaune, d'apparence urineuse, sans traces de
pus. A l'union du bassinet et de l'uretère, il existe comme du
côté droit un calcul conique, à facettes, oblitérant l'uretère.
Plusieurs calices renferment des graviers et des sables. La
substance médullaire est assez bien conservée, de même que la
substance corticale.

Tels sont mes deux premiers faits, dont l'un est malheu-
sement trop bref, car j'ai dû en reconstituer l'observation avec

les renseignements que me fournirent les membres de la famille du malade, lorsqu'ils me firent appeler au moment même de la mort. Tous deux confirment une fois de plus, ce que nous savons, depuis l'excellent travail de Merklen, touchant la longueur de la période de tolérance de l'anurie calculeuse. On a vu cette période se prolonger six, huit, dix jours et plus. Il est vrai que, dans la plupart de ces cas, la suppression des urines n'a pas été absolue et que les malades ont échappé à l'intoxication due à la rétention dans le sang des produits excrémentitiels de l'urine, grâce à la production intermittente de décharges urinaires abondantes, ou au développement d'une hydronéphrose aiguë, permettant à l'urine de se déverser dans l'uretère dilaté comme dans un réservoir accidentel. Ce qu'il y a d'intéressant dans les deux observations précédentes, ce n'est donc pas tant la survie de six et de quinze jours après la suppression complète des urines que la mort instantanée par syncope avant l'apparition de la gêne respiratoire, des vomissements (sauf chez le second), et des troubles intellectuels, qui témoignent ordinairement de l'empoisonnement par arrêt de la fonction rénale. Je n'ai vu signalée nulle part cette terminaison imprévue de l'anurie calculeuse.

De la connaissance de ces faits il découle : 1º que le praticien devra garder une grande réserve lorsqu'il sera appelé à se prononcer sur la date des accidents mortels chez un anurique; 2º que le chirurgien, qui se croira autorisé à tenter l'extraction d'un calcul des uretères, ne devra pas différer son opération jusqu'après l'éclosion de la période urémique, sous le prétexte que la vie du malade n'est pas en danger.

OBSERVATION III. — Ma troisième observation a pour sujet une dame de quarante-deux ans, d'une très bonne santé habituelle, mariée, n'ayant jamais eu de grossesse. Il y a quinze ans, pelvi-péritonite à droite; la malade a souffert de ce côté pendant long-temps, mais depuis six à huit ans elle n'a plus de douleurs. Depuis une dizaine d'années, elle rend des sables en abondance dans ses urines et a eu à diverses reprises des coliques néphrétiques, tantôt à droite, tantôt à gauche. Elle n'a jamais rendu de graviers proprement dits, mais de gros grains de sable.

Le 16 mai 1891, cette dame est subitement prise d'une violente colique néphrétique à gauche. Les douleurs se prolongent pendant plusieurs heures, elles sont calmées par les bains, les cataplasmes, les piqûres de morphine, mais ne disparaissent pas complètement. La malade dit éprouver une sensation d'endolorissement le long de l'uretère gauche, bien accusée surtout à sa partie terminale; la pression sur le trajet de l'uretère, au niveau de la fosse iliaque, est très pénible. Cependant Mme C... va et vient chez elle; ses urines sont en quantité normale et ont leurs caractères physiques habituels.

Dans la nuit du 24 au 25 mai, la malade, après avoir passé une excellente journée, est tout à coup prise, vers le milieu de la nuit, d'une nouvelle colique à droite, et à deux heures la sécrétion des urines se suspend complètement. Mme C... éprouve de vives envies d'uriner; mais, malgré les plus violents efforts, elle ne rend que quelques gouttes d'un liquide sanguinolent. Son médecin habituel la sonde, mais il ne retire pas d'urine. Il me fait appeler près d'elle vers onze heures du matin, c'est-à-dire neuf heures environ après le début de l'anurie. Je trouve la malade dans un bain, en proie à de violentes douleurs qui lui arrachent des cris. Je la fais sortir du bain et l'examine dans son lit. Le facies est bon, les traits ne sont pas altérés, le pouls est petit, mais sans fréquence; pas d'élévation de température; la malade a vomi un peu de champagne qui lui a été prescrit. Elle accuse une douleur spontanée le long des deux uretères; sourde à gauche, elle est très vive à droite et s'irradie de ce côté vers l'aine et la grande lèvre. Le ventre n'est pas ballonné, mais l'embonpoint extrême s'oppose à une exploration bien régulière des uretères; cependant, je détermine en pressant sur le trajet de chacun d'eux et en déprimant profondément la paroi, au niveau de la fosse iliaque, une douleur assez vive. Il m'est d'ailleurs impossible de sentir la moindre augmentation de volume, la moindre irrégularité de ces conduits. Je pratique la palpation de l'extrémité convergente des uretères par le vagin, mais je n'obtiens de la sorte aucun renseignement positif.

Je prescris la continuation des injections de morphine, l'enveloppement des reins et de l'abdomen dans un large cataplasme laudanisé, une potion à la digitale et au café, champagne et glace à l'intérieur.

Jusqu'à cinq heures du soir, la malade est un peu calmée par ce traitement, mais à six heures elle est reprise par ses douleurs uretérales; elle se plaint, pousse des gémissements et est agitée par un tremblement nerveux intense. Elle n'a pas rendu une goutte d'urine; la vessie est vide, mais les envies d'uriner sont toujours fréquentes. Continuation du même traitement, auquel on ajoute une onction belladonée sur le ventre.

Mme C... éprouve encore des douleurs jusqu'à deux heures de la nuit; à ce moment, juste vingt-quatre heures après le début de l'anurie, elle sent tout à coup la douleur cesser à droite et en même temps il lui semble, nous a-t-elle dit, que l'urine remplit sa vessie. Aussitôt après, elle rend environ 150 grammes d'urine un peu louche et légèrement sanguinolente. Le reste de la nuit se passe dans le plus grand calme.

Le lendemain matin, la malade est très bien. La douleur, au niveau de l'uretère droit, est moindre; mais à gauche, elle existe toujours sourde, s'augmentant par la pression. Elle a uriné deux fois depuis la débâcle; ses dernières urines sont moins foncées: elles renferment quelque peu de sables, mais pas de graviers. La journée se passe assez bien; cependant, à six heures, la

malade est abattue; elle a eu un vomissement dans l'après-midi
et elle souffre toujours un peu à gauche. La quantité d'urine
rendue depuis ce matin est de plus de 800 grammes. Ces urines
sont aqueuses, limpides; on y trouve un très petit gravier, de la
grosseur de la moitié d'une graine de chènevis, mais très irrégulier et rugueux à sa surface.

La nuit suivante est excellente; la malade conserve toujours
une douleur sourde dans la région de l'uretère gauche, mais ses
urines sont abondantes et, au bout de trois ou qnatre jours,
Mme C... reprend son train de vie ordinaire.

Il n'est pas absolument rare de voir la sécrétion des urines
se suspendre pendant quelques heures et même un jour chez
les individus atteints de colique néphrétique unilatérale. Cette
anurie est l'effet d'un réflexe inhibitoire, qui retentit non seulement sur le rein correspondant à l'uretère irrité, mais encore
se propage au rein du côté opposé. Chez la malade dont je
viens de rapporter l'observation, ce mécanisme de la suppression de la sécrétion urinaire ne saurait être invoqué; il y a eu,
chez elle, obstruction successive des deux uretères par des
concrétions migratrices parties du rein. L'évolution clinique
des phénomènes observés ne laisse subsister aucun doute à
cet égard, car sitôt l'un des uretères débarrassé de son corps
étranger l'urine reprit son cours.

Ce corps étranger, expulsé quelques heures après, est très
petit, à peine du volume de la moitié d'un grain de chènevis,
mais il est rugueux, irrégulier à sa surface. Il est vraisemblable qu'incapable de fermer complètement par lui-même la
lumière de l'uretère, il ne s'est opposé au cours de l'urine du
rein vers la vessie que par le spasme que sa présence a provoqué de la part des parois de l'uretère se contractant fortement
sur lui. Si l'on considère sa petitesse, on ne trouvera pas
étonnant qu'au cas probable où il se fût arrêté dans la portion
convergente, il n'aurait pas été possible de le sentir par la palpation vaginale à travers les parois de ce conduit. Il est même
permis de se demander si l'uretère, mis à nu par une des
incisions proposées à cet effet, il aurait été possible au chirurgien de le reconnaître en saisissant ce conduit entre ses
doigts.

OBSERVATION IV. — Dans mon quatrième cas, il s'agit d'un
homme de quarante-trois ans. Pas de goutteux ni de calculeux
dans sa famille. D'une très bonne santé, il a mené dans sa jeu-

nesse une existence très active, mais à la suite d'une amputation de la jambe gauche pour un traumatisme, il a été obligé de renoncer à sa vie d'exercice et de prendre une profession sédentaire. Depuis lors, il s'est mis à grossir considérablement et est devenu sujet à des coliques néphrétiques, se faisant sentir tantôt à droite, tantôt à gauche et suivies, en général, de l'expulsion de calculs uriques très petits. Ces coliques sont presque toujours sourdes plutôt que vives ; cependant elles font assez souffrir le malade pour qu'on soit obligé d'avoir recours à des piqûres de morphine. L'année dernière une de ces coliques a été accompagnée d'anurie, qui s'est prolongée pendant trois jours.

Le 11 juin, son médecin ordinaire me fait appeler en consultation, parce que le malade n'a pas rendu une seule goutte d'urine depuis soixante-seize heures, soit un peu plus de trois jours. J'apprends qu'il a eu, une dizaine de jours avant, une colique néphrétique à droite et que la suspension de la sécrétion des urines a été précédée d'une douleur le long du trajet de l'uretère gauche. Je trouve le malade au lit, bien reposé, les traits calmes, ne se plaignant que médiocrement du côté gauche, suivant la direction de l'uretère, sans irradiation au testicule. La paroi abdominale est très épaisse et très grosse. Elle est soulevée et tendue par les intestins remplis de gaz et de liquide (le malade a pris un purgatif qu'il n'a pas rendu), qui produisent de gros gargouillements lorsqu'on déprime les parties. L'épaisseur de la paroi abdominale et la distension des intestins gênent beaucoup l'exploration de l'appareil urinaire et je ne parviens, par la palpitation méthodique des reins et des uretères, ni à déterminer aucune douleur dans ces organes ni encore moins à les sentir. La vessie ne paraît pas distendue. Le canal est libre et j'introduis, sans peine, dans le réservoir, une sonde en caoutchouc n° 18, mais je ne retire qu'une demi-cuillerée d'urine un peu rougeâtre. Fait rare en pareil cas, le malade n'accuse pas la moindre envie d'uriner. Comme je l'ai déjà dit, à part la douleur sourde qu'il éprouve à gauche, il se sent très bien et ne paraît nullement inquiet de son état. Le pouls, calme, régulier, bat 76 ; il n'y a pas d'élévation de la température. La langue est un peu épaisse, blanchâtre ; la constipation est opiniâtre, car, malgré un purgatif, le malade n'est pas allé à la selle depuis trois jours ; mais il n'a pas de nausées. La respiration est normale ; le malade n'a pas de tressaillements musculaires des membres ; ses pupilles sont égales et contractiles ; ses facultés intellectuelles conservent toute leur vivacité ; bref, le malade est dans la *période de tolérance* la plus *parfaite*.

En présence de ces symptômes, je porte le diagnostic d'anurie calculeuse due à l'obstruction successive des deux uretères. Relativement au pronostic je considère l'état très grave et je préviens la famille qu'il n'y a pas encore de danger imminent, mais que la mort est certaine d'ici dix à douze jours si le cours des urines ne se rétablit pas. Je l'avertis qu'au cas d'insuccès du traitement médical, il sera en outre rationnel d'avoir recours à une opération chirurgicale. En attendant je conseille de grands bains, l'enveloppement des lombes dans des cataplasmes, après

onctions de pommade camphrée et belladonée ; digitale et caféine
en potion ; lavement purgatif.

Je n'ai pas revu ce malade, mais j'ai appris que le traite-
mènt médical n'a donné aucun résultat et qu'un autre chirurgien, appelé au neuvième jour, tenta sans succès une opération, car le malade succomba le lendemain, dix jours après le
début de l'anurie.

Je n'ai que des renseignements vagues sur l'opération qui a
été pratiquée ; il ne m'appartient pas d'ailleurs d'en rapporter
les détails. Ce que je sais et que je crois être autorisé à dire,
c'est qu'un calcul fut trouvé dans la partie supérieure de l'uretère gauche.

Dans le mémoire précédent j'ai signalé les opérations faites
jusqu'alors pour extraire les. calculs arrêtés dans l'uretère.
Ces opérations se réduisaient à deux et toutes deux avaient été
suivies de succès. Elles avaient été pratiquées, l'une, par un
chirurgien italien, Ceci[1] ; l'autre, par un chirurgien anglais,
W. Kirkham[2].

Depuis lors, j'ai recueilli six nouvelles observations d'urétérotomie, toutes également terminées d'une façon heureuse.
Elles ont pour auteurs Twyman (de Sydney)[3], Rafle et Godlee[4], Cabot (de Boston)[5-6], Rufus B. Hall (de Cincinnati)[7],
Arbuthnot Lane[8].

Chacune de ces huit opérations d'urétérotomie offre un intérêt pratique considérable et mériterait d'être rapportée dans
tous ses détails. Je me contenterai d'en présenter une analyse.

Ces observations ont été pratiquées quatre fois chez des
hommes et quatre fois chez des femmes. Les malades appartenant au sexe masculin avaient huit ans, quarante ans, cinquante-huit ans et (?) ; celles du sexe féminin étaient âgées

---

1. CECI. *Riforma medica*, septembre 1887.
2. W. KIRKHAM. *Lancet*, 1889.
3. TWYMAN. Communiquée à la Société clinique de Londres, par GODLEE,
séance du 24 janvier 1890.
4. RAFLE et GODLEE. Communiquée à la Société clinique de Londres,
séance du 22 février 1889.
5 CABOT. Communiquée à la Société de Boston pour l'avancement
médical. (*Boston medical and surgical Journal*, mai 1890.)
6. CABOT. *Loc. cit.*, décembre 1890.
7. RUFUS B. HALL. Communiquée à la troisième section annuelle de
l'Association américaine des accoucheurs et des gynécologistes à Philadelphie, septembre 1890.
8. Arbuthnot LANE. *Lancet*, 8 novembre 1890.

de vingt-trois ans, vingt-six ans, trente-six ans et trente-neuf ans.

Deux fois seulement l'intervention a eu lieu chez des malades anuriques; dans les six autres cas, on y a eu recours pour remédier à de violentes douleurs rendant la vie insupportable ou pour combattre des symptômes plus graves mettant en danger les jours du malade.

Chez les deux anuriques, l'opération a été faite une fois au sixième jour, alors que s'étaient déjà développés des accidents urémiques, une autre fois au commencement du troisième jour. Bien que la malade chez qui Rafle et Godlee firent cette opération hâtive ne présentât aucun symptôme menaçant pour le moment son existence, ces chirurgiens n'hésitèrent pas à enlever l'obstacle siégeant dans l'uretère gauche et quelques jours après, un accès de colique néphrétique droite ayant éclaté, ils ouvrirent le rein de ce côté et trouvèrent le bassinet bourré de gravelles.

Dans les six autres cas, les malades souffraient depuis plus ou moins de temps de douleurs vives, lorsque les chirurgiens se décidèrent à intervenir, mais la fonction rénale se faisait à peu près normalement et, à part un des opérés de Cabot qui avait la fièvre, des troubles digestifs, et perdait de jour en jour ses forces, leur santé était relativement bonne.

Assurément, il n'est pas indifférent de savoir dans quelles conditions se trouvaient les malades avant l'opération et les renseignements que nous venons de donner sont bons à connaître. Mais ce qu'il importe surtout au chirurgien, qui se trouve en présence d'une anurie calculeuse ou d'une obstruction incomplète, mais douloureuse de l'uretère, c'est de pouvoir établir un diagnostic exact du siège du corps étranger.

A ce point de vue, il est intéressant de noter par quelle manière les opérateurs arrivèrent à cette précision de diagnostic. Dans deux cas, le calcul arrêté à l'extrémité inférieure de l'uretère put être senti à travers les minces parties molles le recouvrant par le toucher rectal chez un homme et par le toucher vaginal chez une femme.

Dans trois cas, la marche des accidents, les symptômes accusés par les malades, en particulier la douleur, spontanée ou provoquée en un point fixe, suffirent pour indiquer le côté obstrué par le calcul. Mais, par prudence sans doute, les chirurgiens firent une incision latérale allant de la pointe de la dernière côte à la crête iliaque, de façon à pouvoir explorer à la fois le rein et l'uretère.

Chez deux autres malades, les symptômes étant très obscurs, le calcul ne put être découvert qu'à la faveur d'une incision exploratrice. Chez l'un d'eux, enfant de huit ans, se plaignant de douleurs vives dans la région pubienne et ombilicale et dans l'hypocondre gauche, une incision exploratrice fut faite le long de la ligne semi-lunaire gauche. L'uretère de ce côté, exploré, parut sain; mais profitant de l'incision pour explorer l'uretère droit, Twyman y trouva un petit calcul arrêté à cinq centimètres de la vessie et qu'on enleva ultérieurement au moyen de l'incision pour la ligature de l'iliaque primitive. Chez la seconde malade, Rufus B. Hall fit une incision exploratrice abdominale (probablement sur la ligne blanche) et trouva dans l'uretère gauche un calcul enclavé à deux pouces au-dessous du rein, dont il fit l'extraction en pratiquant, séance tenante, une incision lombaire.

Le dernier cas, enfin, montre bien toute la difficulté qu'il y a parfois à reconnaître l'existence d'une pierre dans l'uretère et la nécessité pour le chirurgien de ne laisser inexplorée, dans son examen, aucune portion de ce canal. En effet, un premier chirurgien, ayant mis le rein à découvert par une incision lombaire, explora sans rien rencontrer par cette ouverture le bassinet et l'uretère; l'examen de la portion inférieure de ce conduit resta également négatif; seule, la portion intra-pelvienne ne fut pas examinée. Pendant quelques jours, le malade sembla aller mieux, mais les douleurs ayant reparu, un autre chirurgien fit une incision le long de la ligne semi-circulaire gauche et trouva un petit calcul arrêté dans cette partie de l'uretère demeurée inexplorée.

En résumé, deux fois les chirurgiens allèrent à coup sûr ouvrir l'uretère sur le calcul, il est vrai qu'il s'agissait de pierres arrêtées dans la portion terminale des uretères facilement explorable par le toucher rectal ou vaginal; trois fois les opérateurs soupçonnèrent sans se tromper la nature et le siège de l'obstacle; deux fois ils durent faire une incision exploratrice qui les conduisit sur le corps étranger; dans un dernier cas enfin, cette incision exploratrice demeura sans résultat, faute d'exploration de l'uretère dans toute sa longueur.

Dans les deux cas où le calcul se sentait à travers le rectum et le vagin, le procédé opératoire employé pour l'extraire fut des plus simples. Il consista à inciser directement, par le rectum ou le vagin suivant le cas, les parties molles recouvrant l'uretère et les parois elles-mêmes de ce conduit sur la pierre. Le malade opéré de la sorte par Ceci guérit, mais je n'ai pu me procurer les détails de l'opération et j'ignore si l'uretère fut suturé, si un drain fut simplement placé dans la plaie, si la cicatrisation se fit longtemps attendre, etc. J'ai des détails plus circonstanciés sur l'opération, pratiquée par Cabot chez une femme de trente-neuf ans. Le cul-de-sac supérieur du vagin fut incisé d'un seul coup, la pointe du bistouri venant gratter la surface du calcul. Celui-ci extrait non sans quelque difficulté en raison de la rétraction de l'uretère, qui l'embrassait étroitement, un jet de pus s'échappa aussitôt. Un drain fut introduit jusqu'au contact de l'uretère et maintenu quelque temps en place. Après son retrait, l'ouverture ne se cicatrisa pas et il persista une fistule purulente sans le moindre mélange d'urine, phénomène que l'auteur de l'observation attribue à la destruction de la partie sécrétante du rein à la suite de l'obstruction si longtemps prolongée de son canal d'excrétion.

Quatre fois, dans les six autres cas où le calcul était arrêté dans la portion abdomino-pelvienne de l'uretère, les opérateurs utilisèrent pour l'ouverture de ce conduit et l'extraction de la pierre les incisions pratiquées soit simplement pour confirmer, soit pour établir leur diagnostic; deux fois après avoir exploré le conduit par une incision abdominale antérieure et reconnu l'obstacle, ils eurent recours à une nouvelle incision pour faire l'extraction. Dans les quatre premiers cas, ils pratiquèrent une incision dans le flanc de la dernière côte à la crête iliaque, à une distance variable du bord externe de la masse sacro-lombaire. Dans les deux autres cas, ils firent une fois l'incision lombaire, une autre fois l'incision de la ligature de l'iliaque primitive.

Une chose étonne dans ses six observations d'urétérotomie que ne suivit aucun accident, pas même la moindre menace d'infiltration d'urine et que couronna une guérison définitive sans trace de fistule urinaire, c'est l'absence de suture dans presque toutes. Ni Kirkham, ni Rafle, ni Godlee, ni Rufus B. Hall, ni Cabot ne prirent soin d'assurer par le rapprochement des bords de la plaie faite à l'uretère la continuité de ce conduit et de le mettre ainsi dans les meilleures conditions de réunion immédiate; ils confièrent à la contractilité et à l'élasticité le soin de maintenir rapprochés les bords de la boutonnière faite longitudinalement et comptèrent sur la présence d'un drain conduit jusqu'au contact de l'uretère pour servir de voie d'échappement à l'urine, qui pourrait filtrer dans les tissus voisins. Dans les réflexions qui accompagnent une de ses observations, Cabot déclare catégoriquement que la suture est inutile et qu'en raison de la faible épaisseur des parois de l'uretère ne permettant pas la confection d'une suture, dont les fils ne pénétreraient pas dans son calibre, elle exposerait à la formation ultérieure de concrétions calculeuses. La pratique de ces opérateurs se trouve ainsi en contradiction avec les conseils théoriques donnés par les auteurs de notre pays, qui ont incidemment envisagé la possibilité de l'urétérotomie. Le Dentu, a écrit, en effet, qu'il considère la suture « comme un complément presque obligé de l'urétérotomie ». Tuffier est plus affirmatif sur son utilité, s'appuyant sur un certain nombre d'expériences personnelles faites sur les animaux, il insiste sur les soins à donner à cette suture, qui doit être parfaite sous peine de voir des accidents rapidement mortels se développer.

Twyman et Arbuthnot Lane sont les deux seuls opérateurs qui, l'uretère ouvert et le calcul extrait, pratiquèrent la suture de la plaie faite à ce conduit. Malheureusement leurs observations sont trop laconiques et nous laissent dans l'ignorance sur le trajet des fils à travers les parois du conduit urétéral. Les tuniques celluleuses et musculeuses furent-elles seules réunies ou bien avec elles la muqueuse, les fils pénétrant alors dans le calibre de l'uretère ?

Ce que l'observation de Twyman nous apprend, c'est que, malgré la suture, la fermeture du conduit fut imparfaite et que l'urine coula par la plaie, heureusement drainée pendant cinq jours ; puis cet écoulement cessa et tout était cicatrisé au bout de quinze jours.

Dans l'observation d'Arbuthnot Lane, la suture de l'uretère fut hermétique et son ouverture se cicatrisa très vite sans laisser passer une goutte d'urine.

Tels sont les points intéressants qu'offrent les huit opérations d'urétérotomie pour calcul pratiquées jusqu'ici. Elles sont des plus encourageantes puisque aucun malade n'a succombé. En déduire des conclusions fermes sur la valeur de l'ouverture chirurgicale de l'uretère, tracer d'après ces quelques faits les règles de l'intervention et fixer le choix du procédé opératoire serait prématuré.

C. De la néphrotomie systématique dans l'anurie calculeuse.

L'anurie calculeuse est aujourd'hui justiciable de la chirurgie au même titre que l'obstruction intestinale. Les résultats des quelques opérations pratiquées, jusqu'à ce jour, dans le but de rétablir le cours des urines suspendu par la présence d'un calcul dans l'uretère, ne le cèdent en rien à ceux des innombrables interventions dirigées dans ces dernières années contre l'arrêt des matières intestinales.

Sur un total de 15 opérations[1], que nous avons relevées dans la littérature médicale et auxquelles nous pouvons ajouter trois faits personnels, nous n'avons à enregistrer que 6 décès, soit une mortalité de 33,3 0/0. Si on se rappelle l'extrême gravité de cette complication de la lithiase urinaire, qui, d'après Legueu, emporterait 71,5 0/0 des malades qui en sont frappés, on saisira toute l'importance de cette nouvelle conquête de la chirurgie.

Nous croyons même que ce n'est pas trop s'avancer que de considérer cette proportion de 33,3 0/0 de mortalité chez les malades opérés comme susceptible de s'abaisser encore, lorsque les règles de l'intervention auront été formulées d'une manière précise, particulièrement en ce qui concerne le manuel opératoire et le moment où il convient de recourir, sans plus tarder, à l'opération. En effet, d'une part, dans un grand nombre d'observations, qu'il nous a été donné de lire, il perce que la temporisation de chirurgiens de valeur, temporisation fatale au patient, n'a eu d'autres motifs que l'incertitude des

---

1. Ce travail fait en collaboration avec M. le professeur Demons a été présenté à l'Académie de médecine, dans la séance du 9 janvier 1894.

2. Dans sa remarquable thèse « *des calculs du rein et de l'uretère au point de vue chirurgical* », Paris, 1891, Legueu rapporte 16 observations d'intervention chez des anuriques par calcul. Ce chiffre doit être réduit à 11. En effet l'observation 5, citée d'après Weis in *Annales des maladies des organes génito-urinaires*, 1885, est la même que l'observation 6 rapportée par Thelen in *Centrabl. f. Ch.*, 1882 ; quant aux observations 10 (Parker), 12 (Torrey), 16 (Twynam), 17 (Cullingworth), elles n'ont pas trait à des interventions pour anurie.

moyens à mettre en œuvre contre l'obstruction uretérale et l'espoir que la nature, aidée des ressources de la thérapeutique médicale, mettrait un terme aux accidents ; d'autre part, dans la majorité sinon dans la totalité des faits où l'opération a été suivie de décès, il apparaît que la mort a été déterminée non par l'intervention, mais par la continuation des phénomènes morbides trop accentués pour être enrayés.

Il semble *a priori* que l'indication, qui naît de l'obstruction de l'uretère par un calcul, doive dicter au chirurgien la nature même de l'opération et qu'il soit mis dans l'obligation de débarrasser ce conduit du corps étranger qui le bloque, en attaquant de front l'obstacle. Envisagée de cette manière, l'intervention dans l'anurie calculeuse se heurte à une difficulté souvent insurmontable, à savoir la précision préalable, pour ainsi dire mathématique, du siège du calcul. La clinique dé montre, en effet, qu'il existe des cas, exceptionnels il est vrai, mais qu'on ne saurait nier, où il est impossible de savoir lequel des uretères a été le plus récemment obstrué, et qu'il arrive pour la plupart de ceux où le côté bloqué ne fait aucun doute, que le point exact où s'est arrêté le calcul ne peut être déterminé. En dehors des faits dans lesquels le corps du délit est directement perçu par le doigt introduit dans le rectum ou le vagin, l'observateur le plus sagace, celui qui sait le mieux analyser les symptômes subjectifs et objectifs présentés par le malade, en reste réduit le plus souvent à de simples conjectures, aux seules probabilités de l'anatomie pathologique, qui nous enseigne que, dans la grande majorité des cas, les calculs s'arrêtent à l'extrémité supérieure de l'uretère. Ainsi, faute de savoir où porter leur incision, nombre d'opérateurs se sont abstenus, ne voulant pas d'ailleurs faire courir à leur malade les chances d'une des opérations exploratrices recommandées dans ces derniers temps.

Mais il est une autre manière d'intervenir dans l'anurie calculeuse et qui étend considérablement le champ de notre action. Elle consiste à ne plus s'en tenir à l'indication étroite de la levée de l'obstacle uretéral, mais à ouvrir une voie de dérivation à l'urine en amont du point obstrué. Si nous ne connaissions bien aujourc'hui la physiologie pathologique de l'anurie calculeuse, si nous ne savions que, lorsqu'un calcul est enclavé dans l'uretère, il y a arrêt de la sécrétion de l'urine plutôt que rétention de ce liquide, nous comparerions volontiers la création de cette voie d'échappement à l'urine à l'anus artificiel dans l'obstruction intestinale. En fait, si cette comparaison n'est pas exacte physiologiquement, elle l'est cliniquement.

C'est à travers le rein lui-même, fendu suivant son bord convexe jusqu'au bassinet, que nous proposons d'ouvrir cette voie de dérivation. Nous n'ignorons pas que d'autres opérateurs aux prises avec l'anurie calculeuse aient avant nous pratiqué la néphrotomie, et que quelques auteurs, qui se sont occupés de cette question, aient donné le conseil de créer en désespoir de cause une fistule lombaire, lorsque le siège du calcul obturateur ne peut être déterminé, mais personne jusqu'ici n'a formulé cette règle, à savoir qu'*en présence d'une anurie calculeuse la meilleure conduite que puisse tenir le chirurgien est de fendre délibérément le rein jusqu'au bassinet.*

Cette néphrotomie, seule opération rationnelle, lorsque le siège de l'obstacle au cours de l'urine est inconnu, est aussi, croyons-nous, celle à laquelle il convient de donner le choix alors même que ce siège peut être rigoureusement déterminé. En effet l'incision du rein est une opération simple, à la portée des opérateurs les moins expérimentés, ne présentant pour ainsi dire aucun danger, et à laquelle l'urétérotomie et même la pyélotomie ne sauraient à tous égards être comparées.

Les calculs s'arrêtant le plus souvent, comme on le sait, à l'embouchure de l'uretère au bassinet ou à l'extrémité supérieure de ce conduit, on comprend que l'ouverture du rein, faite ainsi que nous le proposons dans le but de parer à des accidents mortels à brève échéance, puisse également avoir chance de devenir immédiatement curative ; car elle rend possible l'extraction du gravier obturateur, soit directement, ainsi que le firent Clément Lucas et Desnos, soit après son refoulement dans le bassinet, comme le pratiquèrent Bardenhauer dans l'opération de Thelen et Israël, et au besoin elle ouvre une voie pour le cathétérisme rétrograde de l'uretère que, dans un cas, Lange fit avec un plein succès.

Dans les 6 cas d'anurie calculeuse, que nous avons relevés, où les opérateurs se contentèrent d'inciser le rein jusqu'au bassinet, la guérison est survenue 4 fois, et les 2 décès que nous avons à enregistrer sont pour une bonne part imputables à une intervention trop tardive. L'urine s'étant mise à couler par la plaie lombaire, les phénomènes d'urémie, pourtant déjà si accusés chez les malades qui guérirent, se dissipèrent très rapidement, puis le spasme de l'uretère, cessant plus ou moins vite, le gravier obturateur tomba dans la vessie et les urines reprirent leur chemin physiologique vers le 25e jour (cas de Lucas-Championnière), le 18e jour (cas de Desnos), le lendemain (cas de Demons), le 7e jour (cas de Pousson).

On le voit, dans ces 4 cas, la désobstruction de l'uretère s'est faite elle-même. Si l'on se rappelle que l'arrêt du calcul migrateur dans l'uretère tient plus aux contractions spasmodiques des parois de ce conduit sur le corps étranger qu'au volume de ce dernier, on ne sera nullement surpris de cette chute spontanée du calcul dans la vessie. La physiologie pathologique nous apprend en effet que les spasmes, dans quelque appareil organique qu'ils siègent, sont essentiellement transitoires, et que la mise au repos des organes, la suppression de toutes les causes d'irritation, de congestion, sont aptes à les résoudre.

L'incision du rein dans l'anurie calculeuse, par l'émission de sang qu'elle occasionne et l'abaissement de tension qu'elle détermine dans les voies d'excrétion de l'urine, concourt certainement à faire cesser le spasme de l'uretère.

Quant à son action sur le rétablissement immédiat de la sécrétion rénale, elle découle de ce que nous savons de la succession des phénomènes, qui se passent du côté du rein à la suite de l'obstruction de l'uretère par un calcul. Ces phénomènes, en tous points comparables à ceux résultant de la ligature aseptique de ce conduit, sont de deux ordres. Le premier, réflexe inhibitoire, qui, parti de la muqueuse uretérale, suspend la sécrétion de l'urine, n'a sans doute qu'une durée éphémère ; mais il est remplacé, au moment où le rein recommence à fonctionner, par un trouble beaucoup plus grave et compromettant à jamais, pour peu qu'il persiste, la fonction rénale. Cette perturbation consiste dans un excès de pression dans le bassinet et les calices. Cette pression, se propageant par les *tubuli* jusque dans l'intimité du parenchyme, neutralise la tension des vaisseaux glomérulaires et du système artériel rénal, et détermine rapidement du côté de l'épithélium des tubes droits et contourné des altérations irrémédiables. Ainsi se trouvent empêchés tout d'abord le premier acte de la sécrétion urinaire, qui consiste, comme on le sait depuis Ludwig, en une simple filtration, et bientôt aussi celui non moins important auquel préside l'épithélium des tubes urinifères.

Il ressort des considérations que nous venons d'exposer, que l'incision large du rein dans l'anurie calculeuse trouve à la fois sa justification dans les résultats de la clinique et dans les données de la physiologie pathologique. En s'opposant aux effets funestes de la contre-pression dans les canaux excréteurs de l'urine, elle permet la reprise de la fonction urinaire malgré la persistance de l'obstruction de l'uretère et sauvegarde l'in-grité de parenchyme rénal, mais cela à la condition d'être hâtive et de devancer la phase des accidents urémiques. Tout n'est cependant pas encore perdu, alors même que ceux-ci ont éclaté, si nous nous en rapportons à quelques observations et à une des nôtres en particulier. Toutefois, il semble que vers le 8e ou le 9e jour expire le délai où l'expectation, aidée du traite-ment médical, doit céder la place à l'intervention chirurgi-cale.

Nous ferons suivre cette note de nos observations person-nelles, qui en ont été le point de départ.

OBSERVATION I (Demons). — *Anurie calculeuse chez un homme de 28 ans, autrefois atteint de coxo-tuberculose. Néphrotomie au 12e jour. Passage immédiat des urines par la vessie d'abord, puis alternatives d'émission de ce liquide par l'urètre et la plaie lombaire pendant 2 mois et demi. A ce moment expul-sion par l'urètre d'un calcul du volume d'un haricot et cica-trisation rapide de la fistule.*

Antécédents. — René C..., né en 1863, fut atteint d'une coxo-tuberculose droite, qui le tint malade pendant 10 ans, et dont il ne guérit qu'après une résection de la hanche très étendue, que je pratiquai en 1887.

En 1888, alors que ce jeune homme était encore dans une gout-tière de Bonnet, il ressentit une violente colique néphrétique à gauche, laquelle fut suivie de l'expulsion d'un calcul d'acide uri-que gros comme un pois. Pendant les trois années qui suivirent, il eut plusieurs autres accès de colique toujours à gauche, croit-il, et après ces accès il rendit chaque fois des grains en nombre variable et de dimensions différentes, les plus volumineux ayant à peu près la grosseur d'une lentille ou d'un pois. Il en urina quelques-uns sans avoir été prévenu par une douleur quelconque dans la région des reins.

Phénomènes ayant déterminé l'intervention. — Le 17 avril 1891, colique assez violente à gauche, suivie le soir de l'expulsion d'un assez gros calcul, qui amena un soulagement marqué.

Le lendemain, 18 mai, vers 11 heures du soir, nouvelle crise douloureuse, toujours à gauche. Le malade éprouva pendant plusieurs heures de vives envies d'uriner ; mais, à sa grande surprise et contrairement à ce qui s'était passé les autres fois, il ne parvint pas à rendre la plus petite quantité d'urine. Son médecin habituel, le Dr Lassalle (de Lormont), ayant pratiqué le cathétérisme, trouva la vessie vide.

Les 19, 20 et 21, persistance des douleurs dans la région lombaire gauche, dans le flanc et du côté de la vessie, et toujours impossibilité d'uriner malgré l'ingestion de grandes quantités de tisanes diurétiques.

Le 22 les douleurs disparurent et le malade fut apporté à l'hôpital.

Le 23 je le trouve dans l'état suivant ; le facies est bon, bien qu'un peu fatigué ; le pouls est plein, régulier, normal ; la température est à 37°,5. Le malade n'accuse ni vertiges, ni céphalalgie, ni douleurs vives. A la palpation le rein gauche paraît notablement augmenté de volume, un peu douloureux. La douleur est perçue dans le flanc jusqu'au niveau de la vessie, sans qu'il soit possible de constater un point maximum bien net. La vessie est vide. Ni douleur, ni tuméfaction au niveau du rein droit.

Pendant les jours suivants, le malade est soumis de nouveau à l'usage des boissons diurétiques, puis on lui applique à trois reprises différentes des courants électriques et enfin, le 29 mai, le patient étant anesthésié, on fit au niveau du rein et de l'uretère gauche une longue et énergique séance de massage.

Durant tout ce temps le malade, bien tenu en observation, ne présenta point de fièvre et on ne découvrit en lui aucun des signes classiques de l'urémie, sauf une légère céphalalgie.

Opération. — Le 30 mai, ce jeune homme accusant une fatigue plus grande et tout espoir raisonnable de voir le mal céder spontanément ou sous l'influence d'un traitement médical paraissant perdu, je me décide à intervenir chirurgicalement. La néphrotomie lombaire est donc pratiquée le 12e jour après le début des accidents. L'opération ne présenta aucune particularité digne d'être signalée. Le rein gauche ayant été fendu verticalement de son bord convexe à son bord concave, le doigt rencontre au fond de la plaie un peu de poussière calculeuse. Un gros drain est introduit jusque dans le bassinet.

Suites opératoires. — Le lendemain le pansement était mouillé par une assez grande quantité d'urine, quantité impossible à apprécier, ayant entraîné avec elle quelques petits graviers. Mais dès ce jour même et pendant les huit jours qui suivirent, une certaine quantité d'urine fut rendue par l'urètre, de telle sorte que pendant cette période de temps le malade urina à la fois par la verge et par la plaie, tantôt un peu plus, tantôt un peu moins, par l'un ou l'autre côté. Puis pendant huit jours l'écoulement se fit uniquement par la plaie, et de nouveau une portion fut rendue par l'urètre. Il y eut ainsi plusieurs alternatives. Mais au bout d'un mois après l'opération, la totalité de l'urine sécrétée par le rein gauche sembla ne plus vouloir s'échapper que par la fistule lombaire.

Le malade, dont l'état général était excellent, qui n'éprouvait aucune souffrance et qui restait seulement incommodé par la nécessité de subir des pansements fréquents, se refusa pour le moment à une nouvelle opération et même à toute exploration. Il demanda à être envoyé aux eaux de Capvern, où il se rendit deux mois après l'opération. Il y fit une cure sérieuse pendant vingt-sept jours.

Le 29 août il rejeta tout à coup par le canal un calcul de la grosseur d'un haricot. A partir de ce moment l'urine s'écoula en totalité par l'urètre et trois jours après la fistule lombaire était cicatrisée.

Pendant quelques mois encore, René C., rendit à plusieurs reprises des graviers par le canal, sans aucune souffrance, mais depuis deux ans sa santé est parfaite.

Observation II (Pousson-Demons). — *Anurie calculeuse chez un homme de 43 ans amputé de jambe. Néphrotomie au 9ᵉ jour et écrasement d'un gravier à travers les parois de l'urètère. Emission immédiate de l'urine à travers la plaie et l'urètre, mais continuation des accidents et mort dans les vingt-quatre heures.*

Antécédents. — La première partie de cette opération a été publiée par l'un de nous [1].

Opération. — Je ne vis plus ce malade, mais M. le professeur Demons appelé auprès de lui pratiqua, le 9ᵉ jour après le début de l'anurie, l'opération dont j'avais parlé à la famille.

A ce moment, l'état général du malade avait subi une grave atteinte et à la période de tolérance avait succédé la période d'intoxication. Le malade accusait une vive céphalalgie, il avait eu de nombreux vomissements, il était agité, inquiet; son pouls était fréquent.

Une incision oblique fut faite dans la région lombaire. Le rein fut incisé verticalement de son bord convexe à son bord concave; puis la main contournant l'organe arriva sur l'uretère, où elle trouva à quelques centimètres au-dessous du bassinet un calcul gros comme un petit haricot. En essayant de mobiliser ce calcul pour le faire remonter jusque dans la plaie rénale, les doigts l'écrasèrent à travers les parois de l'uretère.

Dans les heures qui suivirent l'opération, une grande quantité d'urine s'échappa par la plaie et mouilla le pansement, et il s'en

---

1. Voir l'observation IV du mémoire précédent.

écoula aussi une grande quantité par l'urètre. Mais les accidents généraux persistèrent et s'aggravèrent. Des convulsions survinrent et le malade mourut vingt-quatre heures après cette intervention tardive.

OBSERVATION III (Pousson). — *Anurie calculeuse chez une femme de 42 ans. Néphrotomie au 4e jour. Rétablissement du cours de l'urine par les voies naturelles au 7e jour après l'opération. Guérison complète au 27e jour.*

Antécédents. — Mme C..., âgée de 42 ans, a eu depuis une dizaine d'années à diverses reprises des coliques néphrétiques, tantôt d'un côté, tantôt de l'autre, après lesquelles elle a rendu des grains de sable plus ou moins volumineux, mais jamais de graviers proprement dits.

En mai 1891, à la suite d'une double colique à gauche d'abord, puis à droite huit jours après, elle a eu une première attaque d'anurie d'une durée de vingt-quatre heures, pour laquelle j'ai été appelé à lui donner des soins [1].

A la suite de cette crise, malgré un traitement antilithiasique rigoureux, la malade continue à rendre des sables et a plusieurs attaques de coliques néphrétiques siégeant le plus souvent à droite, mais affectant aussi parfois le côté gauche. Après chacune de ces crises, la malade rend des graviers en général petits et irréguliers. Les urines, sauf au moment des crises, ont toujours été claires, jamais sanguinolentes ni purulentes. La région des reins n'est pas habituellement douloureuse ; jamais de fièvre, état général excellent.

Phénomènes ayant déterminé l'intervention. — Le 14 août 1893, je suis de nouveau appelé auprès d'elle par son médecin, qui me dit qu'elle a été prise, il y a six jours, d'une colique à droite plus violente que les précédentes, ayant duré quarante-huit heures. Depuis lors, elle ne rend dans les vingt-quatre heures que 300 grammes d'une urine foncée, épaisse, contenant en abondance du sable fin, mais pas de graviers. La malade dit éprouver une douleur vague dans le flanc droit. La pression sur le trajet de l'uretère droit est douloureuse à la hauteur de l'ombilic. Le rein de ce côté est sensible à la palpation, mais non augmenté de volume. Rien du côté du rein et de l'uretère gauche. La vessie se vide bien. L'état général est excellent : apyrexie, pouls normal, régulier ; peu d'appétit, mais pas de troubles gastriques.

Lait ; potion à la caféine et à la digitale ; continuation des grands bains.

Pendant quatre jours, les choses restent dans l'état, lorsque, dans la journée du 18, à 2 heures de l'après-midi, éclate une

---

1. Voir l'observation III du mémoire précédent.

violente colique à gauche, d'une durée de trois à quatre heures et à la suite de laquelle la malade ne rend plus une seule goutte d'urine.

Je suis appelé de nouveau auprès de Mme C..., le 19, l'anurie persistant depuis dix-huit heures. L'examen du rein et de l'uretère droit me révèle, comme lors de ma première visite, l'existence d'une douleur provoquée par la pression sur l'uretère droit à la hauteur de l'ombilic ; rein insensible, non augmenté de volume ; la palpation du rein et de l'uretère gauche est négative ; le toucher de l'extrémité inférieure des uretères par le vagin ne donne pas la sensation de graviers arrêtés à ce niveau. La sonde introduite dans la vessie donne issue à une demi-cuillerée d'un liquide trouble, épais et rougeâtre. La malade n'éprouve aucune envie d'uriner. Elle a d'ailleurs toutes les apparences de la santé : température normale, pouls régulier, bien frappé, 76 pulsations ; pas de vomissements ni de nausées ; langue légèrement saburrale, inappétence.

Purgatif ; continuation du lait et de la potion à la caféine et digitale ; bains et enveloppement de toute la partie inférieure du tronc, lombes comprises, dans une ceinture de cataplasmes.

Malgré ce traitement, l'anurie persiste. Le 20 au matin, cinquante et quelques heures après le début de l'anurie, elle commence à vomir. Ces vomissements continuent toute la journée et toute la nuit, et vont en augmentant de fréquence et d'intensité.

Le 21 au matin, la malade ne peut ingérer la plus petite quantité de liquide sans le rendre immédiatement. Elle est épuisée, sans force, accuse un peu de céphalalgie et quelques troubles de la vision, mais son intelligence est nette ; pupilles normales mobiles ; pas de troubles de la respiration ; pouls non ralenti, régulier ; pas d'abaissement de la température, soubresauts des membres.

Etant donnés la persistance de l'anurie et ces symptômes non douteux de début d'un empoisonnement urémique, j'avertis le mari de la malade de la gravité de la situation, et, d'accord avec mon confrère le médecin traitant, je propose une opération destinée sinon à extraire séance tenante le calcul obturateur, du moins à ouvrir une voie d'échappement à l'urine. Pour mettre notre responsabilité à couvert, nous demandons à nous adjoindre, avant de rien entreprendre, M. le professeur Demons.

Après examen de la malade, M. Demons est, comme nous, d'avis de recourir à une intervention opératoire, et bien que la douleur provoquée par la palpation de l'uretère droit à la hauteur de l'ombilic semble indiquer que le calcul siège en ce point, ainsi que j'en ai émis l'idée à mon confrère traitant, qu'il vaut mieux ouvrir le rein que d'aller à la recherche de l'uretère dans son trajet abdominal.

Mme C..., d'abord réfractaire à l'opération, ne tarde pas y consentir.

Opération. — Le soir même de ce jour, 21 août, je l'opère à 4 heures de l'après-midi, c'est-à-dire 74 heures après le début de l'anurie, avec l'assistance de M. le professeur Demons.

La malade est endormie. Malgré l'embonpoint excessif de la malade et le peu de hauteur de l'espace costo-iliaque, je mets assez facilement le rein à découvert et l'incise par son bord convexe jusqu'au bassinet. J'y introduis le doigt et l'explore avec soin. N'y trouvant pas de graviers, je bourre la plaie jusqu'au bassinet d'une longue mèche de gaze iodoformée.

L'opération, sur les détails de laquelle je passe, a duré environ une demi-heure.

Suites opératoires. — La malade à peine réveillée est reprise de ses vomissements, qui persistent toute la nuit et l'inondent au point que le lendemain je ne puis savoir si les pièces du pansement sont mouillées par les liquides qu'elle a rejetés ou par l'urine. Au niveau de la plaie, toutes les pièces sont imprégnées de sang, mais la mèche de gaze iodoformée est à peine teintée en rose, comme si elle avait été lavée par un liquide provenant de la profondeur. J'en infère que la sécrétion de l'urine s'est rétablie.

L'état général est sensiblement le même qu'avant l'opération céphalalgie, troubles de la vue, tressaillements musculaires grande agitation ; pouls 130, température 38°,4.

Les vomissements persistent toute la journée et toute la nuit, mais dans la matinée du 23 août, ils sont moins copieux, et en même temps les phénomènes généraux semblent s'amender un peu. Quelques envies d'uriner, mais pas d'urine dans la vessie. Pouls 124, température 37°,8.

Le soir, la malade peut garder un peu de champagne et de limonade ; son agitation est moins grande. Température 38°.

24 août. — La malade n'a vomi que quatre fois dans la nuit, et elle vomit encore trois fois dans le jour ; mais elle est beaucoup plus calme et conserve en partie les liquides qu'elle prend. Le soir, elle garde même un œuf à la coque. Toujours absence d'urine dans la vessie, mais le pansement est mouillé d'un liquide exhalant nettement l'odeur urineuse.

Température : matin, 37°,4 ; soir, 37°,6.

Mme C... a encore deux vomissements dans la nuit du 25 août ; mais à partir de ce moment elle conserve toutes les boissons alimentaires qu'on lui offre et qu'elle réclame avec insistance, et son état général se relève rapidement.

L'urine s'écoule en abondance par la plaie, mais elle ne passe pas encore par la vessie.

Ce n'est que dans la nuit du 27 au 28 août, à 4 heures, c'est-à-dire six jours et demi après l'opération, qu'après avoir ressenti à diverses reprises le besoin d'uriner, elle rend pour la première fois par l'urètre une petite quantité de liquide qu'on n'a pas recueilli.

28 août. — Je la sonde à 9 heures et retire environ 60 grammes d'un liquide jaune noirâtre, épais, à odeur nettement urineuse, sans sables ni gravelles. Dans la journée, Mme C... rend spontanément 90 grammes d'urine moins épaisse.

A partir de ce moment, la quantité des urines rendues soit par la sonde, soit naturellement, alla en augmentant progressivement, mais lentement. Le 4 septembre, je trouvai à la vulve 6 ou 7 petits graviers d'aspect uratique, dont l'un avait le volume d'une lentille, et la malade en rendit quelques autres les jours suivants.

Le 17 septembre, c'est-à-dire vingt-sept jours après l'opération, l'urine reprend définitivement et en totalité son cours par les voies naturelles. La plaie, fermée, ne tarde pas à se cicatriser : le drain étant enlevé le 21 septembre, la cicatrisation est complète le 27.

Depuis cinq mois qu'elle a été opérée, Mme C... a joui d'une santé excellente. Elle n'a plus eu de coliques néphrétiques, mais elle rend de temps à autre des sables dans ses urines.

CONCLUSIONS

L'anurie calculeuse est aujourd'hui justiciable de la chirurgie au même titre que l'obstruction intestinale.

Sur un total de 18 opérations, dont 3 nous sont personnelles, nous ne relevons que 6 décès, soit une mortalité de 33,3 0/0.

Cette mortalité s'abaissera encore lorsque les règles de l'intervention auront été formulées d'une manière précise, particulièrement en ce qui concerne le manuel opératoire et le moment où il convient de recourir sans plus tarder à l'opération.

Le chirurgien ne doit pas chercher à attaquer quand même de front le calcul obturateur. L'impossibilité où il se trouve le plus souvent de diagnostiquer le siège précis du calcul rend cette manière de faire bien aléatoire.

La création d'une voie d'échappement à l'urine au-dessus du point obstrué élargit de beaucoup notre champ d'action.

Nous proposons d'ouvrir cette voie en fendant délibérément le rein par son bord convexe jusqu'au bassinet.

Seule rationnelle, lorsque le siège de l'obstacle au cours de l'urine est inconnu, cette néphrotomie, par sa simplicité et sa facilité d'exécution, par son peu de danger, est encore préférable à l'uretérotomie et à la pyélotomie, lorsque le siège du calcul a pu être rigoureusement déterminé.

Les calculs s'arrêtant le plus souvent à l'embouchure de l'uretère ou à son extrémité supérieure, la néphrotomie deviendra ainsi souvent curative en permettant l'extraction du calcul obturateur, soit directement, soit par refoulement de bas en haut ou de haut en bas par le cathétérisme rétrograde de l'uretère.

Dans les 6 cas d'anurie calculeuse traités par la néphrotomie il y a eu 2 décès imputables à une intervention trop tardive.

Dans les 4 cas terminés par la guérison, l'urine se mit à couler par la plaie lombaire aussitôt après l'opération et, le calcul étant tombé dans la vessie, elle reprit son chemin physiologique du 1er au 35e jour.

L'incision large du rein dans l'anurie calculeuse, dont nous venons de rappeler les résultats cliniques, trouve encore sa justification dans les données de la physiologie pathologique. En s'opposant aux effets de la contre-pression dans les canaux excréteurs de l'urine, elle permet la reprise de la fonction urinaire, malgré la persistance de l'obstruction de l'uretère, et sauvegarde ainsi l'intégrité des épithéliums et du parenchyme rénal. Mais pour cela il faut qu'elle soit hâtive et ne dépasse guère le 8e ou le 9e jour.

CHAPITRE V

AFFECTIONS

DES

ORGANES GÉNITAUX EXTERNES

I

LYMPHANGITE GANGRÉNEUSE

DU FOURREAU DE LA VERGE

Cette affection n'est bien connue que depuis quelques années, grâce aux travaux de Jalaguier, de Fournier et de son élève Lallemand. Je n'en avais jamais vu d'exemple pour ma part, mais la description qu'en donnent les auteurs précédents est si nette que lorsque ce malade vint me consulter, je n'hésitai pas longtemps, par les seuls souvenirs qui m'étaient restés de la lecture des travaux que je viens de citer, à reconnaître la lymphangite gangréneuse du fourreau de la verge.

Voici, rapportée aussi fidèlement que possible, cette observation.

M. X... âgé de quarante-trois ans, exerce une profession très active.

Antécédents héréditaires et personnels. — Rien à noter dans ses antécédents de famille, Son père et sa mère, qui vivent encore, se portent bien; le premier a soixante-dix ans; la seconde, soixante-cinq ans. Lui-même a toujours joui d'une très bonne santé et il ne se rappelle pas avoir fait de maladie grave. Il a eu quelques blennorrhagies, mais toutes ont été de courte durée et sans aucune complication. Il affirme n'avoir jamais eu la syphilis, et, de fait, par les questions que je lui adresse et par l'examen auquel je le soumets, je ne peux surprendre chez lui aucune trace de cette affection. Pas d'albuminurie; pas de glycosurie; pas de maladies du système nerveux; l'examen de l'axe médullaire en particulier révèle son intégrité absolue. Quelques habitudes alcooliques; voilà tout ce qui peut être relevé au passif de

M. X... qui m'est adressé le 27 décembre 1894 par un honorable confrère d'une ville voisine pour une vaste ulcération, ayant détruit toute la peau de la verge et entamé celle du scrotum et du pénis.

Début et évolution de la maladie. — Le 13 août, au dire de M. X..., se serait développée sans cause connue une érosion, une légère plaie superficielle sur la face externe du prépuce bientôt suivie de deux autres petites ulcérations sur sa face interne et près de la couronne du gland. Un médecin, consulté, ordonna successivement des applications de liqueur de Van Swieten, de vin aromatique, d'iodoforme, de calomel, de salol. Les lésions semblaient marcher vers la guérison, lorsque le médecin conseilla de faire le pansement avec une pommade à la résorcine, qui fut renouvelé trois jours durant. Le malade, qui attribue l'origine de son mal à l'emploi de cette pommade, raconte avec insistance qu'aussitôt qu'il l'eut appliquée, « il sentit qu'elle pénétrait sa peau », en même temps il eut quelques malaises, quelques phénomènes généraux, peut-être de la fièvre.

Quoi qu'il en soit, le cinquième jour après ce pansement, le médecin constata une gangrène du prépuce et de la plus grande partie du fourreau de la verge, qui était épaissie et ramollie. Les jours suivants, les plaques gangréneuses, sur l'aspect desquelles le malade ne peut nous donner aucun renseignement, gagnèrent la racine de la verge et empiétèrent au-dessus d'elle, du côté du pubis, et au-dessous du côté du scrotum. Après un temps assez long, au dire de M. X..., les parties mortifiées commencèrent à s'éliminer; le prépuce se détacha d'abord, puis la peau du pénis, et enfin celle du pubis et de la partie antérieure du scrotum. L'élimination se fit par larges lambeaux, qu'il fallut pour la plupart détacher des parties profondes et cela au prix de très vives douleurs, accrues encore par l'irritabilité excessive du malade.

Lorsque toutes les parties mortes furent séparées du vif, les corps caverneux, le corps spongieux offrirent l'aspect d'une véritable préparation anatomique, dans laquelle les téguments de la verge auraient été soigneusement disséqués. Le sphacèle cutané s'étant étendu à la face antérieure du scrotum et au pubis, ces régions apparurent également dépouillées dans une grande étendue.

Les parties dénudées furent saupoudrées d'iodoforme et enveloppées de gaze trempée dans la liqueur de Van Swieten. Sous l'influence de ce pansement, elles suppurèrent peu, mais bourgeonnèrent aussi très faiblement; de sorte que, le 16 octobre, plus de deux mois après le début des accidents, un second médecin consulté constata l'existence d'une surface atone, sans trace de bourgeons charnus. La sensibilité y était excessive. L'iodoforme fut supprimé et remplacé par une pommade boriquée et laudanisée. Peu de jours après, le bourgeonnement commença à se faire avec une assez grande rapidité et des plaques cicatricielles apparurent par place, puis tout resta stationnaire, malgré ou peut-être à cause de la substitution de la poudre d'iodoforme et de la gaze iodoformée à la pommade boriquée.

Lorsque M. X... m'est adressé, le 27 décembre, il présente l'état suivant.

La verge rétractée semble rentrée en elle-même à la façon d'une lorgnette, et fait une saillie qui ne dépasse pas quatre centimètres. Elle est complètement dépouillée de ses téguments, mais par place il existe des parties cicatricielles. Pour décrire plus fidèlement l'état des parties, j'envisagerai successivement les diverses régions du pénis.

Gland : il est intact, mais un peu œdémateux et sa muqueuse, depuis longtemps à découvert et en contact avec les divers pansements employés, est indurée et recouverte de petites plaques écailleuses, grisâtres, qui en se détachant laissent au-dessous d'elles les parties saines.

Dos de la verge : il est presque complètement recouvert par du tissu cicatriciel, assez souple et ne paraissant pas devoir être très rétractile.

Face inférieure : ici, la cicatrisation fait complètement défaut; le corps spongieux, très saillant, se détache des corps caverneux et on voit, comme sur une dissection, la disposition réciproque des trois cylindres constitutifs de la verge.

La surface de ces trois organes est recouverte de bourgeons charnus, rosés, de bon aloi, saignant peu. A la partie antérieure des deux corps caverneux, au point où ils se joignent au gland, il existe un sillon assez profond, recouvert d'un enduit grisâtre et d'un liquide purulent très abondant.

Faces latérales : la cicatrisation y est à peu près complète, comme elle l'est sur le dos de la verge.

Racine de la verge : les lésions que la gangrène a détermi-nées du côté du scrotum et du pubis sont beaucoup moins avancées dans leur réparation que celles de la verge. Presque toute la partie antérieure du scrotum est dénudée et couverte de bourgeons peu vivaces et grisâtres. Les liquides qui en découlent s'accumulent dans un clapier résultant du décolle-ment des téguments à la partie inférieure. Du côté du pubis, la plaie, qui s'étendait à environ trois ou quatre centimètres autour de la racine de la verge, est en voie de cicatrisation; mais il existe entre le pubis et la naissance de la verge une cavité assez profonde, comme si l'on avait cherché à disséquer le pénis au-dessous de la symphyse pubienne. Cette cavité suppure très abondamment.

Les testicules, les épididymes, les cordons sont sains; pas d'adénopathie inguinale.

Le malade éprouve des douleurs spontanées très violentes tout le long de la verge et même dans les parties voisines. Le moindre contact les exagère et c'est à peine si M. X... permet qu'on l'examine. Depuis plusieurs semaines, il est obligé de recourir à des injections hypodermiques de morphine pour pouvoir dormir. Les mictions ne sont pas douloureuses et se font normalement par le méat; car, ainsi qu'on pourrait le croire à première vue, l'urètre n'a pas été ouvert par le processus gangréneux et il a conservé, comme le corps spongieux lui-même, toute son intégrité. Les érections, qui sont rares, sont accompagnées de très grandes souffrances.

Tel était l'état de M. X... lorsqu'il vint se soumettre à mon examen. A ces divers signes, je reconnus la lymphangite gangréneuse des téguments de la verge; je fis supprimer les pansements à l'iodoforme et les remplaçai par une pommade à l'aristol, en même temps que je prescrivis quelques toniques, le malade étant très anémié.

Quant au pronostic, j'augurai assez bien de cette lésion en voie de réparation et j'annonçai au malade, qui était sur le point de demander sa retraite des fonctions qu'il remplissait, que, très vraisemblablement, il pourrait reprendre son service dans un délai de deux mois.

État des parties après la guérison. — Les choses ont marché comme je l'avais prévu, et une lettre que le médecin de M. X... a bien voulu m'adresser, il y a quatre jours, m'apprend qu'aujourd'hui la cicatrisation est complète, sauf en un tout petit point de la région prépubienne, et que le malade a repris son service depuis quinze jours. Le tissu de cicatrice a des caractères qui tiennent à la fois de la muqueuse et de la peau; il est souple et mobile sur les parties sous-jacentes. Comme au moment où M. X... est venu se soumettre à mon examen, la verge est rétractée, raccourcie, semblant se cacher sous le pubis. Un point préoccupe beaucoup le malade, c'est de savoir comment se fera l'érection et si elle lui permettra d'accomplir le coït.

En résumé, un malade de quarante-trois ans, jusqu'alors bien portant, mais quelque peu entaché d'alcoolisme, voit à l'occasion d'une légère érosion préputiale toute la peau de sa verge et une partie de celle des bourses et du pubis tomber en sphacèle en quelques jours, sans que les parties sous-jacentes au tissu sous-cutané subissent la moindre atteinte. Ce sont bien là les caractères de l'affection que Fournier et son élève Lallemand ont décrite sous le nom de : *gangrène foudroyante spontanée des organes génitaux externes de l'homme*, et que mon ami Jalaguier a appelé *lymphangite aiguë à forme gangréneuse*, lymphangite qui peut aussi bien se montrer dans les autres régions du corps que sur les organes génitaux. Je crois donc inutile de discuter un diagnostic qui s'impose et de faire, par exemple, ressortir la différence qui sépare le cas que j'ai observé : 1° des gangrènes partielles traumatiques, infectieuses, ou diathésiques, toujours limitées en étendue et pénétrant souvent dans la profondeur des tissus de la verge ; 2° de cette inflammation totale du membre viril que notre compatriote Moulinié a désignée sous le nom expressif de pénitis ; 3° enfin de ce processus destructif encore inconnu dans son essence qu'on appelle phagédénisme.

Un point reste obscur dans l'histoire de la lymphangite gangréneuse, dont nous connaissons si bien l'évolution clinique, c'est sa pathogénie. Nous ne pouvons, en effet, aujourd'hui nous contenter de l'explication que fournit Jalaguier dans son travail de 1880, lorsqu'il nous dit « que la lymphangite n'est arrivée à produire le sphacèle que par une voie détournée, c'est-à-dire en provoquant une inflammation fibrineuse du derme et une irritation nutritive des éléments conjonctifs tellement intense, que les produits de nouvelle formation, au lieu de se ramollir peu à peu pour donner lieu à une suppuration, sont morts presque aussitôt qu'ils ont paru ». Si telle est la cause de la mortification des tissus, il reste encore à trouver la raison d'être de cette violente angioleucite intradermique. Mon malade était à une période trop avancée de l'évolution de sa maladie pour que j'ai songé à le faire servir à éclairer la question de la lymphangite gangréneuse au point de vue bactériologique. Lallemand, dans sa thèse de 1884, se fondant sur des examens microbiologiques pratiqués par Duclaux, tend à attribuer la gangrène foudroyante des organes génitaux à la présence de micrococques isolés ou associés deux à deux, ayant au point de vue de leur morphologie et de leurs effets pathologiques beaucoup d'analogie avec les micrococques du bouton de Biskra. Bonnières, dans une thèse soutenue depuis lors devant la faculté de Lille et inspirée par le professeur Leloir, a retrouvé les mêmes microorganismes. Je crois cependant que cette question de bactériologie est encore loin d'être élucidée.

II

NOUVELLE MÉTHODE

D'AMPUTATION DU PÉNIS

Ce titre : *Nouvelle méthode d'amputation du pénis* pourra peut-être sembler quelque peu prétentieux ; j'ai cru néanmoins devoir l'adopter, car l'ensemble des procédés que je désire faire connaître et que j'ai employés chez deux malades me paraît constituer une véritable méthode. Aucun d'eux ne m'appartient d'ailleurs, je m'empresse de le reconnaître, je les ai empruntés à différents auteurs.

Ces procédés ont pour but : 1° d'assurer l'hémostase pendant toute la durée de l'opération ; 2° de fermer hermétiquement les corps caverneux sectionnés par la suture de leur coque fibreuse ; 3° de réaliser par la taille des lambeaux et la réunion de la muqueuse urétrale à la peau une sorte d'hypospadias artificiel donnant au nouveau méat une grandeur maxima et s'opposant à son occlusion ultérieure.

L'idée d'arrêter l'écoulement de sang, émise par Warner et Pallucci, a été surtout mise en pratique par Esmarch, généralisant lui-même sa méthode. Dans un travail récent, M. Phélip (de Lyon) a fait ressortir tous les avantages du lien hémostatique appliqué à la chirurgie du pénis, avantages consistant surtout en ce que l'opérateur a la vue nette des parties sur lesquelles il agit, et a montré que la congestion post-ischémique n'avait aucune influence sur leur réunion[1].

---

1. J'ai généralisé depuis un certain temps l'emploi de la méthode d'Esmarch aux diverses opérations, qui se pratiquent sur la verge et sur

A mon ami G. Assaky (de Bucarest) revient le mérite d'avoir eu la pensée de suturer l'un à l'autre les bords de la gaine albuginée des corps caverneux, de manière à prévenir, par la fermeture de leurs aréoles, toute hémorrhagie secondaire et surtout toute absorption de germes infectieux.

Enfin, à mon maître, le professeur Guyon, appartient le procédé consistant à sectionner l'urètre et sa gaine spongieuse en avant des corps caverneux, afin d'éviter son retrait, à le fendre longitudinalement sur sa face inférieure à la manière de Ricord et à suturer la muqueuse à la peau.

L'antisepsie la plus rigoureuse, est-il besoin de le dire, préside aux moindres détails de l'opération que je vais décrire.

Précautions préliminaires. — Le champ opératoire est tout d'abord désinfecté avec soin. A cet effet, la verge est non seulement lavée avec une solution antiseptique, mais avec elle le pubis et le scrotum ; les poils sont rasés. Si l'accès de l'urètre est possible, sa cavité est aseptisée au moyen d'une solution d'acide phénique ou de sublimé très diluée, ou mieux de nitrate d'argent à 1/500. Cette injection est pratiquée à canal ouvert, avec une seringue à embout de petit calibre, permettant au liquide de refluer et d'entraîner au dehors les matières le souillant. La fermeture de l'urètre à l'aide du doigt le comprimant au niveau du périnée, en arrière des bourses, facilite ce lavage, en permettant au liquide de distendre le segment antérieur. L'emploi d'une sonde à boule à jets récurrents a également pour cela de sérieux avantages.

Le canal une fois désinfecté, une sonde en gomme du n° 18 à 20 de la filière Charrière est introduite dans la vessie, qu'elle sert à laver à l'acide borique, au nitrate d'argent ou à toute autre solution. Mais ce n'est pas là le principal but de l'introduction de cette sonde, elle a pour objet de constituer en quelque sorte un squelette à la verge, de lui servir de tuteur et de faciliter ainsi la taille des divers tissus mous qui la composent. La sonde n'est d'ailleurs pas indispensable et si, comme cela nous est arrivé chez un de nos opérés, l'orifice de l'urètre, caché au milieu des fongosités d'un cancer végétant du pénis,

---

la portion pendante de l'urètre. C'est ainsi que j'y ai constamment recours dans la circoncision, dans la stricturectomie, dans l'urétroplastie pour fistules urétrales. Cette ischémie opératoire n'a jamais compromis le résultat de l'intervention.

se dérobe à toutes les recherches, le chirurgien devra passer outre ; la crainte des anciens de voir l'urètre se rétracter et se perdre au centre du moignon, à peine justifiée autrefois par quelques cas exceptionnels dans lesquels cet accident s'était produit, devient complètement illusoire avec le procédé de section hémostatique et successive que nous allons décrire. Un inconvénient plus sérieux, tenant à l'impossibilité de découvrir l'embouchure du canal, c'est de ne pouvoir désinfecter sa lumière.

La désinfection de la verge et de ses parages terminée, l'organe est coiffé d'une compresse de gaze trempée dans une solution antiseptique ; cette compresse est retenue à la base de la verge par le lien circulaire élastique destiné à assurer l'hémostase, lien qu'on dispose comme dans le temps préliminaire de la taille sus-pubienne avec injection de la vessie. La compresse antiseptique, faisant corps avec le pénis et prévenant tout contact suspect d'infection, sera incisée comme si elle faisait partie intégrante du membre viril.

Si le malade n'a pas été anesthésié avant tous ces préparatifs, il l'est à ce moment.

Premier temps. *Incision des téguments et ligature des artères dorsales de la verge.* — Sans tenir compte des préceptes, justement délaissés depuis longtemps, de Boyer et de Ledran qui recommandent, le premier de rétracter la peau vers la racine du membre, le second, au contraire, de l'attirer vers le gland, les téguments sont sectionnés au niveau du point où devra porter la section des corps caverneux. Cette section a la forme d'une raquette, dont le plein répond à la face dorsale et dont la queue descend un peu au-dessous, du côté de la face inférieure, au-devant du corps spongieux. Ainsi se trouve préparée, par l'incision des téguments, la formation de l'hypospadias. Faite avec légèreté de main, cette incision ne doit pas intéresser l'enveloppe fibreuse des corps caverneux ni la gaine du corps spongieux, mais elle doit ouvrir de part en part les deux artères de la veine dorsale. Ces deux artères sont liées au catgut fin, mais résistant. Comme elles ne saignent pas, en raison du lien hémostatique, on pourra quelquefois avoir de la peine à les reconnaître, un jet de sang veineux retenu dans la veine dorsale et qui s'en échappe au moment de son ouverture indiquera le point où il faudra les chercher.

Deuxième temps. *Section des corps caverneux et suture de*

leur enveloppe fibreuse. — Les corps caverneux sont alors sectionnés à petits coups de bistouri, au niveau de la peau et comme elle un peu obliquement de la face dorsale vers la face ventrale du pénis. Grâce au lien élastique, leur tissu éminemment vasculaire ne saigne pas et il est facile de s'arrêter au niveau du corps spongieux, qui ne doit pas être entamé, mais disséqué sur une longueur d'un bon centimètre et demi au-dessus du plan de section des corps caverneux. La présence d'une sonde dans l'urètre facilite cette dissection qui, sans elle, ne présente cependant pas de très grandes difficultés. Le corps spongieux disséqué est sectionné à la hauteur voulue et, la partie malade étant séparée de la partie saine, il reste à faire les sutures et à parer le moignon. Celles qu'il convient tout d'abord de faire, ce sont celles ayant pour objet la fermeture des cylindres caverneux. A cet effet, une aiguille armée d'un fil de catgut, pas très gros (n° 2), mais très résistant, passée dans l'albuginée de l'un d'eux, va traverser la même enveloppe fibreuse en un point diamétralement opposé, puis le fil ainsi passé est noué de façon à affronter les deux lèvres. Trois ou quatre fils sont placés sur chacune des enveloppes des corps caverneux, de manière à transformer leur section circulaire en fente linéaire, obliquement dirigée de dedans en dehors de la face dorsale à la face ventrale de la verge. (*Voir fig.* 1.)

TROISIÈME TEMPS. *Établissement de l'hypospadias et suture de la muqueuse de l'urètre à la peau.* — Pour donner à l'orifice circulaire de l'urètre la forme elliptique qui doit l'agrandir, sa gaine spongieuse est fendue dans ce troisième temps, longitudinalement sur sa face inférieure, dans toute la hauteur, qui dépasse le plan de section des corps caverneux. Chacune des lèvres ainsi obtenue est étalée et suturée à la peau de la verge au moyen de crins de Florence souples et modérément serrés. Le premier point unit le sommet de l'ouverture elliptique de l'urètre au sommet du V de la raquette cutanée. Les autres points sont disposés en nombre suffisant pour bien entr'ouvrir le nouveau méat hypospade. Presque toujours, il y a trop de peau et, pour éviter qu'elle se plisse en la suturant tout entière à la muqueuse, il suffit d'en retrancher un lambeau triangulaire à base antérieure pris sur le dos de la verge ou, mieux encore, deux petits lambeaux taillés en coins de chaque côté. Avec un peu d'attention, il n'est pas difficile de pratiquer très correctement cet affrontement de la peau du pénis à la muqueuse de l'urètre, petite opération qui rappelle le procédé dit du *bordage* de Dieffenbach dans la chéiloplastie.

Pansement et soins consécutifs. — Avant de procéder au pansement, une sonde en caoutchouc rouge pas trop grosse, du n° 17 ou 18 par exemple, est mise à demeure ; elle sera maintenue par des liens attachés aux pièces de pansement.

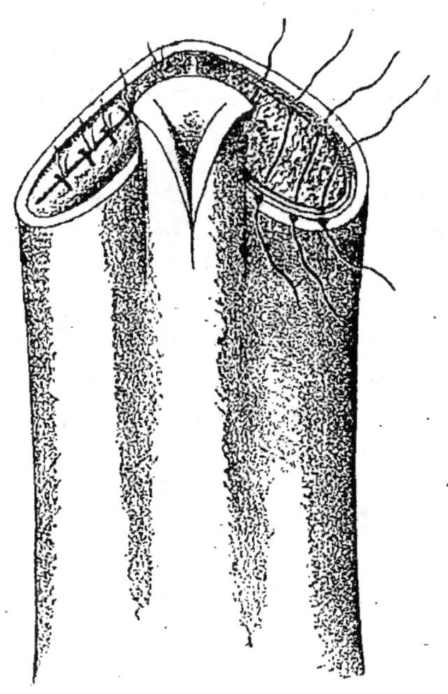

Fig. 1. — Aspect du pénis après la section des corps caverneux sur un plan inférieur à celui du corps spongieux.

A gauche de la figure, l'albuginée du corps caverneux est suturée ; à droite, les fils sont simplement placés.

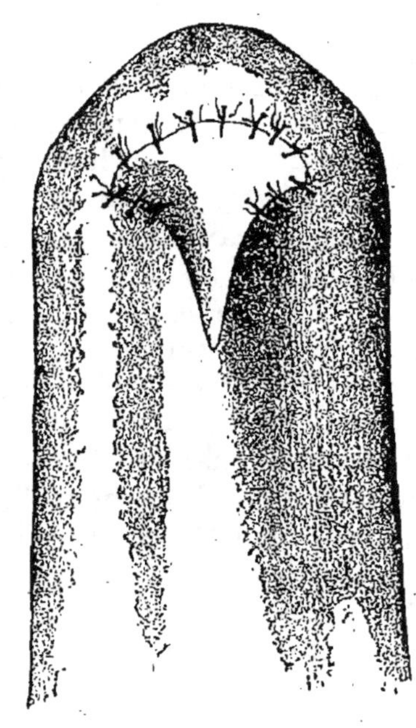

Fig. 2. — Aspect du moignon après la suture des téguments à la muqueuse.— Constitution de l'hypospadias.

Celui-ci se compose d'un saupoudrage du moignon de la verge à l'iodoforme et de compresses de gaze antiseptique recouvertes d'une épaisse couche de coton, le tout fixé par un bandage approprié. Si, comme cela est la règle, il n'y a pas d'élévation de température, pas de douleur, le pansement est laissé en place quatre à cinq jours ; mais, ce temps écoulé, il doit être changé et la sonde à demeure supprimée. En effet, quelques précautions antiseptiques que l'on prenne, il se fait toujours entre le canal et la sonde une sécrétion puriforme, qui risque d'infecter la ligne des sutures ; la sonde enlevée, le canal se sèche. A ce moment, du reste, la cicatrisation est à peu près faite et ce jour même, au plus tard deux ou trois jours après, les crins de Florence doivent être enlevés.

Comme je l'ai dit au début de cette note, j'ai employé deux fois la méthode d'amputation du pénis que je viens de décrire et, dans les deux cas, le résultat a été excellent, tant au point de vue de la rapidité de la cicatrisation du moignon qu'à celui de la conservation d'un méat largement ouvert.

Mon premier malade, jeune homme de 27 ans, a été opéré il y a trois ans pour un syphilome tertiaire phagédénique, que le traitement spécifique le plus énergique n'avait pu enrayer et qui, ayant détruit tout le gland, commençait à envahir le corps du pénis. Celui-ci fut amputé à l'union du tiers antérieur avec les deux tiers postérieurs de l'organe. En moins de dix jours, le malade fut guéri. J'ai eu l'occasion de le revoir plusieurs fois depuis et tout dernièrement encore. Son méat reçoit sans peine une bougie n° 20, il est souple et extensible. Comme il existe encore une portion de pénis de 4 à 5 centimètres de longueur, la miction peut se faire dans l'attitude ordinaire que nous prenons dans le sexe masculin pour accomplir cette fonction ; le jet est volumineux et lancé au loin. Au dire du malade, la copulation elle-même est possible, la verge atteignant au moment de l'érection une longueur suffisante.

Mon second malade est un homme de 64 ans qui est venu me consulter, il y a onze mois, pour un énorme épithélioma végétant ayant envahi avec le gland les deux tiers antérieurs du membre viril. Je dus, chez lui, faire la section presque au ras des bourses. Comme chez le précédent, la guérison a été rapide, puisque au huitième jour l'opéré partait pour la campagne. Je ne l'ai revu qu'une fois depuis, environ trois mois et demi après l'opération, à ce moment le méat était largement ouvert, souple, non cicatriciel. L'urine s'en échappait à gros jet au moment des mictions, mais en raison de la brièveté de la verge, le malade devait prendre quelques précautions pour ne pas souiller ses vêtements.

III

NOTE

SUR LE TRAITEMENT DE L'HYDROCÈLE

———

TECHNIQUE OPÉRATOIRE DU TRAITEMENT
DE L'HYDROCÈLE PAR L'INJECTION IODÉE APRÈS ANESTHÉSIE
DE LA VAGINALE PAR L'ANTIPYRINE.

L'application de la méthode sanglante au traitement de l'hydrocèle a certainement réalisé un progrès dans la cure radicale de cette affection. Grâce à elle les récidives sont presque infailliblement évitées, car elle permet de combattre à la fois et la vaginalite séreuse et ses causes, que nous connaissons bien aujourd'hui. Mais les succès que donne l'incision de la vaginale ne sauraient faire oublier ceux que fournit la ponction suivie de l'injection iodée.

Ces deux méthodes ont chacune leurs indications, question que je ne veux point aborder ici, mais ma conviction est que la majorité des hydrocèles est justiciable de l'injection à la teinture d'iode. La méthode de Wolkmann et ses dérivées qui exigent la chloroformisation, l'observation des principes de l'antisepsie la plus rigoureuse, et un repos de dix à quinze jours au moins ne sauraient donc supplanter la méthode de l'injection. Elle aussi a bénéficié, quoique à un moindre degré, de l'antisepsie, et plusieurs autres perfectionnements ont été apportés à sa technique, qui ont rendu son application à peu près indolore et ont abrégé la durée de la réaction post-opératoire.

Depuis un certain temps déjà, j'ai adopté dans le traitement de l'hydrocèle par la ponction suivie de l'injection iodée un manuel opératoire qui a pour but, entre autres avantages, de réduire au minimum la douleur accompagnant cette opération. Pour supprimer la sensation, à la vérité peu pénible, résultant de la piqûre des téguments, j'emploie la pulvérisation de chloréthyle en limitant son action à l'aide d'un petit expédient très simple; pour annihiler celle beaucoup plus douloureuse produite par le contact de la teinture d'iode avec les parois de la vaginale, j'ai recours à l'injection d'une solution d'antipyrine à 2 ou 3 p. 100. J'ai été conduit à substituer l'antipyrine, qui m'a donné déjà d'excellents résultats pour obtenir l'analgésie de la vessie, à la cocaïne, par la considération des dangers que présente cette substance, en raison sans doute de l'inconstance de sa composition et surtout de la susceptibilité de certains sujets à son action.

Voici comment je procède: 1° après lavages antiseptiques du scrotum au savon sublimé, les téguments sont anesthésiés au point où portera la piqûre à l'aide du chloréthyle, dont le jet est dirigé à travers un trou pratiqué dans une plaquette de coton de manière à circonscrire son action; 2° les enveloppes du scrotum sont ponctionnées jusqu'à la vaginale suivant les règles ordinaires; 3° le liquide évacué, j'introduis dans la vaginale, en me servant non de la seringue, mais d'un entonnoir à la manière du professeur Guyon, autant de la solution d'antipyrine qu'il peut en pénétrer; cette solution baigne la vaginale pendant cinq à dix minutes, puis est retirée; j'injecte alors la teinture d'iode (solution aux trois quarts ou même pure) toujours avec l'entonnoir, et après légère malaxation du scrotum, je l'évacue; 5° le trocart retiré, pour éviter la douleur cuisante du collodion qui exaspère certains sujets nerveux, je n'oblitère pas sa piqûre, me contentant de froisser dans mes doigts les enveloppes des bourses à son niveau. Enfin le scrotum, enveloppé d'une couche épaisse de ouate, est comprimé méthodiquement et fortement sur la face interne de la cuisse à l'aide d'un bandage approprié.

Quelques-uns des malades chez lesquels j'ai employé la technique que je viens de résumer n'ont éprouvé absolument aucune souffrance dans les différents temps de l'opération; d'autres ont ressenti, au moment de la pénétration de la teinture d'iode dans la vaginale, une douleur vive, s'irradiant vers la région rénale, *mais de très courte durée*, ne dépassant pas dix à vingt secondes. Chez tous la réaction post-opératoire n'a pas été plus intense que chez les malades opérés sans anesthésie et aucun n'a gardé la chambre plus de six jours.

TABLE DES MATIÈRES

CHAPITRE VI

Affections des reins.

CHAPITRE V

Affections des organes génitaux externes.

Paris. — Imp. PAUL DUPONT, 4, rue du Boulois (Cl.) 261.8.96.